Ford Mondeo ab Baujahr 1993
1,6, 1,8 und 2,0 Liter-Benzinmotoren
1,8 Liter-Turbodieselmotor
Limousinen- und Kombiwagenmodelle

1 Einleitung in die Modelle

1.1 Allgemeines

Diese Reparaturanleitung befasst sich mit den neuen Ford Mondeo-Modellen, welche als Nachfolger der Sierra- und Saphire-Modelle im Frühling 1993 vorgestellt wurden. Der neue Mondeo zeichnet sich durch die folgenden Eigenschaften besonders aus:

- Die Karosserie ist äusserst windschlüpfrig gebaut und bietet das beste an Sicherheit für die Insassen.
- Ein Air-Bag-System ist serienmässig auf der Fahrerseite eingebaut und kann auf Sonderwunsch auf der Beifahrerseite eingebaut werden. Alle Fahrzeuge sind serienmässig mit einem Gurtstraffer-System versehen.
- Ein elektronisch gesteuertes System zur automatischen Regulierung der Fahrzeugfederung ist auf Sonderwunsch bei der Limousine erhältlich. Beim Kombiwagen kann das bereits im Sierra verwendete Selbstnivellierungssystem von Boge-Nivomat eingebaut werden.
- Ein elektronisch gesteuertes Anti-Blockiersystem (ABS) kann auf Sonderwunsch eingebaut sein. In diesem Fall wird ein von Bendix hergestelltes, hydraulisches Steuergerät in die sonst konventionell gebaute Bremsanlage eingebaut. Ebenfalls bei mit ABS ausgerüsteten Modellen kann ein elektronisches System zur Regulierung des Antriebs der Räder eingebaut werden, um ein Durchdrehen der Räder auf nassen oder vereisten Strassen unter Kontrolle zu halten.
- Alle Modelle mit Benzinmotoren haben eine Motorelektronik mit dem bereits bewährten EEC IV-Steuer-Computer und einen Katalysator.
- Bei allen Modellen ist serienmässig eine Servolenkung eingebaut.
- Eine Zweikreis-Bremsanlage, mit diagonal geteilten Bremsleitungen ist eingebaut. Bei den Grundausführungen werden belüftete Bremsscheiben mit Gleitbremssätteln an den Vorderrädern und Trommelbremsen an den Hinterräder eingebaut. Die Hinterradbremsen haben Anlaufbacken und Ablaufbacken, deren Bremsbelagstärke aufeinander abgestimmt sind, so dass sich beide Bremsbeläge gleichmässig abnutzen können. Bei den leistungstarken Modellen werden Scheibenbremsen für die Hinterräder benutzt. In diesem Fall sind Festmaterialscheiben und Bremssättel mit zwei gegeneinander wirkenden Kolben eingebaut. Bei allen Ausführungen mit einem normalen Bremssystem, ohne ABS, sind Bremsdruckreduzierventile in die Auslasskanäle des Hauptbremszylinders eingesetzt, um den Hydraulikdruck zu den Hinterrädern zu regulieren und damit die Gefahr des Blockierens der Hinterräder unter heftigem Bremsen zu verringern. Wie bereits erwähnt, ist ein ABS auf Sonderwunsch erhältlich.
- Die in den Mondeo eingebauten Benzinmotoren entwickeln eine Leistung von 66 kW (90 PS), 85 kW (115 PS) und 100 kW (136 PS). Alle drei Motorenausführungen haben eine identische Kurbelwelle. Die verschiedenen Zylinderinhalte werden durch Veränderung der Zylinderbohrungen hergestellt. Die Motoren sind als "Zeta"-Motoren bekannt und wurden vor der Vorstellung des Mondeos bereits im Ford Escort erprobt. Im Abschnitt

"Motor" wird etwas näher auf den Aufbau der Motoren eingegangen. Bild 1 zeigt wie der Motor von aussen gesehen aussieht.

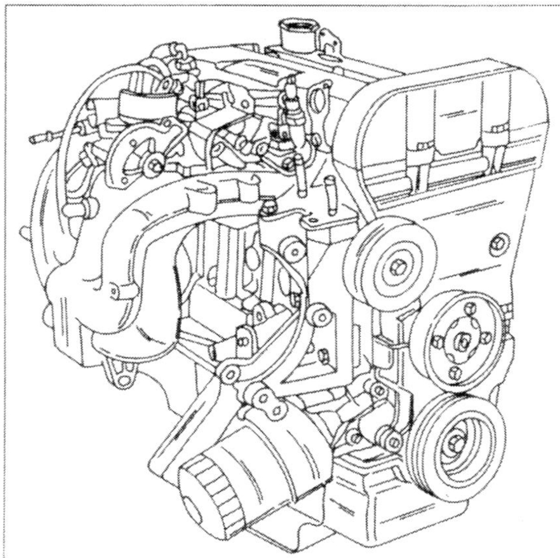

Bild 1
Ansicht des Benzinmotors.

- Auch der 1,8 Liter-Turbodieselmotor wurde von früheren Ford-Modellen übernommen. Um den letzten, europäischen Umweltschutzgesetzen zu entsprechen, arbeitet der Motor mit einem Abgasrückführungssystem, auch kurz als "EGR" bezeichnet, und ist mit einer Vorrichtung zum Zurückstellen des Förderbeginns der Einspritzpumpe versehen. Diese Systeme müssen jederzeit unter genauester Kontrolle gehalten werden und sind aus diesem Grund von einem elektronischen Steuergerät aus reguliert. Der Zusatz des Turboladers und Ansaugluftkühlers gewährleisten die zusätzliche Leistung und das erhöhte Drehmoment des Motors. Ebenfalls vom Steuergerät werden die Motordrehzahl, die Kühlmitteltemperatur, die Stellung des Gashebels an der Einspritzpumpe und die Luftmengenströmung überwacht. Das Steuergerät ist verantwortlich für die Einspritzung bei kaltem Motor unter leichter Belastung und die Arbeitsweise des EGR-Systems. Falls eine Klimaanlage bei einem Diesel-Modell eingebaut ist, kann das Steuergerät die Anlage unter bestimmten Verhältnissen aus- und einschalten. Ein einverleibtes Selbstdiagnosesystem überwacht die verschiedenen Sensoren während dem Betrieb und kann bei Ausfall eines bestimmten Sensors alternative Werte "füttern", um den Betrieb des Motors nicht zu beeinflussen.
- Alle "Benziner" entsprechen den strikten Umweltschutzgesetzen "93 EEC" und sind mit einem Katalysator, einem "Pulse-Air-System (Lufteinspritzsystem) und, wie beim Turbodieselmotor, mit einem Abgasrückführungssystem ausgerüstet. Unterschiede liegen in der Motorelektronik je nach eingebautem Getriebe vor. Bei Fahrzeugen mit Schaltgetriebe wurde das "elektronische, verteilerlose Zündsystem, mit der englischen Bezeichnung "EDIS" in das "EEC IV"-Zündmodul einverleibt. Bei Fahrzeugen mit Getriebeautomatik dagegen ist ein getrenntes "EDIS"-Modul eingebaut.
- Das bereits bei bestimmten Sierra-Modellen erprobte MTX 75-Schaltgetriebe wurde, abgesehen von einigen Änderungen und unterschiedlichen Antriebsuntersetzungen, um es dem Gewicht des Fahrzeuges und der Motorleistung anzupassen, für den Mondeo übernommen. Die Kupplung ist nicht selbstnachstellend.
- Fahrzeuge mit Getriebeautomatik erfreuen sich eines neuen Getriebes, dessen hydraulische Schaltung elektronisch durch das "EEC IV"-Modul gesteuert wird. Falls das elektronische Steuersystem ausfallen sollte, kommt ein Notprogramm in Betrieb. Das Getriebe hat vier verschiedene Vorwärtsstufen, erhalten durch zwei Planetenradantriebe. Motorbremsung findet in allen Gängen statt.
- Die Vorderradaufhängung besteht aus Federbeinen mit Querlenker und Kurvenstabilisator. Querlenker und Stabilisatorstange sind an einem getrennt am Wagenboden verschraubten Nebenrahmen montiert. Der Antrieb des Fahrzeuges geschieht über Antriebswellen mit Gleichlaufgelenken.
- Die Hinterradaufhängung der Limousinen-Ausführung besteht aus Lenkerarmen und einem McPherson-Federbein. Dabei handelt es sich um zwei waagerecht angeordnete Seitenarme auf jeder Seite des Fahrzeuges, die an den inneren Drehstellen an einem Pressstahl-Querträger und an den Aussenseiten an Gusseisenradträgern verschraubt sind.

Der dritte Lenkerarm ist eine Schubstrebe welche den Radträger mit einem davor liegenden Lagerbock an der Karosserie verbindet. Die Schubstreben wirken den Bremskräften entgegen. Das Federbein ist an der Oberseite des Radträgers befestigt. Das Federbein bestimmt den Sturz der Hinterräder und wirkt den beim Bremsen auftretenden Drehmomenten entgegen.

- Beim Kombiwagen werden drei Lenkerarme auf jeder Seite verwendet, ein geschmiedeter oberer Arm und zwei aus Pressstahl hergestellte untere Seitenarme. Die Seitenarme werden in Gummilagern an einem Querträger und am Radträger montiert. Serienmässig ist ein Kurvenstabilisator eingebaut. Wie bei der Limousine wird eine Schubstrebe, in Gummilagern am Wagenboden und fest am Radträger verschraubt, auf jeder Seite des Fahrzeuges montiert. Stossdämpfer und Schraubenfedern sind getrennt angeordnet (auch bei Fahrzeugen mit Selbstnivellierung). Die Stossdämpfer sind zwischen Radträger und Querträger eingesetzt; die

Schraubenfedern liegen zwischen den unteren Seitenarmen und dem Querträger. Auf diese Weise wurde es möglich einen flachen Laderaum für den Kombi herzustellen.

1.2 Fahrzeugerkennung

Das beim Mondeo verwendete Typenschild ist im Motorraum am vorderen Karosseriequerträger jedes Fahrzeuges aufgenietet und besteht aus einer Reihe von Zahlen und Buchstaben, welche auf Fahrzeugmodell, zulässige Tragkraft, Motor, Achsantriebsuntersetzung, Lacknummer, Innenausstattung, usw. hinweisen. Die Fahrzeugkennnummer kann auch durch die Windschutzscheibe gesehen werden und ist ausserdem in die Karosserie unter der Motorhaube in die Stirnwand eingeschlagen. Bild 2 zeigt wo die eingeschlagene Nummer liegt.

Das Typenschild ist in vielen Fällen mit Abkürzungen neben den einzelnen "Kästchen" versehen, welche selbsterklärend sind, jedoch immer einen Kodebuchstaben haben, um auf bestimmte Einzelheiten hinzuweisen. Die folgenden Hinweise beziehen sich auf die Erklärung einer Fahrzeugkennummer, welche folgende Bedeutung hat:

Die ersten drei Buchstaben weisen auf das Herstellungsland hin. In Köln hergestellte Fahrzeuge haben die Buchstaben "WFO" an dieser Stelle eingeschlagen. Buchstaben 5 und 11 weisen auf die Modellausführung hin (BF = viertürige Limousine, BA = fünftürige Limousine, BN = Kombiwagen). Die Buchstaben 6 und 7 sind konstant "XX". Buchstabe Nr. 8 gibt die Herkunft der Produktion an. Bei Fahrzeugen aus Köln steht an dieser Stelle ein "G", während Buchstabe Nr. 9 auf das Montagewerk hinweist (A = Köln). Buchstabe Nr. 10 gibt durch ein "B" an, dass es sich um einen Mondeo handelt.

Buchstabe Nr. 12 weist auf das Baujahr hin. Baujahr 1993 wird durch ein "P" angegeben und entsprechend der alphabetischen Reihenfolge fortgesetzt, d.h. Baujahr 1994 hat an dieser Stelle ein "R". Der direkt dahinterstehende Buchstabe gibt den verschlüsselten Baumonat an, welcher abschliessend von der eigentlichen Fahrzeugseriennummer (5 Stellen) gefolgt wird.

Diese komplette Nummer muss immer vollständig angegeben werden, wenn Ersatzteile bestellt werden.

Ebenfalls in das Typenschild eingeschlagen ist die Angabe über den eingebauten Motor. An dieser Stelle kann die Bezeichnung "L1" (1,6 Liter), "AK" (1,8 Liter), "NG" (2,0 Liter), oder "RF" (Diesel) stehen. Weitere Angaben im Typenschild beziehen sich auf die verschiedenen Gewichte des Fahrzeuges und der Achsen, die Lenkung, das eingebaute Getriebe, die Untersetzung des Achsantriebs, Innenausstattung, usw. Bild 3 zeigt wie das Typenschild aussieht.

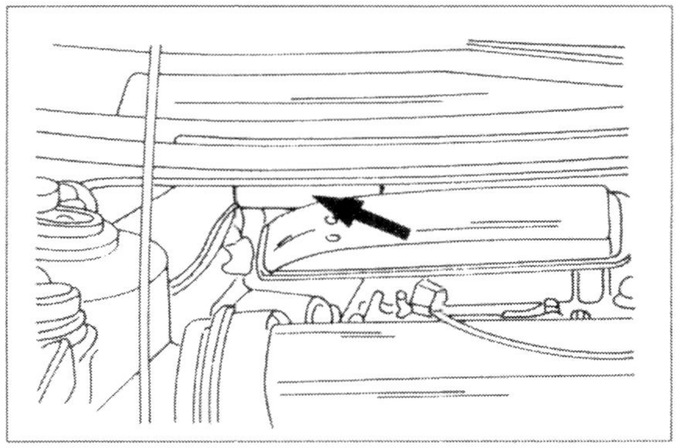

Bild 2
Die Fahrzeugkennummer ist an der gezeigten Stelle in die Stirnwand eingeschlagen.

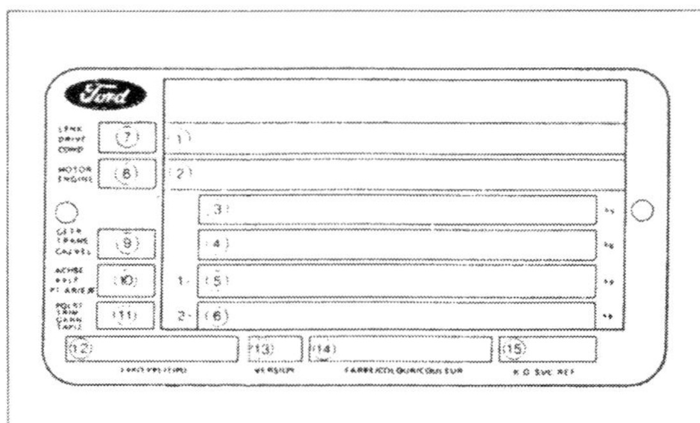

Bild 3
Ansicht des Typenschildes.

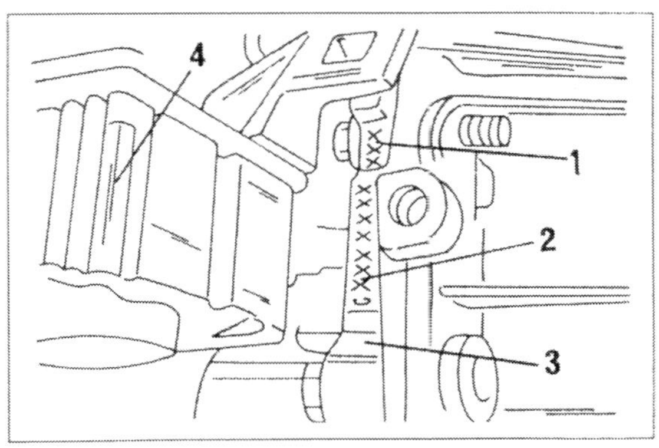

Bild 4
Die Lage der Motornummer bei Benzinmotoren.
1 Motortyp
2 Motorseriennummer
3 Motoranschlussflansch
4 Filter des Luftsystems

Die nächstwichtige Nummer ist die Motorennummer und beginnt mit den Kennbuchstaben des eingebauten Motors (siehe Mass- und Einstelltabelle). Die Motornummer ist bei allen Benzinmotoren an der gleichen Stelle angebracht. Bild 4 zeigt anhand der umliegenden Einzelheiten, wo man die Motornummer finden kann. In den Zylinderblock sind jedoch drei Kennbuchstaben eingeschlagen, nicht die beiden oben angegebenen Buchstaben des Typenschildes. Diesen Buchstaben folgt die eigentliche Serienummer des eingebauten Motors. Bei einem Turbodiesel sind der Motortyp und die Serienummer in die linke, obere Ecke des Zylinderblocks am Getriebeende eingeschlagen.

Ein Aufkleber auf dem oberen Zahnriemenschutzdeckel zeigt Ihnen auf einen Blick um welchen Zylinderinhalt es sich bei einem Benzinmotor handelt.
In allen Fällen muss die Fahrgestellnummer oder die Motornummer beim Bestellen von Ersatzteilen und anderen Unklarheiten über das Fahrzeug immer angegeben werden.

1.3 Allgemeine Anweisungen bei Reparaturen

Die Beschreibungen in dieser Reparaturanleitung sind in einfacher Weise und allgemein verständlich gehalten. Wenn dem Text und den Abbildungen bei der Arbeit Schritt für Schritt gefolgt wird, dürften keine Schwierigkeiten auftreten.
Die Mass- und Einstelltabelle am Ende des Buches (Kapitel 19) ist hierbei ein wichtiger Teil und muss bei allen Reparaturarbeiten am Fahrzeug hinzugezogen werden. Innerhalb der einzelnen Anleitungen werden die notwendigen Massangaben oder Einstellwerte nicht immer angeführt, weshalb in der genannten Tabelle nachzuschlagen ist. Es sei besonders darauf hingewiesen, dass man unter dem in Frage kommenden Modell nachlesen muss, um jegliche Fehler zu vermeiden.
Einfache Handgriffe, wie z.B. "Motorhaube öffnen" vor Arbeiten im Motorraum, oder "Radmuttern lösen" vor Arbeiten an den Radbremsen werden nicht immer erwähnt, da diese als selbstverständlich vorausgesetzt werden.

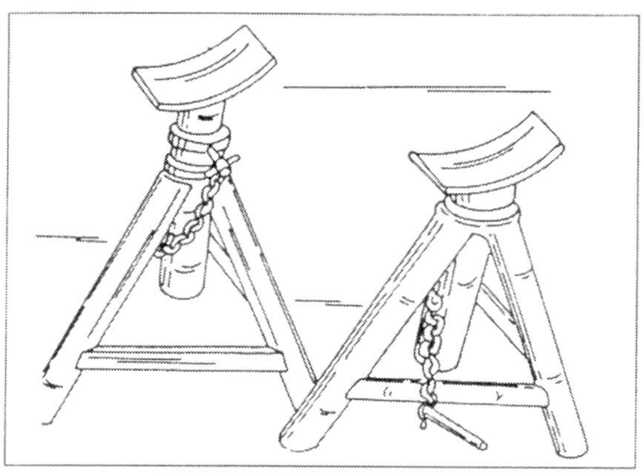

Bild 5
Ansicht der dreibeinigen Unterstellböcke. Der Feststellbolzen muss kräftig genug sein.

Dagegen befasst sich der Text ausführlich mit schwierigen Arbeiten, die in allen Einzelheiten beschrieben sind. Nachfolgend eine Reihe wichtiger Hinweise, die bei jeder Reparaturarbeit beachtet werden sollten. Besonders möchten wir darauf hinweisen, dass man sich Kapitel 1.6 durchlesen sollte, falls man das erste Mal Umgang mit einem Fahrzeug mit Air-Bag-System hat. Bestimmte Anweisungen bei Arbeiten an Diesel-Fahrzeugen sind im entsprechenden Kapitel enthalten:

- Schrauben und Muttern sind in sauberem Zustand und leicht eingeölt zu verwenden. Die Mutternflächen und Gewindegänge immer auf Beschädigung untersuchen und vorhandene Grate entfernen. Im Zweifelsfall neue Schrauben oder Muttern verwenden. Einmal gelöste, selbstsichernde Muttern sollten immer erneuert werden. Auf keinen Fall dürfen Muttern und Schrauben entfettet werden.
- Stets die in der Anzugsdrehmoment-Tabelle (Kap. 20) angeführten Anzugsdrehmomente beachten. Diese Werte sind nahezu in den gleichen Gruppen zusammengefasst, die auch die Kapitel dieser Reparaturanleitung bilden und lassen sich somit leicht auffinden.
- Alle Dichtscheiben, Dichtungen, Sicherungsbleche, Sicherungsscheiben, Splinte und 'O'-Dichtringe (Rundschnurringe) sind beim Zusammenbau zu erneuern. Alle Öldichtringe (Radialdichtringe, Simmerringe) sollten ebenfalls erneuert werden, sofern die Welle aus dem Dichtring genommen wurde. Die Lippe eines Dichtringes ist vor dem Zusammenbau mit Fett einzuschmieren. Man muss darauf achten, dass sie beim Einbau in die Richtung weist, aus welcher Öl oder Fett austreten kann.
- Bei Hinweisen auf die linke oder rechte Seite des Fahrzeuges wird angenommen, dass man aus der Fahrtrichtung bei Vorwärtsfahrt die Seitenbezeichnung ableiten kann, analog der Begriffe "vorn" und "hinten". Im Zweifelsfall wird im Text nochmals eine Erläuterung gegeben.
- Ganz besonders ist darauf zu achten, dass zu Arbeiten an den Bremsen, an der Radaufhängung oder allgemein an der Unterseite des Fahrzeuges für eine sichere Abstützung des hochgebockten Wagens gesorgt ist. Der Bordwagenheber ist nur zum Radwechsel für unterwegs vorgesehen. Falls er dennoch bei Reparaturen zur Hilfe genommen wird, ist lediglich der Wagen damit anzuheben und dann auf geeignete Montageböcke abzulassen. Derartige, dreibeinige Unterstellböcke, wie sie in Bild 5 gezeigt sind, sollen zur Sicherheit auch unter dem Fahrzeug plaziert werden, wenn ein Garagenwagenheber zur Verfügung steht. Ziegelsteine sollten zum Unterbauen nicht verwendet werden, allenfalls Hohlblocksteine wegen ihren grösseren Auflageflächen, doch sind dann zwischen Fahrzeug und Steine noch genügend starke Holzbretter zu legen (siehe auch Kapitel 1.5).
- Fette, Öle, Unterbodenschutz und alle mineralischen Substanzen wirken auf die Gummiteile des Fahrwerks und der Bremsanlage aggressiv. Besonders von Teilen der hydraulischen Anlage sind solche Mittel, zu denen auch Kraftstoff gehört, fernzuhalten. Für Reinigungsarbeiten an der

Bremsanlage soll nur Bremsflüssigkeit oder Spiritus verwendet werden. Hierbei sei aber darauf verwiesen, dass Bremsflüssigkeit giftig ist und z.B. auf lackierte Flächen ätzend wirkt.

- Zur Erzielung der besten Reparaturergebnisse ist die Verwendung von Original-Ersatzteilen Voraussetzung. Um späteren Schwierigkeiten aus dem Wege zu gehen, muss der Einbau irgendwelcher Fremdprodukte unterbleiben. Ausnahmen sind nur bei Teilen der elektrischen Anlage gegeben oder falls das Herstellerwerk dementsprechende Freigaben macht.
- Bei Bestellungen von Ersatz- und Austauschteilen müssen die genaue Modellbezeichnung mit Fahrgestellnummer, gegebenenfalls die Motornummer und das Baujahr angegeben werden. Damit beschleunigt man die Bestellung und das Beziehen von falschen Teilen wird verhindert.
- Alle Arbeiten am Auto, besonders solche an der Bremsanlage, an der Lenkung und der Radaufhängung sind mit Sorgfalt und Umsicht durchzuführen.

1.4 Arbeitsbedingungen und Werkzeuge

Um Reparaturarbeiten durchzuführen, benötigt man einen sauberen, gut beleuchteten Arbeitsplatz, der mit einer Werkbank und Schraubstock versehen ist. Es soll auch genügend Raum vorhanden sein, um die verschiedenen Teile auszulegen und zu ordnen, ohne dass man sie immer wieder wegräumen muss. In einer gut ausgerüsteten Werkstatt lässt sich gemütlich und ohne Hast arbeiten, die Maschine kann in einer sauberen Umgebung zerlegt und wieder zusammengebaut werden. Leider verfügt aber nicht jeder über einen solchen idealen Arbeitsplatz und dementsprechend muss auch da und dort improvisiert werden. Um diesen Nachteil auszugleichen, muss besonders viel Zeit und Sorgfalt aufgewendet werden.
Als weiteres benötigt man unbedingt einen möglichst vollständigen Satz Qualitätswerkzeuge. Qualität ist hier oberstes Gebot, da billiges Werkzeug auf lange Sicht eher teuer werden kann, falls man damit abrutscht oder es zerbricht und dabei teuren Schrott baut. Ein gutes Qualitätswerkzeug wird sich lange verwenden lassen und rechtfertigt in jedem Falle die Anschaffungskosten. Die Grundlage des Werkzeugsatzes ist ein Satz Gabelschlüssel, die sich an jedem gut zugänglichen Teil des Fahrzeuges ansetzen lassen. Ein Satz Ringgabelschlüssel stellt einen wünschenswerten Zusatz dar, die sich besonders bei festsitzenden Schrauben und Muttern verwenden lassen, oder wo die Platzverhältnisse ungünstig sind. Um die Kosten tief zu halten, kann man sich auch mit einem Satz kombinierter Ringgabelschlüssel behelfen, diese tragen an einem Ende eine Gabelöffnung und am anderen einen Ring von der gleichen Weite. Bild 6 zeigt die beiden erwähnten Schlüssel.

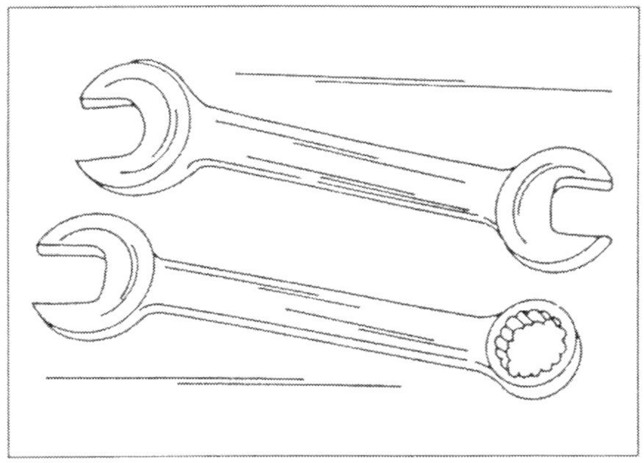

Bild 6
Ansicht eines Gabelschlüssels (normalerweise zwei verschiedene Schlüsselweiten) und eines Ringgabelschlüssels (Schlüsselweite an beiden Enden gleich).

Stecknüsse (-einsätze) stellen ebenfalls eine lobenswerte Investition dar. Vorausgesetzt, dass der Aussendurchmesser der Nüsse nicht allzugross ist, können auch sehr versteckt oder in Vertiefungen sitzende Muttern und Schrauben gelöst werden.
Weitere benötigte Werkzeuge sind ein Satz Kreuzschlitzschraubenzieher, Zangen und Hämmer.
Zusätzlich zur Grundausrüstung kann man sich noch ein paar speziellere Werkzeuge beschaffen, die sich meistens als unschätzbare Hilfe erweisen, besonders, wenn man gewisse Reparaturen immer wieder durchführen muss. Damit lässt sich also recht viel Zeit ersparen. Als Beispiel sei hier einmal der Schlagschraubenzieher erwähnt, ohne den sich die maschinell angezogenen Kreuzschlitzschrauben kaum lösen lassen, ohne dass man sie dabei beschädigt. Selbstverständlich kann er auch zum Anziehen verwendet werden, um einen öl- und gasdichten Sitz zu gewährleisten. Ebenfalls oft benötigt werden Seegerringzangen, da Getrieberäder, Wellen und ähnliche Teile meist durch Sicherungsringe gehalten werden, die sich mit einem Schraubenzieher nur schwer entfernen lassen. Es sind zwei Typen von Seegerringzangen erhältlich, einer für die Aussensicherungsringe und einer für Innensicherungsringe. Sie sind mit geraden oder abgewinkelten Klauen erhältlich.
Eines der nützlichsten Werkzeuge ist der Drehmomentschlüssel, eigentlich eine Art Schraubenschlüssel, der so eingestellt werden kann, dass er durchrutscht, wenn ein gewisses Anzugsdrehmoment einer Schraube oder Mutter erreicht ist. Derartige Schlüssel sind ebenfalls mit einem Zei-

ger erhältlich, welcher das erreichte Drehmoment anzeigt. Anzugsdrehmomente werden in jedem modernen Werkstatthandbuch oder jeder Reparaturanleitung aufgeführt, so dass auch besonders komplexe Baugruppen oder Komponenten, wie z.B. ein Zylinderkopf, angezogen werden können, ohne dass man Beschädigungen oder Lecks infolge Verzugs befürchten muss.
Je höher entwickelt ein Automodell ist, desto mehr Werkzeuge benötigt man, um es im Do-it- yourself-Verfahren immer im bestmöglichen Zustand zu halten. Leider lassen sich aber einige ganz spezielle Arbeiten nicht ohne die richtige Ausrüstung durchführen, für die man meist tief in die Tasche greifen muss, wenn man diese Arbeiten nicht einem Spezialisten gegen ein gewisses Entgelt übergeben will. Hier ist auch eine gewisse Vorsicht am Platze, es gibt nun einfach verschiedene Arbeiten, die man am besten einem Fachmann überlässt. Obwohl ein Vielfachmessgerät zum Aufspüren von elektrischen Schäden eine grosse Hilfe darstellt, kann es in ungeübten Händen grossen Schaden anrichten.
Obschon in dieser Reparaturanleitung gezeigt wird, wie sich verschiedene Komponenten auch ohne Spezialwerkzeuge aus- und wieder einbauen lassen (falls nicht unbedingt nötig), empfiehlt es sich die Anschaffung der gebräuchlichsten Spezialwerkzeuge in Betracht zu ziehen. Dies wird sich besonders dann lohnen, wenn man das Auto über längere Zeit behalten will.
Auch mit den vorgeschlagenen, improvisierten Methoden und Werkzeugen lassen sich verschiedene Teile ohne Gefahr von Beschädigung aus- und einbauen. In jedem Fall lässt sich mit den Spezialwerkzeugen, die vom Hersteller produziert und verkauft werden, eine Menge Zeit (und Ärger) sparen.
Ehe man irgendwelche Arbeiten an einem Fahrzeug durchführt, raten wir Ihnen, die folgenden Hinweise gründlichst durchzulesen und vielleicht einzuprägen, damit Sie von allen Verletzungen, gleich welcher Art, bewahrt werden:

- Auf einen einzelnen Wagenheber kann man sich nie hundertprozentig verlassen. Immer zusätzliche Böcke unterstellen. Zwei übereinandergelegte, abgeschraubte Räder kann man z.B. auf der Seite der Reparatur entweder vorn oder hinten unterlegen, falls keine Böcke zur Verfügung stehen. Ein abrutschender Wagen wird dann wenigstens auf den Rädern landen.
- Niemals die Räder oder Achsmuttern anziehen wenn das Fahrzeug aufgebockt ist.
- Niemals den Verschluss der Kühlanlage bei heissem Motor öffnen. Falls es unumgänglich ist, einen dicken Lappen um den Deckel legen und diesen bis zur ersten Raste lösen, damit der Dampf entweichen kann.
- Niemals das Motoröl ablassen wenn das Fahrzeug bis zum letzten Moment gefahren wurde. Motoröl nur entsprechend der geltenden Vorschriften entsorgen, auf keinen Fall einfach wegschütten.
- Keine Bremsflüssigkeit oder Frostschutzmittel auf Lackstellen tropfen lassen. Die hinterlassenen Flecke lassen sich nur schwer oder nicht entfernen.
- Keinen Bremsstaub einatmen. Obwohl Beläge und Bremsklotzmaterial asbestfrei hergestellt sind, schadet dies trotzdem Ihrer Gesundheit. Falls Sie Pressluft zum Ausblasen von Bremsen benutzen, kann man Kopf von der Staubstelle wegdrehen.
- Öl- oder Fettreste sofort vom Boden abwischen, ehe Sie selbst oder andere Leute darauf ausrutschen.
- Keine Schlüssel falscher Schlüsselweite oder ausgeweitete Schlüssel zum Lösen von festsitzenden Muttern oder Schrauben benutzen. Ein Abrutschen bedeutet in den meisten Fällen eine Verletzung. Offene Wunden auf jeden Fall "verpflastern" lassen, ehe Schmutz oder Öl, usw. eindringen kann.
- Niemals ein sehr schweres Teil des Fahrzeuges selbst heben — erbitten Sie sich Hilfe.
- Kinder oder Haustiere auf keinen Fall in Wagennähe lassen, wenn an diesem eine Reparatur durchgeführt wird.
- Das Fahrzeug nicht auf einer Wiese, einer Fläche mit trockenem Laub oder über ölige Putzlappen fahren, wenn der Motor bis zum letzten Moment gelaufen ist. Der Katalysator ist sehr heiss und könnte brennbare Teile anzünden, wenn sie zu nahe kommen.
- Falls Arbeiten am Auspuff durchgeführt werden (unbedingt zuerst abkühlen lassen) darf man beim Einbau der Teile auf keinen Fall das Wärmeschutzblech des Katalysators vergessen. Der Unterboden würde die Hitze kaum aushalten.
- Schutzbrillen sind bei Arbeiten mit elektrisch betriebenen Geräten, wie z.B. Bohr- oder Schleifmaschinen, zu tragen. Eine solche Brille wäre auch nicht am falschen Platze, wenn man sich zum Arbeiten unter das Fahrzeug legen muss.
- Besorgen Sie sich eine gute Handschutzcreme, um die Hände vor schmutzigen Arbeiten einzureiben. Abgesehen von leichterer Reinigung bietet sie einen bestimmten Schutz gegen Altöl oder andere korrosive Mittel.
- Krawatten haben bei Arbeiten am Auto keinen Platz. Ebenfalls lange Hemdsärmel oder andere lose Kleidungsstücke fern von sich bewegenden Teilen halten. Lange Haare während der Arbeit festbinden. Fingerringe und Armbanduhren am besten abziehen. Abgesehen davon dass man daran hängenbleiben kann, bieten sie auch einen Leiter für die elektrische Anlage.
- Den Arbeitsplatz von unnötigen Teilen

befreien. Ein Stolpern wird dadurch offensichtlich weitgehend verringert.

● Falls es möglich ist, arbeiten Sie niemals allein an einem Fahrzeug. Familie, Freunde oder Bekannte können öfters mal kurz nachschauen, ob alles in Ordnung ist.

● Niemals versuchen eine Arbeit überhastet zu Ende zu führen. Viele Radmuttern wurden lose gelassen, um das Fahrzeug wieder schnell zum Fahren zu bringen.

● Niemals in der Nähe des Fahrzeuges rauchen oder andere rauchende Personen in die Nähe lassen. Ebenfalls aus diesem Grund sollte man die Batterie abklemmen wenn Kraftstoffleitungen abgeschlossen werden. Mit Metallgegenständen hergestellte Kurzschlüssen könnte zu Feuer führen. Sicherheitshalber sollten Sie einen Handfeuerlöscher in unmittelbarer Nähe haben.

● Die elektrische Spannung der Zündanlage ist sehr hoch. Niemals irgendwelche Leitungen mit blossen Fingern anfassen.

● Eine Handlampe niemals auf den Motor auflegen, um besser zu sehen. Bestimmte Handlampen entwickeln grosse Wärme und könnten Benzinkraftstoff entzünden.

Falls Sie die angeführten Hinweise sorgfältig beachten, sollten bei den im Buch beschriebenen Arbeiten keine Verletzungen Ihrer Person oder Beschädigung des Fahrzeuges auftreten.

1.5 Fahrzeug richtig aufbocken

Beim Aufbocken des Fahrzeuges einen Wagenheber oder Unterstellböcke nur unter die in Bild 8 gezeigten Ansatzstellen untersetzen. Die Stellen (1) dienen zum Ansetzen des Bordwagenhebers. Die Stellen (2) geben an wo man einen Werkstattwagenheber, d.h. Rollwagenheber ansetzt. Vor Aufbocken des Fahrzeuges sollte man sich davon überzeugen, dass keine zusätzlichen Lasten im Kofferraum liegen.

Beim vollständigen Aufbocken des Fahrzeuges den Vorderwagen zuerst aufbocken. Die Hinterräder sollten entweder verkeilt werden (Ziegelsteine unterlegen), damit das Fahrzeug nicht abrollen kann, oder man zieht die Handbremse an.

Nach Aufbocken des Fahrzeuges sichere Unterstellböcke unter die Seite der Karosserie untersetzen. Vor jeglichem Aufbocken des Fahrzeuges sich immer überzeugen, dass man den Wagenheberteller an einer Stelle ansetzt, an welcher keine Teile gequetscht oder verbogen werden können.

Vor dem Aufbocken des Fahrzeuges immer die Beschaffenheit des Bodens kontrollieren, da ein weicher Boden nachgibt und der Wagenheber einsinken kann.

Falls man annimmt, dass die verwendeten Unterstellböcke nicht hundertprozentig sicher sind (vor allem muss der Feststellbolzen zur Höheneinstellung kräftig genug sein), kann man z.B. eine Seite des Fahrzeuges aufbocken und das abgenommene Rad unter der freien Aufhängung unterlegen. Sollte der Wagen abrutschen, verbleibt immer noch ein Raum der Stärke des Reifens zwischen Wagen und Boden und gibt Ihnen zusätzliche Sicherheit.

Auf jeder Seite des Fahrzeuges befinden sich zwei Stellen zum Ansetzen des Bordwagenhebers. Zum Anheben eines Rades immer die dem Rad am nächsten liegende Ansatzstelle benutzen. Den Scherenwagenheber in der in Bild 7 gezeigten Weise ansetzen und das Fahrzeug durch Rechtsdrehung der Kurbel anheben.

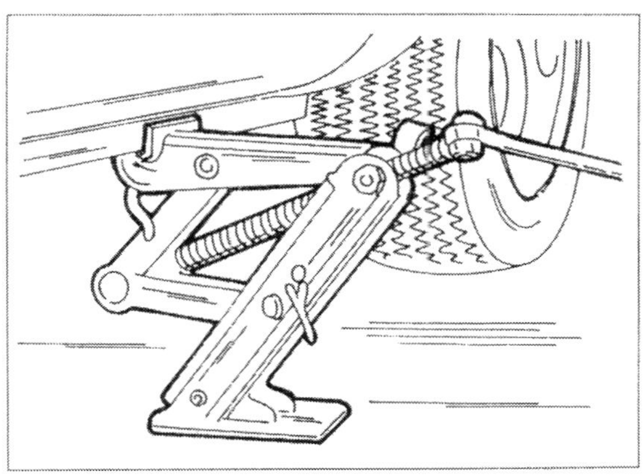

Bild 7
Der Bordwagenheber in angesetzter Stellung.

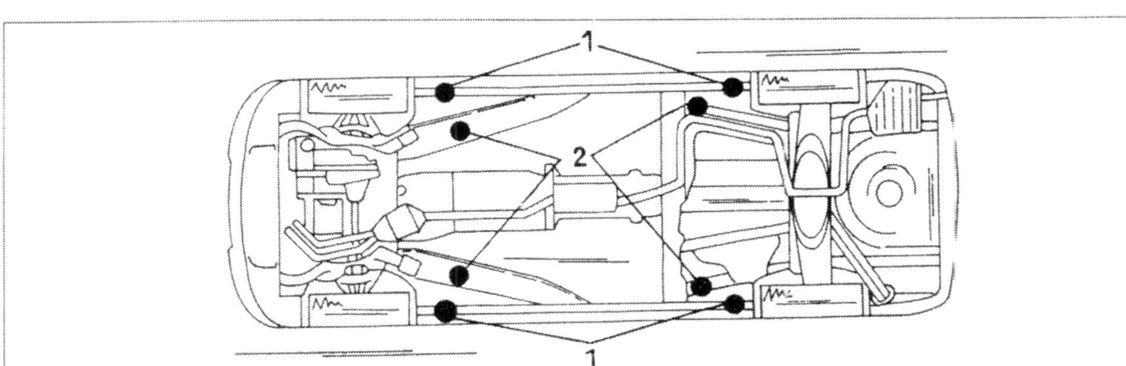

Bild 8
Ansicht des Fahrzeuges von der Unterseite mit den Ansatzstellen für die Unterstellböcke (1) und eines Wagenhebers (2).

Darauf achten, dass die Auflage des Wagenhebers flach aufliegt, d.h. nicht verkantet ist, ehe das Fahrzeug damit angehoben wird. Zu beachten ist, dass der Wagenheber speziell für den Mondeo entwickelt wurde und sich z.B. ein Wagenheber eines Sierras nicht eignet.

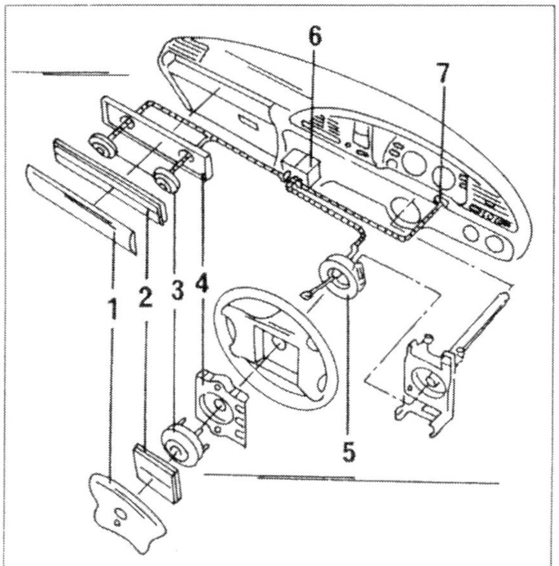

Bild 9
Die einzelnen Teile des Airbag-Systems.
1 Abdeckung
2 Airbag
3 Aktuator
4 Metallbehältnis
5 Uhrfeder
6 Elektronisches Steuergerät
7 Warnleuchte

1.6 Airbag- und Gurtstraffer-System

1.6.1 Airbag-System

Ein Airbag ist serienmässig auf der Fahrerseite vor dem Lenkrad eingebaut und kann auf Sonderwunsch auf der Beifahrerseite eingebaut sein. In diesem Fall befindet er sich unter einer Abdeckung im Armaturenbrett, über dem Handschuhkasten. Der maximale Schutz kann jedoch nur in Verbindung mit dem Gurtstraffer-System erhalten werden.

Ein elektronisches Bauteil steuert die Arbeitsweise des gesamten Systems, einschliesslich der Diagnoseelemente. Es enthält zwei Sensoren. Einer davon entwickelt ein Signal während Beschleunigung und Verlangsamung, der andere Sensor nimmt nur Verlangsamungen wahr. Die beiden Sensoren sind in Serie geschaltet und wenn beide eine plötzliche Verlangsamung von mehr als dem festgelegten Wert feststellen, bringen sie die Module des Airbags oder beider Airbags zum "Explodieren". Das Steuerteil dient aber ebenfalls zur Kontrolle der Anlage, d.h. wenn ein Fehler festgestellt wird, warnt es den Fahrer mit Hilfe einer Warnleuchte, die entweder blinkt oder dauerhaft erhellt bleibt, dass irgendetwas nicht stimmt. Die Leuchte, wie Sie ja bereits wissen werden, bleibt nach Einschalten der Zündung 4 Sekunden lang erhellt, wenn alles in Ordnung ist.

Eine sogenannte 'Uhrfeder" überträgt die erforderlichen Signale zwischen dem elektronischen Steuergerät und dem Airbag-Modul auf der Fahrerseite. Die Feder ist an der Halterung des Lenksäulenschalters befestigt und besteht aus "feststehenden" und "sich bewegenden" Teilen, die durch ein gewickeltes "Mylar"-Band mit Stromleitbahnen miteinander verbunden sind. Das "Mylar"-Band kann sich während der Drehung des Lenkrades, an welchem das bewegliche Teil befestigt ist, aufspulen und wieder zurückspulen, so dass jederzeit elektrischer Kontakt zwischen dem elektronischen Steuermodul und dem Airbag-Modul beigehalten wird. Die Uhrfeder liefert gleichzeitig den Strom für die Signalhupe und, falls eingebaut, für die Schalter des Geschwindigkeitsreglers.

Der Aktuator für den Airbag liegt in einem Metallbehältnis, auf welchem der Airbag sauber gefaltet aufliegt. Die gesamte Einheit wird durch einen Deckel abgedeckt. Das Modul wird dann am Lenkrad angebracht.

Der Aktuator hat die Aufgabe die erforderliche Gasmenge zum Füllen des Airbags zu erzeugen. Er besteht aus einem Stahlgehäuse hoher Festigkeit und ist mit einer Detonierungsladung gefüllt und einem elektrisch ausgelösten Zünder versehen. Der Zünder wird durch ein Signal vom elektronischen Steuermodul ausgelöst und zündet dabei die zum Füllen des Airbags dienende Ladung. Die sehr schnelle Verbrennung dieser Detonierung erzeugt genügend Gas um den oder die Airbags zu füllen. Auf der Fahrerseite wird ein Aktuator verwendet, auf der Beifahrerseite sind zwei eingebaut. Der Airbag selbst ist auf der Fahrerseite fast rund. Auf der Beifahrerseite ist er der Form des Armaturenbretts angepasst. Bild 9 zeigt in welchem Verhältnis die Teile zueinander eingebaut sind.

Die Abdeckung auf der Fahrerseite formt die Lenkradnabe und sieht auch wie eine solche aus, nur dass sie etwas grösser ist. Die Abdeckung ist dauerhaft mit dem Metallbehältnis verbunden und kann auch nicht von diesem getrennt werden. Die Abdeckung hat eine Anzahl von unsichtbaren "Platzstellen", die dem Airbag leichten Durchgang gewährleisten, wenn die Anlage in Betrieb kommen sollte.

Was in einem Airbag-System vor sich geht ist folgendes:

- Bei einem Frontalzusammenstoss nehmen die beiden Sensoren eine plötzliche Verlangsamung wahr. Wenn **beide** Sensoren gleichzeitig schliessen, fliesst Strom zum Aktuator, welcher zur Entzündung des Gases führt.
- Das Gas verbrennt äussert schnell im Metallbehältnis und erzeugt Nitrogen- und Kohledioxid-Gas. Die Gase werden während dem Auf-

blasen des Airbags gekühlt und gefiltert.

- Der sich füllende Airbag bringt die Abdeckung zum Platzen und der sich schnell füllende Sack kann sich vor dem Passagier ausbreiten. Der gesamte Vorgang findet innerhalb eines Bruchteils einer Sekunde statt.
- Nach der Füllung wird das Gas schnell durch Öffnungen im Material ausgestossen. Airbags erschlaffen sofort und würden nach Auslösung wie in Bild 10 aussehen. Sie können leicht aus dem Weg gerückt werden.

In der folgenden Beschreibung sind einige Fakten angeführt, die Sie wissen sollten, falls sie einmal in einen Unfall mit eingebautem Airbag verwickelt sind:

- Airbags enthalten einen entflammbaren Feststoff, keinen Explosionsstoff. Airbags explodieren nicht bei einem Unfall oder einem Feuer.
- Lenkrad, Lenksäule und das Material des Airbags sind nach einem Unfall nicht heiss. Aufkommender Rauch rührt von Talkumpuder oder Stärkemehl her, mit welchem der Airbag eingeschmiert ist. Der Rauch ist deshalb nicht giftig, könnte natürlich momentan in die Augen gehen.
- Durch Abklemmen der Batterie wird das Airbag-System ausser Betrieb gebracht. Der Airbag kann sich nicht durch Abklemmen der Batterie füllen.

1.6.2 Gurtstraffer-System

Das Gurtstraffer-System ist bei beiden Vordersitzen eingebaut. Eine plötzliche Verlangsamung des Fahrzeuges bei einem Frontalzusammenstoss oder Fast-Frontalzusammenstoss wird durch einen Massesensor aufgenommen. Ist die Verlangsamung gross genug, bewegt sich der Sensor nach vorn und löst den Gurtstraffer aus. Diese Phase findet statt, ehe die durch den Gurt gehaltene Person durch den Aufprall nach vorn geworfen wird. Durch den Vorgang werden ca. 120 mm des lockeren Sitzgurtes gestrafft, welche sich zwischen dem Schultergurt und dem Hüftgurt verteilen. Das Gurtstraffersystem ist immer vorgespannt, ausser wenn der Sitz verstellt wird, spannt sich aber sofort wieder vor, sobald der Sitz wieder eingerastet ist.

Nachdem der Gurtstraffermechanismus ausgelöst wurde, kann das Gurtschloss aufgrund eines Ratschensystems nicht wieder von selbst in die Ausgangsstellung zurückkehren, d.h. das Schloss spring nach unten, unterhalb die Kante des Sitzkissens. Im allgemeinen kann gesagt werden, dass das Gurtstraffersystem bei einem Aufprall mit einer Geschwindigkeit von mehr als 12 km/h ausklinkt.

1.7 Abschleppen des Fahrzeuges

Fahrzeuge müssen schon mal abgeschleppt werden. Beim Abschleppen nur ein geeignetes Schleppseil verwenden. Das Seil darf nur an den vorgesehenen Schleppösen eingehängt werden. Den Zündschlüssel auf die Stellung II schalten, damit die Lenkung entsperrt wird und die Blinkleuchten und Bremsleuchten betriebsbereit sind.

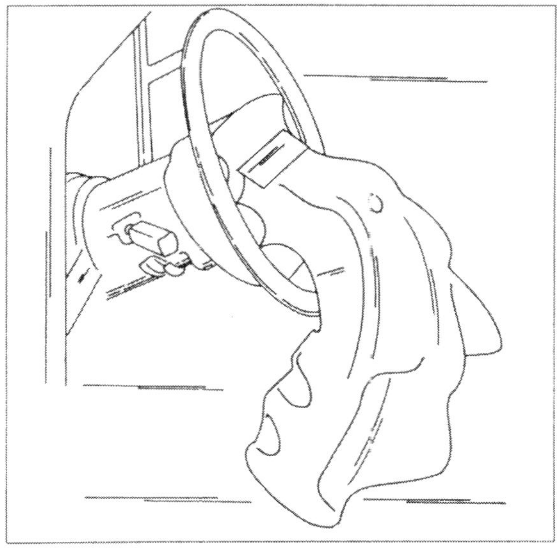

Bild 10
Nach Entleeren des Airbags hängt dieser aus dem Lenkrad herunter.

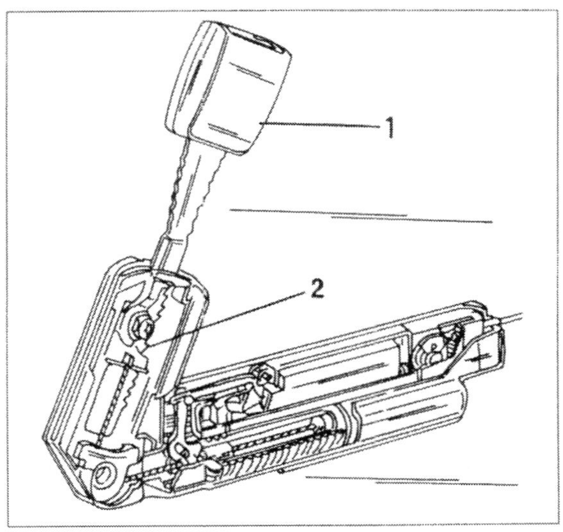

Bild 11
Ansicht eines Gurtstraffermechanismus. Das Gurtschloss (1) springt nach unten und strafft den Riemen. Die Ratsche (2) in der Innenseite verhindert ein Zurückspringen des Schlosshebels.

1.8 Wartung und Pflege

Die meisten der Wartungsarbeiten können selbst durchgeführt werden. Manchmal ist es jedoch zweckmässiger die Wartung in einer Werkstatt durchführen zu lassen, d.h. es fehlen die notwendigen Einrichtungen oder Erfahrungen, Messgeräte sind erforderlich oder die Werkstatt kann die Arbeit einfach schneller durchführen. Vor allem wichtig sind die regelmässigen Inspektionen und Kontrollen, welche untenstehend angeführt sind.

1.8.1 Motorölstand kontrollieren

Der Stand des Motoröls sollte mindestens einmal in der Woche kontrolliert werden. Dazu den Ölmessstab herausziehen und mit einem sauberen Lappen abwischen. Messstab nochmals hineinschieben und ihn wieder herausziehen. Das Öl muss bei waagerecht stehendem Fahrzeug zwischen der oberen und unteren Markierung liegen (''Max'' und ''Min''). Liegt der Ölstand an der unteren Markierung, muss Öl nachgefüllt werden. Der Unterschied zwischen der oberen und der unteren Marke beträgt 0,75 bis 1,0 Liter. Auf keinen Fall den Motor überfüllen, d.h. das Öl darf nicht über die obere Marke steigen. Dies ist jetzt sogar wichtiger als bei Fahrzeugen der älteren Generation, da Schäden am Katalysator durch Überfüllung des Motors verursacht werden können. Unbedingt sicherstellen, dass das verwendete Öl der Ford-Norm entspricht. Ihre Tankstelle wird Sie darüber beraten, falls Sie nicht sicher sind. Motoröle sind unterschiedlich für Benzin- und Dieselmotoren. Darauf achten, dass man das richtige Öl kauft.

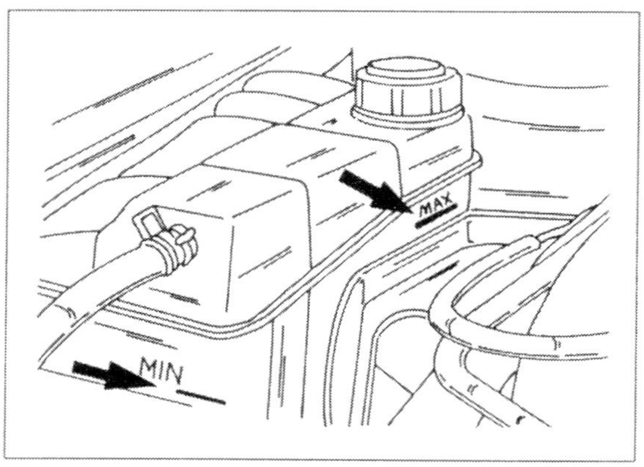

Bild 12
Ansicht des Ausgleichsbehälters der Kühlanlage. Das Kühlmittel muss bis zur ''Max''-Markierung (Pfeil) stehen.

1.8.2 Bremsflüssigkeitsstand kontrollieren

Der Behälter für die Bremsflüssigkeit sitzt im Motorraum auf der linken Seite auf dem Hauptbremszylinder. Der Behälter ist durchsichtig und der Flüssigkeitsspiegel kann leicht festgestellt werden. Der Spiegel muss immer an der ''Max.''-Markierung stehen. Falls erforderlich, frische Bremsflüssigkeit nachfüllen, welche der von Ford empfohlenen Norm entsprechen muss. Falls der Flüssigkeitsspiegel in der Nähe der ''Min.''-Marke vorgefunden wird, sollte man die Stärke des Bremsklotzmaterials und Bremsbackenmaterials kontrollieren, da dies eine gute Anzeige für vorgeschrittenen Verschleiss ist. Zum Nachfüllen die Verschraubung des Vorratsbehälters zusammen mit dem Flüssigkeitswarnschalter herausdrehen und Flüssigkeit nachfüllen. Darauf achten, dass diese nicht auf den Lack tropfen kann. Falls es doch passiert, sie sofort mit Wasser abwaschen.

1.8.3 Bremsleuchten überprüfen

Die Arbeitsweise der Bremsleuchten kann mit Hilfe einer zweiten Person oder auch allein kontrolliert werden. Bei der ersten Methode auf die Bremse treten, während die zweite Person das Aufleuchten der Lampen kontrolliert. Sind Sie allein, rückwärts vor die Garagentür fahren und auf die Bremse treten. Die Lampen scheinen rot gegen die Garagentür. Falls eine Lampe nicht aufleuchtet, die Glühbirne ersetzen; leuchten beide Lampen nicht auf, könnte der Bremslichtschalter defekt sein.

1.8.4 Beleuchtung kontrollieren

Alle Beleuchtungskörper (einschliesslich der Hupe und Warnblinkanlage) der Reihe nach durchschalten und deren Funktion kontrollieren. Rücklichter und Rückfahrscheinwerfer können am besten im Dunkeln vor der Garagentür kontrolliert werden, ohne dass man aus dem Fahrzeug aussteigt, da man den Schein der Leuchten durch den Rückspiegel sehen kann.

1.8.5 Reifendruck kontrollieren

Den Reifendruck an einer Tankstelle kontrollieren. Falls Sie den Druck nicht kennen, können Sie anhand der Tabellen an Tankstellen leicht feststellen, welcher Druck für Ihr Fahrzeug erforderlich ist, da die Reifendrücke je nach aufgezogenen Reifen voneinander abweichen können. Bei voller Belastung werden die hinteren Reifen etwas mehr gefüllt. Falls Winterreifen gefahren werden, erhöht man den Druck entsprechend den Angaben der Hersteller. Das gleiche gilt, wenn das Fahrzeug mit Dauergeschwindigkeit auf der Autobahn gefahren wird.

1.8.6 Kühlmittelstand kontrollieren

Das kalte Kühlmittel muss zwischen der ''Min''- und der ''Max''-Markierung am Ausgleichsbehälter stehen (siehe Bild 12). Falls erforderlich abwarten bis das Kühlmittel abgekühlt ist und zusätzliches Frostschutzmittel einfüllen. Ist der

Motor heiss, sollte man eine Weile warten, ehe man die Verschraubung des Ausgleichsbehälters abschraubt. Den Deckel nur langsam abschrauben, um Dampfverbrühungen zu vermeiden. Das Frostschutzmittel sollte vorgemischt werden, ehe man es einfüllt, da man durch Einfüllen von unverdünntem Frostschutzmittel die genaue Menge nicht dosieren kann.

1.8.7 Nicht genannte Wartungsarbeiten

Arbeiten, wie z.B. Wechseln des Motoröls, Ölfilters, Kontrolle des Getriebeölstands, Erneuerung des Luftfiltereinsatzes, Keilriemenspannung für Lichtmaschine, Lenkhilfspumpe, etc., sind im betreffenden Kapitel beschrieben, welche entsprechend nachzulesen sind.

2 Die Benzinmotoren

Die mit zwei Nockenwellen und 16 Ventilen arbeitenden Motoren gehören der neuen Ford-Motorenserie "Zeta" an. Durch Anwendung von Mehrventil-Technik und moderner Motorelektronik entspricht die neue Motorengeneration den heutigen Anforderungen moderner hinsichtlich

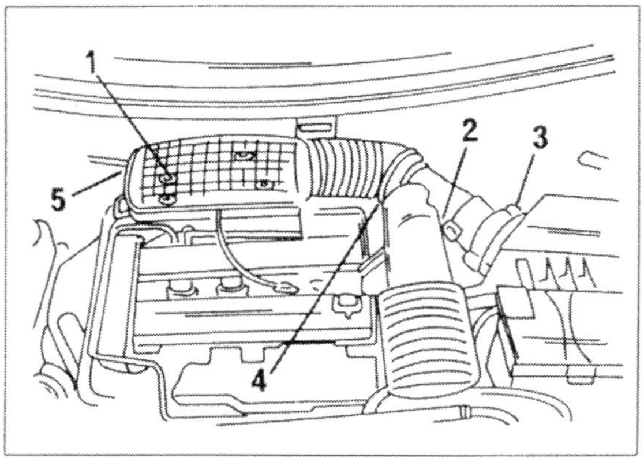

Bild 13
Befestigung der Luftansaugrohre. Auf die Zahlen wird im Text verwiesen.

Wirtschaftlichkeit, niedriger Emission, Leistung und leichter Wartung.
Das Herz der Motorelektonik ist das EEC IV-Modul, versehen mit einem leistungsstarken Mikroprozessor. Genaue Luftströmungsmessung, elektronische Kraftstoffeinspritzung, vollelektronische Zündung und Zündkerzen mit Platinelektroden sowie elektronisch geregelte Abgasregulierung bieten Ihnen einen Motor, welcher auf lange Zeit ohne Störungen arbeiten wird.

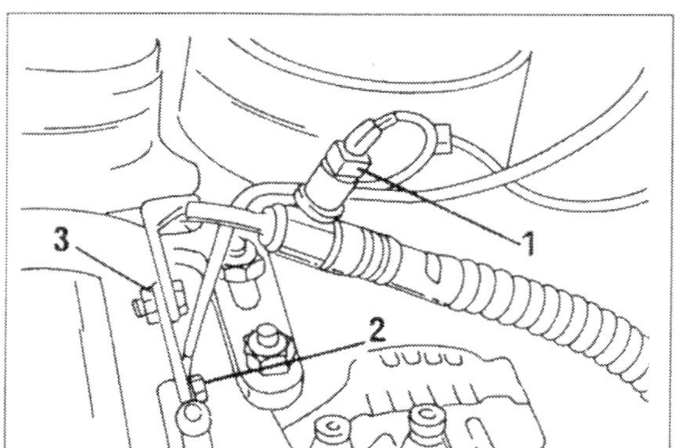

Bild 14
Die im Text genannten Teile an den gezeigten Stellen lösen.

2.1 Ausbau des Motors

Motor und Getriebe werden zusammen aus dem Fahrzeug ausgebaut, jedoch möchten wir darauf hinweisen, dass Ford-Werkstätten zwei Führungsstifte zum Ausfluchten des Antriebsaggregats im Verhältnis zum Nebenrahmen benutzen. Da man annehmen muss, dass diese nicht zur Verfügung stehen, muss man beim Lösen der Motor- und Getriebeaufhängungen die Befestigungsweise der Gummilager genau kennzeichnen, um sie wieder in der ursprünglichen Stellung anzuziehen. Eine andere Lösung wäre, dass man die Motor/Getriebe/Nebenrahmenflucht anschliessend kurz in einer Werkstatt kontrollieren lässt.
Ebenfalls zum Ausbau wird eine Vorrichtung zum Anheben des Motors gebraucht, um die Aufhängungslager spannungsfrei zu lösen. Dies ist eine Art Stange, welche quer über den Motorraum angeordnet wird. Ein am Motorhebebügel eingehängter Haken wird dann zum Anheben des Motors benutzt. Auf die Vorrichtung wird später noch eingegangen.

- Die Radmuttern beider Vorderräder lockern.
- Beide Kabel der Batterie abklemmen und alle daran angeschlossenen Leitungen abschliessen. Kabelbinder müssen entsprechend aufgeschnitten und beim Einbau erneuert werden.
- Den Luftansaugstutzen unter Bezug auf Bild 13 vollkommen ausbauen. Zuerst die vier Befestigungsschrauben (1) entfernen. Als nächstes den Stecker (2) vom Sensor abziehen und auf der gleichen Seite die Schellen (3) des Schlauches lösen. An der mit (4) bezeichneten Stelle einen Mehrfachstecker für den Sensor der Ansaugluft abziehen. Auf der linken Seite befindet sich ein Unterdruckschlauch (5). Diesen abziehen.
- Den Luftfilter ausbauen. Dazu einen Belüftungsschlauch zwischen Filter und Zylinderkopfhaube abschliessen. Rechts einen Gummiring aushängen und den Luftfilter auf der rechten Seite aus der Befestigung heben, ihn links erfassen und herausheben.
- Die Kunststoffspangen zusammendrücken und die Schläuche von den Kraftstoffleitungen abziehen.
- Sicherungsspange des Drosselklappenseils herausziehen, das Drosselklappenseil am Ende aus dem Eingriff mit dem Hebel bringen und das gesamte Seil vorsichtig nach hinten verlegen.
- Bei den nächsten Arbeiten Bild 14 hinzuziehen. Zuerst den Stecker des Druckschalters der Servolenkung (1) ausfindig machen und abziehen. Ein Massekabel (2) von der Hebeöse des Motors abschrauben und den Hochdruckschlauch der Servolenkhilfspumpe (3) von der Befestigung lösen.
- Die verschiedenen Unterdruckschläuche abschliessen, nachdem man sie in geeigneter Weise mit einem Filzstift am Schlauchende und am Anschlussstück gezeichnet hat. Ein Verwechseln der Schläuche führt später zu Störungen. Schläu-

che sind mit den folgenden Teilen verbunden: Ein Schlauch ist mit dem Ansaugrohr, ein weiterer mit dem Kraftstoffdruckregler verbunden. Der an der Membrane angeschlossene Schlauch gehört zum Abgasrückführungssystem, die beiden darunterliegenden Schläuche gehören zum Pulse-Air-System, einen weiteren Schlauch vom Belüftungsventil des Motors abziehen.

- Fahrzeug vorn auf Böcke setzen.
- Einen geeigneten Behälter unter die Vorderseite des Fahrzeuges setzen und das Schutzblech unter dem Kühler abschrauben. Den Ablasshahn des Kühler ausfindig machen und öffnen. Das auslaufende Kühlmittel auffangen.
- Den Mehrfachstecker (1) in Bild 15 von der Lambda-Sonde abziehen und von der Befestigung befreien. Unmittelbar daneben einen Unterdruckschlauch (2) abziehen. Dieser ist mit dem Filter des Pulse-Air-Systems verbunden.
- Die komplette Auspuffanlage ausbauen. Dazu das Rohr vom Auspuffkrümmer abschrauben und die verbleibende Anlage von den Gummiaufhängungen lösen. Darauf achten, dass die Anlage nicht herunterfallen kann.
- Beide Vorderräder abschrauben. Auf der Riemenscheibenseite des Motors das Abdeckblech im Radkasten abschrauben und dann das Schutzblech für die Riemenscheibe entfernen.
- Die Spannvorrichtung des Antriebsriemens lockern, bis der Riemen weit genug gelöst ist, um ihn von der Riememscheibe herunterzunehmen. Bild 16 zeigt wie man an den Riemenspanner herankommt. Die Räder danach wieder provisorisch anschrauben und das Fahrzeug auf den Boden ablassen.
- Ein Massekabel zwischen der Karosserie und dem Getriebe ausfindig machen. Es liegt in der Nähe einer der Getriebeaufhängungen.
- Kupplungsseil aus dem Ausrückhebel aushängen, vom Widerlager freimachen und auf eine Seite drücken.
- Die Kabel unter Bezug auf Bild 17 abschliessen. Den Stecker (1) einfach trennen. Die drei Stecker (2) vor Abziehen vom Hauptkabelstrang des Motors kennzeichnen.
- Den Behälter der Lenkungsflüssigkeit aus der Befestigungsspange befreien.
- Den Mehrfachstecker des Motorkabelstranges vom Modul trennen. Der Stecker ist in der Mitte mit einer Schraube gehalten. Links daneben ist ein Massekabel abzuschliessen.
- Weitere Stecker sind unter Bezug auf Bild 18 zu trennen. Diese sind ebenfalls am Hauptkabelstrang des Motors angeschlossen und sitzen an der Spritzwand.
- Das Wärmeschutzblech des Auspuffkrümmers abschrauben.
- Kühler fest an der Motorhaubenauflage festbinden und die Kühlwasserschläuche vom Thermostatgehäuse abschliessen. Die Schellen der Schläuche kann man im Notfall zerschneiden, falls man Schwierigkeiten beim Öffnen hat.

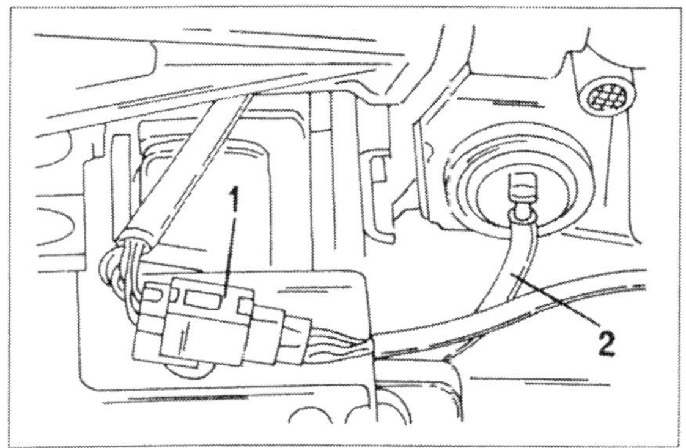

Bild 15
Den Mehrfachstecker (1) von der Lambda-Sonde und den Schlauch (2) vom Filter des Pulse-Air-Systems abschliessen.

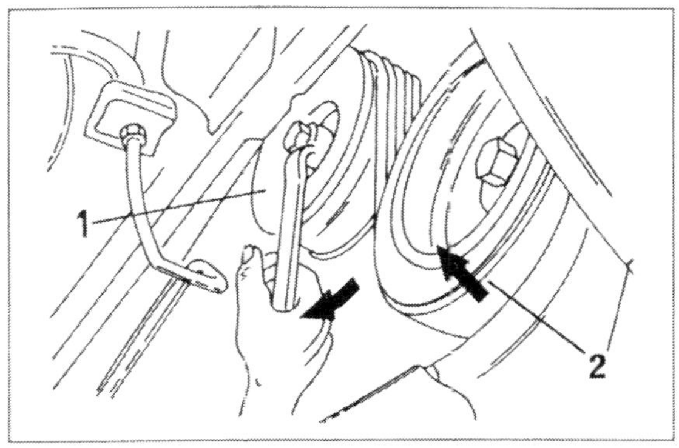

Bild 16
Nach Lockern des Riemenspanners (1) kann der Antriebsriemen (2) heruntergenommen werden.

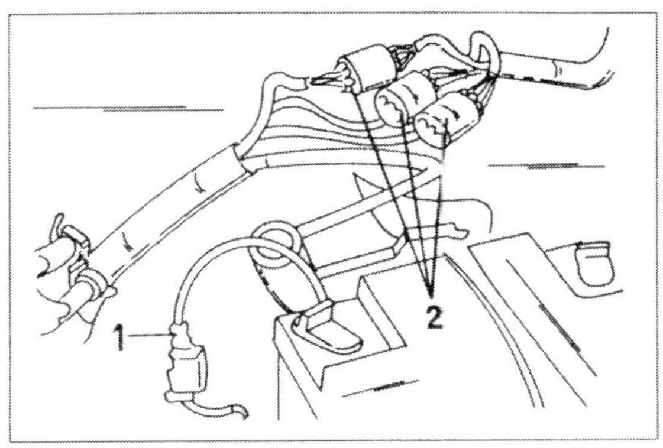

Bild 17
Stecker (1) und (2) im Motorraum trennen.

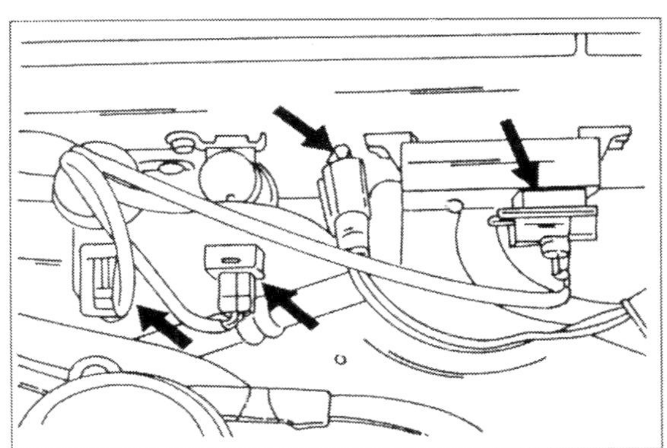

Bild 18
Die gezeigten Stecker befinden sich an der Stirnwand des Motorraums.

- Die Lenkhilfspumpe von der Befestigung lösen. Dazu zuerst unter Bezug auf Bild 19 den Schlauch (1) vom Dehngefäss der Kühlanlage abschliessen. Auf der rechten Seite die Befestigungsschelle (2) der Hochdruckleitung der Pumpe lösen, die Schrauben (3) und (4) herausdrehen und die Pumpe auf eine Seite legen.

Hinweis: Einbaustellung des Nebenrahmens vor Ausbau genau anzeichnen.

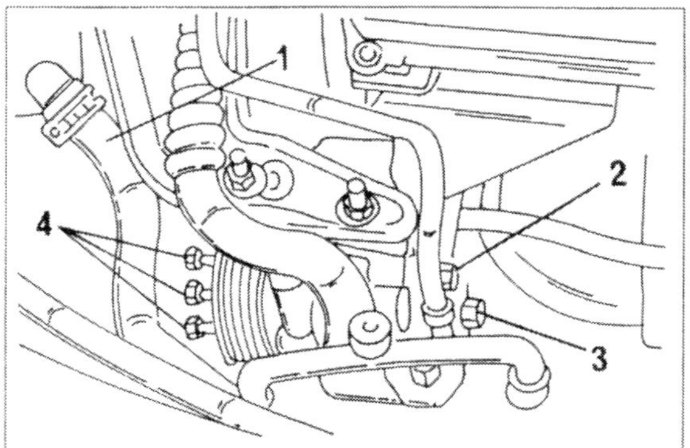

Bild 19
Die Befestigung der Lenkhilfspumpe.
1 Schlauch
2 Befestigungsschelle
3 Befestigungsschrauben
4 Befestigungsschrauben

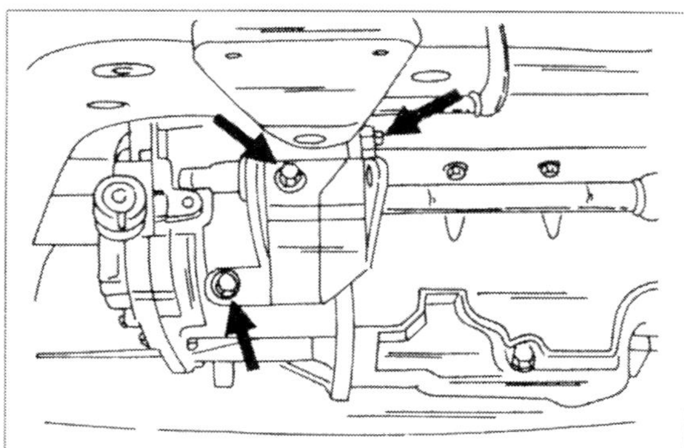

Bild 20
Die drei Schrauben am Getriebe lösen, um die Konsole der Drehmomentstütze zu lösen.

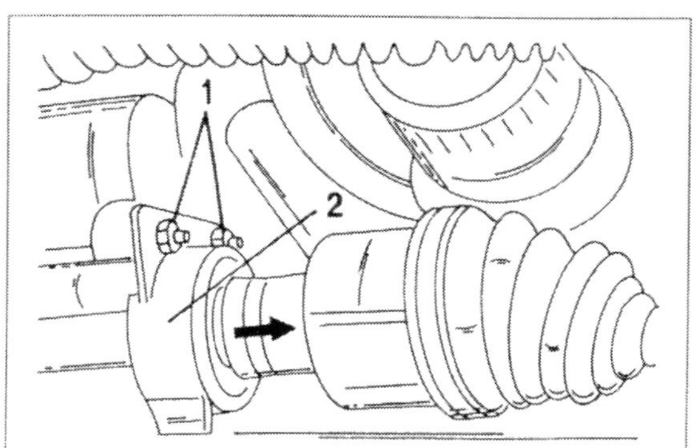

Bild 21
Zum Ausbau der rechten Antriebswelle.
1 Schrauben des Stützlagers
2 Wärmeschutzblech

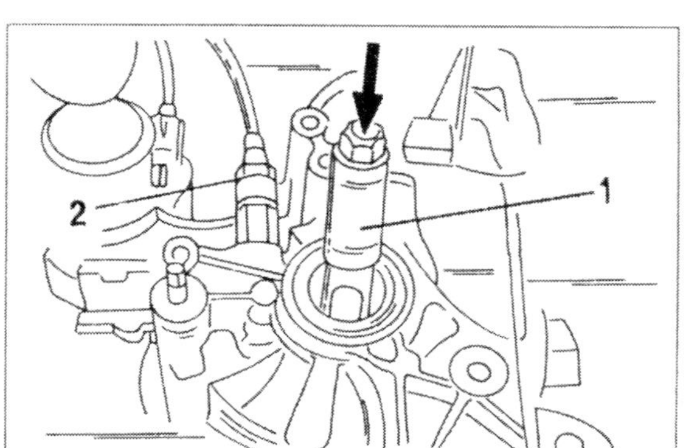

Bild 22
Die linke Antriebswelle mit dem gezeigten Spezialdorn (1) aus dem Sitz schlagen. Die Tachometerspirale wird mit der Kordelmutter (2) befestigt.

- Das Fahrzeug jetzt wieder vorn auf Böcke setzen.
- Das Kugelgelenk links und rechts von der Unterseite des Achsschenkels trennen. Das Gestänge für den Kurbelstabilisator (vom Federbein) und das Gelenk der Spurstange (vom Lenkhebel) müssen dazu gelöst werden. Nähere Einzelheiten sind im Abschnitt "Vorderradaufhängung" zu finden.
- Die Schaltstange und die Stützstange vom Getriebe befreien. Die Klemmschelle der Schaltstange muss ebenfalls gelockert werden, damit man die Schaltstange nach Lockern der Klemmschraube zurückziehen kann. Die Schelle an der Stange anzeichnen. Die Stützstange abschrauben.
- Von der Unterseite des Fahrzeuges das Wärmeschutzblech und die Führungskonsole für den Schalthebel abschrauben. Den gesamten Schaltmechanismus nach hinten schwingen und mit einem Stück Schnur festbinden.
- Die Lenkung und die hintere Drehmomentstütze des Motors vom Nebenrahmen abschrauben. An die Schrauben der Lenkung ist schwer heranzukommen. Ford-Werkstätten benutzen dazu einen speziell abgekröpften Ringschlüssel.
- Die drei in Bild 20 gezeigten Befestigungen lösen und die Konsole der hinteren Drehmomentstütze vom Getriebe befreien.
- Die mittlere Schraube aus der vorderen Drehmomentstütze des Motors herausdrehen.
- Befestigungshalter für den Kühler abschrauben. Die vier Schrauben des Nebenrahmens lösen und die Getriebeflüssigkeit ablassen — **Hinweis**.
- Heizungsschlauch vom Heizungsrohr abschliessen, den unteren Kühlerschlauch ausbauen und die Befestigungsschelle des Heizungsrohres lösen.
- Falls eine Klimaanlage eingebaut ist, die Schrauben des Kompressors entfernen, den Stecker der elektro-magnetischen Kupplung abziehen und den Kompressor abnehmen. Diesen mit einem Stück Draht am Fahrgestell festbinden.
- Den Unterdruckschlauch für den Bremskraftverstärker vom Ansaugsammelrohr abschliessen. Die Schnellverschlusskupplung muss dazu geöffnet werden, indem man sie zum Anschlussstück hin drückt und den Schlauch herauszieht.
- Rechte Antriebswelle ausbauen. Diese wird durch ein Stützlager geführt. Nach Lösen der Schrauben (1) in Bild 21 und Abschrauben des Wärmeschutzbleches (2) kann die Welle aus dem Getriebe gezogen werden. Die Welle mit einem Stück Draht am Fahrgestell festbinden, ohne dabei das Gleichlaufgelenk abzuknicken.
- Zum Ausbau der linken Antriebswelle wird der in Bild 22 gezeigte Spezialdorn benutzt. Die Welle damit aus dem Sitz ausschlagen und danach aus dem Getriebe ziehen. Die Welle mit einem Stück Draht am Fahrgestell festbinden, ohne dabei das

Gleichlaufgelenk zu knicken. Im gleichen Bild ist die Tachometerspirale sichtbar. Die Kordelmutter (2) abschrauben und die Spirale herausziehen.

- Einen Wagenheber unter Motor/Getriebe untersetzen (mit einem Holzklotz zwischen Wagenheberteller und Motor/Getriebe) und das Aggregat aus den Aufhängungen heben. Siehe nebenstehende Warnung.
- Die rechte Motoraufhängung lösen. Bild 23 zeigt wie der Aufhängungsbügel befestigt ist. Sechs selbstsichernde Muttern müssen gelöst werden (diese immer erneuern). Den Bügel danach herausnehmen.
- Auf der gegenüberliegenden Seite die selbstsichernden Muttern der linken Motoraufhängung vom Getriebe abschrauben. Die Muttern können sofort weggeworfen werden. Bild 24 zeigt die Befestigung.
- Kontrollieren, dass Motor und Getriebe einwandfrei auf dem Wagenheber aufsitzen und vorsichtig aus dem Fahrzeug herausziehen. Dabei ständig darauf achten, dass keine der Ansch üsse und Verbindungen vergessen wurden. Eine zweite Person sollte zur Hilfe gezogen werden, damit das Aggregat nicht herunterfallen kann.

2.2 Einbau des Motors

Alle selbstsichernden Muttern, zerschnittene Kabelschellen, nicht mehr einwandfrei aussehende Schlauchschellen oder Schlauchbinder müssen erneuert werden, ehe man mit dem Einbau des Motors beginnt. Es wird angenommen, dass das Getriebe abgeflanscht war, um die Kupplung zu überprüfen. Andernfalls lohnt es sich diese nicht umfangreiche Arbeit durchzuführen. Es könnte später Zeit und Kosten sparen. Wie bereits erwähnt, muss das Antriebsaggregat mit dem Nebenrahmen ausgefluchtet werden. Die Benutzung der Zentrierstifte ist im folgenden Text beschrieben. Falls diese fehlen, muss man sich dementsprechend helfen.

- Motor und Getriebe auf einen Wagenheber setzen, von einem Helfer gut halten lassen und in die ungefähre Lage in den Motorraum hineinheben.
- Die bereits am Anfang erwähnte Vorrichtung zum Anheben des Motors wird jetzt wie in Bild 25 gezeigt aufgesetzt. Da diese bestimmt nicht vorhanden ist, kann man einen kleinen Handkran benutzen und ein Seil an der Hebeöse einhängen. Wichtig ist, dass man den Motor anheben kann, bis er mit den Aufhängungslagern verbunden werden kann.
- Die linke Motoraufhängung (Bild 24) am Getriebe anschrauben, ohne die Muttern festzuziehen. Die Muttern immer erneuern.
- Die rechte Motoraufhängung (Bild 23) montieren. Die Muttern (immer erneuern) noch nicht festziehen.
- Die linke Antriebswelle in das Getriebe montieren. Einen neuen Sprengring richtig in die

Warnung: Motor und Getriebe müssen beim Aus- und Einbau sicher auf dem untergestellten Wagenheber sitzen — Unfallgefahr !

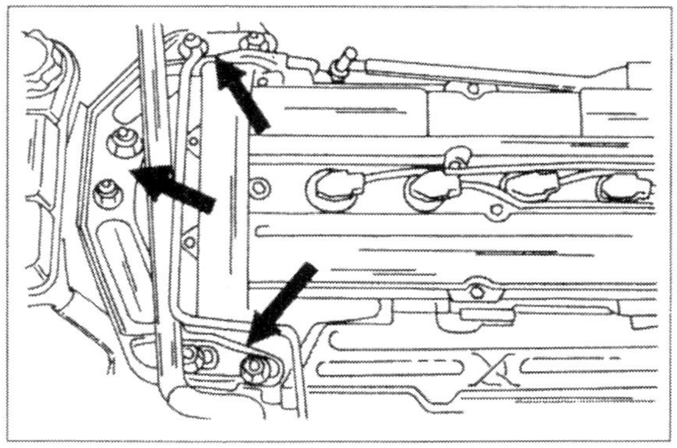

Bild 23
Die Pfeile zeigen wo die rechte Motoraufhängung befestigt ist.

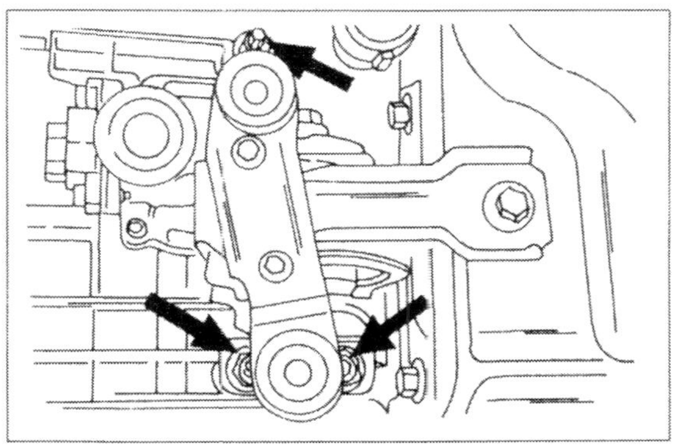

Bild 24
Die drei Befestigungsstellen der linken Motoraufhängung am Getriebe.

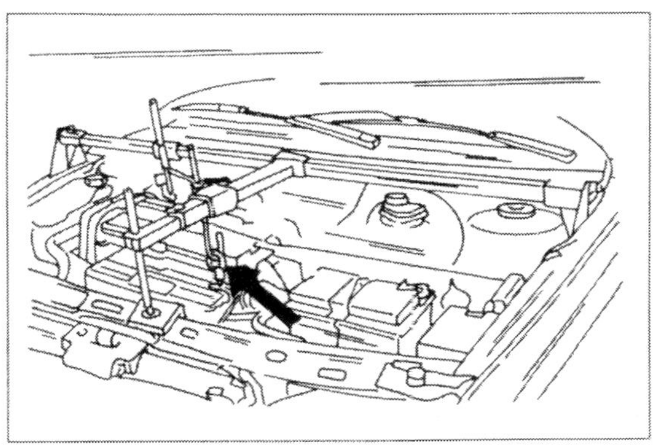

Bild 25
Vorrichtung zum Anheben des Motors und Getriebes, um die Motoraufhängungen zu montieren.

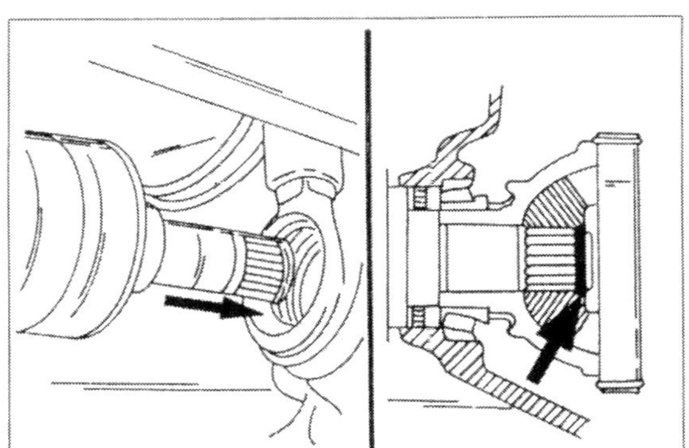

Bild 26
Das Ende der linken Antriebswelle in die Getriebeöffnung einschieben. Der rechts mit dem Pfeil gezeigte Sicherungsring muss immer erneuert werden.

Wellennut einfedern, ehe das Wellenende in das Getriebe geschoben wird.

- Die rechte Antriebswelle in das Getriebe einschieben, das Stützlager anschrauben und die beiden in Bild 21 gezeigten Schrauben (1) mit 27 Nm anziehen. Danach das Wärmeschutzblech (2) befestigen.

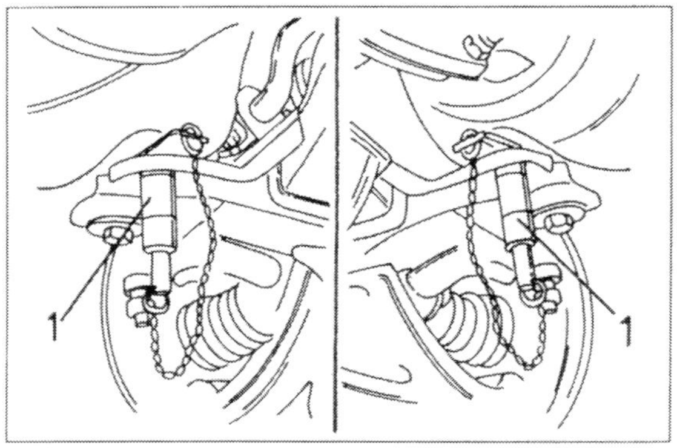

Bild 27
Die beiden Führungsstifte (15-097) werden zum Zentrieren des Nebenrahmens benutzt.

- Unterdruckschlauch des Bremsservos in den Schnellverschluss einschieben und sichern. Durch Ziehen am Schlauch kontrollieren, dass er einwandfrei gesichert ist.
- Falls eingebaut den Kompressor der Klimaanlage montieren (vier Schrauben mit 25 Nm anziehen) und den Stecker der elektro-magnetischen Kupplung aufschieben.
- Heizungsschlauch am Heizungsrohr und den unteren Kühlerschlauch am Stutzen anschliessen und das Heizungsrohr mit der Schelle befestigen.

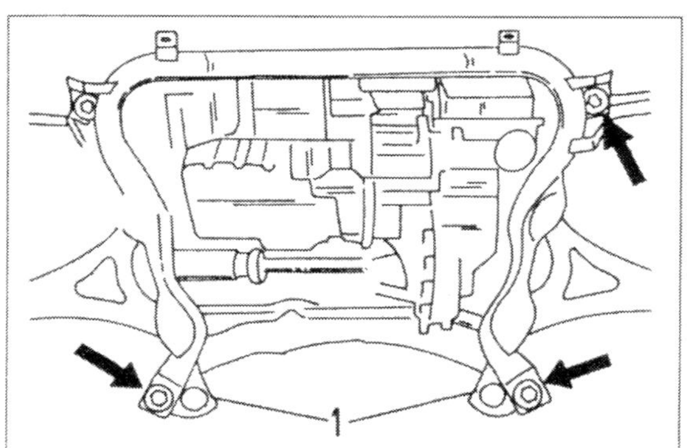

Bild 28
Die Schrauben (Pfeile) des Nebenrahmens mit 130 Nm anziehen. Die Führungsstifte sitzen an Stellen (1).

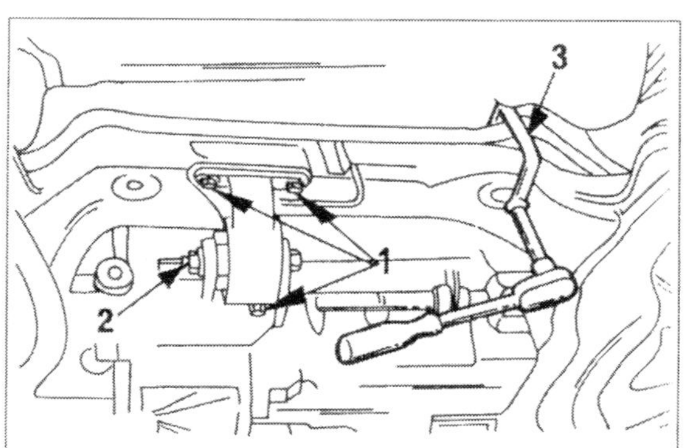

Bild 29
Befestigung der hinteren Drehmomentstütze und der Lenkung.
1 48 Nm
2 120 Nm
3 130 Nm, mit Spezialschlüssel 13-013

- Den Nebenrahmen jetzt ausfluchten. Zuerst aber die Kühlerhalterung und die vordere Drehmomentstütze vom Nebenrahmen lösen. Die beiden in Bild 27 gezeigten Führungsstifte jetzt an den gezeigten Stellen einsetzen und den Nebenrahmen so ausrichten, dass die Führungsstifte in der Mitte der Bohrungen in der Karosserie sitzen. Ebenfalls die Lenkung in die richtige Lage bringen. Bild 28 zeigt von unten wo die Stifte eingesetzt sind. Falls man keine Stifte zur Verfügung hat, muss man den Nebenrahmen entsprechend den eingezeichneten Markierungen wieder montieren. Die Schrauben (1) in Bild 28 gleichmässig auf ein Anzugsdrehmoment von 130 Nm anziehen und die beiden Führungstifte (2), falls verwendet, wieder herausdrehen.
- Mittlere Schraube der vorderen Drehmomentstütze einsetzen, ohne die Mutter fest anzuziehen.
- Die drei in Bild 24 gezeigten Muttern mit 83 Nm anziehen. Die Motoraufhängung darf sich dabei nicht verdrehen.
- Die Muttern in Bild 23 anziehen. Zuerst die vier Muttern am Motor anziehen. Die beiden Muttern des Aufhängungsbügels anziehen, nachdem der Motor wieder mit seinem eigenen Gewicht in den Aufhängungen sitzt, d.h. die zum Anheben benutzte Vorrichtung muss vorher abgenommen werden. Das Anzugsdrehmoment aller Muttern beträgt 83 Nm.
- Die Konsole der hinteren Dremomentstütze am Getriebe anbringen und mit 84 Nm anziehen (siehe Bild 20).
- Hintere Drehmomentstütze und Lenkung unter Bezug auf Bild 29 am Nebenrahmen anschrauben. Das Bild zeigt ebenfalls den Spezialschlüssel zum Anziehen der Lenkungsschrauben. Die Anzugsdrehmomente sind im Bild angegeben.
- Die vordere Drehmomentstütze, d.h. die mittlere Schraube kann jetzt mit 120 Nm angezogen werden.

Alle anderen Arbeiten werden jetzt in umgekehrter Reihenfolge wie der Ausbau durchgeführt. Der folgende Text weist noch auf einige Anzugsdrehmomente hin:

- Den Schaltmechanismus mit 44 Nm am Karosserieboden anschrauben.
- Die Klemmschraube der Schaltstange mit 23 Nm anziehen, die Befestigungsschraube der Stützstange mit 55 Nm. Das Getriebe muss dabei in Leergangstellung stehen. Die Schelle entsprechend der Kennzeichnung ausrichten und die Klemmschraube mit 16 Nm anziehen. Später kontrollieren, ob sich alle Gänge einwandfrei durchschalten lassen. Das Getriebe kann jetzt wieder mit Öl gefüllt werden.
- Vorderradaufhängung wieder montieren (siehe betreffendes Kapitel).
- Unter Bezug auf Bild 19 die Schrauben (3) und

(4) mit 47 Nm anziehen. Die Schelle wieder befestigen und den Schlauch am Dehngefäss der Kühlanlage anschliessen.

- Massekabel zwischen Getriebe und Karosserie mit 47 Nm anziehen.
- Den Antriebsriemen entsprechend Bild 30 auflegen und den Riemenspanner in Pfeilrichtung anziehen, bis der Riemen einwandfrei gespannt ist.
- Auspuffanlage in die Gummiringe einhängen und die Verbindung am Auspuffkrümmer mit 40 Nm anziehen.
- Kraftstoffleitungen mit den Schnellverschlüssen anschliessen. Die Leitungen sind farbig gezeichnet.
- Nach Ablassen des Fahrzeuges auf den Boden die Radmuttern mit 85 Nm anziehen.

2.3 Zerlegung des Motors

Vor der Zerlegung des Motors, ganz gleich um welche Ausführung es sich handelt, sind alle Aussenflächen gründlich zu reinigen, um Schmutz oder Öl zu entfernen. Besonders ist auf die Dichtflächen zu achten, damit keine Fremdkörper in den Motor fallen können, wenn die Dichtflächen der einzelnen Teile voneinander getrennt werden. Motor in einen geeigneten Montagestand einspannen. Falls dies nicht durchführbar ist, den Motor auf einer Werkbank absetzen und seitlich durch Anordnung von Holzblöcken so abstützen, dass er nicht umfallen kann. Bei der folgenden Beschreibung wird zuerst der allgemeine Zerlegungsvorgang beschrieben. Später werden die Arbeiten im einzelnen beschrieben, so dass unter den betreffenden Überschriften nachzulesen ist.
Zum Zusammenbau des Motors sind einige Spezialwerkzeuge erforderlich, das wichtigste ist vielleicht die Einstellehre zum Einstellen der Nockenwellen. Die Zylinderkopfschrauben sind mit einer Polygon-Verzahnung versehen und ein Vielzahn-Schlüsseleinsatz ist zum Lösen und Anziehen der Schrauben erforderlich. Derartige Einsätze sind im Handel erhältlich und liegen heutzutage vielen Stecknussätzen bei. Wichtig ist jedoch, dass der erforderliche Einsatz die notwendige Festigkeit hat, das Drehmoment der Zylinderkopfschrauben auszuhalten.
Falls die Kurbelwelle oder die Pleuelstangen ausgebaut werden sollen, muss man in vielen Fällen "Plastigage"-Kunststoffdraht zum Messen der Lagerspiele benutzen. Dieses ist nicht frei im Handel erhältlich, jedoch werden Sie in der Lage sein, Ihren nächsten Lieferanten zu erfahren, wenn Sie sich an die folgend angegebene Firma in Duisburg (Deutschland) werden.

ERN-Motorenteile GmbH
Vinckerweg 16
4100 Duisburg 13
Tel.: 0203 8090101
Telefax: 0203 8090123

Die Angaben sind nach bestem Wissen und Gewissen erteilt und erfolgen ohne Gewähr.

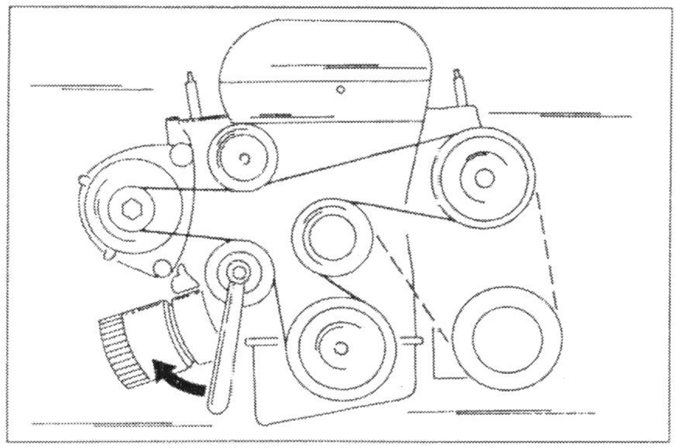

Bild 30
Verlegung des Antriebsriemens, mit und ohne Klimaanlage. Zur Riemenspannung die Spannrolle in Pfeilrichtung verdrehen.

Bei kompletter Zerlegung des Motors in folgender Reihenfolge vorgehen, wobei angenommen wird, dass das Getriebe bereits vom Motor abgeflanscht wurde:

- Motor bei den beschriebenen Vorbereitungsarbeiten auf eine Werkbank auflegen.
- Alle Mehrfachstecker (Motorkabelstrang, Drosselklappensteller, Nockenwellenstellungssensor) trennen. Weitere Stecker sind an der Zündspule und am Entstörungskondensator für das Radio zu finden. Stecker von der Drehstromlichtmaschine abziehen.
- Mehrfachstecker vom Temperatursensor des Kühlmittels (1) in Bild 31 und vom Stellungssensor der Kurbelwelle (2) abziehen. Die Schraube (3) lösen.

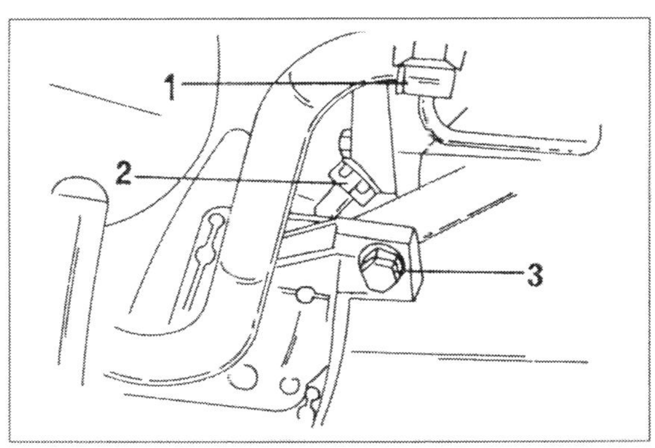

Bild 31
Die Lage von zwei der genannten Stecker (1) und (2). Die Schraube (3) muss gelöst werden.

- Drei Schrauben lösen und das Stützlager der Antriebswelle abnehmen. Unmittelbar daneben den Öldruckschalter ausschrauben.
- Den Hauptkabelstrang des Motors vom Ansaugsammelrohr abschrauben. Dieser ist an drei Stellen befestigt.
- Befestigungsschrauben der Drehstromlicht-

maschine lösen und die Lichtmaschine abnehmen. Die danebenliegende Laufrolle des Riemens kann ebenfalls ausgebaut werden. Nach Ausbau der Lichtmaschine den Aufhängungsbügel ausbauen und den Motorhebebügel abschrauben.

- Das Abgasrückführungsventil ausbauen und die Dichtung abnehmen. Ebenfalls in dieser Nähe die Halterung des Pulse-Air-Systems abschrauben.
- Drosselklappengehäuse abschrauben. Die vier Befestigungsstellen sind in Bild 32 gezeigt.
- Den Belüftungsschlauch des Motors vom Ansaugsammelrohr abschliessen und vier Muttern sowie zwei Schrauben des Rohres abschrauben. Das Sammelrohr abnehmen.
- Den Motor jetzt, falls möglich, in einen Montagestand einspannen und als erstes das Motoröl ablassen und den Ölfilter abschrauben.
- Ein Wärmeschutzblech mit der Halterung und den Kühlmittelschlauch mit dem Kühlmittelrohr ausbauen.
- Die Konsolen für den Kompressor (falls eingebaut) und der Lenkhilfspumpe abschrauben.
- Ölmessstab herausziehen, die neun Muttern lösen und den Auspuffkrümmer mit dem Pulse-Air-System vorsichtig abnehmen. Bild 33 zeigt die Befestigung des Krümmers.
- Zündkerzenstecker abziehen, die Halterung der Zündspule abschrauben (3 Schrauben) und in der gleichen Nähe das Thermostatgehäuse abschrauben (3 Schrauben).
- Belüftungsrohr des Kurbelgehäuses ausbauen, drei Schrauben des Belüfters entfernen und den Belüfter herausheben.
- Riemenscheibe der Wasserpumpe und den Schwingungsdämpfer der Kurbelwelle ausbauen (Bild 34). Beim Lösen der letzteren muss die Kurbelwelle gegen Mitdrehen gegengehalten werden. Es könnte sein, dass man zwei Reifenhebel unter den Dämpfer untersetzen muss, um ihn abzudrükken.
- Schutzdeckel des Zahnriemens an der Stirnseite abschrauben. 8 Schrauben sind zu lösen.
- Das Schwungrad in geeigneter Weise gegenhalten und die Kupplung abschrauben. Die Mitnehmerscheibe herausnehmen. In ähnlicher Weise die Antriebsscheibe des Drehmomentwandlers eines automatischen Getriebes abschrauben.
- Zündkerzen ausschrauben.
- Den Zahnriemen ausbauen, wie es unter getrennter Überschrift weiter hinten beschrieben ist.
- Das jetzt freigelegte Steuerrad der Kurbelwelle von der Kurbelwelle herunterziehen. Beim Betrachten des Rades wird man feststellen, dass die Aussenseite mit "FRONT" gezeichnet ist, d.h. sie muss entsprechend herum später wieder aufgesteckt werden. Darunter liegt eine Anlaufscheibe. Diese vom Ende der Kurbelwelle abnehmen.

Die beiden Nockenwellen und der Zylinderkopf können jetzt ausgebaut werden.

- Den Zylinderkopfdeckel abnehmen und die Dichtung entfernen.

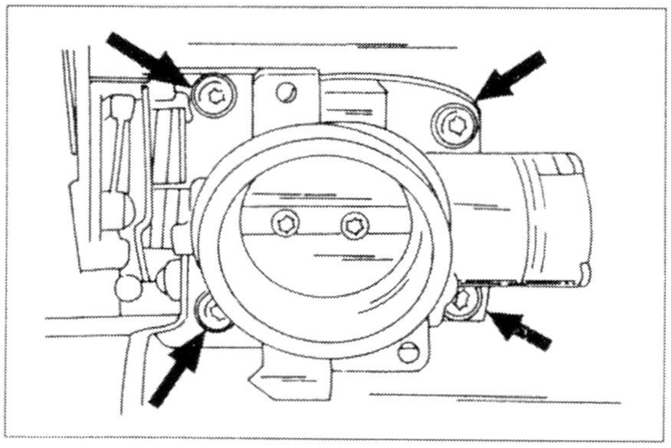

Bild 32
Die Pfeile weisen auf die Befestigungsstellen des Drosselklappengehäuses.

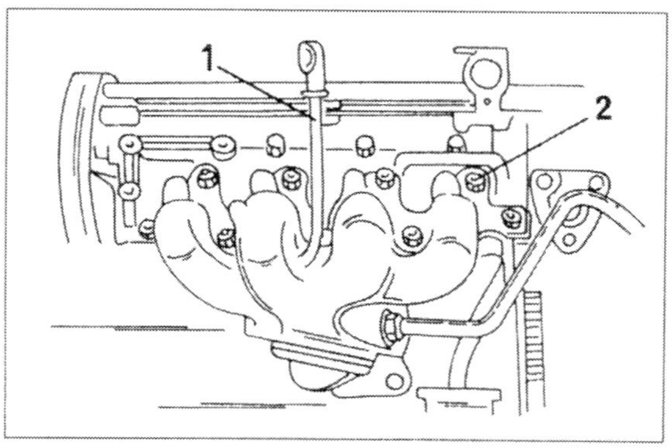

Bild 33
Die Befestigung des Auspuffkrümmers auf einer Seite des Motors.
1 Ölmessstab
2 Krümmermuttern

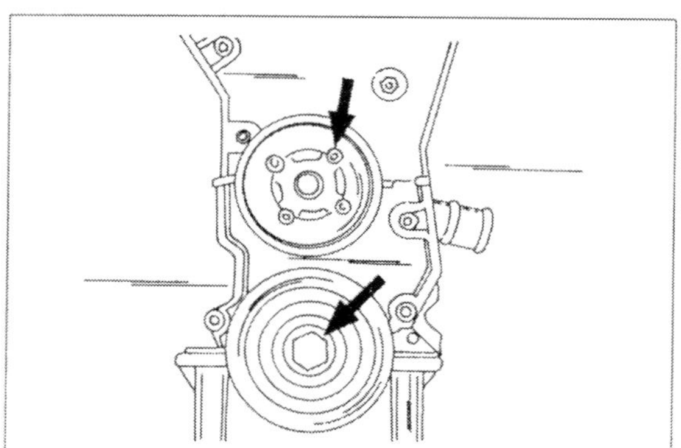

Bild 34
Die Riemenscheibe der Wasserpumpe und Kurbelwelle an den gezeigten Stellen lösen.

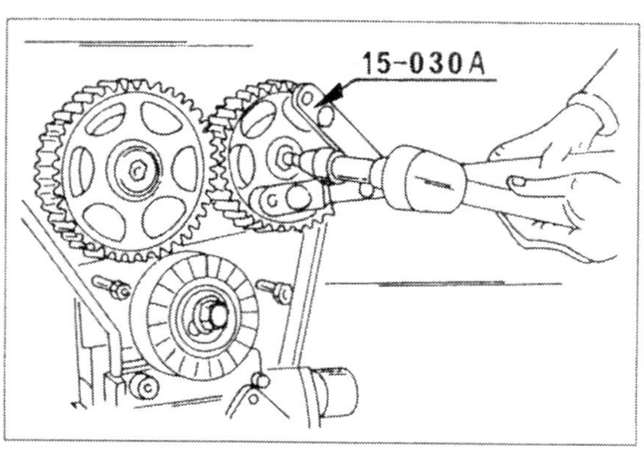

Bild 35
Gegenhalten der Nockenwellenräder. Das Spezialwerkzeug ist nicht unbedingt dazu erforderlich.

● Die Befestigungsschrauben der beiden Steuerräder der Nockenwellen lockern. Die Nockenwellen werden sich dabei mitdrehen und müssen gegengehalten werden. Ein in Bild 35 gezeigte Niederhalter eignet sich am besten zu dieser Arbeit. Andernfalls einen Dorn durch eine der Öffnungen schieben und vorsichtig gegen den Zylinderkopf anlegen. Die beiden Steuerräder nach Zugehörigkeitskennzeichnung abziehen.

● Die Nockenwellen ausbauen. Um ein Verbiegen der Wellen zu vermeiden, muss man die Lagerdeckel in einer bestimmten Reihenfolge lokkern. Bild 36 zeigt diese Reihenfolge. Jeweils die Muttern der Lagerdeckel in der Reihenfolge um eine halbe Umdrehung lockern, bis sie alle locker sind und praktisch mit den Fingern abgeschraubt werden können. Die Deckel kennzeichnen und der Reihe nach abnehmen. Die beiden Nockenwellen vorsichtig herausheben und die Radialdichtringe entfernen.

● Den kompletten Zylinderkopf ausbauen. Die Schrauben dazu in der in Bild 37 gezeigten Reihenfolge lösen. Ein mehrverzahnter Schlüsseleinsatz, ähnlich wie ein Inbusschlüssel (Nr. 21-167) ist dazu erforderlich und einen derartigen Schlüssel muss man verwenden, um die Schraubenköpfe nicht zu beschädigen. Nach Ausbau des Ölmessstabrohres den Zylinderkopf abheben (falls erforderlich mit einem Gummihammer nachhelfen) und ihn auf zwei Holzstücke aufsetzen. Den Kopf nicht einfach auf die Dichtfläche legen.

● Wasserpumpe abschrauben (4 Schrauben).

● Motor so ausrichten, dass sich die Ölwanne an der Unterseite befindet und die Ölwanne abschrauben. Auf diese Weise verbleibt der Ölschlamm in der Wanne und kann nicht in die Zylinder laufen.

● An der Rückseite des Motors die Halterung für den Sensor der Kurbelwellenstellung abschrauben und den Deckel mit dem Öldichtring abschrauben (4 Schrauben). Der Öldichtring kann sofort aus dem Deckel herausgedrückt werden.

● Aus der Innenseite des Kurbelgehäuses das Ölansaugsieb abschrauben. Ein Ölleitblech liegt jetzt frei und kann nach Lösen der vier Muttern ausgebaut werden.

● Sechs Schrauben lösen und die Ölpumpe abnehmen.

● Kurbelwelle durchdrehen (am Schwungradende) bis alle Kolben ungefähr in der Mitte ihres Hubs stehen und mit einem Schaber vorsichtig den Ölkohlering an der Oberseite der Zylinderbohrungen abkratzen, ohne dabei die Bohrungen zu beschädigen.

● Der Reihe nach die Lagerdeckel von den Pleuelstangen abschrauben. Leicht mit einem Gummihammer gegen die Deckel schlagen und Deckel zusammen mit der Lagerschale herunterheben. Die Deckel und Pleuelstangen sind normalerweise mit den Zahlen 1 bis 4 gezeichnet, man sollte jedoch unbedingt kontrollieren, ob diese Kennzeichnungen sichtbar sind. Die Zylindernummer ist jeweils in Pleuel und Lagerdeckel an gegenüberliegenden Stellen eingeschlagen.

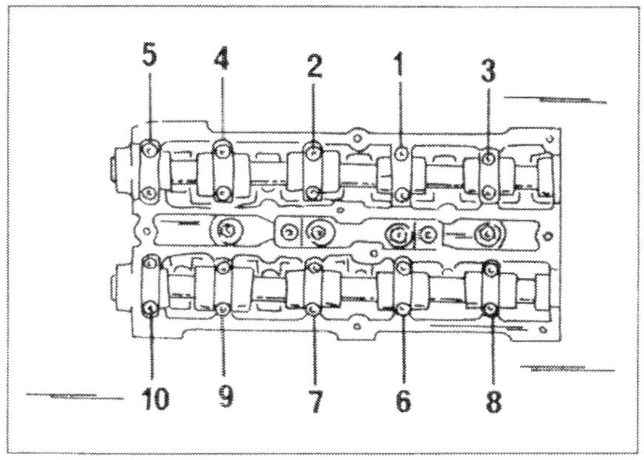

Bild 36
Reihenfolge zum Lösen der Nockenwellenlagerdeckel. Die Muttern immer paarweise lockern.

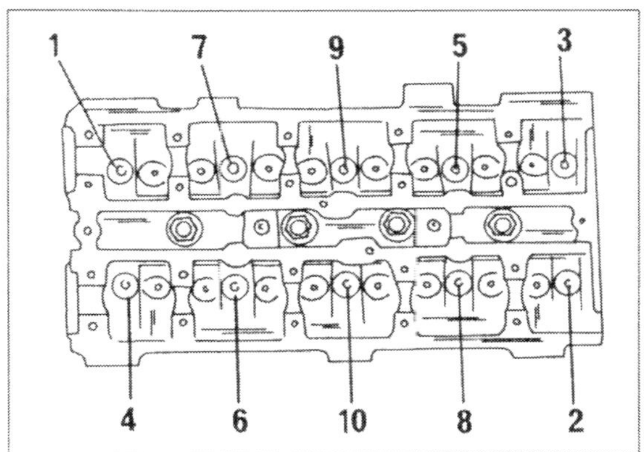

Bild 37
Reihenfolge zum Lösen der Zylinderkopfschrauben. Die Schrauben in umgekehrter Reihenfolge anziehen.

● Kolben mit der Pleuelstange von der Unterseite durch die Zylinder stossen. Je zwei Kolben sollten sich jeweils auf dem unteren Totpunkt befinden, um den Ausbau zu erleichtern. Die Lagerdeckel und -schalen sollten am besten wieder an die betreffende Pleuelstange angeschraubt werden, um sie zusammenzuhalten.

● Das Schwungrad wird durch sechs Schrauben gehalten und kann einfach abgeschraubt werden. Beim Losschrauben des Schwungrades muss die Kurbelwelle gegengehalten werden. Dies kann man am besten durchführen, indem man ein Stück Holz so in die Innenseite des Kurbelgehäuses verkeilt, dass es zwischen Kurbelwange und Kurbelgehäusewandung liegt und die Welle sich verklemmt.

● Befestigungsschrauben der Hauptlagerdeckel für die Kurbelwellenlager lösen, aber jede Schraube nur stückweise lockern.

● Schrauben herausziehen und die Lagerdeckel mit der Lagerschalenhälfte herausheben. Jeden Deckel und die Schale in geeigneter Weise zeichnen (z.B. Farbstriche) so dass sie wieder in die ursprüngliche Lage zurückgebracht werden können.

- Kurbelwelle vorsichtig aus den Lagern herausheben und an sauberer Stelle ablegen.
- Die im Kurbelgehäuse befindlichen Lagerschalen entfernen und sie entsprechend kennzeichnen, um sie nicht zu verwechseln und mit den anderen Lagerschalen zusammenlegen.
- An den in Bild 38 gezeigten Stellen sitzen Ölspritzdüsen für die Kolbenkühlung. Diese können ebenfalls ausgebaut werden.

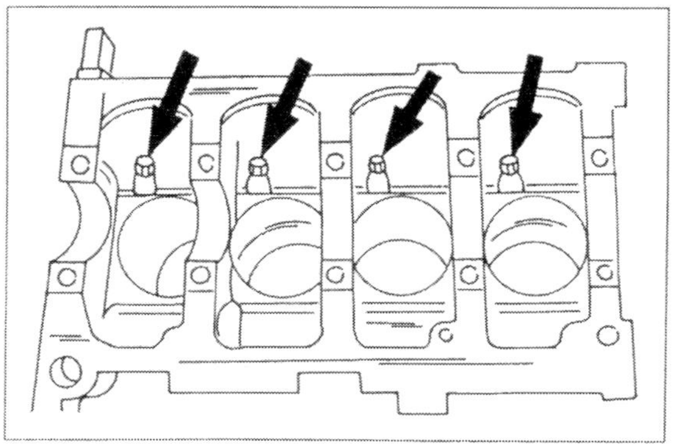

Bild 38
Die Lage der Ölspritzdüsen im Zylinderblock.

2.4 Zusammenbau des Motors

Nachdem der Motor zerlegt worden ist, sollten alle Teile gründlich gereinigt und kontrolliert werden. Unter den nächsten Überschriften wird in Einzelheiten auf alle erforderlichen Reparaturarbeiten eingegangen, welche vor dem hier beschriebenen Zusammenbau durchzuführen sind. Der Zusammenbau des Motors kann danach beginnen. Der Zylinderblock ist sorgfältig von allen Spänen oder sonstigem Schmutz zu reinigen, wobei besonders auf die Ölwege und Bohrungen zu achten ist. Alle sich bewegenden oder gleitenden Teile mit Motoröl einschmieren, ehe die Teile zusammengesetzt werden. Ein Einölen nach dem Zusammenbau ist in vielen Fällen zwecklos, da das Öl nicht mehr an die zu schmierenden Flächen gelangt. Der Zusammenbau des Motors geschieht in umgekehrter Reihenfolge wie das Zerlegen und wird nicht in Einzelheiten beschrieben. Dagegen werden die erforderlichen Arbeiten unter den einzelnen Überschriften im folgenden Text in allen Einzelheiten erwähnt. Alle Drehmomente sind der Tabelle am Ende des Buches zu entnehmen.

2.5 Zylinderkopf und Ventile

2.5.1 Aus- und Einbau bei eingebautem Motor

Bei den folgenden Beschreibungen werden jene Arbeiten angezeigt, die erforderlich sind, wenn sich der Zylinderkopf auf dem eingebauten Motor befindet. Falls der Motor, wie in Kapitel 2.1 beschrieben, ausgebaut wurde, sind die nicht notwendigen Arbeiten zu übersehen.
Zum Lösen/Anziehen der Zylinderkopfschrauben ist ein Vielzahn-Steckeinsatz erforderlich. Falls das dafür von Ford vorgesehene Werkzeug nicht vorhanden ist, kann man einen beliebigen Einsatz der entsprechenden Grösse benutzen, welcher jejedoch das Drehmoment beim Anziehen aushalten muss, ohne sich dabei innerlich zu verdrehen. Zum Einbau der Nockenwelle ist eine Lehre erforderlich.

- Beide Kabel der Batterie abklemmen und alle daran angeschlossenen Leitungen abschliessen. Kabelbinder müssen entsprechend aufgeschnitten und beim Einbau erneuert werden.
- Muttern des rechten Rades lockern (dieses muss später abgenommen werden).
- Den Luftansaugstutzen unter Bezug auf Bild 13 vollkommen ausbauen. Zuerst die vier Befestigungsschrauben (1) entfernen. Als nächtes den Stecker (2) vom Sensor abziehen und auf der gleichen Seite die Schellen (3) des Schlauches lösen. An der mit (4) bezeichneten Stelle einen Mehrfachstecker für den Sensor der Ansaugluft abziehen. Auf der linken Seite befindet sich ein Unterdruckschlauch (5). Diesen abziehen.
- Den Luftfilter ausbauen. Dazu einen Belüftungsschlauch zwischen Filter und Zylinderkopfhaube abschliessen. Rechts einen Gummiring aushängen und den Luftfilter in Pfeilrichtung von Bild 14 aus der Befestigung heben und herausheben.
- Die Kunststoffspangen zusammendrücken und die Schläuche von den Kraftstoffleitungen abziehen.
- Sicherungsspange des Drosselklappenseils herausziehen, das Drosselklappenseil am Ende aus dem Eingriff mit dem Hebel bringen und das gesamte Seil vorsichtig nach hinten verlegen.
- Bei den nächsten Arbeiten Bild 15 hinzuziehen. Zuerst den Stecker des Druckschalters der Servolenkung (1) ausfindig machen und abziehen. Ein Massekabel (2) von der Hebeöse des Motors abschrauben und den Hochdruckschlauch der Servolenkhilfspumpe (3) von der Befestigung lösen.
- Die verschiedenen Unterdruckschläuche abschliessen, nachdem man sie in geeigneter Weise mit einem Filzstift am Schlauchende und am Anschlussstück gezeichnet hat. Ein Verwechseln der Schläuche führt später zu Störungen. Schläuche sind mit den folgenden Teilen verbunden: Ein Schlauch mit dem Ansaugsammelrohr, ein weiterer mit dem Kraftstoffdruckregler. Der an der Membrane angeschlossene Schlauch gehört zum Abgasrückführungssystem, die beiden darunter-

liegenden Schläuche gehören zum Pulse-Air-System, einen weiteren Schlauch vom Belüftungsventil des Motors abziehen.

- Fahrzeug vorn auf Böcke setzen.
- Einen geeigneten Behälter unter die Vorderseite des Fahrzeuges setzen und das Schutzblech unter dem Kühler abschrauben. Den Ablasshahn des Kühler ausfindig machen und öffnen. Das auslaufende Kühlmittel auffangen.
- Den Mehrfachstecker (1) in Bild 15 von der Lambda-Sonde abziehen und von der Befestigung befreien. Unmittelbar daneben einen Unterdruckschlauch (2) abziehen. Dieser ist mit dem Filter des Pulse-Air-Systems verbunden.
- Das Auspuffrohr vom Auspuffkrümmer abschrauben. Die beiden in Bild 39 gezeigten Muttern von unten mit einer Stecknuss und Verlängerung lösen.
- Das rechte Vorderrad abschrauben. Auf der Riemenscheibenseite des Motors das Abdeckblech im Radkasten abschrauben und dann das Schutzblech für die Riemenscheibe entfernen.
- Die Spannvorrichtung des Antriebsriemens lockern, bis der Riemen weit genug gelöst ist, um ihn von der Riemenscheibe herunterzunehmen. Bild 16 zeigt wie man an den Riemenspanner herankommt. Die Räder danach wieder provisorisch anschrauben und das Fahrzeug auf den Boden ablassen.
- Unterdruckschlauch vom Ansaugsammelrohr abschliessen. Dieser ist mit einem Schnellverschluss versehen. Den Verschluss zum Anschluss zudrücken und den Schlauch herausziehen. Unmittelbar daneben eine Schraube entfernen um den Hauptkabelstrang zu lösen.
- Fahrzeug wieder auf den Boden ablassen.
- Den Hauptkabelstrang vom Ansaugsammelrohr lösen. Dazu je eine Mutter links und rechts entfernen.
- Das Wärmeschutzblech des Auspuffkrümmers abschrauben.
- Alle Schläuche vom Thermostatgehäuse abschliessen.
- Den Filter des Pulse-Air-Systems ausbauen und die in der Nähe liegenden Stecker in Bild 40 trennen.
- Einen Wagenheber unter die Ölwanne untersetzen (mit einem Holzklotz zwischen Wagenheberteller und Motor/Getriebe) und das Aggregat aus den Aufhängungen heben, bis es soeben unter Spannung steht.
- Die rechte Motoraufhängung lösen. Bild 23 zeigt wie der Aufhängungsbügel befestigt ist. Sechs selbstsichernde Muttern müssen gelöst werden (diese immer erneuern). Den Bügel danach herausnehmen.
- Eine Platte von der Vorderseite des Zylinderkopfes abschrauben. Zwei Schrauben halten sie am Zylinderkopf und eine Schraube an der Konsole der Lenkhilfspumpe.
- Den mittleren und den oberen Zahnriemenschutzdeckel abschrauben, nachdem man die Spannrolle des Antriebsriemens ausgebaut hat.

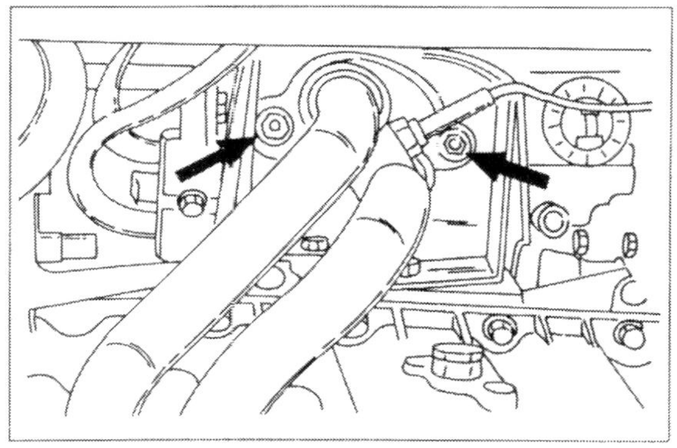

Bild 39
Die beiden Pfeile weisen auf die Verbindung zwischen Auspuffrohr und Auspuffkrümmer.

- Kabelstecker von den Zündkerzen abziehen. Falls man nicht vertraut damit ist, sollten die Stecker gezeichnet werden.

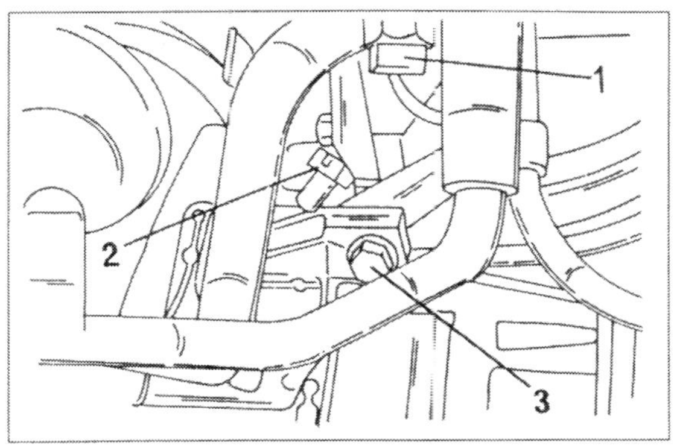

Bild 40
Lage einiger Mehrfachstecker und des Filters für das Pulse-Air-System.
1 Stecker für Temperatursensor des Kühlmittels
2 Stecker für Stellungssensor der Kurbelwelle
3 Befestigungsschraube

- Zylinderkopfhaube abschrauben (10 Schrauben) und die Dichtung abnehmen.
- Die Zündkerzen ausschrauben.
- Den Zahnriemen unter Bezug auf Bild 41 entspannen. Dazu die Mutter (1) in Bild 41 lösen und einen passenden Inbusschlüssel an der im Bild gezeigten Stelle (2) einsetzen. Die Riemenspannrolle in Pfeilrichtung verdrehen und die Spannrolle wieder in der neuen Stellung festziehen. Den

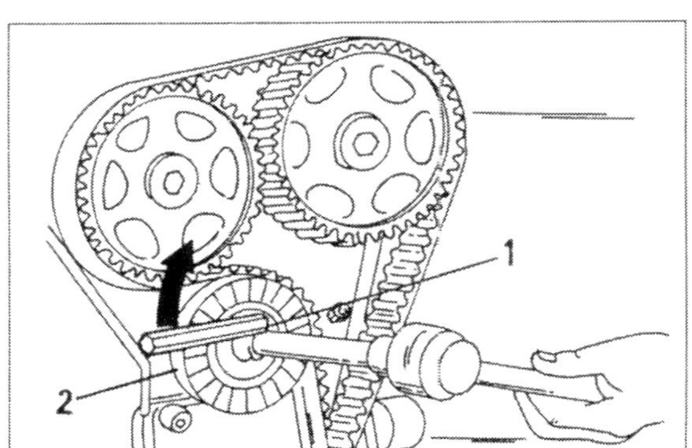

Bild 41
Lockern der Spannung des Zahnriemens. Nach Lockern der Mutter (1) die Spannrolle mit einem Inbusschlüssel (2) nach rechts drücken und die Mutter wieder festziehen.

Achtung: Einen wieder zu verwendenden Zahnriemen nicht mit Öl verschmutzen oder knicken.

Hinweis: Falls die Lehre zum Einstellen der Steuerung nicht vorhanden ist, die Steuerräder und Nockenwellenenden genau kennzeichnen.

Zahnriemen abnehmen — Siehe nebenstehende Warnung.

- Die Befestigungsschrauben der beiden Steuerräder der Nockenwellen lockern. Die Nokkenwellen werden sich dabei mitdrehen und müssen gegengehalten werden. Der in Bild 35 gezeigte Niederhalter eignet sich am besten zu dieser Arbeit. Andernfalls einen Dorn durch eine der Öffnungen schieben und vorsichtig gegen den Zylinderkopf anlegen. Die beiden Steuerräder nach Zugehörigkeitskennzeichnung abziehen.
- Die Nockenwellen ausbauen. Um ein Verbiegen der Wellen zu vermeiden, muss man die Lagerdeckel in einer bestimmten Reihenfolge lokkern. Bild 36 zeigt diese Reihenfolge. Jeweils die Muttern der Lagerdeckel in der Reihenfolge um eine halbe Umdrehung lockern, bis sie alle locker sind und praktisch mit den Fingern abgeschraubt werden können. Die Deckel kennzeichnen und der Reihe nach abnehmen. Die beiden Nockenwellen vorsichtig herausheben und die Radialdichtringe entfernen.
- Den kompletten Zylinderkopf ausbauen. Die Schrauben dazu in der in Bild 42 gezeigten Reihenfolge lösen. Ein mehrverzahnter Schlüsseleinsatz,

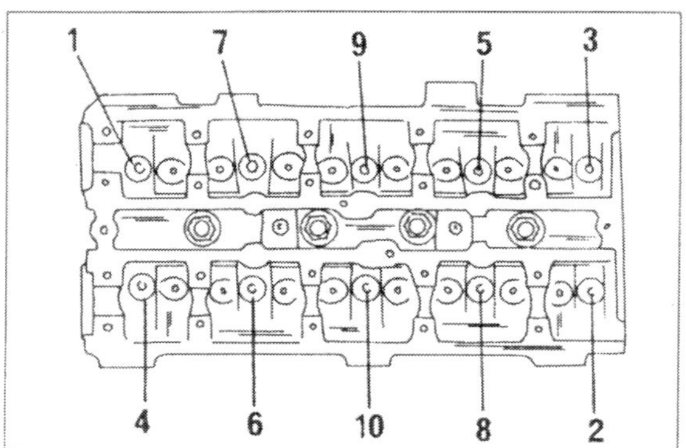

Bild 42
Reihenfolge zum Lösen der Zylinderkopfschrauben. Die Schrauben in umgekehrter Reihenfolge anziehen.

ähnlich wie ein Inbusschlüssel (Nr. 21-167) ist dazu erforderlich und einen derartigen Schlüssel muss man verwenden, um die Schraubenköpfe nicht zu beschädigen. Nach Ausbau des Ölmessstabs und Ölmessstabrohres den Zylinderkopf abheben (falls erforderlich mit einem Gummihammer nachhelfen) und ihn auf zwei Holzstücke aufsetzen. Den Kopf nicht einfach auf die Dichtfläche legen. Ein sehr klebender Zylinderkopf kann abgenommen werden, indem man ein Seil oder eine Kette in die Hebebügel einhängt und das ganze an einem kleinen Handkran anbringt, um den Zylinderkopf damit herunterzuheben.

Achtung: Die Zylinderkopfschrauben werden nach Lauf des Motors nicht nachgezogen.

Falls die Zylinderkopffläche nachgeschliffen wurde, müssen die Übergänge zwischen der Fläche und den Verbrennungskammern mit Schmirgelleinwand entgratet werden, ohne dass man sie dabei abrundet.

Zum Einbau muss man sich zwei Führungsbolzen zurechtschneiden. Die Bolzen müssen auf der einen Seite ein M10-Gewinde und auf der anderen Seite einen Schlitz eingesägt haben. Die Bolzen in zwei Ecken des Zylinderblocks einschrauben.

Beim Bestellen einer Zylinderkopfdichtung unbedingt den Hubraum des Motors angeben, da unterschiedliche Dichtungen verwendet werden.

Zwei Führungspasshülsen sind in den Zylinderblock eingesetzt (zwischen dem ersten und zweiten Zylinder und dem dritten und vierten Zylinder), um den Kopf beim Aufsetzen zu führen und die Hülsen müssen gut in den Block eingeschlagen sein. Da die Kolben bei ungünstiger Stellung der Kurbelwelle (oder Nockenwelle) gegen die Ventile anschlagen können, muss die Kurbelwelle durchgedreht werden, bis der Kolben des ersten Zylinders ca. 20 mm unterhalb der Bohrungsoberkante steht. Beim Einbau folgendermassen vorgehen:

- Die Führungsbolzen mit einem Schraubenzieher einschrauben.
- Zylinderkopfdichtung wie oben beschrieben auf den Block auflegen. Die beiden Passhülsen müssen durch die entsprechenden Löcher der Dichtung durchstehen.
- Zylinderkopf vorsichtig auf den Block aufsetzen, oder mit dem Handkran auf den Block senken. Kontrollieren, dass die Passhülsen eingreifen und den Kopf mit einem Gummihammer anschlagen.
- Neue Zylinderkopfschrauben einschrauben und umgekehrt zur gezeigten Reihenfolge in Bild 42 anziehen. *Daran denken, dass die Schrauben immer erneuert werden müssen.* Zylinderkopfschrauben, d.h. Gewinde oder Schäfte werden nicht eingeölt. Das Anziehen der Schrauben erfolgt unter Verwendung des genannten Schlüsseleinsatzes in zwei Stufen:
  - — Alle Schrauben in Reihenfolge auf 25 Nm anziehen.
  - — In der gleichen Reihenfolge jetzt alle Schrauben auf 45 Nm anziehen.
  - — Aus dieser Stellung die Schrauben um genau 105° nachziehen. Normalerweise wird eine Gradscheibe zum Nachziehen benutzt. Hat man keine solche zur Verfügung, sollte man jedoch leicht in der Lage sein, die 105° zu schätzen, wenn man berechnet, dass 90° eine Viertelumdrehung darstellen. **Siehe nebenstehende Warnung.**
- Ölmessstabrohr und Ölmessstab montieren.

Die Nockenwellen jetzt wieder einbauen. Die Nockenwellen sind gekennzeichnet. Die Welle für die Einlassventile hat am Ende einen zusätzlichen Nocken für den Sensor der Nockenwellenstellung. Etwas Dichtungsmasse muss zur Verfügung stehen, um die vorderen Nockenwellenlagerdeckel an der Verbindung zum Zylinderkopf einwandfrei abzudichten.

● Die in Bild 43 mit den Pfeilen gezeigten Stellen am Zylinderkopf mit Dichtungsmasse einschmieren.
● Nockenwellenlagerzapfen gut einölen und die Wellen in die entsprechenden Lagerbohrungen einlegen.
● Die Lagerdeckel der Nockenwellen in Nummernreihenfolge aufsetzen. Die Kennzeichnung ist nicht wie man erwartet, da der erste Deckel mit "0" gezeichnet ist und auf der Auslasseite sitzt. Die weitere Numerierung erfolgt dann wie es aus Bild 44 ersichtlich ist. Die Zahlen müssen alle von aussen sichtbar sein.
● Alle Deckelschrauben eindrehen und fingerfest anziehen. Danach entgegengesetzt der Reihenfolge von Bild 36 jeweils das Schraubenpaar um eine halbe Umdrehung anziehen, bis die Deckel alle auf dem Zylinderkopf aufsitzen. In der gleichen Reihenfolge, wiederum Schraubenpaar nach Schraubenpaar mit 10 Nm anziehen. Abschliessend alle Schrauben nochmals in Anzugsreihenfolge mit 19 Nm anziehen.
● Neue Nockenwellendichtringe einschlagen oder noch besser mit einem Rohrstück des Durchmessers der Dichtringe einziehen. Eine M10-Schraube und eine grosse Scheibe auf das Rohr schrauben, um den Dichtring der Wellen einzuziehen. Dichtlippen gut einölen.
● Steuerräder der Nockenwellen aufschieben. Die Steuerräder müssen sich frei auf den Wellen verdrehen lassen.
● Die bereits am Anfang erwähnte Lehre zum Einstellen der Steuerzeiten ist jetzt erforderlich. Diese Lehre wie in Bild 45 gezeigt anlegen.
● Kurbelwelle durchdrehen, bis die Kerbe in der Riemenscheibe in der in Bild 46 gezeigten Stellung steht. Dies ist die Stellung für den oberen Totpunkt (o.T.).
● Falls die Feder des Riemenspanners ausgebaut wurde, muss sie wieder anhand von Bild 47 eingehängt werden. Dazu den Sicherungsstift (1) einschrauben und mit 10 Nm anziehen und die Feder zwischen Stift und Riemenspanner einhängen. Einen abgewinkelten Inbusschlüssel wie im Bild gezeigt einsetzen und in Pfeilrichtung verdrehen. Die Spannrolle dann mit der Schraube (3) in der neuen Stellung festziehen.
● Den Zahnriemen entgegengesetzt dem Uhrzeigersinn auf die drei Steuerräder und den Riemenspanner auflegen. Zuerst den Riemen auf das Kurbelwellenrad auflegen, die Zähne im Eingriff halten, links um die untere Führungsrolle und den Zahnriemenspanner legen und um das linke Nockenwellensteuerrad schlingen. Den Riemen jetzt fest mit den Zähnen des Nockenwellenrades in Eingriff halten, über das rechte Steuerrad legen und schliesslich um die Innenseite der rechten Laufrolle führen. Kontrollieren, dass alle

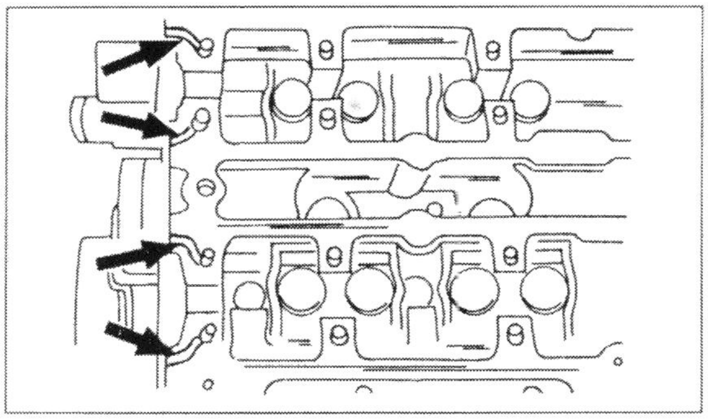

Bild 43
Nur die gezeigten Stellen werden mit Dichtungsmasse eingeschmiert.

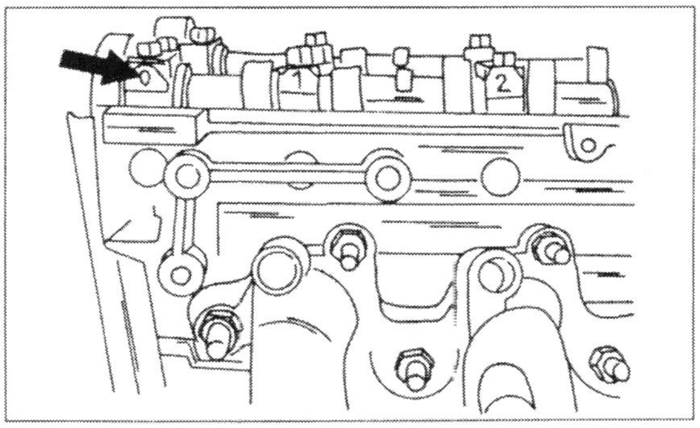

Bild 44
Die Deckel der Nockenwellen sind, hier bei der Auslasswelle gezeigt, von "Null" beginnend gezeichnet. Die Zahlen sitzen an der Aussenseite des Zylinderkopfes.

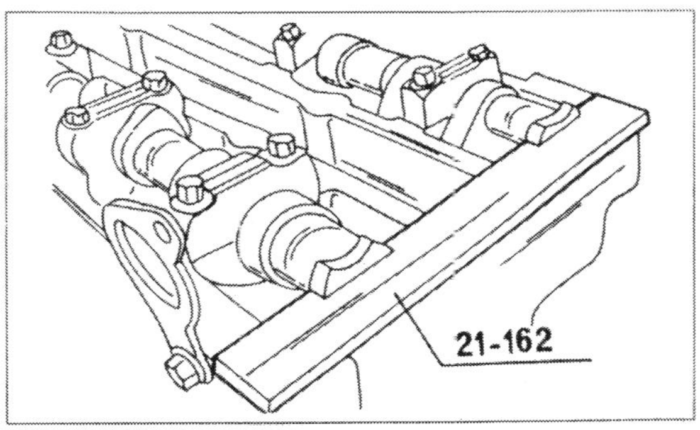

Bild 45
Die Lehre zum Einstellen der Steuerzeiten (21-162) an den Nockenwellen angesetzt.

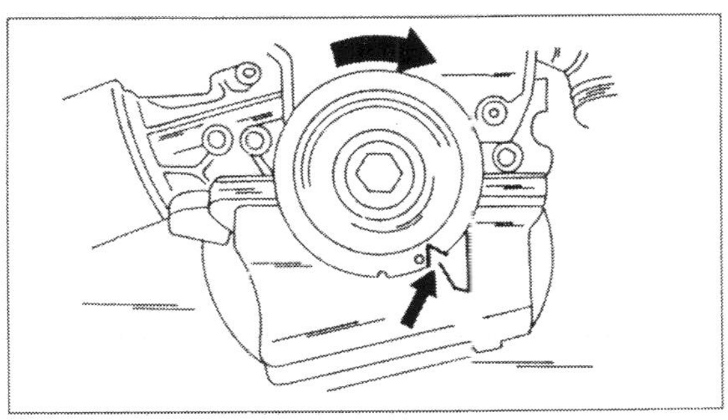

Bild 46
Kurbelwelle in o.T.-Stellung. Die beiden Marken müssen gegenüber stehen.

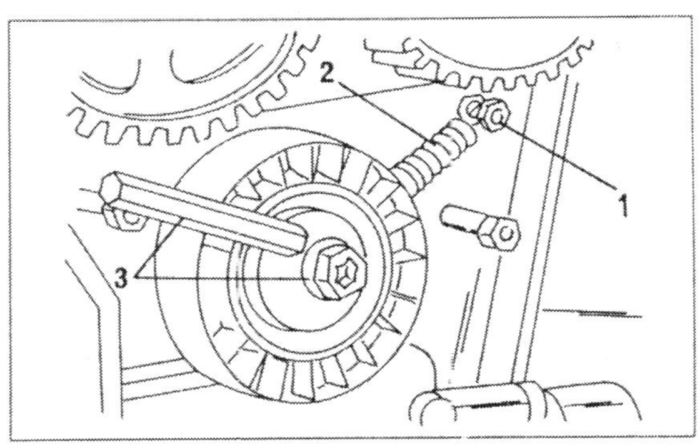

Bild 47
Vorspannen des Riemenspanners ehe der Zahnriemen aufgelegt werden kann.
1 Lagerbolzen
2 Rückzugfeder
3 Schraube

Zähne einwandfrei in Eingriff sind. Die Verlegung des Riemens ist in Bild 48 gezeigt. Die Mutter (2) jetzt lockern, worauf der Riemenspanner nach innen schnellen wird, um den Riemen in richtiger Lage vorzuspannen.

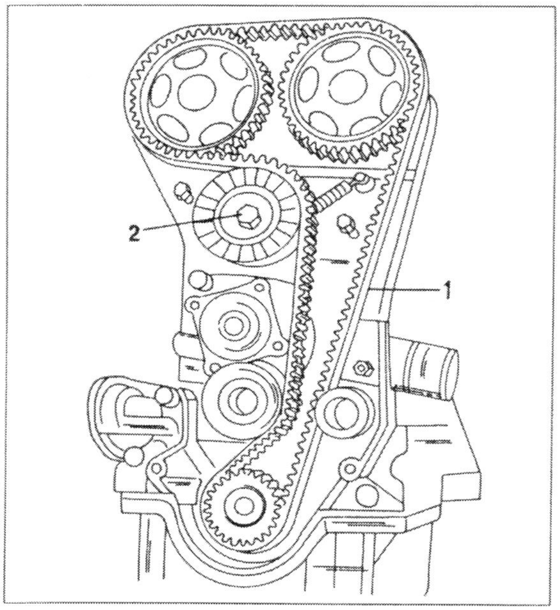

Bild 48
Verlegung des Zahnriemens (1). Die Schraube (2) zuerst lockern und danach anziehen, um den Riemen zu spannen.

- Steuerräder der Nockenwellen gegenhalten und die beiden Schrauben mit 68 Nm anziehen. Die Kurbelwelle darf sich dabei nicht durchdrehen. Nach Festziehen der Schrauben die Kurbelwelle um zwei Umdrehungen durchdrehen, bis sie wieder in o.T.-Stellung steht.
- Schraube des Riemenspanners mit einem Drehmoment von 38 Nm anziehen.
- Kontrollieren, dass die Lehre immer noch entsprechend Bild 45 ausgerichtet ist, wenn die Kurbelwelle auf dem oberen Totpunkt steht. Andernfalls das betreffende Nockenwellenrad lockern und etwas verdrehen. Die Schraube(n) wieder mit 68 Nm anziehen.
- Zylinderkopfhaube mit einer neuen Dichtung montieren. Die Schrauben gleichmässig ringsherum zuerst auf 2 Nm und dann auf 7 Nm anziehen.
- Zündkerzen einschrauben (15 Nm) und die Zündkerzenkabel entsprechend der Zündfolge aufstecken.
- Riemenschutzdeckel anbringen. Dabei darauf achten, dass der mittlere Deckel richtig im unteren Deckel sitzt.
- Laufriemenscheibe des Antriebsriemens anbringen und mit einem Drehmoment von 48 Nm anziehen.
- Vordere Montageplatte am Zylinderkopf bringen. Die Schraube an der Konsole der Lenkhilfspumpe und die beiden Schrauben am Zylinderkopf mit 47 Nm anziehen.
- Rechte Motoraufhängung unter Bezug auf Bild 23 montieren. Die Muttern müssen erneuert werden. Das Anzugsdrehmoment beträgt 83 Nm.
- Befestigungsschraube des Filters für das Pulse-Air-System (47 Nm) anziehen und die beiden unmittelbar danebenliegenden Stecker zusammenbringen.
- Kühlwasserschläuche anschliessen und die Kühlanlage auffüllen.
- Alle anderen Arbeiten in umgekehrter Reihenfolge wie beim Ausbau durchführen. Beim Einbau des Motors wurden bestimmte Arbeiten beschrieben, welche auch beim Einbau des Zylinderkopfes gelten. Dies bezieht sich besonders auf das Einstellen der Spannung des Antriebsriemens. Die Radmuttern mit einem Anzugsdrehmoment von 85 Nm anziehen.

2.5.2 Zerlegung des Zylinderkopfes

Wie bereits erwähnt, bilden die beiden Nockenwellen einen Teil des Zylinderkopfes, jedoch werden Einzelheiten darüber unter getrennter Überschrift beschrieben. Da beim Ausbau des Zylinderkopfes die meisten der Teile bereits ausgebaut wurden, ist eine weitere Zerlegung des Kopfes mit Ausnahme des Ventilausbaus eine einfache Angelegenheit und kann, je nach Erforderlichkeit, entsprechend durchgeführt werden.
Falls der Zylinderkopf erneuert werden soll, alle Stiftschrauben mit zwei gegeneinandergekonterten Muttern herausdrehen. Einen Gabelschlüssel an der unteren Mutter ansetzen und die Stiftschrauben herausdrehen.
Beim Ausbau der Ventile folgendermassen vorgehen:
Um die Ventile nicht zu beschädigen, sollte der Zylinderkopf vorn und hinten auf zwei Holzklötze aufgelegt werden. Andernfalls kann man sich einen Bügel zurechtmachen und an den Stiftschrauben des Ansaugkrümmers anschrauben. Den Bügel danach in einen Schraubstock einspannen. Der folgende Text beschreibt den Ausbau der Ventile.

- Ventilfedern der Reihe nach mit einem Ventilheber zusammendrücken. Nachdem die Feder ausreichend zusammengedrückt ist, kommen die beiden Ventilkegelhälften aus der Oberseite heraus und können abgenommen werden. Werkzeug langsam abschrauben und Ventilfedersitz und Ventilfeder abnehmen. Mit einem Schraubenzieher oder einer Zange den Ventilschaftdichtring von der Führung herunterdrücken und den unteren Ventilfederteller abnehmen. Das Ventil muss von der anderen Seite durch Unterlegen eines Holzklotzes jedoch gut gegengehalten werden. Falls der Ventilheber nicht zur Verfügung steht, ein Stück Rohr des geeigneten Durchmessers auf den

Ventilfederteller aufsetzen und mit einem Hammer auf das Rohr schlagen. Die Ventilkegelhälften springen dabei heraus und verbleiben im Inneren des Rohres. Die Ventile nach dem Ausbau in Einbaureihenfolge zusammenhalten (durch ein Stück Pappe stossen, mit der Nummer davor).

2.5.3 Zylinderkopf und Ventile überholen

Ventilsitze

Vor Durchlesen der untenstehenden Anweisungen müssen die folgenden Hinweise beachtet werden:

Falls die Ventile ausgeschlagen oder andernfalls beschädigt sind, müssen neue Ventile eingebaut werden. Falls die Ventilsitze nach Ausbau der Ventile schlecht aussehen, schlagen wir vor, dass man den gesamten Zylinderkopf zur Überholung in eine Ford-Werkstatt bringt. Diese wird Ihnen auch die Ventile einbauen, so dass der Kopf nur wieder eingebaut werden braucht.

Ventile

Ventilschäfte auf übermässigen Verschleiss, Riefenbildungen oder Risse kontrollieren. Ein Stahllineal entlang der gut gereinigten Ventilschäfte anlegen und überprüfen, ob die Schäfte gerade sind. Verbiegungen sind nicht gestattet, da die Schäfte anderenfalls in den Führungen klemmen können. Die Ventilteller auf Abbrand oder Narbenbildungen überprüfen. Zwischen Ventiloberfläche und der Oberkante des Ventiles muss noch ein bestimmtes Mass vorhanden sein. Dieses Mass wird als Ventilkantenbreite bezeichnet und darf im allgemeinen nicht kleiner als 0,8 mm sein.

Ventilführungen

Die Ventilführungen sind in den Zylinderkopf eingearbeitet. Falls das Spiel zwischen Ventilschaft und Führung zu gross ist, können die Ventilführungen aufgerieben werden. Zuerst das Spiel kontrollieren. Dazu eine Messuhr mit einem Ständer auf die Zylinderkopffläche aufsetzen und das Ventil, wie in Bild 49 gezeigt, in den Zylinderkopf einschieben. Das Ventil auf eine Seite drücken, die Messuhr auf Null stellen und das Ventil zur anderen Seite drücken. Die Anzeige der Messuhr sollte bei den Einlassventilen 0,50 mm und bei den Auslassventilen 0,60 mm nicht überschreiten. Falls das Spiel zu gross ist, die Führungen aufreiben, um Ventile mit Übergrösse-Schäften zu verwenden. Die Ventile sind mit zwei Übergrösse-Schäften erhältlich. Ihre Ford-Werkstatt wird Ihnen Näheres über Erhältlichkeit der Führungen mitteilen.

Ventilführungen immer von der Ventilseite aus aufreiben. Die Grösse der Reibahle hängt vom Fortschritt des Verschleisses ab. Man sollte zuerst immer die kleinste Reibahle verwenden und danach ein Ventil mit der kleinsten Übergrösse am Schaft probieren, um festzustellen, ob das Spiel innerhalb der angegebenen Werte liegt.

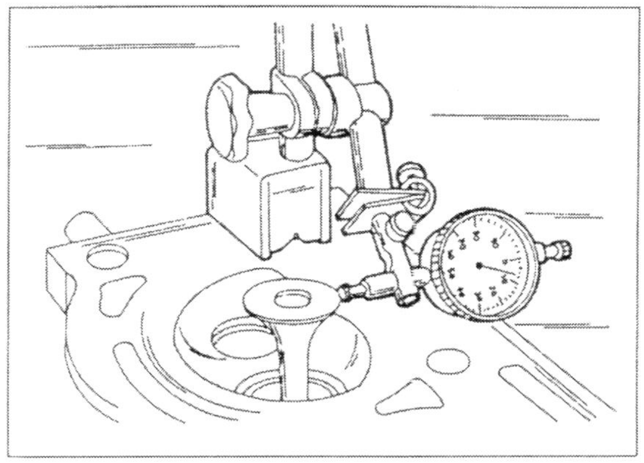

Bild 49
Kontrolle des Spiels zwischen einem Ventilschaft und der Innenbohrung der Ventilspiele.

Die Ventilsitze müssen immer nachgefräst werden, nachdem man die Führungen aufgerieben hat, um die Geradlinigkeit zwischen der Führung und dem Sitz beizuhalten. Wiederum wäre es besser, wenn Sie in einer Ford-Werkstatt nachfragen, um keine Fehler zu begehen.

Ventilfedern

Es ist immer ratsam die Ventilfedern zu erneuern, wenn der Motor eine hohe Kilometerleistung hinter sich hat. Die Federn können kontrolliert werden, indem man eine alte Feder, Ende gegen Ende gegen eine neue Feder auf eine lange Schraube steckt und eine Mutter auf die Schraube dreht (mit entsprechenden Scheiben). Die Mutter anziehen, bis die Federn unter Druck stehen und danach die Länge der Federn ausmessen. Falls die gebrauchte Feder 10% kürzer ist als die neue Feder, sollte der komplette Satz erneuert werden. Die Ventilfedern sind so einzubauen, dass das geschlossene Ende nach unten weist.

Zylinderkopf

Zylinderkopf im allgemeinen auf Rissstellen oder andere Schäden hin kontrollieren. Die Zylinderkopffläche auf Verzug kontrollieren, indem man ein Messlineal längs, quer und diagonal auf die gut gesäuberte Fläche auflegt und mit einer Fühlerlehre den Lichtspalt ausmisst. Falls das Spiel mehr als 0,15 mm beträgt, kann man den Zylinderkopf planschleifen lassen, falls dies zulässig ist. Genaue Einzelheiten sind zu diesem Zeitpunkt noch nicht darüber vorhanden, da das Fahrzeug einfach noch zu neu ist.

Die Bohrungen der Nockenwellenlager einzeln ausmessen, nachdem die Lagerdeckel aufgeschraubt wurden. Eine Innenmessuhr muss dazu benutzt werden. Die Durchmesser der Lagerzapfen und das Laufspiel der Lager sind der Mass- und Einstelltabelle zu entnehmen. Falls das Lager nicht den Höchstwerten entspricht, muss der Kopf vielleicht erneuert werden.
Den Durchmesser der Stösselbohrungen und die Aussendurchmesser der Stössel ausmessen, um das Laufspiel zu ermitteln.

2.5.4 Zusammenbau des Zylinderkopfes

- Die Stiftschrauben (falls entfernt) wieder einschrauben. Dieses Mal an der oberen der beiden Muttern einen Schlüssel ansetzen und die Stiftschrauben anziehen. Die im Zylinderkopf sitzenden Gewinde können mit Sicherungsmittel eingeschmiert werden.
- Ventile, Ventilsitze, Kanäle und Dichtflächen einwandfrei reinigen. Die Innenseiten der Ventilführungen reinigen, indem man ein Stück in Benzin getauchten Lappen durch die Führungen zieht.
- Als nächstes sind die Ventilschaftöldichtringe über die Ventile zu montieren. Das Ende des Ventiles, mit den Rillen für die Ventilkegelhälften, muss mit etwas Staniolpapier (aus einer Zigarettenpackung) oder Klebband umwickelt werden. Bei diesen Motoren ist ein Spezialwerkzeug empfohlen. Den Dichtring vorsichtig über die Ventilführungen schieben. Die Ventile müssen beim Aufdrücken der Dichtringe von der anderen Seite gegen den Zylinderkopf gedrückt werden.
- Ventile in die entsprechenden Bohrungen einschieben. Falls ursprüngliche Ventile in einen neuen Zylinderkopf eingebaut werden, muss man die Ventilteller in einer Ventilschleifmaschine auf den vorgeschriebenen Winkel schleifen lassen (falls zulässig, zuerst Gewissheit darüber schaffen).
- Ventilfedern aufsetzen, mit den geschlossenen Wicklungen zum Zylinderkopf.
- Federteller aufsetzen und die Federn mit einem Ventilheber zusammendrücken, bis sich die Ventilkegelhälften einwandfrei in die Nuten einsetzen lassen.
- Den Druck des Ventilhebers zurücklassen und mit einem Hammer auf die Ventilfeder schlagen, um festzustellen, ob die Ventilkegelhälften einwandfrei sitzen.
- Die hydraulischen Stössel mit Hypoidöl einschmieren (wie es im Getriebe verwendet wird) und in die ursprünglichen Bohrungen einsetzen. Die Stössel vollkommen hineinschieben. Falls neue Stössel eingebaut werden, können sie beliebig eingesetzt werden.

Alle vom Zylinderkopf abgeschraubten Teile wieder montieren. Der Zylinderkopf kann danach wieder eingebaut werden.

2.6 Zylinderblock

Die in den Block eingearbeiteten Bohrungen werden bei der Herstellung in Grössenklassen eingeteilt und durch Verwendung des vorgeschriebenen Kolbens wird das vorschriftsmässige Kolbenlaufspiel automatisch hergestellt.
Nachdem der Motor eine grosse Kilometerleistung hinter sich hat, sind die Bohrungen verschlissen und die Klasseneinteilung ist nicht länger zutreffend. In diesem Fall sind neue Kolben im Block zu verwenden, um das richtige Kolbenlaufspiel zu erhalten. Zur genauen Messung des Kolbenlaufspiels sind eine Zylindermessuhr und ein Mikrometer erforderlich. Mit der Messuhr den Innendurchmesser der Bohrungen ausmessen (an mehreren Stellen). Der erste Messpunkt sollte ungefähr 10 mm von der Oberkante erfolgen. Der Unterschied zwischen der unteren und oberen Messung gibt die Verjüngung der Bohrung an, während der Unterschied zwischen Längs- und Quermessung auf Unrundheiten hinweist. Zylinderbohrungen müssen nachgebohrt oder nachgehont werden, falls sie nicht den Verschleissgrenzen entsprechen. Die Bohrungsdurchmesser sind der Mass- und Einstelltabelle zu entnehmen. Bohrungen und Kolbendurchmesser sollte man am besten in einer Motorenwerkstatt ausmessen lassen. Diese hat Präzisionsinstrumente und ist in der Lage Ihnen einen genauen Bericht über den Zustand des Zylinderblocks und der Kolben zu geben.
Die Grundbohrungen für die Kurbelwellenlager im Kurbelgehäuse sind in Grösseklassen eingeteilt und haben entweder Nenngrösse oder Übergrösse. Ihre Motorenwerkstatt wird die Kurbelwelle entsprechend dieser Grössen neu lagern.

2.7 Kolben und Pleuelstangen

2.7.1 Zerlegung und Überprüfung

Als erstes die Kolbenringe von den Kolben abnehmen. Dazu entweder eine vorschriftsmässige Kolbenringzange verwenden, oder falls diese nicht zur Verfügung steht, drei alte Fühlerlehren benutzen. Eine Fühlerlehre unter den Ring schieben und den Ring vorsichtig herausheben, bis er aus der Nut kommt. Jetzt die beiden anderen Fühlerlehren in gleichmässigem Abstand unter den Ring schieben und den Ring über die drei Lehren vom Kolben streifen. Bild 50 zeigt eine Darstellung dieser Arbeit. Eine Kolbenringzange wird entsprechend Bild 51 benutzt.

Kolben und Pleuelstangen sind zusammengehörige Teile. Farbpunkte im Kolbenboden und der Endfläche des Kolbenbolzens zeigen die Zusammengehörigkeit der Teile an. Kolbenbolzen- und Kolbenbohrungsdurchmesser sind in Toleranzklassen eingeteilt und mit Farbmarkierungen versehen. Nur Ihre Ford-Werkstatt kann Ihnen beim Bestellen von Ersatzteilen anhand der Ersatzteil-Mikrofilme weitere Einzelheiten geben.

Die Kolben und Pleuelstangen können zerlegt werden, falls Kolben und Pleuelstangen erneuert werden müssen. Da zum Einbau des neuen Kolbens jedoch ein Spezialwerkzeug erforderlich ist, sollte man die Kolben/Pleuelstangeneinheiten in eine Werkstatt bringen, um die Kolben erneuern zu lassen.

Ehe man sich entschliesst, neue Kolbenringe einzubauen (sie können getrennt erneuert werden), die alten Ringe in die Zylinderbohrungen einschieben und mit einem umgekehrten Kolben ca. 25 mm nach unten drücken. Unter Bezug auf Bild 52 mit einer Fühlerlehre das Stossspiel der Ringenden kontrollieren. Falls das Stossspiel grösser als das in der Mass- und Einstelltabelle angegebene Mass ist, muss der betreffende Ring erneuert werden. Im allgemeinen erneuert man die Ringe im Satz.

Die gleiche Prüfung sollte ebenfalls durchgeführt werden, wenn man neue Kolbenringe verwendet, da es manchmal möglich ist, dass die Ringstösse unterhalb des Mindestmasses liegen. In diesem Fall eine Schlichtfeile in einen Schraubstock einspannen und mit beiden Händen die Ringenden gegen die Feile ansetzen und ausreichend Material abfeilen, bis das Stossspiel stimmt.

2.7.2 Montage von Kolben und Pleuelstangen

Beim Aufbringen der Kolbenringe gelten die folgenden Hinweise:

- Die oberen Kolbenringe sind mit Molybdän überzogen und besonders dieser Überzug darf beim Anbringen der Kolbenringe nicht beschädigt werden. Die unteren Verdichtungsringe haben das Wort "Top" eingestanzt, welches nach Anbringen der Ringe von oben lesbar sein muss. Beim Anbringen des Expanderringes müssen die Enden anstossen, aber nicht überlappen.
- Kolbenringe mit einer Kolbenringzange an den Kolben anbringen. Falls keine Zange zur Verfügung steht, macht man sich drei dünne Metallstreifen zurecht und baut sie damit ein. Die Metallstreifen in gleichmässigen Abständen, wie in Bild 50 gezeigt, am Aussenumfang des Kolbens verteilen und den unteren Ring über den Streifen schieben. Ein Streifen muss genau unter dem Ringstoss sitzen, damit keine Kratzer entstehen. Den Kolbenring vorsichtig nach unten schieben, bis er in Höhe mit seiner Nut sitzt und die Metallstreifen herausziehen, so dass der Ring einschnappen kann. Den zweiten und dritten Ring in der gleichen Weise am Kolben anbringen.

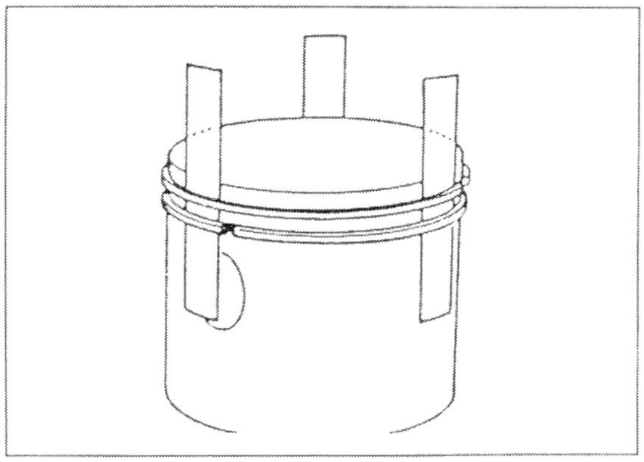

Bild 50
Metallstreifen können in der gezeigten Weise zum Aus- und Einbau von Kolbenringen benutzt werden.

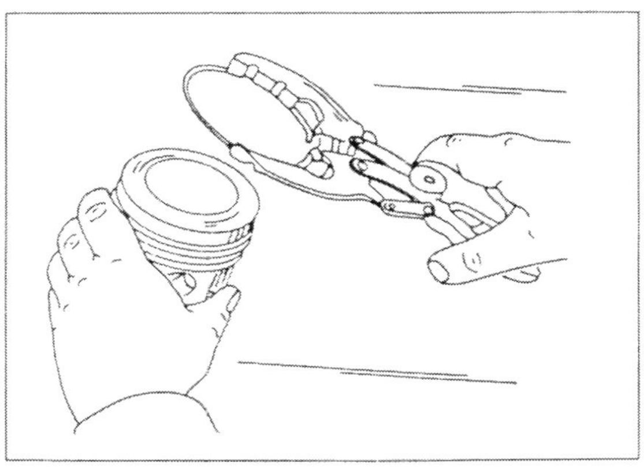

Bild 51
Verwendung einer Kolbenringzange.

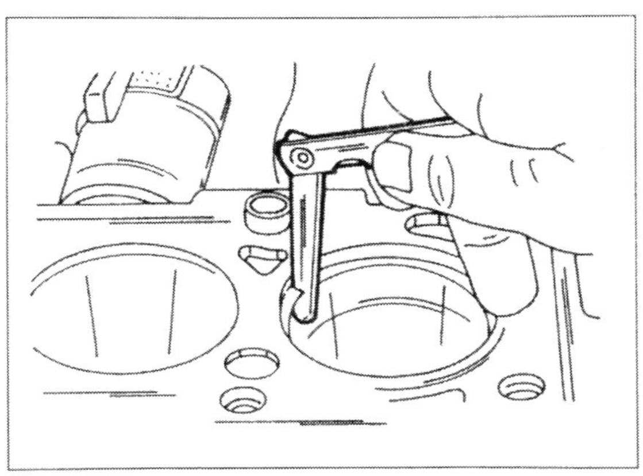

Bild 52
Kontrolle des Stossspiels der Kolbenringe. Die Ringe müssen winklig in der Bohrung sitzen.

Mit den Händen kann man die Ringe auch vorsichtig ohne Hilfsgegenstände aufziehen, jedoch sollten die beiden Ringenden geschützt werden, da sie den Kolben zerkratzen können. Es soll aber gesagt werden, dass ein Kolbenringbruch sehr leicht zustandekommen kann, wenn man keine vorschriftsmässige Zange verwendet.

● Kolbenringe mit Motoröl einschmieren und die Kolbenringstösse auf der Aussenseite des Kolbens verteilen. Die Stösse der Kolbenringe, d.h. die Spalte zwischen den Ringenden, müssen gleichmässig auf dem Umfang verteilt werden. Dies gilt ebenfalls für den dreiteiligen Ölabstreifring, dessen Stösse in Abständen von 120° angeordnet werden müssen.

● Kolben und Pleuelstange von oben in den Zylinderblock einschieben, wobei entsprechend den folgenden Anweisungen vorzugehen ist:

● Die durch einen Pfeil angegebene "Vorn"-Markierung muss zur Vorderseite des Motors weisen.

● Kolbenringe mit einem passenden Spannband zusammendrücken, wie es in Bild 53 gezeigt ist. Falls dieses nicht zur Verfügung steht, kann man einen sehr breiten Schlauchbinder verwenden. Kolben und Bohrung vor dem Einbau gut mit Motoröl einschmieren.

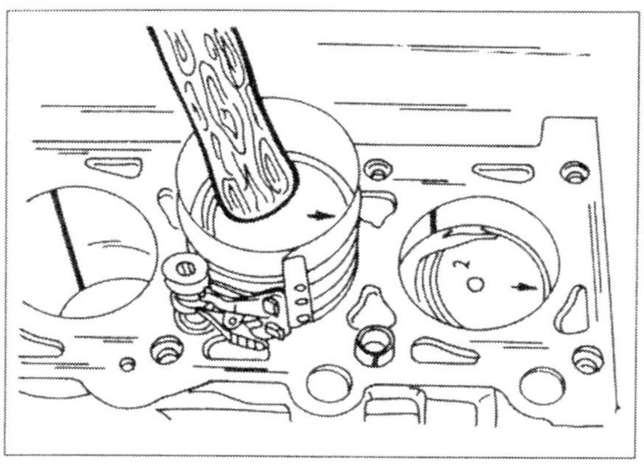

Bild 53
Einbau von Kolben mit einem Kolbenringspannband. Ein Hammerstiel wird zum Einschieben der Kolben benutzt.

● Kurbelwelle durchdrehen, bis der erste und vierte Kurbelzapfen in der unteren Totpunktstellung stehen.

● Lagerschale in den Pleuelfuss einsetzen und Kolben und Pleuelstange vorsichtig einschieben, aber gleichzeitig das Pleuellager auf den Kurbelzapfen führen. Nochmals kontrollieren, dass die "Front"-Markierung zur Vorderseite des Motors weist. Von der Kurbelgehäuseseite kontrollieren, ob die Markierungen der Pleuelstangen sich auf der gleichen Seite des Motors befinden (wie sie während des Zerlegens bezeichnet wurden). Während die Kolbenringe in den Zylinder rutschen, wird das Spannband frei und kann abgenommen werden.

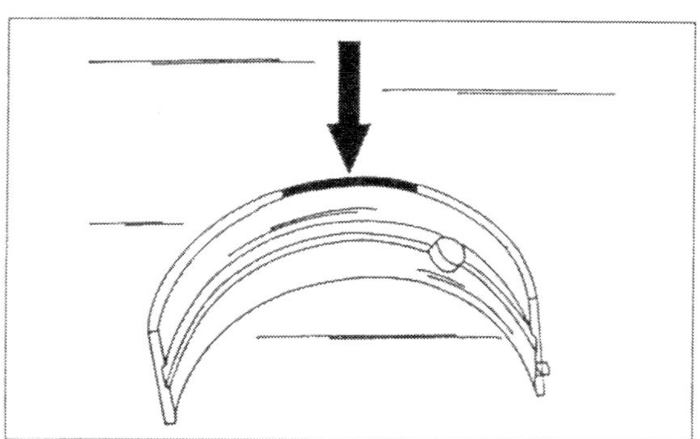

Bild 54
Reparatur-Lagerschalen sind an der gezeigten Stelle mit Farbe gezeichnet.

● Pleuellagerdeckel mit den eingelegten Schalen aufsetzen. Dabei wieder darauf achten, dass die Deckel an die dazugehörigen Pleuelstangen kommen. Kontrollieren, ob die Nummern der Deckel auf der gleichen Seite wie die Nummern in den Pleuelstangen liegen.

● Pleuellagerdeckel abwechselnd auf 18 Nm anziehen und aus dieser Stellung um weitere 90° (Viertelumdrehung) nachziehen. Dabei werden die verwendeten Dehnschaftschrauben vorgespannt.

● Kurbelwelle einige Male durchdrehen und den ersten Kolben wieder auf die u.T.-Stellung bringen.

● Kolben und Pleuelstange des zweiten Zylinders einbauen.

● Kurbelwelle durchdrehen, bis sich die Kurbelzapfen Nr. 2 und Nr. 3 im unteren Totpunkt befinden und die beiden Kolben und Pleuelstangen in der beschriebenen Weise montieren.

● Nach dem Einbau nochmals die folgenden Prüfungen durchführen:

— Kontrollieren, dass alle Pfeile in den Kolbenböden nach der Vorderseite des Motors weisen.

— Kontrollieren, dass sich alle Zylindernummerkennzeichnungen der Pleuelstangen auf der gleichen Seite befinden, und dass die Nummer in Pleuel und Pleuelstange jeweils gleich ist.

— Kontrollieren, dass jede Pleuelstange auf dem Kurbelzapfen ein kleines Seitenspiel aufweist, wenn man die Pleuellager in Axialrichtung, d.h. Längsrichtung der Welle hin- und herbewegt.

● Alle weiteren Arbeiten in gleicher Weise wie beim Einbau der Kurbelwelle durchführen (siehe Kapitel 2.8.3).

2.8 Kurbelwelle

2.8.1 Reparatur

Die Hauptlager der Kurbelwelle von Ford-Motoren sind entweder in Nenngrösse geschliffen oder haben ein Untermass von 0,25 mm. Entsprechende Lagerschalen sind eingebaut.

Übergrösse-Lagerschalen sind mit einer entsprechenden Beschriftung auf der Rückseite der Lagerschale versehen und Ersatzlagerschalen sind ausserdem an den Aussenkanten mit Farbe gezeichnet, wie es in Bild 54 zu sehen ist. Dies trifft jedoch nicht auf eigentliche Übergrösse-Lagerschalen für nachgeschliffene Kurbelwellen zu. Um zu gewährleisten, dass die richtigen Lagerschalen in einen Motor eingebaut werden, sind die Grundbohrungen des Kurbelgehäuses und die Durchmesser jedes Lagerzapfens auszumessen. Darauf achten, dass die Wangen des Mikrometers nicht an die Ölbohrungen angelegt werden.

2.8.2 Lagerspiel ermitteln

Beim Einbau von neuen Lagerschalen ist es wichtig, dass man das Laufspiel des betreffenden Lagers ermittelt. Das Lagerspiel wird mit Hilfe von "Plastigage", einem Plastikdraht der Firma "Perfect Circle", schnell, genau und sicher gemessen. Auf Seite 17 werden Sie die Anschrift einer Lieferfirma finden, falls Sie Schwierigkeiten beim Kauf dieses Messdrahtes haben. Ein Stück des Plastikdrahtes in Lagerbreite wird auf den sauberen und öltrockenen Lagerzapfen gelegt (Bild 55, links), die Haupt- bzw. die Pleuellagerschale mit dem Deckel aufgesetzt und die Deckelschrauben werden mit dem zutreffenden Anzugsdrehmoment angezogen.
Die Lagerspiele dürfen nicht gleichzeitig, sondern müssen Lager für Lager ausgemessen werden. Während dieses Vorganges darf die Welle nicht gedreht werden, auch darf nicht auf die Lagerdeckel geschlagen werden.
Je nach dem vorhandenen Lagerspiel wird der Plastikdraht breitgedrückt. Nun den Lagerdeckel abschrauben. Der breitgedrückte Plastikdraht haftet entweder am Lagerzapfen oder an der Schale. Jetzt die Breite des flachgedrückten Drahtes mit der im Plastigage-Satz mitgelieferten Lehre ausmessen und das kleinste Lagerspiel ablesen, welches sich an der breitesten Stelle befindet (Bild 55, rechts).
Wenn ein Ende des breitgedrückten Plastigage breiter als das andere ist, besteht ein Unterschied im Lagerspiel. Dieser Unterschied gibt die Konizität an. Um die Unrundheit zu messen, wird der Plastikdraht über die gesamte Länge der unteren Lagerschale (quer) gelegt. Nach dem Anzug mit dem vorgeschriebenen Anzugsdrehmoment wird der flachgedrückte Draht gemessen. Der Unterschied zwischen dem grössten Mass und dem kleinsten Mass gibt die Unrundheit an.

2.8.3 Einbau der Kurbelwelle

Der Einbau der Kurbelwelle ist praktisch mit dem Zusammenbau des Motors identisch, falls dieser komplett zerlegt wurde. Die Anzugsdrehmomente müssen streng befolgt werden.
- Die Ölspritzdüsen zur Kolbenkühlung müssen erneuert werden, falls sie ausgebaut wurden. Sie sitzen an der in Bild 56 gezeigten Stelle und werden mit einem Anzugsdrehmoment von 10 Nm angezogen.

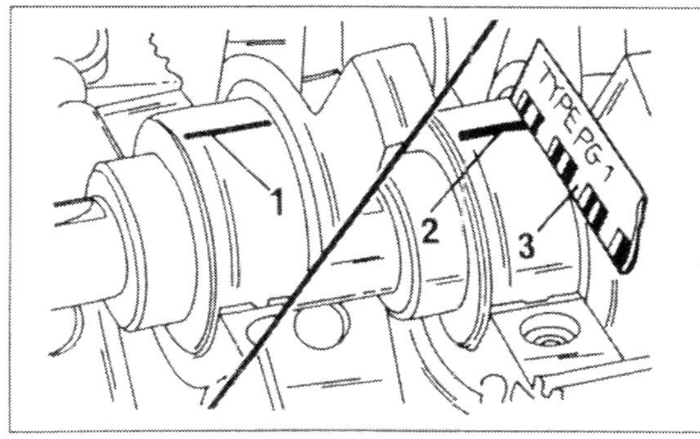

Bild 55
Ausmessen der Kurbelwellen-Lagerlaufspiele. Im linken Bild wird der Plastigage-Streifen (1) aufgelegt. Im rechten Bild wird der breitgedrückte Streifen (2) mit der Lehre (3) ausgemessen.

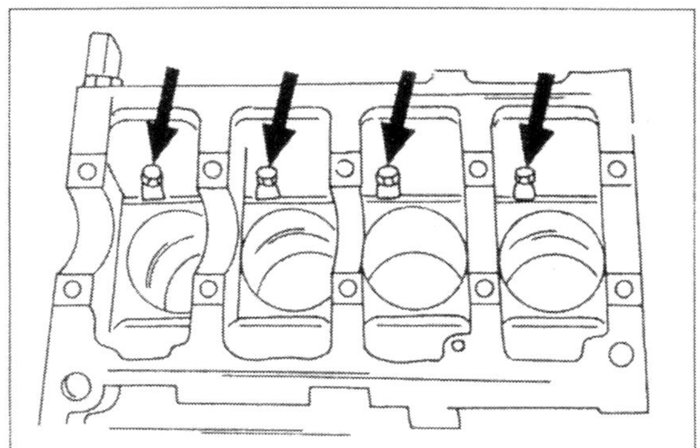

Bild 56
Die Lage der vier Ölspritzdüsen in der Innenseite des Zylinderblocks.

- Die Rückseiten der Lagerschalen trockenwischen und so in die Grundbohrung einsetzen, dass die Nasen der Schalen in die Aussparungen der Bohrungen eingreifen. Falls die gleichen Schalen wieder verwendet werden, müssen sie in die ursprünglichen Bohrungen eingelegt werden. Die geflanschte Lagerschale sitzt am Lager Nr. 3 und dient zur Aufnahme des Axialspiels.
- Kurbelwelle vorsichtig hineinheben.
- Lagerschalen in die Hauptlagerdeckel einsetzen (wieder auf die Nasen achten) und die Deckel entsprechend der Kennzeichnungen (sichtbare oder bei Demontage eingezeichnete) am Kurbelgehäuse anschrauben. Die Deckel sind mit den Zahlen 1 bis 5 gezeichnet. Deckel Nr. 1 befindet sich an der Vorderseite. Bild 57 zeigt eine Ansicht

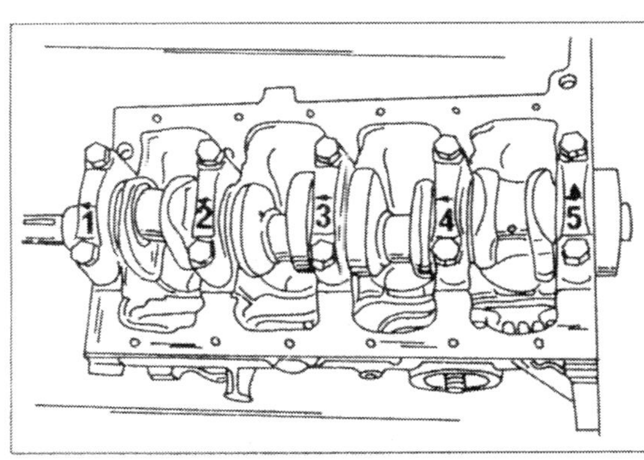

Bild 57
Die Hauptlagerdeckel der Kurbelwelle sind in gezeigter Weise mit der Lagernummer versehen.

der eingebauten Deckel. Die Lagerdeckel werden mit Schrauben und Stiftschrauben gehalten. Die Stiftschrauben gehören zu den Lagern 2 und 4.

- Lagerdeckelschrauben/Muttern gleichmässig von der Mitte nach den beiden Aussenseiten vorgehend in mehreren Stufen auf das vorgeschriebene Anzugsdrehmoment von 80 Nm anziehen. Die Kurbelwelle nach dem Anziehen einige Male durchdrehen, um Klemmer bereits jetzt festzustellen.
- Kurbelwellenaxialspiel ausmessen, wie es in Kapitel 2.8.4 beschrieben ist.
- Führungslager der Kupplungswelle in die Rückseite der Kurbelwelle einschlagen.
- Kolben und Pleuelstangen montieren, wie es in Kapitel 2.7.2 beschrieben wurde.
- Öldruckschalter einschrauben.
- Als nächstes die Ölpumpe einbauen. Der Ölpumpenläufer wird mit dem Ausschnitt in der Kurbelwelle ausgerichtet. Die Schrauben lose anziehen und die Ölpumpe so ausrichten, dass das Gehäuse 0,3 bis 0,8 mm unterhalb der Zylinderblockfläche steht, wie es aus Bild 58 ersichtlich ist.

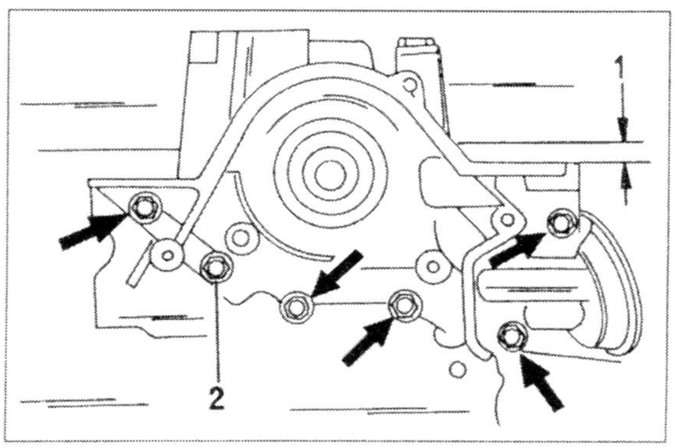

Bild 58
Zum Einbau der Ölpumpe. Die Pumpe muss um das im Text angegebene Mass (1) unterhalb der Zylinderkopffläche stehen. Die Schrauben (2) mit 10 Nm anziehen.

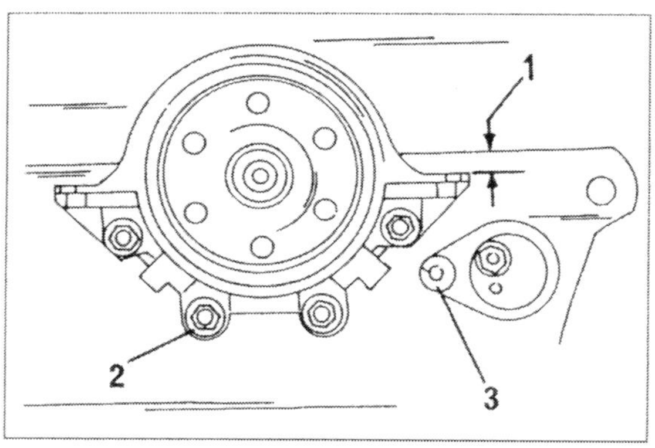

Bild 59
Einzelheiten zum Einbau des Deckelflansches für den hinteren Radialdichtring der Kurbelwelle. Das Mass (1) muss zwischen 0,3 und 0,8 mm betragen.
2 Schrauben, 16 Nm
3 Mutter, 21 Nm

- Einen neuen Radialdichtring in das Ölpumpengehäuse einbringen. Der Öldichtring wird entweder eingeschlagen oder man benutzt ein Rohrstück (dessen Aussendurchmesser auf dem Dichtring aufsitzt) mit einer grossen Scheibe und zieht den Dichtring unter Benutzung der Schraube für die Riemenscheibe in das Gehäuse ein, bis die Aussenfläche bündig abschneidet.
- Das Ölsansaugrohr mit einer neuen Dichtung anbringen. Die Muttern des Saugrohres mit 10 Nm, die des Ölleitblechs mit 19 Nm anziehen.
- Wasserpumpe mit einer neuen Dichtung anbringen und die vier Schrauben mit 18 Nm anziehen.
- Den Deckelflansch an der Rückseite des Zylinderblocks ohne Radialdichtring anbringen, da er vorher zentriert werden muss. Den Flansch mit einer neuen Dichtung in die ungefähre Lage bringen und die Schrauben fingerfest anziehen. Den Flansch jetzt verschieben, bis die Oberkante zwischen 0,3 bis 0,8 mm unterhalb der Zylinderkopffläche steht, wie es aus Bild 59 ersichtlich ist, und die Schrauben gleichmässig ringsherum mit einem Drehmoment von 16 Nm anziehen. Den danebenliegenden Sensor für die Kurbelwellenstellung mit 21 Nm anziehen.
- Den Radialdichtring jetzt in den Deckelflansch und über die Kurbelwelle ziehen. Den Dichtring an der Dichtlippe einölen und ihn mit der Hand in die Deckelöffnung einschieben. Zum Einziehen wird eine Platte verwendet, die man am Kurbelwellenflansch mit zwei Schrauben befestigt. Durch gleichmässiges Anziehen der Schrauben wird der Radialdichtring eingezogen, bis die Platte gegen die Kurbelwelle anliegt.
- Die Ölwanne einbauen. Die folgenden Arbeiten jedoch innerhalb 20 Minuten durchführen, damit die Dichtungsmasse nicht vertrocknet. Die Verbindungsstellen zwischen der Ölpumpe und dem Zylinderblock und dem hinteren Flansch und dem Zylinderblock mit Dichtungsmasse einschmieren. Man sollte sich am besten erkundigen welche Dichtungsmasse in einer Ford-Werkstatt dazu verwendet wird, um eine gute Abdichtung zu gewährleisten.
- Die Ölwanne mit einer neuen Dichtung ansetzen und fingerfest mit den Schrauben anziehen. Jetzt ein Stahllineal auf die Blockfläche am Schwungradende des Motors auflegen und die Ölwanne gegen das Lineal drücken. Die 10 Schrauben jetzt gleichmässig ringsherum mit 22 Nm anziehen, wobei jedoch am Anfang zu kontrollieren ist, dass die Ölwanne noch gegen das Lineal anliegt, um die Flucht beizuhalten.
- Schwungrad am gut gereinigten Kurbelwellenflansch ansetzen. Die Schrauben müssen immer erneuert werden. Einen Schraubenzieher in die Zähne des Zahnkranzes einsetzen, um die Kurbelwelle gegen Mitdrehen gegenzuhalten. Falls die Ölwanne nach Einbau des Schwungrades eingebaut wird, kann man auch einen Holzklotz zwischen Kurbelwelle und Kurbelgehäuse einsetzen, um die Welle gegenzuhalten. Den Motor von einer zweiten Person halten lassen und die Schrauben gleichmässig ringsherum auf ein Drehmoment von 110 Nm anziehen.

- Kupplung einbauen, wie es im betreffenden Kapitel beschrieben ist. Die Schrauben werden mit 30 Nm angezogen.
- Die Anlaufscheibe auf das vordere Ende der Kurbelwelle auflegen und das Stuerrad mit der Beschriftung "Front" nach aussen weisend auf die Kurbelwelle aufschlagen. Die Kurbelwelle jetzt durchdrehen, bis der Kolben des ersten Zylinders ca. 20 mm unter dem oberen Totpunkt steht.
- Zylinderkopf, Nockenwellen und den Zahnriemen montieren, wie es bereits in Kapitel 2.5.5 beschrieben wurde.
- Die Zahnriemenschutzbleche anbringen. Die Schrauben des unteren und mittleren Deckels mit 7 Nm anziehen. Die beiden senkrecht eingesetzten Schrauben des oberen Deckels nur mit 4 Nm anziehen.
- Zündkerzen einschrauben.
- Die Riemenscheibe der Wasserpumpe anschrauben (10 Nm) und die Riemenscheibe der Kurbelwelle aufschlagen und mit der Schraube festziehen (115 Nm). Die Kurbelwelle muss dabei wieder gegen Mitdrehen gegengehalten werden.
- Den Belüfter des Kurbelgehäuses anschrauben (10 Nm) und die Belüftungsleitung befestigen (23 Nm).
- Thermostatgehäuse mit einer neuen Abdichtung anbringen und die drei Schrauben mit 21 Nm anziehen. Ebenfalls die Halterung der Zündspule mit drei Schrauben und dem gleichen Drehmoment befestigen. Die Zündkerzenkabel jetzt in richtiger Reihenfolge aufstecken.
- Gummidichtring des Ölfilters mit Motoröl einschmieren und den Filter in den Motor schrauben, bis der Dichtring anliegt. Aus dieser Stellung mit der Hand um weitere 3/4 Umdrehungen anziehen.
- Ölablassschraube mit neuem Dichtring einschrauben und anziehen.
- Auspuffkrümmer mit einer neuen Dichtung anbringen und die neun Muttern gleichmässig in mehreren Durchgängen auf 16 Nm anziehen. Das Ölmessstabrohr und den Ölmessstab abschliessend anbringen. In ähnlicher Weise das Ansaugsammelrohr montieren. Der Entlüftungsschlauch kann sofort am Sammelrohr angeschlossen werden.
- Alle anderen vom Motor abgebauten Teile in umgekehrter Reihenfolge wie beim Zerlegen wieder montieren. Abschliessend den Motor mit Öl füllen.

2.8.4 Kurbelwellenaxialspiel kontrollieren

- Das Axialspiel der Kurbelwelle sollte vor dem Ausbau der Welle und während dem Zusammenbau kontrolliert werden. Das Axialspiel der Welle wird durch die Flansche der Lagerschalen des mittleren Lagers bestimmt. Falls es ausserhalb des Grenzwertes liegt, müssen die Schalen erneuert werden.
- Den Motor in die in Bild 60 gezeigte Stellung bringen.
- Eine Messuhr an der Schwungradseite des Blocks anschrauben. Den Messstift gegen den Flansch der Kurbelwelle ansetzen oder gegen das Schwungrad, falls dieses eingebaut ist.
- Einen Schraubenzieher am mittleren Lager ansetzen und die Kurbelwelle nach einer Richtung drücken.

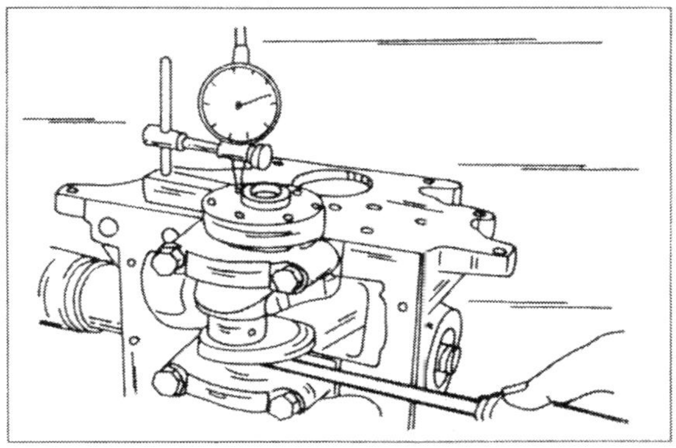

Bild 60
Kontrolle des Axialspiels der Kurbelwelle. Die Welle mit einem Schraubenzieher auf- und abbewegen.

- Die Messuhr auf Null stellen und die Kurbelwelle zurücklassen. Der angezeigte Wert ist das Axialspiel. Die Kurbelwelle muss man zum Auswecheln der Lagerschalen wieder ausbauen.

2.8.5 Hinterer Öldichtring und Flansch

- Zum Erneuern des Öldichtringes den alten Ring aus dem Flansch herausschlagen. Den neuen Dichtring vorsichtig in den Flansch einschlagen, nachdem dieser wieder montiert wurde. Die Dichtlippen müssen nach innen weisen und etwas eingefettet sein.
- Den Flansch mit einer neuen Dichtung am Zylinderblock anschrauben und richtig mit der Kante des Zylinderblocks ausrichten, wie es auf Seite 30 beschrieben wurde (siehe ebenfalls Bild 59).

Der hintere Öldichtring kann auch bei eingebautem Motor erneuert werden, jedoch müssen dazu Getriebe, Kupplung und Schwungrad ausgebaut sein. Zum Ausziehen zwei kleine Löcher in den Ring bohren, zwei Blechschrauben eindrehen und den Ring vorsichtig heraushebeln. Andernfalls kann man natürlich den Dichtringflansch vom Zylinderblock abschrauben.

Den neuen Dichtring an der Dichtlippe und die Lauffläche der Kurbelwelle mit Öl einschmieren und in das Kurbelgehäuse einziehen. Dazu die bereits auf der letzten Seite erwähnte Platte benutzen, die man entsprechend Bild 61 benutzt. Nach Einbau das Schwungrad montieren und die Schrauben mit dem vorgeschriebenen Anzugsdrehmoment anziehen. Die Kupplung anschrauben und das Getriebe wieder einbauen.

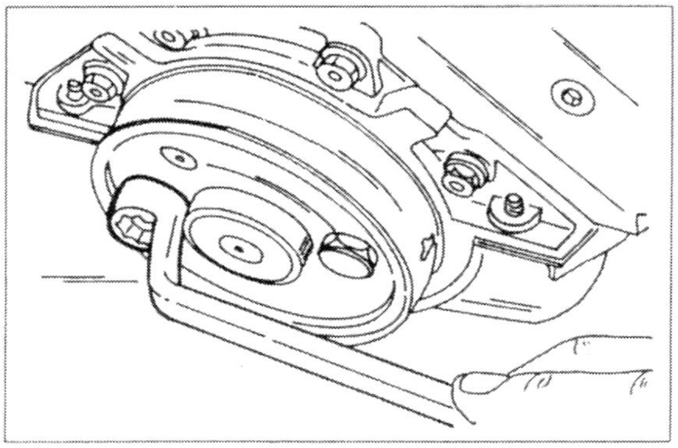

Bild 61
Ein Dichtring kann mit einer zurechtgemachten Platte in den Dichtringflansch eingezogen werden.

2.8.6 Vorderer Kurbelwellendichtring

Der Öldichtring am vorderen Ende des Zylinderblocks kann bei eingebautem Motor ausgetauscht werden.
Bei diesen Motoren sitzt der Dichtring im Ölpumpengehäuse. Falls der Dichtring undicht ist, muss die gesamte Steuerung ausgebaut werden, um an das Ende der Kurbelwelle zu kommen. Der Dichtring kann dann, wie beim hinteren Dichtring beschrieben, mit zwei eingedrehten Blechschrauben herausgedrückt werden. Zum Einziehen eignet sich am besten ein Stück Rohr geeigneten Durchmessers mit dessen Hilfe und einer grossen Scheibe man den Radialdichtring mit der Schraube für die Kurbelwellenriemenscheibe in die richtige Lage zieht.

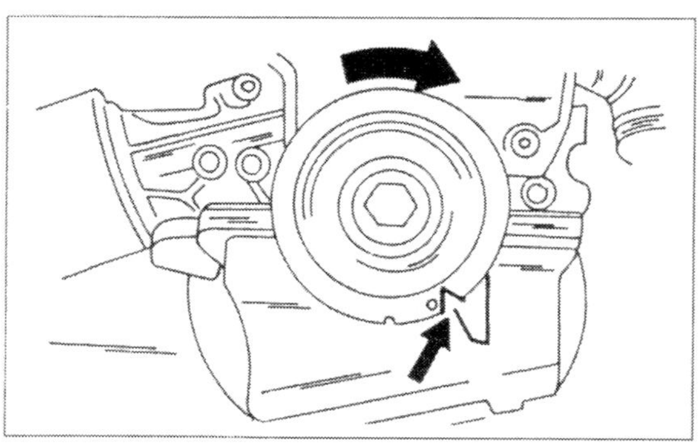

Bild 62
Kurbelwellenriemenscheibe in o.T.-Stellung. Die beiden Markierungen müssen gegenüberstehen.

Einzelheiten über den Ausbau des Zahnriemens sind in Kapitel 2.9 enthalten.

2.9 Nockenwellen und Steuerung

Der Ausbau der Nockenwellen wurde bereits beim Ausbau des Zylinderkopfes behandelt und das betreffende Kapitel muss durchgelesen werden. Der folgende Text befasst sich mit dem Auswechseln des Zahnriemens. Zahnriemen halten nicht unbedingt auf Lebenszeit und müssen entsprechend den von Ford herausgegebenen Empfehlungen nach ca. 100 000 km erneuert werden. Wenn der Zeitpunkt kommt, raten wir Ihnen, dass Sie sich in einer Ford-Werkstatt erkundigen und den zur Zeit geltenden Bestimmungen folgen. Ein gerissener Zahnriemen bedeutet einen teuren Motorschaden, da die Ventile und Kolben sich bei hohen Drehzahlen treffen.

2.9.1 Auswechseln des Zahnriemens

- Beide Kabel der Batterie abklemmen und alle daran angeschlossenen Leitungen abschliessen. Kabelbinder müssen entsprechend aufgeschnitten und beim Einbau erneuert werden.
- Muttern des rechten Rades lockern (dieses muss später abgenommen werden).
- Den Luftansaugstutzen unter Bezug auf Bild 13 vollkommen ausbauen. Zuerst die vier Befestigungsschrauben (1) entfernen. Als nächtes den Stecker (2) vom Sensor abziehen und auf der gleichen Seite die Schellen (3) des Schlauches lösen. An der mit (4) bezeichneten Stelle einen Mehrfachstecker für den Sensor der Ansaugluft abziehen. Auf der linken Seite befindet sich ein Unterdruckschlauch (5). Diesen abziehen.
- Die Kurbelwelle muss gegen Mitdrehen blokkiert werden. Eine Ford-Werkstatt baut dazu den Anlasser aus und schraubt eine Sperre an, die in die Zähne des Schwungradzahnkranzes eingreift. Eine entsprechende Massnahme muss ergriffen werden, damit sich die Kurbelwelle nicht verdrehen kann.
- Fahrzeug vorn auf Böcke setzen.
- Das rechte Vorderrad abschrauben. Auf der Riemenscheibenseite des Motors das Abdeckblech im Radkasten abschrauben und dann das Schutzblech für die Riemenscheibe entfernen.
- Riemenscheibe der Wasserpumpe abschrauben. Die Riemenscheibe muss dabei gegengehalten werden. Entweder kann man versuchen den Keilriemen nach innen zu drücken oder man steckt einen Schraubenzieher zwischen zwei der Riemenscheibenschrauben ein, während man die freiliegenden Schrauben lockert. Falls die Kurbelwelle blockiert wurde, kann sich die Riemenscheibe natürlich nicht durchdrehen.
- Die Spannvorrichtung des Antriebsriemens lockern, bis der Riemen weit genug gelöst ist, um ihn von der Riemenscheibe herunterzunehmen. Bild 16 zeigt wie man an den Riemenspanner herankommt.

- Die Schraube des Schwingungsdämpfers der Kurbelwelle lösen. Zum Gegenhalten der Kurbelwelle kann man jetzt einen Gang einlegen.
- Den unteren Schutzdeckel von der Stirnseite des Motors abschrauben.
- Kurbelwelle jetzt durchdrehen, bis die Kerbe in der Riemenscheibe gegenüber der Markierung in Bild 62 steht.
- Das Rad wieder anschrauben und das Fahrzeug auf den Boden ablassen.
- Den Motor mit einem Handkran und einem an den Hebebügeln angebrachten Seil aus den Aufhängungen heben, bis diese soeben unter Spannung stehen.
- Die rechte Motoraufhängung lösen. Bild 23 zeigt wie der Aufhängungsbügel befestigt ist. Sechs selbstsichernde Muttern müssen gelöst werden (diese immer erneuern). Den Bügel danach herausnehmen.
- Den mittleren und den oberen Zahnriemenschutzdeckel abschrauben, nachdem man die Spannrolle des Antriebsriemens ausgebaut hat. Die Halterung des Hochdruckschlauchs für die Lenkhilfspumpe muss vom Motorhebebügel abgeschraubt werden.
- Kabelstecker von den Zündkerzen abziehen. Falls man nicht vertraut damit ist, sollten die Stekker gezeichnet werden.
- Zylinderkopfhaube abschrauben (10 Schrauben) und die Dichtung abnehmen.
- Die Zündkerzen ausschrauben.
- Die Lehre zum Einstellen der Nockenwellen einsetzen (Bild 45).
- Den Zahnriemen unter Bezug auf Bild 41 entspannen. Dazu die Mutter (1) in Bild 41 lösen und einen passenden Inbusschlüssel an der im Bild gezeigten Stelle (2) einsetzen. Die Riemenspannrolle in Pfeilrichtung verdrehen und die Spannrolle wieder in der neuen Stellung festziehen. Den Zahnriemen abnehmen — Siehe Warnung auf Seite 22.
- Die Befestigungsschrauben der beiden Steuerräder der Nockenwellen lockern. Die Nokkenwellen werden sich dabei mitdrehen und müssen gegengehalten werden. Der in Bild 35 gezeigte Niederhalter eignet sich am besten zu dieser Arbeit. Andernfalls einen Dorn durch eine der Öffnungen schieben, wie es in Bild 63 gezeigt ist und vorsichtig gegen den Zylinderkopf anlegen. Die beiden Steuerräder müssen sich leicht auf den Wellen durchdrehen lassen.

Falls der Zahnriemen wieder eingebaut werden soll, muss man ihn von jeglicher Öl- oder Fettverschmutzung fernhalten. Dazu gehören auch fettige oder ölige Hände. Den Riemen auf keinen Fall reinigen; er kann jedoch mit einem trockenen Lappen abgerieben werden. Die Nockenwellenräder nach sehr hohem Kilometerstand auf Verschleiss der Zähne kontrollieren. Die Materialschichten des Riemens dürfen sich nicht gelöst haben.

Beim Einbau des Zahnriemens folgendermassen vorgehen:

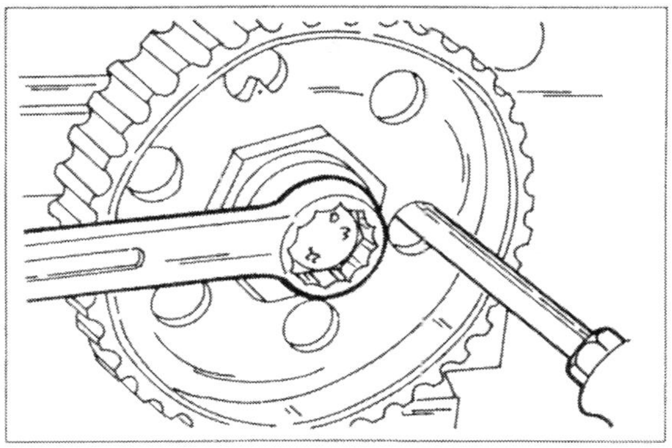

Bild 63
Ein Nockenwellenrad kann beim Lösen der Schraube in der gezeigten Weise gegengehalten werden.

- Die bereits am Anfang erwähnte Lehre zum Einstellen der Steuerzeiten ist jetzt erforderlich. Diese Lehre wie in Bild 45 gezeigt anlegen.
- Kurbelwelle durchdrehen, bis die Kerbe in der Riemenscheibe in der in Bild 62 gezeigten Stellung steht. Dies ist die Stellung für den oberen Totpunkt (o.T.). Bei ausgebautem Zahnriemen die Welle jedoch sehr langsam durchdrehen, damit die Ventile nicht gegen die Kolben anschlagen können.
- Falls die Feder des Riemenspanners ausgebaut wurde, muss sie wieder anhand von Bild 64 eingehängt werden. Dazu den Sicherungsstift (1) einschrauben und mit 10 Nm anziehen und die Feder zwischen Stift und Riemenspanner einhängen. Einen abgewinkelten Inbusschlüssel wie im Bild gezeigt einsetzen und in Pfeilrichtung verdrehen. Die Spannrolle dann mit der Schraube (3) in der neuen Stellung festziehen.

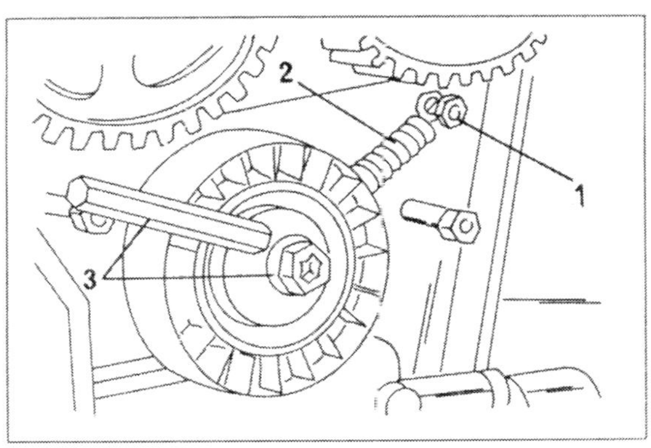

Bild 64
Vorspannen des Riemenspanners ehe der Zahnriemen aufgelegt werden kann.
1 Lagerbolzen
2 Rückzugfeder
3 Schraube

- Den Zahnriemen entgegengesetzt dem Uhrzeigersinn auf die drei Steuerräder und den Riemenspanner auflegen. Zuerst den Riemen auf das Kurbelwellenrad auflegen, die Zähne im Eingriff halten, links um die untere Führungsrolle und den Zahnriemenspanner legen und um das linke

Nockenwellensteuerrad schlingen. Den Riemen jetzt fest mit den Zähnen des Nockenwellenrades in Eingriff halten, über das rechte Steuerrad legen und schliesslich um die Innenseite der rechten Laufrolle führen. Kontrollieren, dass alle Zähne einwandfrei in Eingriff sind. Die Verlegung des Riemens wurde bereitrs in Bild 48 gezeigt und man sollte sich die Abbildung auf Seite 24 ansehen, um zu gewährleisten, dass der Riemen einwandfrei aufgelegt ist. Die Mutter (2) jetzt lockern, worauf der Riemenspanner nach innen schnellen wird, um den Riemen in richtiger Lage vorzuspannen.

- Steuerräder der Nockenwellen gegenhalten und die beiden Schrauben mit 68 Nm anziehen. Die Kurbelwelle darf sich dabei nicht durchdrehen. Nach Festziehen der Schrauben die Kurbelwelle um zwei Umdrehungen durchdrehen, bis sie wieder in o.T.-Stellung steht.
- Schraube des Riemenspanners mit einem Drehmoment von 38 Nm anziehen.
- Kontrollieren, dass die Lehre immer noch entsprechend Bild 45 ausgerichtet ist, wenn die Kurbelwelle auf dem oberen Totpunkt steht. Andernfalls das betreffende Nockenwellenrad lockern und etwas verdrehen. Die Schraube(n) wieder mit 68 Nm anziehen.
- Zylinderkopfhaube mit einer neuen Dichtung montieren. Die Schrauben gleichmässig ringsherum zuerst auf 2 Nm und dann auf 7 Nm anziehen.
- Zündkerzen einschrauben (15 Nm) und die Zündkerzenkabel entsprechend der Zündfolge aufstecken.
- Den unteren Riemenschutzdeckel anbringen. Die Schrauben mit 7 Nm anziehen (Bild 65). Danach die beiden anderen Riemenschutzdeckel anbringen. Dabei darauf achten, dass der mittlere Deckel richtig im unteren Deckel sitzt.
- Laufriemenscheibe des Antriebsriemens anbringen und mit einem Drehmoment von 48 Nm anziehen.
- Rechte Motoraufhängung unter Bezug auf Bild 23 montieren. Die Muttern müssen erneuert werden. Das Anzugsdrehmoment beträgt 83 Nm.
- Die Riemenscheibe der Kurbelwelle (Schwingungsdämpfer) aufschlagen und die Kurbelwelle gegen Mitdrehen sperren (Gang einschalten). Die Schraube mit einem Anzugsdrehmoment von 115 Nm anziehen.

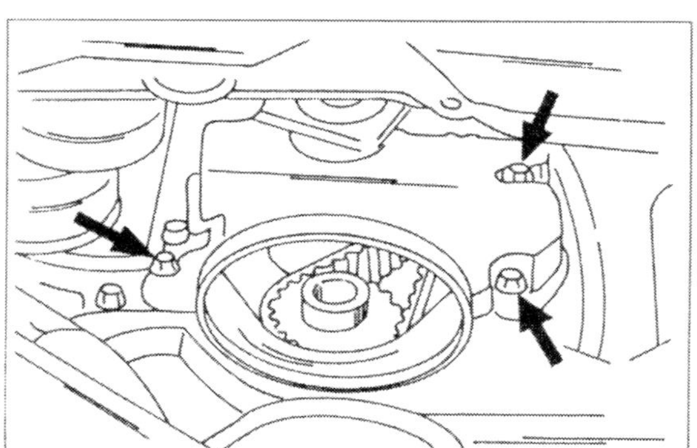

Bild 65
Die Befestigungsstellen des unteren Riemenschutzdeckels. Die Schrauben mit 7 Nm anziehen.

- Alle anderen Arbeiten in umgekehrter Reihenfolge wie beim Ausbau durchführen. Beim Einbau des Motors wurden bestimmte Arbeiten beschrieben, welche auch beim Einbau des Zahnriemens gelten. Dies bezieht sich besonders auf das Einstellen der Spannung des Antriebsriemens. Der Riemen wird entsprechend Bild 30 auf die Riemenscheiben aufgelegt. Durch Anziehen des Riemenspanners nach rechts wird der Riemen gespannt. Die Radmuttern mit einem Anzugsdrehmoment von 85 Nm anziehen.

2.9.2 Nockenwellen überprüfen

Leichte Schäden an den Nocken oder Lagerzapfen können mit einem Ölstein geglättet werden. Kratzer oder gar Risse erfordern eine Erneuerung der Nockenwelle(n) oder des Zylinderkopfes.
Die Lagerzapfen der Nockenwelle werden mit einem Mikrometer ausgemessen, um den Durchmesser auf Mass und Unrundheit zu kontrollieren. Die gefundenen Werte mit den Innendurchmessern der Lagerbohrungen im Zylinderkopf vergleichen und anhand der Angaben in der Mass- und Einstelltabelle vergleichen, um zu bestimmen, in welchem Zustand sich die Teile befinden.
Das Laufspiel der Nockenwellenlager kann in gleicher Weise wie das Laufspiel der Kurbelwellenlager ausgemessen werden, d.h. "Plastigage"-Kunststoffdraht wird auf die Lagerzapfen aufgelegt. Die Lagerdeckel anschrauben, um den Draht flachzudrücken und danach wieder abschrauben. Die Breite des flachgedrückten Drahtes ausmessen und mit dem Sollwert von 0,020 - 0,070 mm vergleichen.
Bei zu grossem Spiel die Nockenwelle und/oder den Zylinderkopf erneuern.

2.9.3 Axialspiel der Nockenwelle ausmessen

- Eine Messuhr an der Vorderseite des Zylinderkopfes so anbringen, dass der Messstift gegen das Ende der auszumessenden Welle ansitzt.
- Nockenwelle mit einer Hand in eine Richtung drücken, die Messuhr auf Null stellen und die Welle in die andere Richtung drücken. Der angezeigte Wert ist das Axialspiel, welches zwischen 0,080 - 0,22 mm liegen muss. Falls das Axialspiel nicht stimmt, ist die Anlauffläche an Zylinderkopf oder Welle abgenutzt und entsprechende Untersuchungen müssen vorgenommen werden, um die Verschleissstelle zu finden.

2.10 Kompressionsdruckprüfung

Um zu kontrollieren, ob ein Ventil nicht einwandfrei schliesst, Kolbenringe gebrochen oder verschlissen sind oder andere Fehler in den Zylindern vorliegen, sollte eine Kompressionsdruckprüfung aller Zylinder vorgenommen werden. Dazu muss der Motor seine Betriebstemperatur besitzen.

- Zündkerzen herausschrauben. Dazu den vorgeschriebenen Zündkerzenschlüssel benutzen.
- Die folgenden Arbeiten sind entsprechend dem eingebauten Motor abzustimmen:
- Drosselklappe vollkommen öffnen.
- Kompressionsdruckprüfer in die erste Kerzenbohrung einsetzen.
- Von einer zweiten Person den Anlasser betätigen lassen.
- Motor durchdrehen, bis die Nadel des Kompressionsprüfers den höchsten Druckwert anzeigt.
- Der Reihe nach die anderen Zylinder auf die gleiche Weise kontrollieren.

Normalerweise gilt, dass keiner der Zylinder weniger als 80% des Ergebnisses des besten Zylinders aufweisen darf. Niedrige, ungleichmässige Kompression könnte durch verschlissene Kolbenringe verursacht werden, die ebenfalls durch übermässigen Ölverbrauch feststellbar werden. Bei guter Kompression sollte die folgende Anzeige bei den einzelnen Motoren erhalten werden:

1,6/1,8 Liter-Motor	9 - 13 bar
2,0 Liter-Motor	9 - 12 bar

Die angegebenen Werte gelten bei einem neuen Motor, d.h. aus den eigentlich erhaltenen Anzeigen kann man den Fortschritt des Verschleisses feststellen. Irgendetwas stimmt nicht, d.h. entweder sind die Kolbenringe verschlissen, die Zylinderkopfdichtung ist undicht oder die Ventile schliessen nicht einwandfrei oder sind ausgebrannt (Überholung des Zylinderkopfes notwendig), wenn bei einem oder mehreren Zylindern die folgenden Richtwerte nicht erhalten werden:

1,6/1,8 Liter-motor	7,0 bar
2,0 Liter-Motor	7,5 bar

2.11 Auspuffanlage

Offensichtlich werden unterschiedliche Auspuffanlagen bei den in dieser Ausgabe behandelten Motoren eingebaut, jedoch haben Modelle mit 1,6 Liter-Motor und 1,8 Liter-Motor die gleiche Anlage. Abgesehen von einem einzelnen vorderen Auspuffrohr hat das Dieselmodell ebenfalls die gleiche Auslegungsweise wie die beiden genannten Ausführungen. Bei eingebautem 2,0 Liter-Motor sieht die Anlage bis zum Endabschnitt ähnlich aus, jedoch werden zwei Nachschalldämpfer verwendet.

Alle Auspuffanlagen bestehen aus dem vorderen Auspuffrohr mit dem daran angebrachten Katalysator (bei Dieselmodellen kann auch ein Katalysator eingebaut sein), einem mittleren Schalldämpfer sowie eingebautem(n) Nachschalldämpfer(n). Die Nachschalldämpfer sind aus aluminiumüberzogenem Material hergestellt um die Lebensdauer zu verlängern. Innenteile sind aus rostfreiem Stahl gefertigt, um zusätzlichen Schutz gegen die korrosiven Einflüsse der im Abgas enthaltenen Verbrennungsprodukte zu geben.

Die Auspuffanlage wird während der Produktion zweiteilig eingebaut, kommt aber als Ersatzteil in drei oder vier Teilen, um die Erneuerungskosten niedrig zu halten.

Das vordere Auspuffrohr reicht direkt in den Auspuffkrümmer oder das Turboladergehäuse und wird mit einem speziellem Dichtring abgedichtet. Stiftschrauben, Federn und Muttern werden zum Zusammenschliessen der Verbindung benutzt.

Der Katalysator hat die Aufgabe das Abgas zu reinigen, um die Abgasemissionen auf den gesetzlichen Wert zu bringen. Zwei Katalysatorausführungen werden im modernen Automobilbau verwendet. Ein normaler Katalysator reguliert die in unverbranntem Kraftstoff enthaltenen Schadstoffe. Der sogenannte Dreiweg-Katalysator ist in der Lage fast alle Schadstoffe zu entfernen.

Um einwandfrei zu funktionieren muss der Katalysator eine Mindestbetriebstemperatur haben. Sobald diese erreicht ist, beginnt ein als Katalyst bezeichneter Wirkstoff die Reinigung der Abgase. Bei weniger als 320° C ist die Umwandlung der Abgase minimal.

2.11.1 Erneuerung der kompletten Anlage

Wie bereits erwähnt wird eine aus zwei Abschnitten bestehende Anlage während der Produktion eingebaut, d.h. um den Nachschalldämpfer oder beide Nachschalldämpfer zu erneuern, muss das Rohr an einer bestimmten Stelle abgesägt werden, um das Neuteil aufzunehmen. Der mittlere Schalldämpfer der während der Produktion eingebauten Anlage kann nur zusammen mit dem(n) Nachschalldämpfer(n) erneuert werden.

Die Gummiringe der Katalysatoraufhängung — siehe nebenstehende Warnung — sind aus Spezialmaterial hergestellt um die auftretenden ho-

Warnung: Auf keinen Fall dürfen die Gummiaufhängungsringe durch Ringe aus anderen Werkstoffen ersetzt werden, da sie schnell durchbrennen.

hen Temperaturen auszuhalten. Nicht der Ersatzteilnummer entsprechende Teile sind hier fehl am Platz.
Obwohl man die Auspuffanlage leicht selbst ersetzen kann, sollten Sie sich zuerst in einem Auspuff-Center erkundigen wie hoch die Kosten

Achtung: Nicht unter ein ungesichertes Fahrzeug liegen, wenn der Auspuff ausgebaut wird.

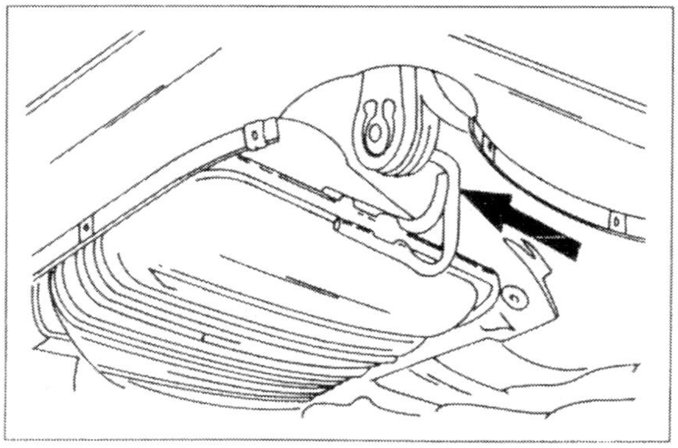

Bild 66
Der Pfeil zeigt wo der Aufhängungsbügel in die Gummiringaufhängung eingehängt ist.

dere Auspuffrohr verbleibt in diesem Fall im Fahrzeug. Die gesamte Anlage wird jetzt nur durch die Gummiaufhängungsringe gehalten und muss entsprechend gehalten oder abgestützt werden.

- Die Stege der Aufhängungen aus den Gummiringen freimachen und die Auspuffanlage auf den Boden ablassen. Bild 66 zeigt wie eine derartige Gummiringaufhängung aussieht.

Um den mittleren Schalldämpfer oder den oder die Nachschalldämpfer zu erneuern, hält man sich an Bild 67. Die gezeigte Anlage ist bei einem 2 Liter-Motor eingebaut. Das mit 1718 mm angegebene Mass gilt ebenfalls bei den Anlagen der anderen Motoren. Das Rohr wird an der Schnittstelle zersägt und das Neuteil wird unter Verwendung einer vom Ersatzteillager erhältlichen Verbindungsmuffe angeschraubt.
Der Einbau geschieht in umgekehrter Reihenfolge wie der Ausbau. Folgende Punkte beachten:

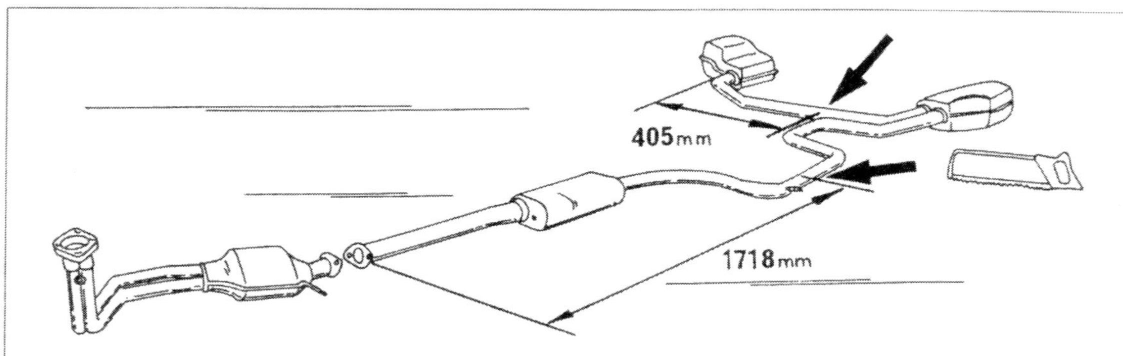

Bild 67
Die Auspuffanlage bei eingebautem 2 Liter-Motor mit zwei Nachschalldämpfern.

zum Erneuern der Anlage oder des Anlagenabschnitts liegen, vor allem, da die Arbeitskosten meistens im Preis inbegriffen sind und man leicht feststellen könnte, dass die einzukaufenden Auspuffteile am Ende sich den Gesamtkosten gleichen. Um den Auspuff jedoch zwecks anderer Arbeiten auszubauen, sind folgende Arbeiten durchzuführen:

- Fahrzeug vorn auf sichere Böcke aufsetzen.
- Die beiden Muttern an der Flanschverbindung zwischen dem vorderen Auspuffrohr und dem Katalysator lösen und die Teile trennen. Das vor-

Warnung: Katalysatoren werden sehr heiss. Vor dem Ausbau vollkommen abkühlen lassen.

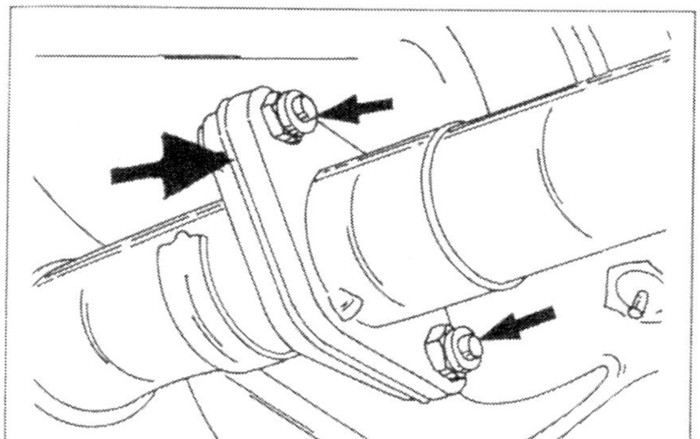

Bild 68
Der Pfeil zeigt wo die neue Dichtung eingelegt ist. Ebenfalls sind die beiden Flanschmuttern zu sehen.

- Alle Teile zuerst lose zusammenschrauben. Eine neue Dichtung kommt zwischen die Flansche des Katalysators und vorderen Auspuffrohres (siehe Bild 68).
- Alle Gummiaufhängungsringe auf Wiederverwendung kontrollieren.
- Die beiden in Bild 68 gezeigten Muttern der Flanschverbindung mit einem Anzugsdrehmoment von 40 Nm anziehen. Die Schrauben und Muttern der verwendeten Verbindungsmuffe mit dem gleichen Drehmoment anziehen.
- Nach Einhängen der Gummiringe kontrollieren, dass der Auspuff an allen Stellen einwandfrei aufgehängt ist. Den Motor anlassen und auf Klappergeräusche achten. Bei einer kurzen Fahrt wird sich schnell feststellen lassen, ob der Auspuff irgendwo anschlägt.

2.11.2 Aus- und Einbau des Katalysators

- Fahrzeug vorn auf Böcke setzen.
- Die beiden in Bild 68 gezeigten Muttern am Verbindungsflansch lösen und den Katalysator vom Auspuffrohr trennen — Siehe Warnung links.

- Massekabel der Batterie abklemmen.
- Den Stecker der Lambda-Sonde am vorderen Auspuffrohr abziehen (siehe Bild 69) und die beiden im Bild gezeigten Muttern lösen. Unter den Muttern sitzen Federn, die man nach Lösen der Muttern auffangen muss.
- Den Katalysator von den beiden in Bild 70 gezeigten Gummiaufhängungsringen lösen und herausnehmen. Falls der Katalysator wieder eingebaut werden soll, muss man ihn mit Vorsicht behandeln, da die Innenteile durch grobe Behandlung beschädigt werden können.

Der Einbau geschieht in umgekehrter Reihenfolge wie der Ausbau. Alle Kohlerückstände von den Flanschverbindungen entfernen. Die Stiftschrauben der Krümmerverbindung gut reinigen und, falls möglich, mit einem hitzebeständigen Fett einschmieren, damit sie sich zu einem späteren Zeitpunkt leichter lösen lassen.

Die Muttern der Krümmerverbindung und den Dichtring immer erneuern. Ebenfalls die Dichtung der Katalysatorverbindung erneuern. Die Flanschmuttern werden auf ein Anzugsdrehmoment von 40 Nm angezogen.

Beim Festschrauben des Auspuffrohres am Krümmer die Federn aufsetzen und die Muttern anziehen, bis sie gegen den Bund der Stiftschrauben anliegen. Eine Stecknuss mit einer Verlängerung ist zu benutzen, um an die Muttern zu kommen. Den Stecker der Lambda-Sonde wieder aufstecken.

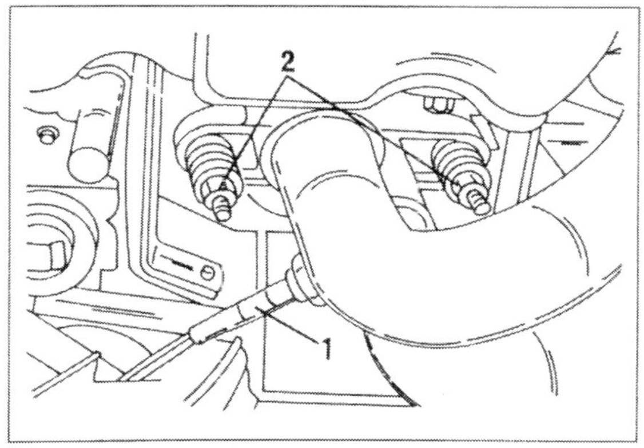

Bild 69
Die Lage der Lambda-Sonde (1) und die Muttern (2) der Auspuffkrümmerverbindung.

Achtung: Keine Auspuffdichtungsmasse vor dem Katalysator verwenden, da diese Feuer fangen kann.

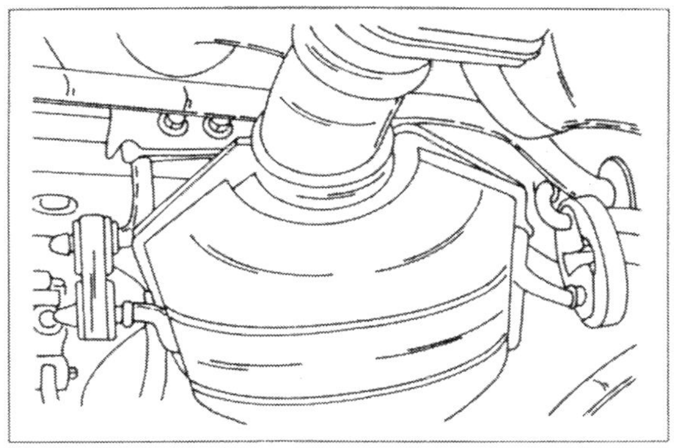

Bild 70
Die Aufhängung des Katalysators.

3 Die Motorschmierung

Zur Schmierung wird eine Kreiselläuferpumpe verwendet. Die Pumpe ist direkt an der Vorderseite des Kurbelgehäuses angeschraubt. Der Pumpenläufer wird von einer Mitnehmerfläche an der Kurbelwelle angetrieben.
Die Ölpumpe saugt das Öl aus der Ölwanne durch ein Ansaugrohr mit Siebfilter an und leitet es direkt durch einen Kanal in den Hauptstromfilter. Die Hauptlager stehen in Verbindung mit dem Hauptölkanal. Die Nockenwellenlager werden von der Abzweigung des Hauptölkanals mit Schmieröl versorgt.
Getrennte Ölspritzdüsen sind zum Kühlen der Kolben eingebaut. Diese sitzen in der Innenseite des Kurbelgehäuses an der in Bild 56 auf Seite 29 gezeigten Lage.

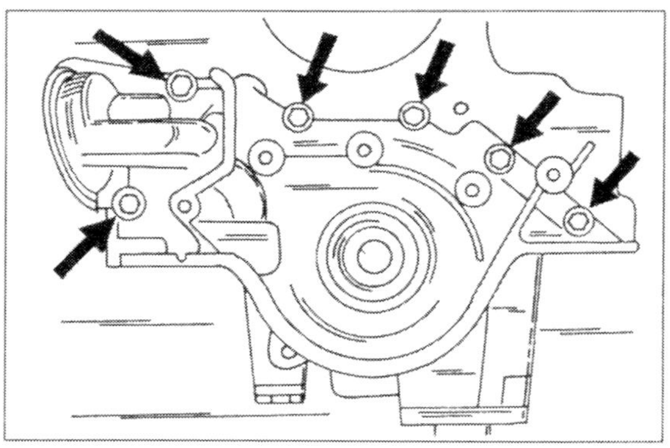

Bild 71
Die Ölpumpe wird durch die gezeigten Schrauben am Zylinderblock gehalten.

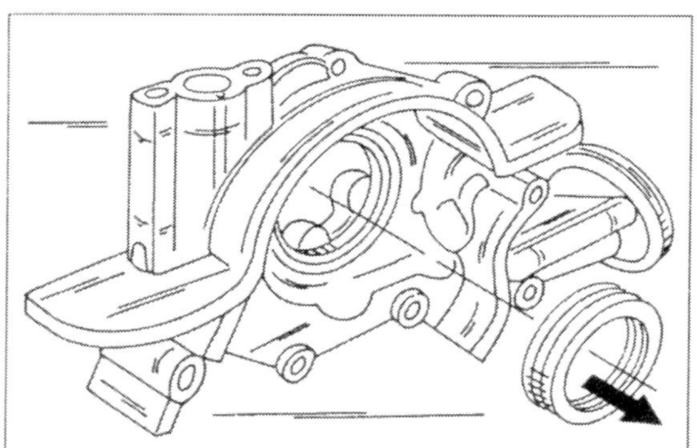

Bild 72
Der Radialdichtring der Kurbelwelle sitzt im Pumpengehäuse.

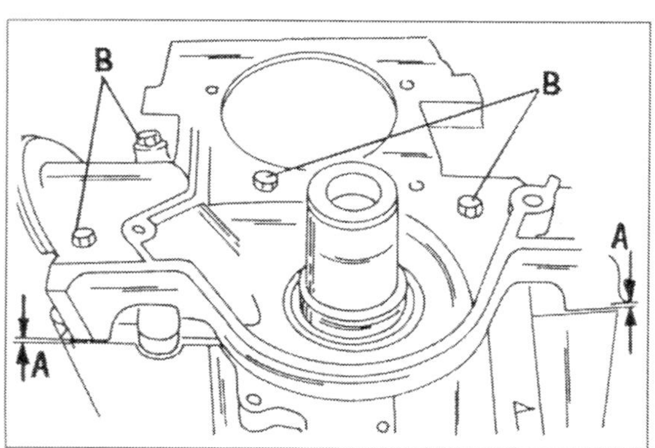

Bild 73
Nach Herstellung des Masses (A) entsprechend den Angaben im Text die mit (B) bezeichneten Schrauben der Ölpumpe anziehen.

3.1 Die Ölpumpe

3.1.1 Aus- und Einbau

Die Ölpumpe kann nicht repariert werden, d.h. falls der Öldruck aufgrund eines Ausfalls der Pumpe nicht mehr vorhanden ist, muss man eine neue Pumpe einbauen.

- Kurbelwellenriemenscheibe und das Steuerrad der Kurbelwelle ausbauen, wie es in Kapitel 2.8.6 bei der Erneuerung des vorderen Kurbelwellendichtringes auf Seite 32 beschrieben wurde, d.h. die gesamte Zahnriemensteuerung muss ausgebaut werden, um an die Pumpe zu kommen.
- Ölwanne ausbauen, wie es in Kapitel 3.5 beschrieben ist.
- Ölansaugrohr von der Ölpumpe abschrauben.
- Ölpumpe von der Stirnseite des Motors abschrauben. Die Befestigungsschrauben sind in Bild 71 zu sehen.
- Den Radialdichtring sofort aus dem Pumpengehäuse heraushebeln (Bild 72).

Der Einbau der Ölpumpe geschieht in umgekehrter Reihenfolge wie der Ausbau. Eine neue Dichtung verwenden und darauf achten, dass die Pumpe mit dem Antrieb der Kurbelwelle in Eingriff kommt. Falls erforderlich dazu die Kurbelwelle durchdrehen. Die Pumpe einstweilen ohne Öldichtring lose anschrauben.

- Das Pumpengehäuse zur Dichtfläche des Zylinderblocks drücken, bis die Fläche des Pumpengehäuses ca. 0,3 - 0,8 mm unterhalb der Fläche des Zylinderblocks liegt. Danach die in Bild 73 gezeigten Schrauben anziehen.
- Den Radialdichtring an den Lippen mit etwas Fett einschmieren und in die Bohrung des Pumpengehäuses und über die Kurbelwelle stecken. Am besten eignet sich ein Rohrstück des gleichen Durchmessers wie der Öldichtring, um diesen einzuziehen. Eine Scheibe auf das Rohrstück auflegen und die zum Befestigen der Kurbelwellenriemenscheibe benutzte Schraube durch die Scheibe und das Rohr stecken und in die Kurbelwelle schrauben. Die Schraube anziehen, bis der Dichtring bündig abschneidet.

Alle anderen Arbeiten in umgekehrter Reihenfolge durchführen. Darin ist der Einbau des Zahnriemens inbegriffen und das betreffende Kapitel muss durchgelesen werden. Das Ölsaugrohr mit einer neuen Dichtung anschrauben (10 Nm). Über den Einbau der Ölwanne kann im betreffenden Kapitel nachgelesen werden. Abschliessend den Motor mit der vorgeschriebenen Menge des empfohlenen Öls füllen.

3.2 Der Ölfilter

Der Ölfilter sollte mit einem Spezialspannband ab- und angeschraubt werden, ähnlich wie es aus Bild 74 ersichtlich ist. Falls ein derartiges Spannband nicht zur Verfügung steht, kann man die Klinge eines Schraubenziehers durch die Seite des Filters schlagen und den Filter mit Hilfe des Griffs abdrehen.
Den Dichtring vor dem Ansetzen des neuen Ölfilters leicht mit Fett einschmieren. Den Filter einschrauben, bis er gegen den Dichtring ansitzt (diesen leicht zusammendrückt) und danach mit der Hand um eine weitere halbe bis dreiviertel Umdrehung anziehen.
Nach Erneuerung des Filters den Ölstand in der Ölwanne berichtigen.

3.3 Öldruck kontrollieren

Der Öldruck kann bei laufendem Motor kontrolliert werden, jedoch sind ein Druckmesser (Manometer) und ein geeigneter Anschluss erforderlich, welchen man anstelle des Öldruckschalters einschrauben kann.

- Elektrisches Kabel vom Öldruckschalter abziehen.
- Öldruckschalter mit einem Ringschlüssel herausdrehen.
- Manometer einschrauben.
- Motor anlassen.
- Motor zuerst im Leerlauf laufen lassen und danach auf eine Drehzahl von 2000 min. beschleunigen. Die erhaltenen Werte mit den Angaben in der Mass- und Einstelltabelle vergleichen. Falls der Druck zu hoch ist, könnte es sein, dass das Überdruckventil in geschlossener Lage hängt. Niedrige Anzeigen weisen auf ein verstopftes Ölsieb, eine gebrochene Ölansaugleitung oder eine lose oder verschlissene Ölpumpe hin. Falls der Öldruck bei niedrigen Drehzahlen zu gering ist, könnte es sein, dass das Überdruck in geöffneter Stellung hängt.

3.4 Motorölstand kontrollieren

- Fahrzeug fahren, bis sich das Motoröl erwärmt hat, und danach auf einer ebenen Fläche abstellen.
- Ölmessstab herausziehen und mit einem sauberen Tuch oder einem Stück Papier abwischen.
- Ölmessstab wieder hineinschieben und erneut herausziehen.
- Ölstand am Ölmessstab ablesen. Das Öl muss zwischen den beiden Markierungen am Ölmessstab stehen. Um den Ölstand von der unteren Marke bis zur oberen Marke zu bringen, füllt man ungefähr 0,75 Liter des vorgeschriebenen Motoröls ein. Falls das Öl zwischen den beiden Markierungen steht, ist eine Nachfüllung nicht erforderlich. Niemals zulassen, dass das Öl unter die unterste Markierung fällt.

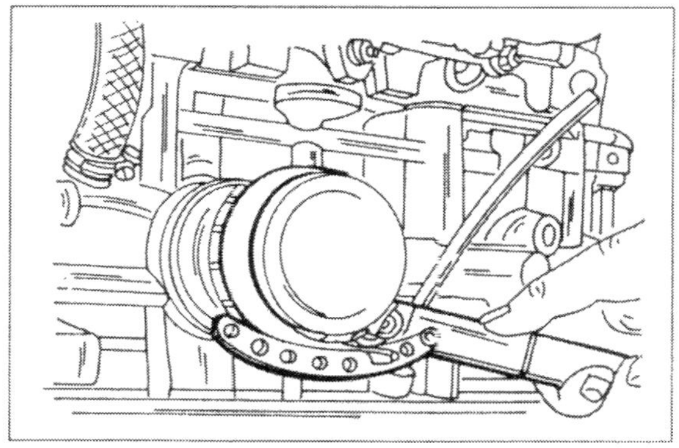

Bild 74
Ein Ölfilter kann in der gezeigten Weise mit einem Filterschlüssel abgeschraubt werden.

3.5 Ölwanne — Ölwannendichtung

Die Ölwanne kann bei eingebautem Motor ausgebaut werden, muss aber beim Einbau gut mit der Dichtfläche des Zyllinderblocks ausgefluchtet werden. Ebenfalls ist eine gute Dichtungsmasse erforderlich, um die Verbindungen zwischen Ölpumpe und Block auf einer Seite und Dichtringflansch und Block auf der anderen Seite vor Einbau der Ölwanne abzudichten.

- Batterie abklemmen.
- Fahrzeug über eine Montagegrube oder auf Auffahrrampen fahren oder die Vorderseite des Fahrzeuges auf Böcke setzen.
- Unterschutzblech abmontieren.
- Ölablassstopfen aus der Ölwanne herausschrauben und das Öl in einen untergestellten Behälter ablaufen lassen — **Das Öl sollte warm, jedoch nicht heiss sein.** Falls man keinen geeigneten Behälter, jedech eine Blechschere hat, kann man eine Seite einer 5 Liter-Öldose aufschneiden. Die auslaufenden 4,5 Liter werden soeben darin aufgenommen.

Warnung: Heisses Öl kann beim Herausdrehen des Ablassstopfens herausspritzen und zu Verletzungen führen.

- Ölwanne abschrauben. Falls die Ölwanne festsitzen sollte, kann ein Hebel zum Abdrücken benutzt werden, jedoch keinen Schraubenzieher zwischen die Dichtfläche und den Block einsetzen.
- Ölwanne nach unten absenken und herausnehmen.
- Alle Dichtungsreste entfernen, wobei besonders darauf zu achten ist, dass die Dichtungsmasse an den Ecken des Zylinderblocks gut entfernt wird.

Kontrollieren, ob die Innenseite des Kurbelgehäuses sehr verschmutzt ist. Falls notwendig, kann man das Ölsaugrohr ausbauen und bei dieser Gelegenheit reinigen.

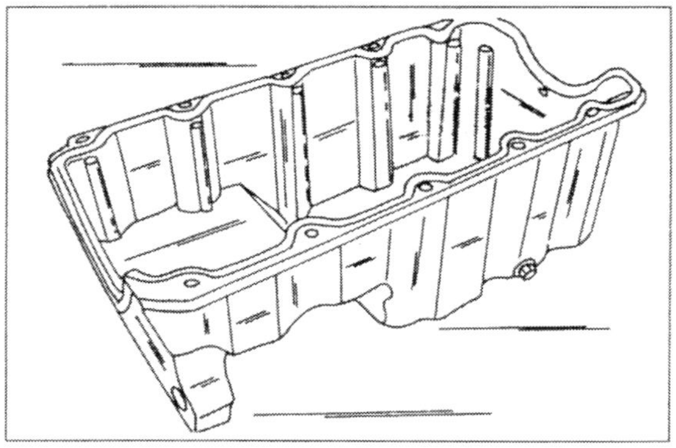

Bild 75
Die aufgelegte Ölwannendichtung.

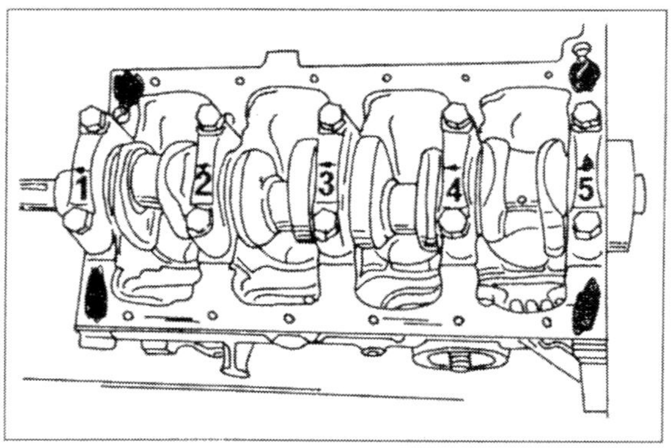

Bild 76
Dichtungsmasse wird an den gezeigten Stellen auf den Block aufgeschmiert.

Beim Einbau der Ölwanne folgendermassen vorgehen:

- Die Dichtung ist einteilig und wird entsprechend Bild 75 auf die Ölwanne aufgelegt. Die Dichtung kann mit etwas Fett angeklebt werden, um sie in ihrer Lage zu halten.
- Die folgenden Arbeiten innerhalb 20 Minuten durchführen, damit die Dichtungsmasse nicht vertrocknet. Die Verbindungsstellen zwischen der Ölpumpe und dem Zylinderblock und dem hinteren Flansch und dem Zylinderblock an den in Bild 76 gezeigten Stellen mit Dichtungsmasse einschmieren. Man sollte sich am besten erkundigen welche Dichtungsmasse in einer Ford-Werkstatt dazu verwendet wird, um eine gute Abdichtung zu gewährleisten.
- Falls ausgebaut, das Ölansaugrohr wieder mit einer neuen Dichtung anschrauben (10 Nm).
- Ölwanne lose anschrauben, ohne dass dabei die Dichtung verschoben wird, aber so, dass man die Ölwanne noch seitlich verschieben kann. Diese wird jetzt zur Schwungradseite hin geschoben, bis die Flächen von Ölwanne und Zylinderblock bündig abschneiden. Die Ölwanne in dieser Lage halten und einige der Schrauben festziehen. Die anderen Schrauben gleichmässig ringsherum mit 22 Nm anziehen.
- Ölablassstopfen einschrauben und den Motor mit der vorgeschriebenen Ölmenge des empfohlenen Motoröls füllen. Die Ölmenge hängt davon ab, ob der Filter ebenfalls gewechselt wurde. Von Ford freigegebenes synthetisches Öl kann in den Motor eingefüllt werden. Erkundigen Sie sich bei Ihrer Tankstelle darüber.

Achtung: Falls irgendwelche Arbeiten im Motorraum eines solchen Motors durchgeführt werden, ist es möglich, dass der Ventilator ohne vorherige Warnung einschaltet. Dies ist ebenfalls möglich, wenn der Motor stillsteht und die Zündung eingeschaltet ist. Aus diesem Grund immer auf der Hut sein, wenn man in der Nähe des Ventilators arbeitet und die Hände aus diesem Bereich fernhalten.

Die Kühlanlage setzt sich aus einem Kühler, mit Aluminiumkern und aus Kunststoff hergestellten Wasserkästen, einer Kühlmittelpumpe, einem Thermostat und einem elektrisch angetriebenen Ventilator zusammen. Ausserdem wird ein aus Kunststoff hergestelltes Ausgleichsgefäss verwendet, um zu gewährleisten, dass die vorgeschriebene Kühlmittelmenge immer in der Anlage vorhanden ist. Bei eingebauter Getriebeautomatik ist ein getrennter Kühler für das Getriebeöl in die linke Seite des Wasserkühlers einverleibt.
Der Thermostat befindet sich in einem an der Rückseite des Zylinderkopfes angeschraubten Gehäuse.
Der elektrisch angetriebene Ventilator sitzt innerhalb einer Verkleidung an der Rückseite des Kühlers und wird durch einen Thermalschalter im Wasserauslass des Thermostatgehäuses innerhalb eines festgelegten Temperaturbereiches aus- und eingeschaltet.
Die Anlage ist mit Frostschutzmittel gefüllt. Ford füllt das neu entwickelte Motorcraft Super Plus-Frostschutzmittel während der Produktion ein, welches man auch beim Wechseln des Kühlmittels wieder verwenden sollte.
Falls man eine Frostschutzmittelkonzentration von 40 % beibehält, wird der Motor und die damit verbundene Kühlanlage bis zu einer Temperatur von minus 25 bis 30° C geschützt — **Siehe nebenstehenden Hinweis.**

4.1 Ablassen und Auffüllen der Kühlanlage

- Massekabel der Batterie abklemmen.
- Fahrzeug vorn auf sichere Unterstellböcke setzen — nicht nur mit dem Wagenheber anheben und auf diesem sitzen lassen.
- Das Schutzblech unter dem Vorderwagen abschrauben. Es ist in der Mitte und auch aussen befestigt.
- Bei kaltem Motor den Verschlussdeckel des Ausgleichsbehälters abnehmen. Bei warmen Motor den Deckel vorsichtig abschrauben. **Unbedingt einen dicken Lappen auf die Verschraubung auflegen, um keine Verbrühungen zu erleiden.** Der Druck in der Kühlanlage dieser Motoren muss immer entlastet werden, ehe man den Verschlussdeckel des Ausgleichsbehälters abschraubt.

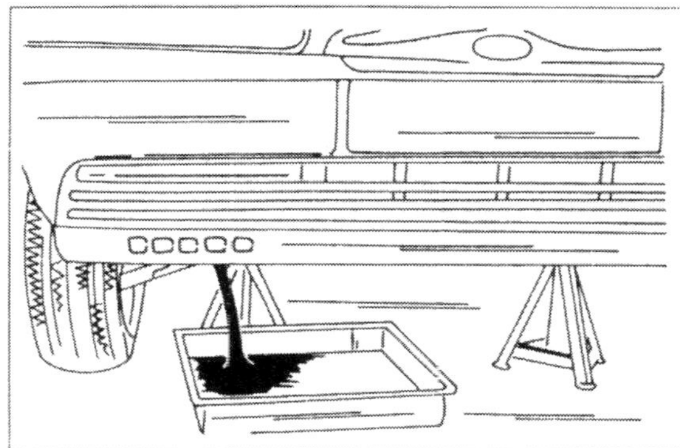

Bild 77
Einen Behälter an gezeigter Stelle unter das Fahrzeug setzen, um das Kühlmittel aufzufangen.

- Falls das Frostschutzmittel aufgefangen werden soll, einen geeigneten Behälter unterstellen, um so viel wie möglich des Kühlmittels aufzufangen und den Ablassstopfen aus dem Kühler herausdrehen (von vorn gesehen auf der linken Seite, siehe Bild 77). Nach Ablaufen des Kühlmittels den Stopfen wieder einschrauben.

Falls das Kühlmittel lange in der Anlage war, kann man diese durchspülen. In diesem Fall den unteren Wasserschlauch lösen und abziehen. Dann einen Wasserschlauch in den Ausgleichsbehälter stekken und das Leitungswasser durchlaufen lassen, bis dieses wieder sauber aus dem unteren Kühlerstutzen herausläuft.

- Unteren Wasserschlauch aufstecken und festziehen (falls abgeschlossen).
- Heizungsbetätigung auf "Heiss" stellen.
- Eine Mischung aus 40% Frostschutzmittel und 60% Wasser herstellen (mehr Frostschutzmittel, falls niedrige Temperaturen zu erwarten sind) und diese langsam in den Ausgleichsbehälter einfüllen. Alle Luft wird durch langsames Füllen ausgestossen. Kontrollieren, dass der Kühlwasserstand an der "Max"-Marke steht, nachdem der Motor nach Lauf wieder kalt ist (siehe Bild 12).
- Kühlmittelstand im Behälter kontrollieren und falls erforderlich den Behälter erneut bis zum "Max"-Strich füllen. Den Behälterverschlussdeckel danach aufschrauben.
- Batterie wieder anschliessen und den Motor laufen lassen. Falls erforderlich weiteres Frostschutzmittel in den Druckbehälter einfüllen und die Kappe des Druckbehälters aufschrauben.

Falls man mal nachfüllen muss, eine Mischung im Verhältnis von 50:50 herstellen.

Achtung: Falls die Kühlanlage teilweise abgelassen wird, muss sie immer mit einer Mischung aus 50% Frostschutz und 50% Wasser aufgefüllt werden, um einen guten Gefrierschutz zu gewährleisten.

4.2 Die Wasserpumpe

4.2.1 Aus- und Einbau

Der Austausch der Wasserpumpe ist eine ziemlich umfangreiche Arbeit, da die Motoraufhängungen, Zylinderkopfhaube, der Aggregatsantriebsriemen, usw. ausgebaut werden müssen.

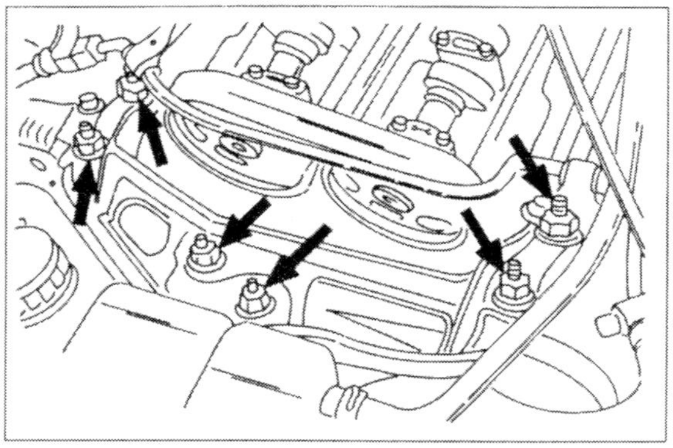

Bild 78
Die mit den Pfeilen gezeigten Muttern lösen, um den Aufhängungsbügel des Motors zu lösen.

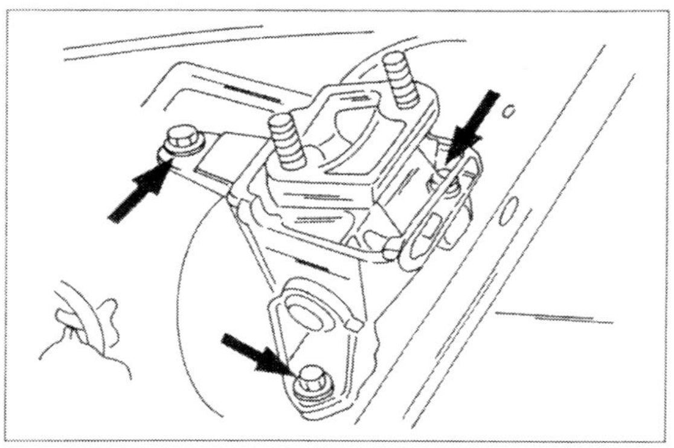

Bild 79
Die Motoraufhängung nach Lösen der drei gezeigten Schrauben herausnehmen.

Achtung: Den Motor auf keinen Fall mit blankem Wagenheberkopf anheben.

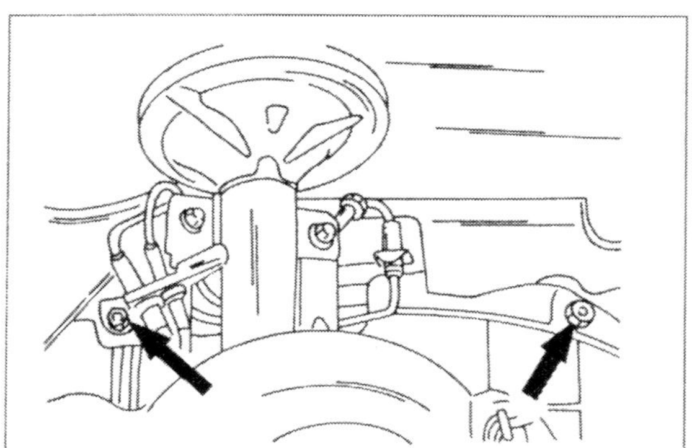

Bild 80
Die beiden Schrauben halten das Abdeckblech in der Innenseite des Radkastens. Das Rad wurde zwecks besserer Darstellung abgenommen.

- Den in Kapitel 4.1 beschriebenen Anweisungen folgen, bis das Kühlmittel abgelaufen ist.
- Die Schläuche vom Ausgleichsbehälter abschliessen und den Behälter abschrauben und herausnehmen.
- Einen Wagenheber mit einem aufgelegten Holzblock unter den Motor untersetzen (nicht das Blech dabei verbeulen) und den Motor anheben, bis die Aufhängungen unter Spannung stehen.
- Die in Bild 78 gezeigten Muttern entfernen und den Tragbügel der Motoraufhängung herausnehmen. Die Motoraufhängung in Bild 79 liegt jetzt frei und muss abgeschraubt werden. **Siehe Hinweis.**
- Die beiden von oben in den oberen Riemenschutzdeckel eingesetzten Schrauben herausdrehen und den Deckel abnehmen.
- Zündkerzenkabel nach Kennzeichnung von den Kerzen ziehen, den Belüftungsschlauch abziehen und die Zylinderkopfhaube abschrauben.
- Spannung des Antriebsriemens am Riemenspanner lockern, den Riemen abnehmen und den Riemenspanner vollkommen abschrauben.
- Riemenscheibe der Wasserpumpe in geeigneter Weise gegenhalten und die Schrauben der Riemenscheibe lösen.
- Den Mittelteil der Zahnriemenabdeckung abschrauben und herausnehmen.
- Die Nockenwellen sollten jetzt mit der Einstelllehre gegen Verdrehung gesperrt werden, wie es beim Aus- und Einbau des Zahnriemens beschrieben wurde. Falls die Lehre nicht zur Verfügung steht, muss man entsprechende Massnahmen treffen, damit sich die Wellen nicht verdrehen können.
- Von der Innenseite des Radkastens auf der Riemenscheibenseite die beiden in Bild 80 gezeigten Schrauben lösen und das Abdeckblech entfernen.
- Einen Gang einlegen und die Schraube der Kurbelwellenriemenscheibe lockern.
- Den unteren Schutzdeckel für den Zahnriemen ausbauen (3 Schrauben).
- Den Zahnriemen ausbauen. Dazu die Schraube des Riemenspanners lockern, wie es beim Ausbau des Zahnriemens beschrieben wurde und den Riemen abnehmen, nachdem seine genaue Einbauweise im Verhältnis zu den beiden Nockenwellenrädern und dem Kurbelwellenrad gekennzeichnet wurde. Von jetzt an dürfen Nockenwellen und Kurbelwelle nicht mehr verdreht werden.
- Den unteren Schlauch von der Wasserpumpe lösen.
- Das Laufrad für den Zahnriemen abschrauben und auf der anderen Seite das Laufrad neben der Wasserpumpe abschrauben. Jeweils eine Schraube lösen.
- Die vier Schrauben der Wasserpumpe lösen und die Pumpe herausziehen. Etwas Kühlwasser könnte dabei herauslaufen.

Die Wasserpumpe kann nicht repariert werden und ist im Schadensfalle zu erneuern. Ehe die Pumpe eingebaut wird, den Wasserschlauch auf Wiederverwendbarkeit kontrollieren. Die Fläche des Zylinderblocks reinigen; ebenfalls die Pumpenfläche, falls nur die gleiche Pumpe wieder eingebaut werden soll.

Der Einbau geschieht in umgekehrter Reihenfolge

wie der Ausbau, unter Beachtung der folgenden Punkte:

- Die Wasserpumpe in die in Bild 81 gezeigte Öffnung einsetzen und die Schrauben gleichmässig mit einem Drehmoment von 27 Nm anziehen.
- Die beiden Laufrollen des Zahnriemens anschrauben (38 Nm).
- Unteren Schlauch an der Wasserpumpe anschliessen.
- Den Zahnriemen wieder entsprechend den beim Ausbau eingezeichneten Markierungen auf die Räder der Nockenwelle und Kurbelwelle sowie die Spannrolle und die Laufrollen auflegen und den Riemen spannen. Kapitel 2.9.1 kann durchgelesen werden, falls man nicht ganz sicher ist.
- Die drei Teile der Riemenabdeckung, die Kurbelwellenriemenscheibe und das Abdeckblech im Radkasten montieren.
- Riemenscheibe der Wasserpumpe mit 10 Nm anziehen.
- Die Spannrolle des Antriebsriemens der Drehstromlichtmaschine mit 38 Nm anziehen.
- Antriebsriemen auflegen und den Riemen spannen.
- Motoraufhängung montieren und mit 84 Nm anziehen. Den Motortragbügel auf die Stiftschrauben aufsetzen und die Muttern mit 84 Nm anziehen. Den Wagenheber ablassen.
- Alle anderen Arbeiten in umgekehrter Reihenfolge wie beim Ausbau durchführen.

4.3 Kühlungsventilator

Der Aus- und Einbau des Kühlungsventilators erfordert den Ausbau des Resonanzkastens, um an den Ventilator und die Ventilatorverkleidung zu kommen.

- Unter Bezug auf Bild 82 die Schelle (1) lockern und abdrücken, die beiden Spangen (2) entfernen und den Stecker (3) für den Luftströmungsmesser abziehen. Die beiden Schrauben des Resonanzkastens entfernen und den Kasten herausnehmen.
- Stecker des Ventilatormotors abziehen.
- Der Ventilator und die Verkleidung können jetzt ausgebaut werden. Einige Kabel und Schläuche sind mit Kabelbindern an der Verkleidung befestigt. Diese muss man aufschneiden, muss sie aber kennzeichnen. — Siehe Hinweis rechts.

Falls der Ventilatormotor erneuert werden muss, kann man ihn von der ausgebauten Verkleidung lösen und den neuen Motor montieren.

Der Einbau der Ventilatorverkleidung und des Ventilators ist eine einfache Umkehr des Ausbaus. Den Resonanzkasten wieder entsprechend Bild 82 montieren. Die beiden Schrauben anziehen.

4.4 Riemen — Wasserpumpe

Die Erneuerung des Antriebsriemens der Wasserpumpe ist identisch mit dem Aus- und Einbau der Wasserpumpe. Die Anweisungen sind Kapitel 4.2.1 zu entnehmen.

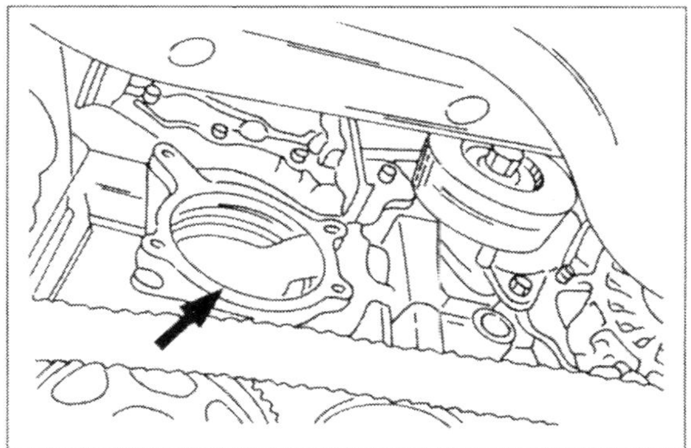

Bild 81
Die Pumpe wird in die gezeigte Öffnung des Zylinderblocks eingesetzt.

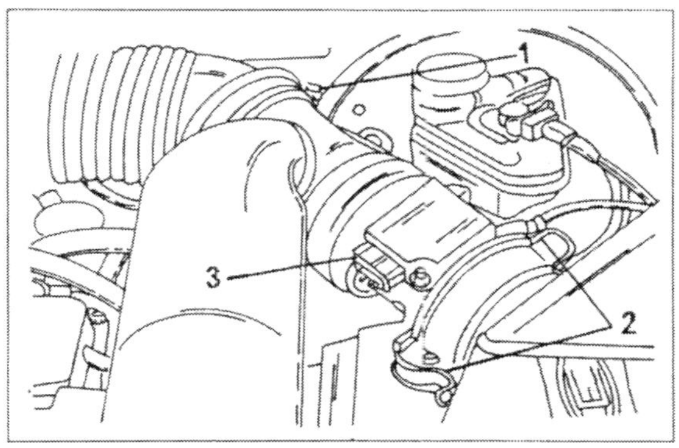

Bild 82
Zum Ausbau des Resonanzkastens (siehe Text).

4.5 Thermostat

4.5.1 Aus- und Einbau

- Kühlanlage ablassen (Kapitel 4.1) und den Resonanzkasten ausbauen (Kapitel 4.3). Das Fahrzeug danach wieder auf den Boden ablassen.
- Den Stecker für den Sensor der Kühlmitteltemperatur an der in Bild 83 gezeigten Stelle abziehen.

Achtung: Lose Kabel nach Einbau des Ventilators unbedingt wieder mit neuen Kabelbindern befestigen, damit sie nicht in den Ventilatorflügel kommen können.

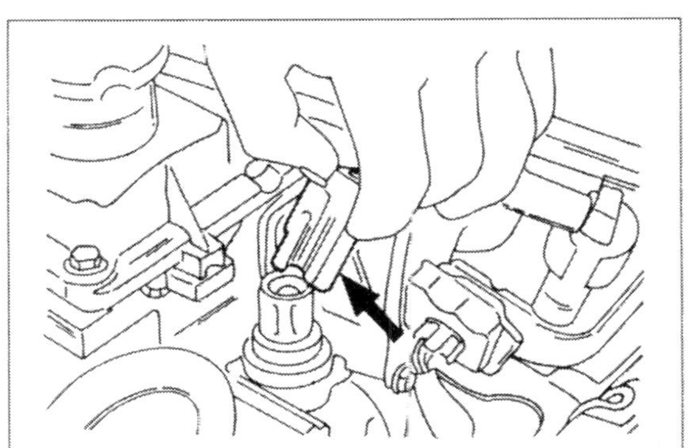

Bild 83
Den Stecker vom Sensor der Kühlmitteltemperatur an der gezeigten Stelle abziehen.

- Oberen Wasserschlauch sowie den Schlauch zum Ausgleichsbehälter von den Anschlüssen abschliessen. Die Schlauchschellen haben eine Spezialsicherung. Beim Einbau der Schläuche kann man gewöhnliche Schlauchbänder benutzen.

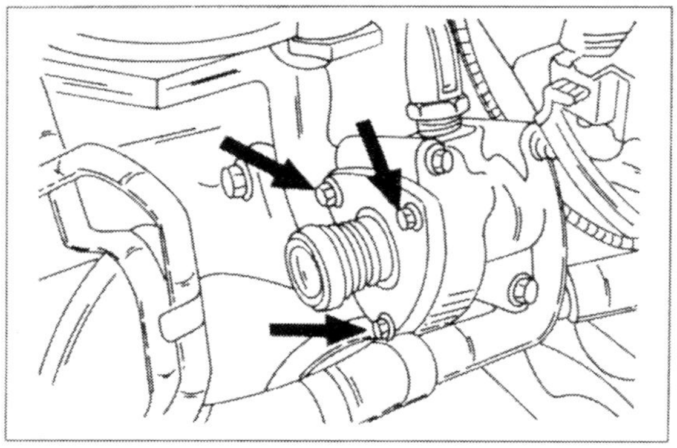

Bild 84
Nach Lösen der drei Schrauben das Thermostatgehäuse abnehmen und den darunterliegenden Thermostat herausnehmen.

Warnung: Vor Ablassen des Kühlmittels abwarten bis sich der Motor abgekühlt hat. Auch beim Ablassen des Kühlmittels den Wagen gut absichern.

- Die drei in Bild 84 gezeigten Schrauben lösen und das Thermostatgehäuse abziehen. Der Thermostat kann jetzt aus der Öffnung gezogen werden. Den Dichtring abnehmen.

Der Einbau des Thermostats geschieht in umgekehrter Reihenfolge wie der Ausbau. Den Dichtring immer erneuern. Beim Einsetzen das Gehäuse und den Thermostaten wie in Bild 85 gezeigt anordnen.

Abschliessend die Kühlanlage entsprechend der Beschreibung in Kapitel 4.1 auffüllen.

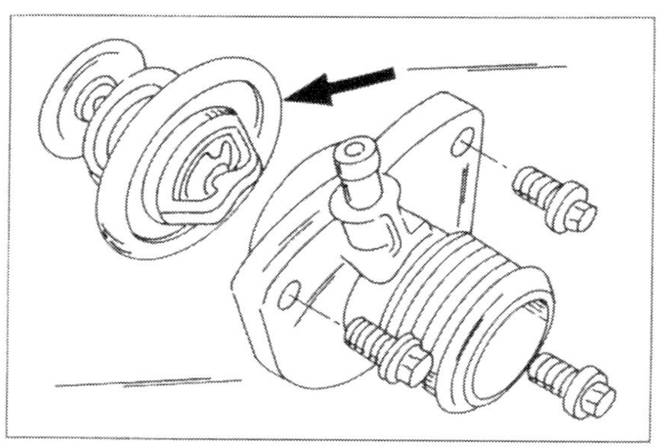

Bild 85
Thermostat und Thermostatgehäuse mit dem Dichtring (Pfeil) in gezeigter Weise einbauen.

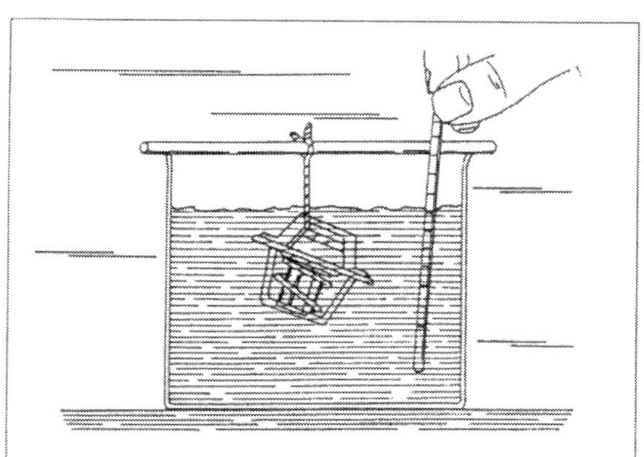

Bild 86
Kontrolle eines Thermostats mit einem Thermometer.

4.5.2 Thermostat kontrollieren

Zur Prüfung der Arbeitsweise des Thermostats diesen an ein Stück Draht binden und in einen mit Wasser gefüllten Behälter einhängen. Ein Thermometer in ähnlicher Weise in den Behälter einhängen. Darauf achten, dass weder Thermostat noch Thermometer den Boden oder die Seiten des Behälters berühren können. Die Anordnung ist aus Bild 86 ersichtlich.

Das Wasser im Behälter jetzt allmählich erwärmen und am Thermometer kontrollieren, bei welcher Temperatur sich der Thermostat öffnet und wann er vollkommen geöffnet ist. Das Öffnen des Thermostaten sollte zwischen 85 und 89° C stattfinden. Der Thermostat sollte bei einer Temperatur von 100° C vollkommen geöffnet sein.

Nach der Prüfung den Thermostat (immer noch am Draht hängend) in kaltes Wasser hineinhalten und kontrollieren, ob er innerhalb 20 Sekunden geschlossen hat.

Falls der Thermostat nicht einwandfrei öffnet oder schliesst, kann man im Notfall ohne Thermostat fahren. Dies bedeutet, dass sich der Motor nicht so schnell erwärmen kann, vermeidet aber, dass ein sich nicht öffnender Thermostat zu einer Überhitzung des Motors führt.

Falls der Motor sich nach Anlassen im kalten Zustand nur sehr schlecht erwärmt, kann man in den meisten Fällen annehmen, dass der Thermostat in geöffneter Stellung festhängt, d.h. das Kühlmittel muss durch den gesamten Kühlungskreis fliessen und kann sich dadurch nur langsam anwärmen.

4.6 Aus- und Einbau des Kühlers

- Fahrzeug vorn auf sichere Unterstellböcke setzen und die Kühlanlage ablassen, wie es in Kapitel 4.1 beschrieben wurde. Das Fahrzeug danach wieder auf den Boden ablassen.
- Massekabel der Batterie abklemmen.
- Den Kühlungsventilator zusammen mit der Ventilatorverkleidung ausbauen. Diese Arbeit wurde bereits in Kapitel 4.3 auf Seite 43 beschrieben.
- Oberen Schlauch zwischen Kühler und Motor lösen und abschliessen. Falls man die Spezialschellen beim Einbau nicht wieder befestigen kann, eignen sich normale Schraubschellen um die Schläuche zu befestigen.
- Bei eingebauter Getriebeautomatik die Flüssigkeitsschläuche vom Kühler der Getriebeflüssigkeit abschliessen. Dabei wird Flüssigkeit herausfliessen, die man in einem untergestellten Behälter auffangen sollte, um den Arbeitsplatz nicht zu verschmutzen. Je nach Menge der auslaufenden Flüssigkeit muss man den Flüssig-

keitsstand im Getriebe nach Einbau des Kühlers kontrollieren und ggf. berichtigen.

- Den unteren Schlauch zwischen Kühler und Motor nach Lösen der in Bild 87 gezeigten Schlauchschelle an der Kühlerseite abschliessen. Das Fahrzeug kann dazu auf Böcke gesetzt werden.
- Bei eingebauter Klimaanlage den Kühler der Anlage vom Kühlmittelkühler abschrauben. Wenn man sich unter das Fahrzeug legt, wird man die Befestigung des Kühlers links und rechts aussen sehen. Die Befestigung des Kühlers der Klimaanlage liegt unmittelbar dahinter.
- Den Kühler an der Unterseite abschrauben und herausheben, ohne dabei mit den Waben gegen andere Teile im Motorraum anzustossen.

Der Einbau des Kühlers geschieht in umgekehrter Reihenfolge wie der Ausbau. Die Schläuche sollte man vor Wiederverwendung immer einer guten Kontrolle unterziehen. Das gleiche trifft auf die Schlauchschellen zu.

Falls der gleiche Kühler wieder eingebaut wird, kann man ihn gut durchspülen. In Zubehörgeschäften sind Reinigungsmittel für Kühler erhältlich und ein Kühler, welcher lange in Betrieb war sollte vielleicht damit durchgespült werden, um angesetzte Ablagerungen in der Innenseite zu lösen. Alle angesammelten Insekten, Laubblätter oder andere an der Kühlerfläche anhaftende Teile entfernen.

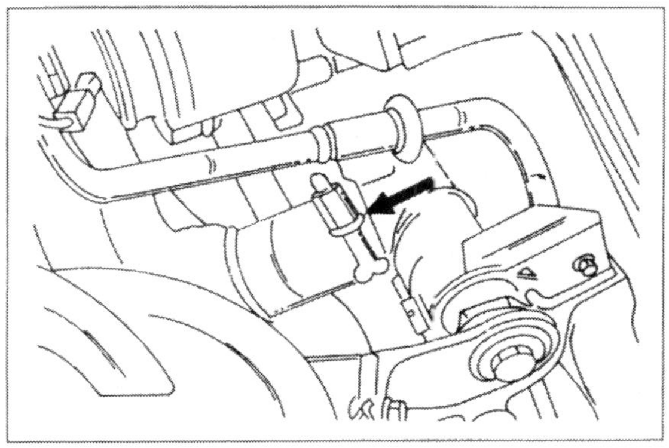

Bild 87
Der Pfeil weist auf den Schlauchbinder zur Befestigung des unteren Wasserschlauchs am Kühlerstutzen.

5 Die Kraftstoffversorgung

Das Kraftstoffversorgungssystem des Mondeos besteht aus einem am Wagenheck montierten Kunststofftank, bei den Benzinmodellen im Tank eingebauter Kraftstoffpumpe und einem Kraftstofffilter. Bei den Dieselmodellen erfolgt die Kraftstoffförderung direkt durch die Einspritzpumpe, die den Kraftstoff aus dem Tank absaugt. Der Tank ist mit Sicherheitsventilen versehen, um ein Auslaufen des Kraftstoffs zu vermeiden, sollte das Auto mal "auf dem Kopf stehen".

Achtung: Bei allen Arbeiten im Motorraum nicht rauchen oder offene Flammen verwenden. Auch eine am Netz angeschlossene Handlampe nicht auf den Motor auflegen.

Der bei Benzin- und Dieselmodellen identische Luftfilter ist aus Kunststoff hergestellt und enthält ein austauschbares Papierfilterelement. Der Luftfilterdeckel wird durch Schnellverschlussspangen gehalten. Der gesamte Filter wird durch ein einzelnes Gummiband gehalten und hat zwei Stifte, die in Gummitüllen in der Halterung eingreifen.

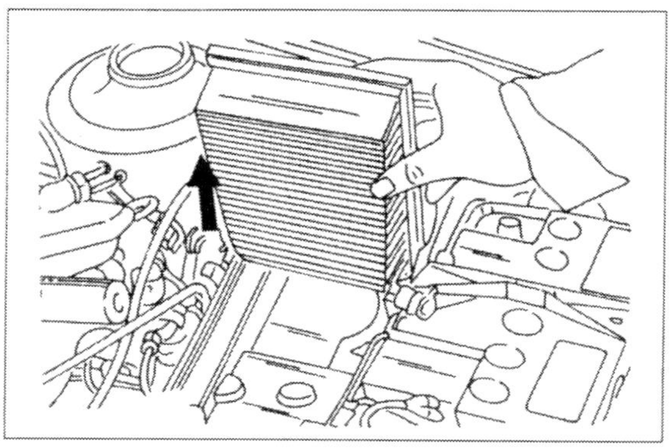

Bild 88
Den Luftfiltereinsatz in der gezeigten Weise herausheben.

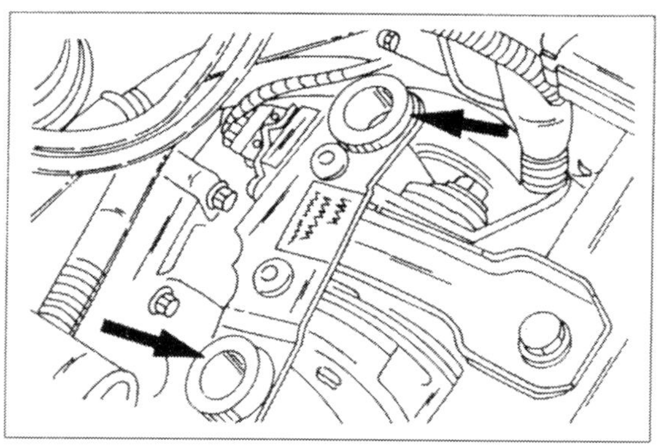

Bild 89
Die Führungsstifte des Luftfilters müssen in die Gummitüllen eingreifen.

Benzinmodelle sind ebenfalls mit einem Kraftstoffabsperrschalter versehen, welcher die Kraftstoffzufuhr bei einem Unfall sofort unterbricht und damit die Gefahr eines Feuers vermindert.

5.1 Der Luftfilter

5.1.1 Filterelement erneuern

- Massekabel der Batterie abschliessen.
- Die vier Spangen zurückschnappen und den Gehäusedeckel danach auf eine Seite drücken.
- Das Filterelement aus dem Gehäuse herausheben, indem man es nach hinten ankippt, wie es Bild 88 zeigt.

Filterelemente können nicht gereinigt werden. Ein verschmutztes Filterelement immer erneuern. Der Einbau des Filterelements geschieht in umgekehrter Reihenfolge wie der Ausbau.

5.1.2 Luftfilter — Aus- und Einbau

Der Geber für den Luftströmungsmesser muss bei einem Benzinmodell ausgebaut werden. Diese Arbeit wird bei der Beschreibung der Einspritzanlage beschrieben.

- Massekabel der Batterie abklemmen.
- Das Gummiband abziehen und den gesamten Filter senkrecht abheben.

Der Einbau geschieht in umgekehrter Reihenfolge. Darauf achten, dass die Führungsstifte an der Unterseite in die Gummitüllen eingreifen (Bild 89).

5.2 Kraftstoffpumpe — Benzin

Obwohl die Kraftstoffpumpe im Tank sitzt, kann sie ohne Ausbau des Tanks oder anderen grösseren Teilen ausgebaut werden. In der Werkstatt wird jedoch ein Spezialschlüssel zum Ausschrauben der Pumpe benutzt.

- Den Rücksitz ausbauen und die Gummiabdeckung unter dem Sitz entfernen.
- Den Mehrfachstecker von den Pumpenanschlüssen abziehen und die Pumpe ausschrauben. Darauf achten, wie der Dichtring sitzt, da dieser erneuert werden muss.
- Neue Pumpe in umgekehrter Reihenfolge einbauen. Den Dichtring richtig in die Tanköffnung einlegen.

5.3 Kraftstoffilter

5.3.1 Benzinmotor

Batterie vor Austausch eines Filters abklemmen. Der Filter ist mit einem Spannband befestigt, welches man mit einem Schraubenzieher öffnen kann. Neu bei den Kraftstoffleitungen sind die verwendeten Schnellverschlüsse. Um einen solchen Verschluss zu lösen, drückt man ihn zusam-

men und zieht die Kraftstoffleitung ab. Aufpassen — dabei wird der unter Druck stehende Kraftstoff herausspritzen.
In die Aussenseite des Filters ist ein Pfeil eingezeichnet, welcher beim neuen Filter wieder in die gleiche Richtung weisen muss.

5.3.2 Dieselmotor

Beim Diesel muss der Filtereinsatz entsprechend den gültigen Wartungszwischenzeiten erneuert werden. Der Filterkopf selbst braucht nur in den seltensten Fällen abgeschraubt werden.

- Batterie abklemmen.
- Einen geeigneten Behälter unter den Filter untersetzen, um auslaufenden Kraftstoff aufzufangen.
- Die in Bild 91 gezeigte Schraube mit einer Stecknuss und Verlängerung lösen, während der Filter von unten gehalten wird. Die Schraube herausziehen und den Filter, wie in Bild 92 gezeigt, nach unten abnehmen.

Zwei grosse Dichtringe werden oben und unten am Filterelement und ein kleiner Dichtring an der langen Schraube verwendet. Dichtringe wie erforderlich erneuern.

5.4 Dieselkraftstoffbeheizung

Falls es einmal vorkommen sollte, dass der Motor im kalten Zustand schwer anspringt, könnte es sein, dass das Heizelement der eingebauten Kraftstoffbeheizung ausgefallen ist. Die Heizung befindet sich unmittelbar in der Nähe des Kraftstoffilters.

- Batterie abklemmen.
- Den Mehrfachstecker ausfindig machen und trennen.
- Die beiden Schnellverschlüsse der Kraftstoffleitungen trennen und die Leitungen abziehen. Auslaufenden Kraftstoff auffangen.
- Zwei Kunststoffstifte vorsichtig aus der Halterung herausdrücken und die Heizung abnehmen.
- Neuteil in umgekehrter Reihenfolge einbauen und die Batterie wieder anklemmen.

5.5 Drosselklappenzug

5.5.1 Einstellung

Eine Einstellung des Gaszuges wird nur erforderlich sein, wenn der Zug aus irgendeinem Grund abgeschlossen wurde. Das komplette Ansauggehäuse muss bei einem Benzinmotor ausgebaut sein, um an den Zug heranzukommen (vier Schrauben, ein Schlauchband und eine Leitung an der Unterseite müssen gelöst werden), jedoch nehmen wir bei der folgenden Beschreibung an, dass diese Teile während der Einstellung nicht montiert sind. Um die Bewegung der Drosselklappe jedoch zu beobachten, sollte man den grossen Ansaugschlauch später abschliessen. Mit einem kleinen Spiegel kann man dann die Drosselklappe im Inneren des Gehäuses sehen.

Achtung: Bei allen Arbeiten im Motorraum nicht rauchen oder offene Flammen verwenden. Auch eine am Netz angeschlossene Handlampe nicht auf den Motor auflegen.

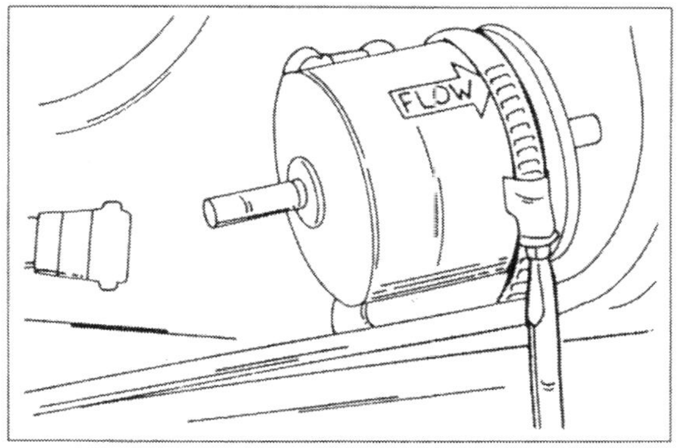

Bild 90
Der Kraftstoffilter eines Benzinmotors wird durch eine Schelle gehalten. Der Pfeil weist in die Strömungsrichtung.

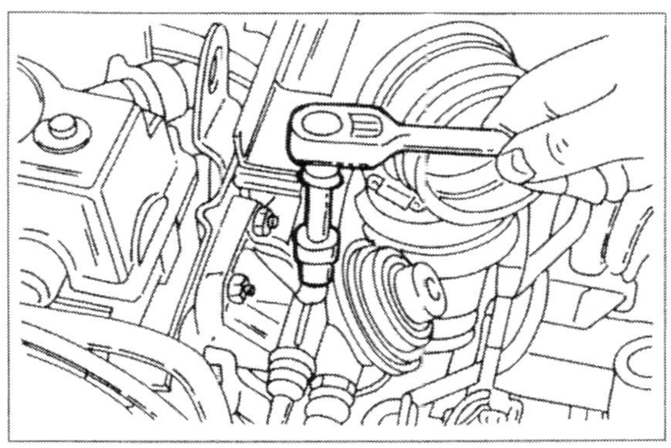

Bild 91
Der Filter eines Diesels wird durch eine Schraube gehalten.

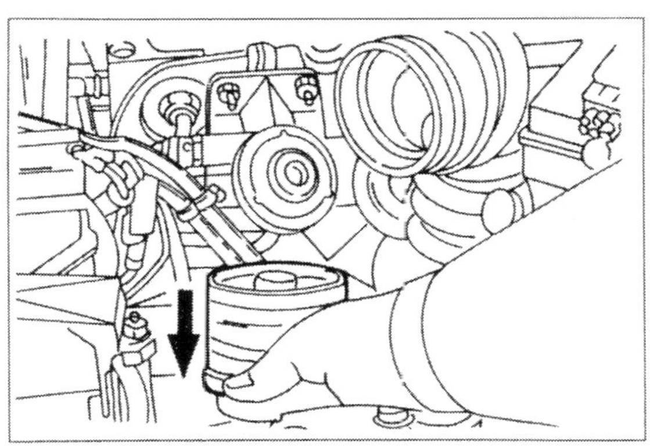

Bild 92
Den Kraftstoffilter eines Dieselmotors in senkrechter Lage nach unten abnehmen.

Benzinmotoren

- Die in Bild 93 gezeigte Federspange in Pfeilrichtung herausziehen und das Seil stramm ziehen, indem man an der Aussenhülle zieht.
- Von einer zweiten Person auf das Gaspedal

treten lassen. Das Drosselklappenseil wird sich dabei in der Gummitülle verschieben.

- Die in Bild 93 gezeigte Spange wieder einschieben, um sie in der neuen Lage zu sichern.

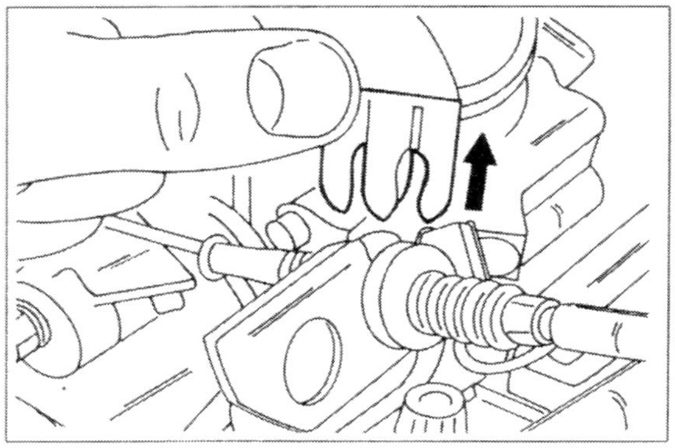

Bild 93
Die Federspange in Pfeilrichtung aus der Gaszugbefestigung herausziehen.

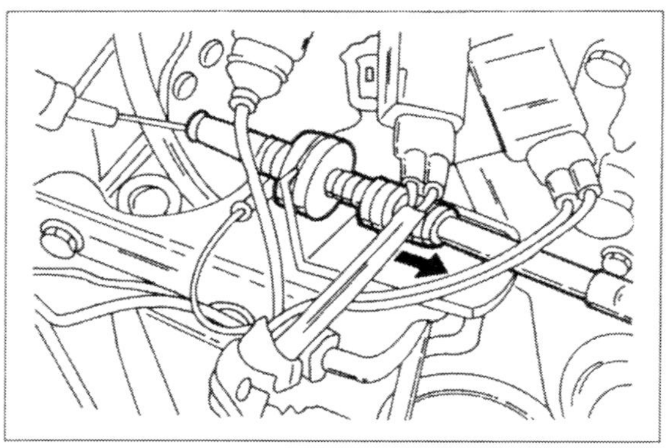

Bild 94
Das Seil in Pfeilrichtung strammziehen, indem man an der Aussenhülle zieht.

- Gaspedal nochmals vollkommen durchtreten lassen und mit dem Spiegel in der Innenseite des Ansauggehäuses kontrollieren, ob die Drosselklappe vollkommen geöffnet ist.
- Ausgebaute Teile wieder montieren und die Batterie anklemmen.

Dieselmotor

- Ähnlich wie in Bild 93 gezeigt die Spange am Widerlager des Seils herausziehen.
- Die Aussenhülle des Seils in der in Bild 94 gezeigten Pfeilrichtung durch die Gummitülle zurückziehen.
- Von einem Helfer auf das Gaspedal treten lassen. Das Seil wird sich dabei in der Gummitülle bewegen.
- Spange in der neuen Stellung in das Widerlager eindrücken und wieder auf das Gaspedal treten lassen. Kontrollieren, dass der Gashebel auf Vollaststellung steht.

5.5.2 Erneuerung des Drosselklappenzugs

Benzinmotor

- Batterie abklemmen.
- Aus der Oberseite des Luftansauggehäuses vier Schrauben entfernen und den grossen Luftschlauch an der Seite abschliessen. Das Gehäuse langsam gerade herunterheben. An der Unterseite die jetzt sichtbare Leitung abschliessen und das Gehäuse herausnehmen.
- Federspange am Widerlager herausziehen (Bild 93) und die Gummitülle des Seils aus dem Widerlager ziehen.
- Das Seil in Richtung des Drosselklappensegments drücken und die Rolle an der Unterseite des Segments aushängen.
- Seil vom Fahrpedal trennen. Dieses wird darin mit einer Gummitülle gehalten. Die Tülle aus der Öffnung drücken und das Seil durch die Stirnwand in den Motorraum ziehen.

Der Einbau geschieht in umgekehrter Reihenfolge wie der Ausbau. Das Seil abschliessend einstellen wie es bereits beschrieben wurde.

Dieselmotor

Der Austausch des Drosselklappenseils ist beim Dieselmotor eine einfache Angelegenheit. Das Seil im Motorraum ähnlich wie beim Benzinmotor vom Widerlager lösen und das Seilende aus dem Hebel an der Einspritzpumpe aushängen (nach oben drücken). Die Befestigung am Gaspedal geschieht in gleicher Weise.
Nach Einbau muss das Seil eingestellt werden.

6 Motor- und Abgasregulierung

Die in den Modeo eingebauten "Zeta"-Benzinmotoren entsprechen den für 1993 in Europa festgelegten Emissionsbestimmungen. Um diese zu erfüllen, arbeiten die Motoren mit einem Katalysator, einem Pulse-Air-System und einer Abgasrückführungsanlage, auch als EGR-System bekannt.

Die Motoren sind auf dem bereits in den Fiesta und den Escort eingebauten Motor aufgebaut, unterscheiden sich jedoch durch das verteilerlose, elektronische Zündungssystem, welches beim Mondeo in das "EEC IV"-Zündmodul integriert wurde. Nur bei Fahrzeugen mit Getriebeautomatik ist ein getrenntes Modul für die Zündung vorhanden.

Die gesamte Anlage kann in zwei Gruppen unterteilt werden, eine Gruppe zur Regulierung des Motors und eine Gruppe zur Regulierung der Abgase. Die meisten der Komponenten sind entweder im Motorraum oder am Motor selbst angebracht. Eine Ausnahme bildet dabei der Aktivkohlefilter, welcher sich zwischen der Hinterradaufhängung und der Unterseite des Fahrzeuges befindet und die Aufgabe hat, schädliche Gase aus den Kraftstoffdämpfen auszufiltrieren.

Die folgenden Teile gehören zur Motorregulierung, auch als Motorelektronik bezeichnet:

- Ein Sensor für die Temperatur des Kühlmittels.
- Ein Ventil zur Regulierung des Leerlaufs.
- Ein Sensor um die Stellung der Drosselklappe anzuzeigen.
- Eine beheizte Lambda-Sonde, die im Zusammenhang mit dem Katalysator arbeitet.
- Ein Sensor zur Messung der Ansaugluftströmung.
- Ein Sensor zur Anzeige der Kurbelwellenstellung in jedem gegebenen Moment.
- Ein Sensor zur Anzeige der Nockenwellenstellung in jedem gegebenen Moment.
- Ein Sensor zur Ermittlung der Ladelufttemperatur.
- Ein Zündmodul bei eingebauter Getriebeautomatik.
- Ein Motorsteuergerät "EEC IV".

Unter die Gruppe "Abgasregulierung" kommen die folgenden Bauteile:

- Ein Abgasrückführungsventil ("EGR"-Ventil).
- Der Filter für das Pulse-Air-System.
- Ein Aktivkohlebehälter zusammen mit dem erforderlichen Schaltventil, um unverbrannte Benzindämpfe aufzufangen, so dass sie wieder verbrannt werden können.

Damit Sie wissen, welche Funktion oder Aufgabe die einzelnen Teile haben, sollte der folgende Text Ihnen einen kurzen Einblick in die elektronische Steuerung und Regulierung moderner Motoren und besonders der letzten Generation der Ford-Motoren geben:

Als erstes sollen dabei die Sensoren genannt werden. Diese haben die Aufgabe das Steuergerät mit Daten zu "füttern", so dass dieses die notwendige Auswertung vornehmen kann, um den Motor unter allen Bedingungen mit dem besten Kraftstoffgemisch unter Beihaltung der besten Abgaswerte zu liefern.

Sensor für Kühlmitteltemperatur: Teilt dem Steuergerät ständig die augenblickliche Temperatur des Kühlmittels mit. Befindet sich auf der Seite des Öleinfüllverschlusses.

Das Leerlaufregelventil befindet sich an der Rückseite des Motors und erlaubt kleinere Leerlaufschwankungen auszugleichen, wenn dies vom Steuergerät entsprechend verlangt wird.

Der *Sensor für die Drosselklappenstellung* gibt dem Steuergerät Mitteilungen über die augenblickliche Stellung der Drosselklappe, d.h. wie weit diese geöffnet oder geschlossen ist. Er besteht aus einem auf der Drosselklappenwelle angebrachten Potentiometer.

Die *Lambda-Sonde* informiert das EEC IV-Steuergerät über die im Abgas enthaltene Sauerstoffmenge um dem Katalysator seinen Betrieb zu erlauben. Die Sonde arbeitet erst nachdem die Betriebstemperatur erreicht ist. Sie sitzt im vorderen Auspuffrohr.

Der Sensor für die Luftströmungsmessung informiert das Steuergerät über die in den Luftfilter einströmende Luftmenge. Der Sensor ist am Luftfilter angebracht.

Der *Sensor für die Kurbelwellenstellung,* am Schwungradende des Motors eingeschraubt, teilt dem Steuergerät die augenblickliche Stellung der Kurbelwelle mit, um dem Motor den richtigen Zündzeitpunkt zu ermöglichen.

Der *Sensor für die Nockenwellenstellung* ist eingebaut, um dem Steuergerät einen Bezugpunkt für den ersten Zylinder zu geben. Auf diese Weise erfolgt die Einspritzung des Kraftstoffs in der vorgeschriebenen Reihenfolge. Der Sensor sitzt an der Rückseite des Zylinderkopfes, von vorn gesehen rechts.

Der *Sensor für die Temperatur der Luftfüllung* befindet sich, vom Motor getrennt, am hinteren Ende des Luftfilters. Die Lufttemperatur wird in ein Signal umgewandelt und dem Steuergerät mitgeteilt.

Das *elektronische Steuergerät* befindet sich hinter dem rechten Turm der Vorderradaufhängung. Wie bereits erwähnt, hat es die Aufgabe den Zündzeitpunkt, die Kraftstoffzufuhr und die Abgase immer auf den besten Werten zu halten.

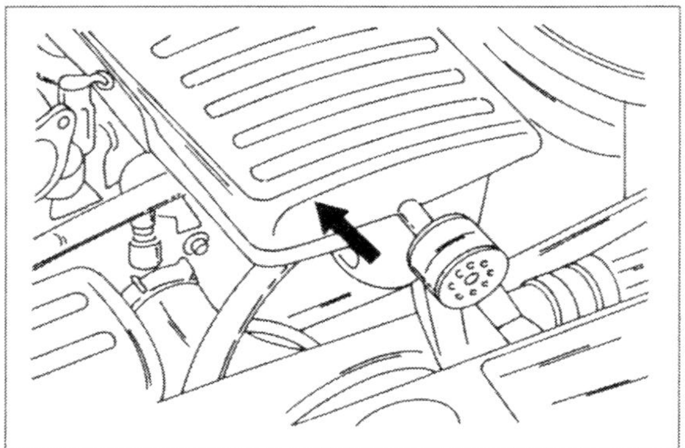

Bild 95
Den Resonanzkasten in Pfeilrichtung aus der Gummitülle herausziehen.

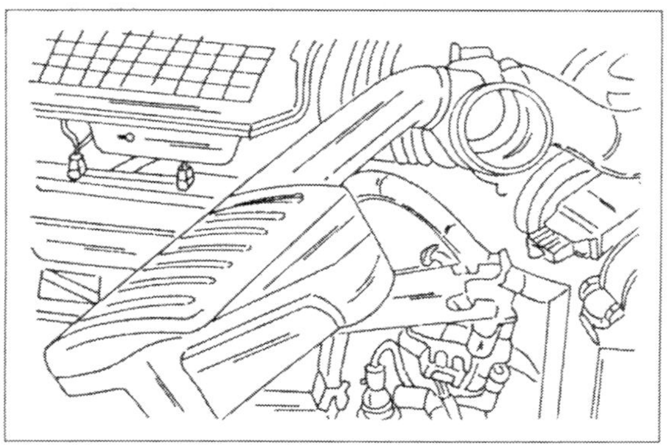

Bild 96
Den Resonanzkasten anheben, bis man den angeschlossenen Mehrfachstecker abziehen kann.

Warnung: Bei allen Arbeiten im Motorraum nicht rauchen oder offene Flammen verwenden. Auch eine am Netz angeschlossene Handlampe nicht auf den Motor auflegen. Die Batterie muss bei allen erwähnten Arbeiten abgeklemmt werden. Keine unter Strom stehende Kabel anfassen.

Die folgenden Teile gehören zur Abgasregulierung:
● Das *Abgasrückführungsventil* sitzt, von vorn gesehen, hinten rechts am Motor. Das Ventil hat die Aufgabe eine gemessene Abgasmenge wieder in das Ansaugsammelrohr zurückzuführen. Das in das Sammelrohr einströmende Gas "verdünnt" das ebenfalls einströmende Luft/Kraftstoffgemisch und verringert dabei die Spitzentemperaturen der Verbrennung, so dass umweltschädliche Emissionen bereits an dieser Stelle "entschärft" werden. Das Ventil wird über Unterdruck vom Steuergerät reguliert. Das Abgasrückführungssystem ist beim Schubbetrieb oder bei Vollast nicht in Betrieb. Ein mit dem Abgasrückführungsventil verbundenes Regelventil reguliert den eintretenden Unterdruck vom Steuergerät aus. Die unterschiedlichen Signale vom Steuergerät öffnen oder schliessen das Ventil je nach Erforderlichkeit. Das Ventil ist ca. in der Mitte der Stirnwand angebracht.
Das bereits erwähnte *Pulse-Air-System* führt dem Auspuffkrümmer Frischluft zu. Das System wird ebenfalls vom Steuergerät aus betätigt. Ventile und ein Luftfilter sind zu einer Einheit zusammengebracht und befinden sich, von vorn gesehen, rechts am Motor. Die Frischluftzufuhr ist nur in Betrieb bis die Lambda-Regulierung ihre Betriebstemperatur erreicht hat und während der Motor im Schub getrieben wird (geschlossene Drosselklappe). Wie das Abgasrückführungsventil ist ebenfalls ein Unterdruckregelventil mit dem System verbunden (ca. in der Mitte der Stirnwand angebracht).
Der *Aktivkohlebehälter* saugt die aus dem Kraftstofftank ausströmenden Kraftstoffdämpfe auf und verhindert damit, dass sie in die Atmosphäre ausströmen können. Ein Schalt- oder Entlüftungsventil führt diese Dämpfe wieder dem Ansaugsammelrohr zurück, damit sie wieder verbrannt werden können.

6.1 Arbeiten am Motor

Ehe irgendwelche Arbeiten am Motor durchgeführt werden, muss man die folgenden Anweisungen und die Warnung im linken Randteil durchlesen, um keine Teile der Anlage zu zerstören oder elektrische Schläge zu erhalten.
● Kabel nur abschliessen, wenn die Zündung ausgeschaltet und die Batterie abgeklemmt ist.
● Unter allen Umständen Kurzschlüsse vermeiden.
● Messungen irgendwelcher Art nur durchführen, wenn man mit den verwendeten Instrumenten vertraut ist.
● Sensoren sind empfindlich und müssen dementsprechend behandelt werden.
Die elektronischen Bauteile werden lange halten, jedoch kann es schon mal vorkommen, dass das eine oder andere Teil zu einem späteren Zeitpunkt ausgetauscht werden muss.

Sensor für Kühlmitteltemperatur
● Kühlanlage ablassen (Kapitel 4.1). Der Motor muss kalt sein.
● Die beiden Schlauchschellen lösen um den Resonanzkasten vom Luftansaugsystem zu trennen. Den Resonanzkasten danach seitlich aus der Gummitülle (Bild 95) drücken und wie in Bild 96 gezeigt herausnehmen, bis der daran angeschlossene Mehrfachstecker abgezogen werden kann. Nicht an den Leitungen, nur am Stecker ziehen. Den Kasten jetzt vollkommen herausheben.
● Stecker des Sensors am Motor abziehen und den Sensor ausschrauben.
● Den neuen Sensor einschrauben und mit 23 Nm anziehen. Ausgebaute Teile wieder montieren.

Abgasrückführungsventil
● Den Resonanzkasten ausbauen, wie es oben beschrieben wurde.
● Den Unterdruckschlauch vom Ventil abziehen (Bild 97)
● Die Leitung mit einem Gabelschlüssel vom Ventil abschrauben, die beiden Schrauben lösen und das Ventil herausnehmen.

Der Einbau geschieht in umgekehrter Reihenfolge wie der Ausbau.
Um die Leitung zwischen dem Auspuffkrümmer und dem Abgasrückführungsventil auszubauen, muss man vorher das Oberteil des Wärmeschutzbleches des Auspuffkrümmers abschrauben. Nach Abziehen der beiden Unterdruckschläuche und Lösen der Leitungsanschlüsse an Krümmer und Ventil kann die Leitung herausgenommen werden.

Pulse-Air-System-Filter

Das Fahrzeug muss vorn auf Böcke aufgesetzt oder auf eine Hebebühne gefahren werden.

- Unterdruckleitung vom Filter abziehen.
- Die beiden Schrauben der Leitungen am Filtergehäuse lösen.
- Eine Schraube lösen (Bild 98), die die Filtereinheit am Zylinderblock hält und den Filter aus dem Fahrzeug nehmen.
- Den Filter nach Lösen der vier Schrauben auseinandernehmen und den Filtereinsatz entfernen.

Der Einbau geschieht in umgekehrter Reihenfolge. Die Dichtungen erneuern, falls sie nicht mehr einwandfrei aussehen.

Leerlaufregelventil

Das Fahrzeug muss vorn auf Böcke gesetzt oder auf eine Hebebühne gefahren werden.

- Den Stecker des Ventils entsprechend Bild 99 abziehen (nicht an den Leitungen ziehen).
- Zwei Schrauben lösen und das Ventil vom Krümmer abnehmen. Kontrollieren dass die Dichtung noch einwandfrei aussieht, andernfalls erneuern.

Sensor für Drosselklappenstellung

Das Luftansauggehäuse muss ausgebaut werden, um Zugang zum Sensor zu erhalten.

- Vier Schrauben in der Oberseite des Luftansauggehäuses entfernen, den grossen Schlauch an der Seite abziehen, das Gehäuse vorsichtig anheben und die an der Unterseite angeschlossene Leitung abschliessen.
- Den Mehrfachstecker vom Sensor abziehen und ebenfalls den in Bild 100 gezeigten Mehrfachstecker für die Einspritzventile. Die beiden Schrauben lösen und den Sensor abnehmen. Am Ende der Drosselklappenwelle wird man eine Mitnehmerzunge sehen. Beim Einbau muss der Sensor entsprechend in Eingriff kommen. Die Schrauben mit 6 Nm anziehen.

Elektronisches Steuergerät

- Den Behälter der Lenkungsflüssigkeit anheben um ihn aus der Halterung zu befreien und aufrecht stehend zur Seite stellen.

Die Befestigungsschraube des Mehrfachsteckers (neben dem Aufhängungsturm) lösen und den Stecker trennen.

- Eine Mutter lösen und das Gerät von der Stirnwand abnehmen. Das Steuergerät nach unten und herausziehen.

Warnung: Die Batterie muss bei allen erwähnten Arbeiten abgeklemmt werden. Keine unter Strom stehende Kabel anfassen.

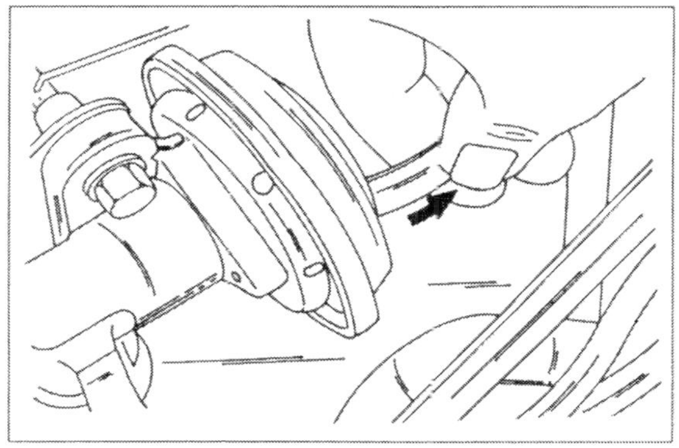

Bild 97
Das Abgasrückführungsventil kann an der Form erkannt werden. Den Unterdruckschlauch abziehen.

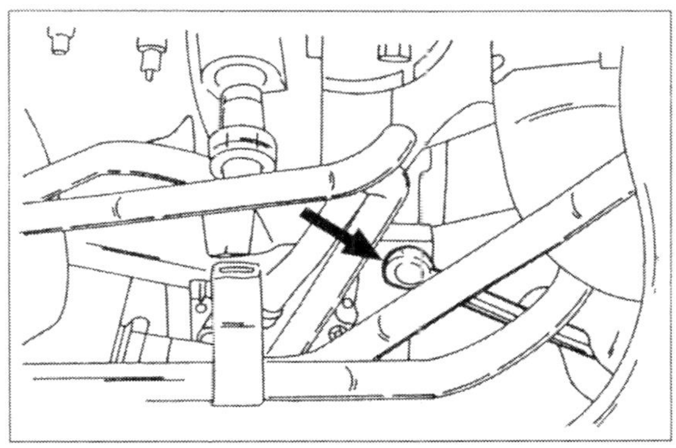

Bild 98
Die mit dem Pfeil gezeigte Schraube hält die Filtereinheit am Zylinderblock.

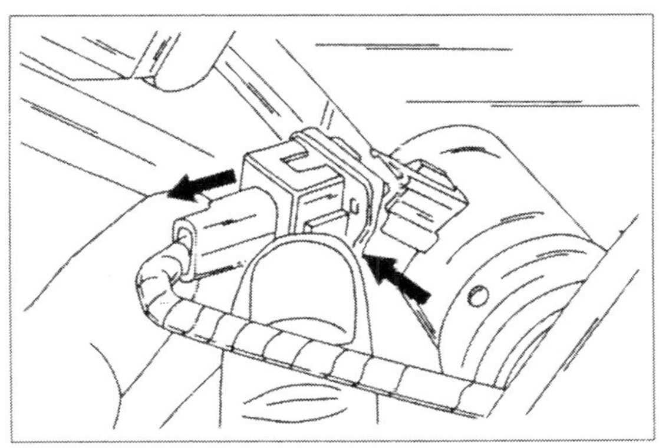

Bild 99
Zum Trennen des Mehrfachsteckers für das Leerlaufregelventil die Federspange zurückdrücken und den Stecker abziehen.

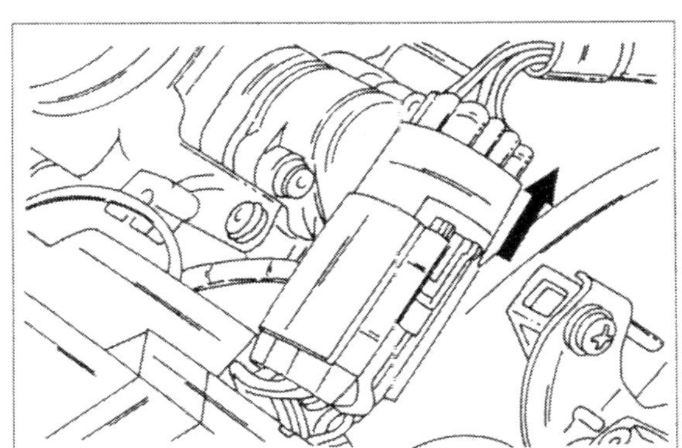

Bild 100
Der gezeigte Mehrfachstecker liefert den Strom für die Einspritzventile.

Warnung: Die Batterie muss bei allen erwähnten Arbeiten abgeklemmt werden. Keine unter Strom stehende Kabel anfassen.

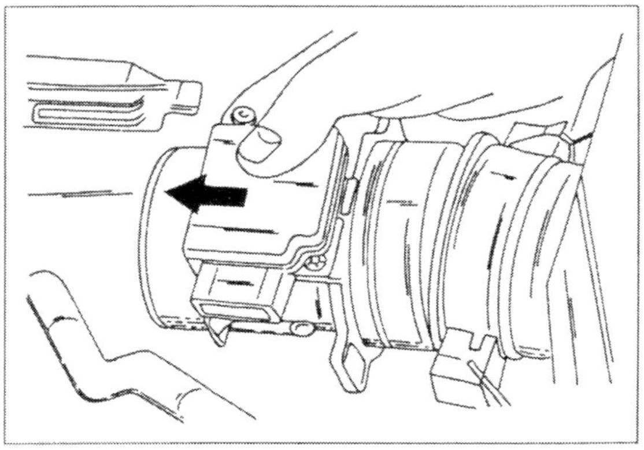

Bild 101
Ausbau des Luftströmungsmessers.

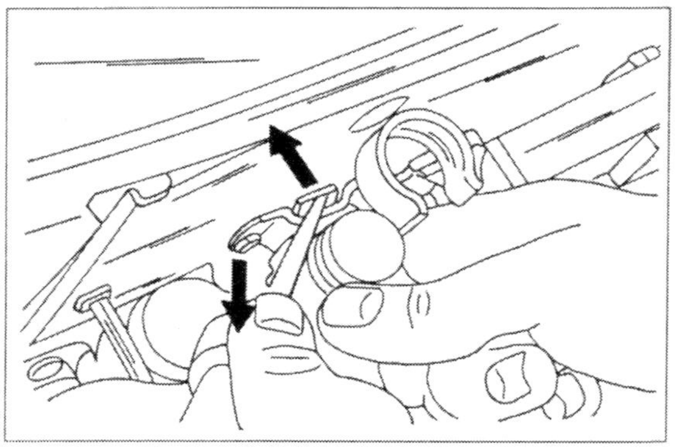

Bild 102
Ausbau des Druckschaltventils für das Pulse-Air-System.

Bild 103
Die Leitungen des Pulse-Air-Systems sind mit den gezeigten Überwurfmuttern angeschraubt.

Der Einbau geschieht in umgekehrter Reihenfolge.

Lambda-Sonde

- Batterie abklemmen und das Fahrzeug vorn auf Böcke setzen oder auf Rampen auffahren. Die Arbeiten müssen von unten durchgeführt werden.
- Mehrfachstecker von der Lambda-Sonde am Auspuffrohr abziehen. Nicht an den Kabeln ziehen.
- Die Lambda-Sonde mit einem Gabelschlüssel aus dem Anschluss im Auspuffrohr ausschrauben. Nicht die Spitze der Sonde mit den Fingern anfassen, falls sie wieder eingebaut wird.
- Sonde mit einem Anzugsdrehmoment von 60 Nm anziehen.

Luftströmungsmesser

- Mehrfachstecker (in der Nähe des Luftfilters) abziehen und den grossen Schlauch nach Lösen der Schlauchschelle abschliessen.
- Zwei Clips entfernen und den Sensor in der in Bild 101 gezeigten Richtung aus dem Luftfiltergehäuse herausschieben.

Der Einbau geschieht in umgekehrter Reihenfolge.

Sensor für Kurbelwellenstellung

- Mehrfachstecker (am Schwungradende) abziehen. Dabei nicht an den Kabeln ziehen.
- Eine Schraube lösen und den Sensor herausziehen. Der Einbau geschieht in umgekehrter Reihenfolge.

Elektronisches Druckschaltventil für Pulse-Air-System

- Luftansauggehäuse ausbauen (siehe unter "Sensor für Drosselklappenstellung").
- Mehrfachstecker nach unten abziehen.
- Unterdruckleitungen abziehen.
- Mit einem Schraubenzieher das Teil wie in Bild 102 gezeigt aus der Halterung herausdrücken.
- In umgekehrter Reihenfolge wieder einbauen.

Leitungen des Pulse-Air-Systems

- Oberteil des Wärmeschutzbleches vom Auspuffkrümmer lösen und die vier Leitungen in der in Bild 103 gezeigten Weise abschliessen.
- Die beiden Befestigungsschrauben der Leitungsbefestigung vom Filtergehäuse lösen und die Leitungen vorsichtig aus dem Krümmer herausziehen.

6.2 Zündkerzen

Die Zündkerzen haben einen Gewindedurchmesser von 14 mm. Die Zündkerzentypen wurden vom Hersteller nach Testprogrammen genau festgelegt und nur Kerzen mit der gleichen Bezeichnung dürfen eingebaut werden. Beim Kauf von Kerzen müssen Sie sich immer über den letzten Stand der Entwicklung erkundigen, da Kerzen manchmal geändert werden, um die Leistung des Motors, Kraftstoffverbrauch, usw. zu verbessern.
Zündkerzen sollten mindestens alle 10 000 km gereinigt werden. Dabei den Elektrodenabstand auf ca. 0,75 mm einstellen. Beim Einstellen des Abstandes niemals die mittlere Elektrode verbiegen, da dadurch der Porzellanisolator platzen kann.
Vor dem Ausschrauben der Kerzen kontrollieren, ob sich keine Fremdkörper in den Kerzenaufnahmevertiefungen befinden. Eine beim Ausschrauben der Kerze in die Kerzenbohrung fallende Scheibe, Schraube, ein Stein oder ähnliches kann Ventile, Ventilsitze oder den Zylinderkopf beim ersten Lauf des Motors zerstören.

7 Die Kupplung

Die Kupplung ist eine Einscheibentrockenkupplung mit einer Tellerfederdruckplatte. Die Betätigung der Kupplung erfolgt über ein Kupplungsseil zwischen dem Kupplungspedal und dem Ausrückhebel am Getriebe. Die Kupplung ist beim Mondeo mit einer mechanischen Nachstellvorrichtung versehen, bei welcher es sich um einen Seileinsteller handelt.

Der Durchmesser der Kupplung ist bei allen Motoren gleich. Zu beachten ist, dass manchmal während der Produktion andere Kupplungen eingebaut werden, so dass man beim Erneuern einer Druckplatte oder Mitnehmerscheibe immer das Baujahr des Fahrzeuges angeben muss.

7.1 Kupplung ausbauen

Die Kupplung kann ohne Ausbau des Motors aus dem Fahrzeug ausgebaut werden.

- Getriebe ausbauen (Kapitel 8.1).
- Die Einbaulage der Kupplung im Verhältnis zum Schwungrad kennzeichnen. Dazu verwendet man einen Körner, mit welchem man in den Kupplungsdeckel und die Aussenseite des Schwungrades schlägt.
- Die Kupplungsschrauben gleichmässig über Kreuz lösen, bis der Federdruck entlastet ist.
- Den Kupplungsdeckel abnehmen und die Mitnehmerscheibe herausnehmen. Da die Druckplatte mit Passstiften geführt ist, kann es manchmal vorkommen, dass man einen Schraubenzieher zwischen Schwungrad und Druckplatte einsetzen muss, um die Teile auseinander zu drücken.
- Mit einem Lappen sofort die Innenseite des Schwungrades auswischen und die Reibfläche des Schwungrades überprüfen. Falls die Mitnehmerscheibe bis auf die Nietenköpfe abgenutzt ist, könnte es sein, dass sich die Niete in die Schwungradfläche eingearbeitet haben.

Falls der Motor oder das Getriebe ausgebaut werden müssen, sollte die Kupplung immer abgeschraubt werden, so dass man sie kontrollieren kann.

7.2 Kupplung überholen

Druckplatte und Deckel auf Beschädigung oder Verzug kontrollieren. Bei Schäden beide Teile im Satz erneuern.

Kontrollieren, ob die Federn der Mitnehmerscheibe noch einwandfrei sind und dass die Keilverzahnungen der Scheibe nicht übermässig ausgeschlagen sind.

Da verölte Kupplungsbeläge nicht gereinigt werden können, ist die Mitnehmerscheibe in derartigen Fällen zu erneuern.

Kupplungsbeläge auf Wiederverwendbarkeit kontrollieren, indem man mit einer Tiefenlehre von der Oberfläche der Beläge bis auf die Oberseite der Nietenköpfe ausmisst. Falls das Mass weniger als 0,30 mm beträgt, muss die Scheibe erneuert werden. Die Scheibe ebenfalls erneuern, falls das

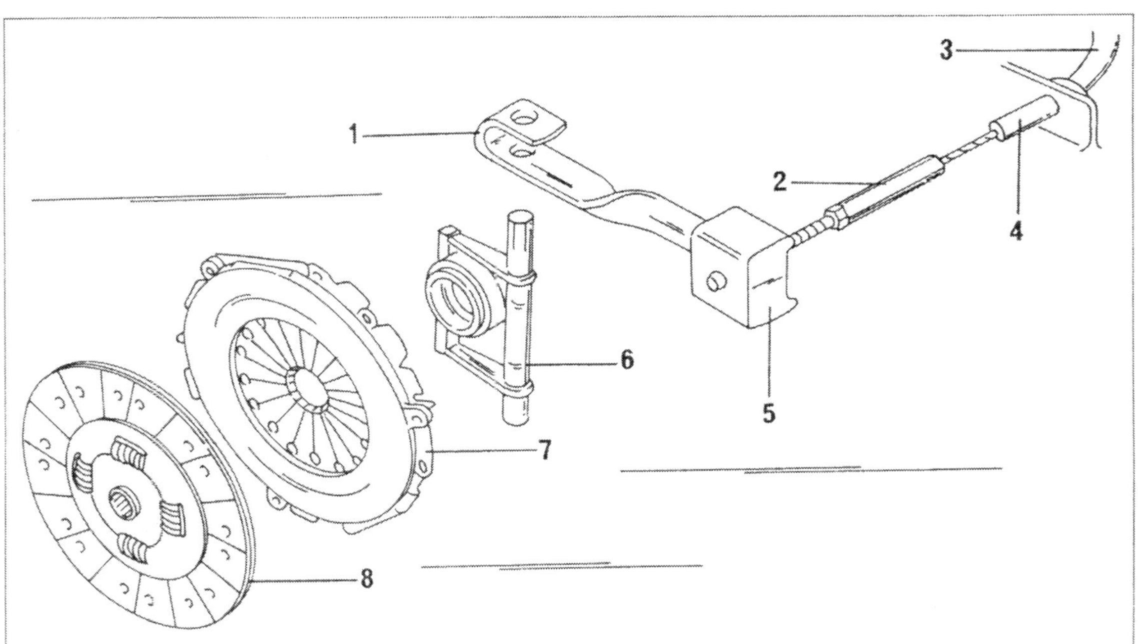

Bild 104
Die Teile der Kupplung und des Kupplungsausrückmechanismus.
1 Kupplungsausrückhebel
2 Seilversteller
3 Kupplungsseil
4 Seilhalterung
5 Schwingungsdämpfer
6 Kupplungsausrücklager
7 Kupplung
8 Mitnehmerscheibe

Mass bald erreicht ist.
Um Mitnehmerscheiben auf Schlag zu kontrollieren, spannt man sie auf einem passenden Dorn oder einer Kupplungswelle zwischen die Spitzen einer Drehbank, wie es in Bild 105 gezeigt ist. Eine Messuhr mit einem geeigneten Halter neben der Scheibe so aufsetzen, dass der Messfinger gegen

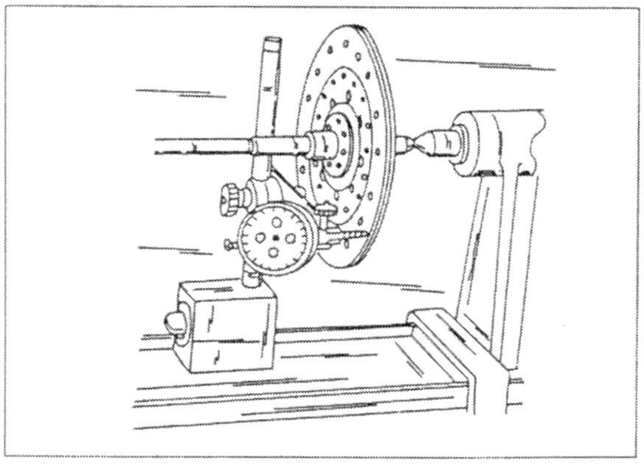

Bild 105
Ausmessen einer Mitnehmerscheibe auf Schlag zwischen den Spitzen einer Drehbank.

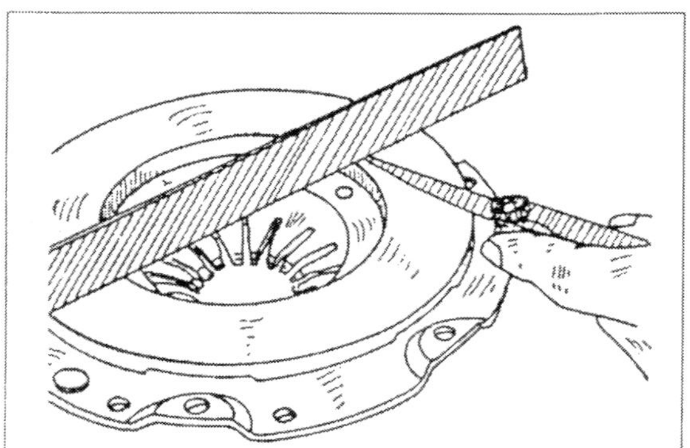

Bild 106
Kontrolle der Kupplungsdruckplatte auf Abnutzung oder Verzug an der Innenkante.

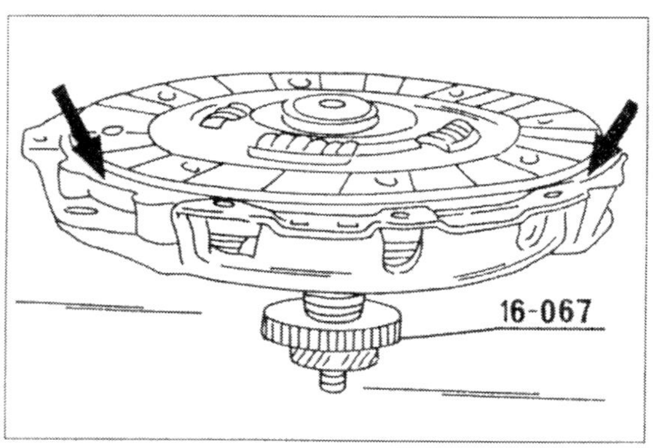

Bild 107
Vor Einbau der Kupplung die Mitnehmerscheibe in der Innenseite der Kupplung zentrieren und den Zentrierdorn einschieben.

den Rand der Scheibe anliegt und zwar an der Aussenkante der Scheibe. Die Scheibe langsam durchdrehen und die Anzeige der Messuhr ablesen. Falls die Anzeige grösser als 0,8 mm ist, kann man die Scheibe, falls erwünscht, vorsichtig mit einer Zange richten. Andernfalls die Scheibe erneuern.
Die Gleitpassung der Mitnehmerscheibennabe auf den Keilverzahnungen der Kupplungswelle kontrollieren. Dazu die Scheibe aufstecken und an der Aussenkante zwischen Daumen und Zeigefinger erfassen. Scheibe im Drehsinn hin- und herbewegen. Falls ein Spiel von mehr als 0,4 mm festgestellt werden kann, liegt Verschleiss in den Keilverzahnungen vor. Die Ursache dafür ist meistens bei der Mitnehmerscheibe zu finden.
Die inneren Enden der Tellerfeder auf Abnutzung hin kontrollieren. Falls tiefe Einlaufstellen festgestellt werden, muss man die komplette Kupplung erneuern.
Kupplungsdruckplatte kontrollieren. Die am meisten vom Verschleiss angegriffenen Stellen sind die Innenkanten der Reibflächen und die Enden der Finger der Tellerfeder. Der Verschleiss an den Enden der Ausrückfinger darf nicht tiefer als 0,3 mm sein und ist normalerweise sichtbar, falls dies der Fall ist. Zur Kontrolle der Reibfläche ein Messlineal über die Fläche legen und mit einer Fühlerlehre an der in Bild 106 gezeigten Stelle an mehreren Stellen des Umfanges messen. Falls ein Spalt von mehr als 0,08 mm an diesen Stellen erhalten wird, muss die Druckplatte erneuert werden.
Führungslager der Kupplungswelle im Ende der Kurbelwelle auf rauhe Stellen oder Geräusche kontrollieren und, falls erforderlich, erneuern.
Die Reibfläche des Schwungrades auf tiefe Riefen kontrollieren. Falls Störungen in der Funktion die Ursache des Ausbaus waren, ist es manchmal möglich, dass diese aufgrund eines schlagenden Schwungrades zustandegekommen sind. Das Schwungrad kann mit einer Messuhr, entweder bei ein- oder ausgebautem Motor, ausgemessen werden.
Dazu eine Messuhr am Zylinderblock anbringen und den Messfinger auf die Reibfläche aufsetzen. Die Messuhr auf Null stellen und das Schwungrad einige Male nach rechts durchdrehen. Den Ausschlag der Nadel beobachten. Das Schwungrad sollte nicht mehr als 0,10 mm schlagen.

7.3 Kupplung einbauen

Der Einbau der Kupplung geschieht in umgekehrter Reihenfolge wie der Ausbau. Die folgenden Punkte sollten besonders beachtet werden:

- Zum Zentrieren der Mitnehmerscheibe ist normalerweise ein Zentrierdorn erforderlich (Nr. 16-067), welcher die in Bild 107 gezeigte Form hat. Falls kein Dorn vorhanden ist, kann eine zur Verfügung stehende Kupplungswelle benutzt werden. Falls keine der beiden Möglichkeiten ausgenutzt werden kann, ist es möglich, dass man die Mitnehmerscheibe mit einem Dorn ausrichtet, dessen Aussendurchmesser dem Innendurchmesser der Keilverzahnungen entspricht. An diesen Dorn einen Zapfen andrehen lassen, der den gleichen Innendurchmesser wie das Führungslager in der

Kurbelwelle hat. Geschickte Hände können die Scheibe auch nach Augenmass ausrichten. Beim Einsetzen der Mitnehmerscheibe die längere Seite der Kupplungsscheibennabe nach aussen, d.h. zum Getriebe, bringen.

- Vor Montage der Kupplung die Keilverzahnungen der Kupplungswelle mit etwas Fett einschmieren.
- Falls die ursprüngliche Kupplung wieder montiert wird, den Kupplungskörper entsprechend der Kennzeichnungen am Schwungrad montieren. Die Kupplung am Schwungrad ansetzen und mit einem Hammer den Deckel über die Passstifte im Schwungrad schlagen.
- Kupplungsschrauben über Kreuz in mehreren Durchgängen auf das endgültige Anzugsdrehmoment von 30 Nm anziehen. Dabei wird der Zentrierdorn (oder die Welle) häufig herausgezogen und hineingeschoben, um zu kontrollieren, ob die Flucht noch stimmt. Das Schwungrad muss in geeigneter Weise gegengehalten werden, während man die Kupplungsschrauben anzieht.
- Getriebe wieder einbauen.

7.4 Kupplungsseil erneuern

Bild 104 zeigt wie das Kupplungsseil am Ausrückhebel angeschlossen ist. Ein Dämpfer zum Aufnehmen von auftretenden Schwingungen ist am Hebel angebracht.

- Fahrzeug auf eine Hebebühne oder über eine Grube fahren oder vorn genügend weit aufbocken, damit man an das Kupplungsseil kann.
- Kontermuttern des Seileinstellers lockern und auseinanderschrauben, bis das Seil lang genug ist, um es aus dem Ausrückhebel auszuhängen.
- Seil vom Widerlager am Getriebe freimachen.
- In der Innenseite des Fahrzeuges das Kupplungspedal ankippen, bis man das Seil aushängen kann. Das Seil kann jetzt vollkommen ausgebaut werden.
- Kupplungsseil in den Motorraum ziehen.
- Neues Kupplungsseil durch die Stirnwand schieben und wieder befestigen.

Das Kupplungspedal muss jetzt durch Verstellen des Kupplungsseils eingestellt werden. Die Einstellung muss nach einer Fahrt nochmals kontrolliert werden. Andernfalls das Pedal zehn Mal durchtreten und die Einstellung überprüfen. Folgende Arbeiten durchführen:

- Das Kupplungspedal vollkommen auf den Boden durchtreten und mit einem Messlineal das Mass vom Bodenblech bis zur Mitte des Pedalgummis messen. Die Massstelle mit einem Filzstift am Lineal anzeichnen.
- Das Pedal zurücklassen und mit dem Lineal das in Bild 108 gezeigte Mass "A" messen, d.h. zwischen dem angezeichneten Punkt am Messlineal und der Mitte des Pedalgummis. Der auszurechnende Unterschied sollte 145 mm, mit einer Toleranz von 5 mm betragen. Beim Messen nicht am Pedal ziehen. Es muss in seine Ruhestellung zurückkehren.
- Falls das Mass nicht stimmt, muss man das Seil einstellen. Das Luftfiltergehäuse muss dazu teilweise ausgebaut und angehoben werden, um an den Einsteller zu kommen. Dieser hat die in Bild 109 gezeigter Form. Nach Lockern der Konter-

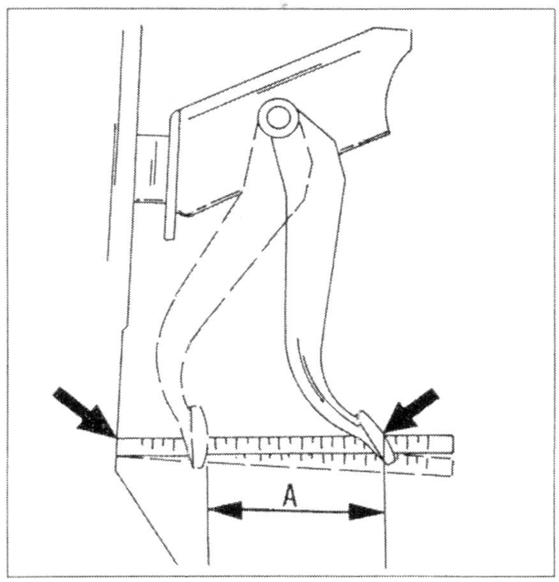

Bild 108
Das Mass "A" an der gezeigten Stelle kalkulieren.

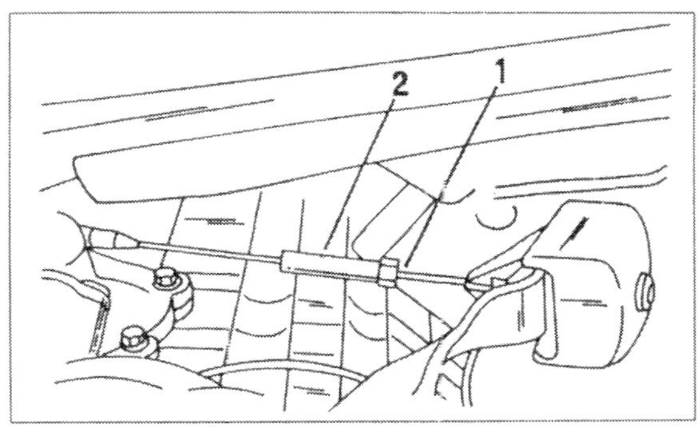

Bild 109
Das Kupplungspedal wird durch Verstellen des Kupplungsseils am Einsteller (2) nach Lockern der Kontermutter (1) eingestellt.

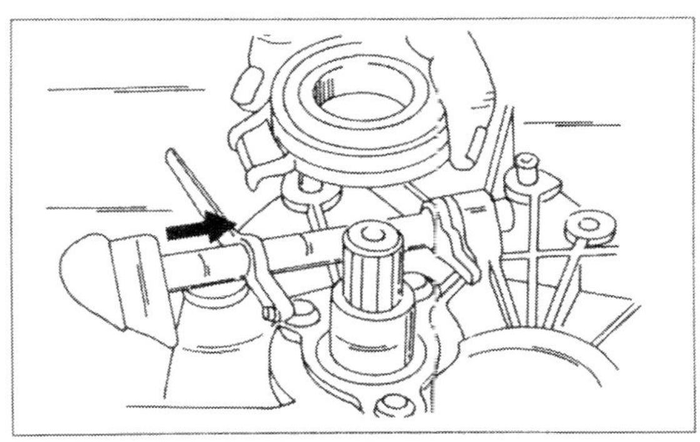

Bild 110
Ausbau des Kupplungsausrücklagers.

mutter den Einsteller mit einer Zange verdrehen, bis das Mass erhalten wird. Die Kontermutter nach der Einstellung anziehen.

7.5 Kupplungsausrücklager und Ausrückgabel

Ausrücklager und Ausrückgabel können bei ausgebautem Getriebe erneuert werden. Vor allem könnte es vorkommen, dass das Ausrücklager einmal erneuert werden muss.

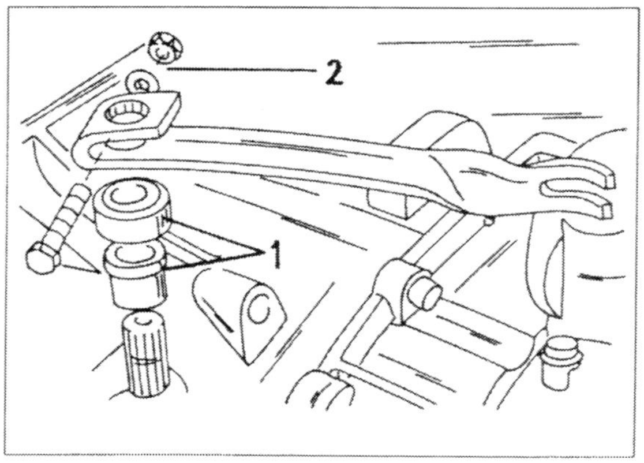

Bild 111
Befestigung des Kupplungsausrückhebels an der Ausrückwelle.
1 Mutter, 25 Nm
2 Büchse und Schutzkappe

Der Ausrückhebel der Kupplung wird mit einer Klemmschraube und Mutter auf der Ausrückwelle festgeklemmt. Unter dem Hebel sitzt eine Schutzkappe und eine Büchse, die man beim Ausbau der Ausrückwelle abnehmen muss. Falls nur der Hebel abgeschraubt wird, muss er auf Lage gekennzeichnet werden.

- Ausrückgabel aus dem Getriebegehäuse ziehen und das Ausrücklager von der Kupplungswelle herunterziehen, wie es in Bild 110 gezeigt ist. Ausrücklager auf möglichen Verschleiss kontrollieren. Das Lager mit beiden Händen fest gegeneinander drücken und hin- und herdrehen, um festzustellen, ob Geräusche gehört werden können oder ob es schwere Stellen hat. Das Lager unter keinen Umständen in Reinigungsflüssigkeiten auswaschen, da es andernfalls seine Schmierung verliert. Beim Einbau der Ausrückwelle diese zuerst auf einer Seite einsetzen und danach auf die andere Seite schieben. Die Büchse wird später eingesetzt. Zum Einbau das Ausrücklager über die Welle stecken und wieder befestigen. Die Gleitfläche für das Lager leicht mit Heisslagerfett einschmieren. Den Ausrückhebel entsprechend der Kennzeichnung an der Seite anbringen. Die Klemmschraube wird mit 25 Nm angezogen. Bild 111 zeigt die Befestigung des Ausrückhebels auf der Welle.

8 Das Fünfgang-Schaltgetriebe

Alle Modellvarianten kommen mit einem serienmässigen Fünfganggetriebe. Zu beachten ist jedoch, dass nicht alle Fahrzeuge die gleiche Antriebsuntersetzung haben, d.h. nicht alle Getriebe können untereinander ausgetauscht werden. Falls man also einmal ein Getriebe aus zweiter Hand einbauen will, muss man dies beachten.
Alle Mondeo-Fahrzeuge sind mit dem neuen Ford-Getriebe versehen. Dieses ist als Typ MTX-75 bekannt. Die Bezeichnung bedeutet, dass es sich um ein Schaltgetriebe handelt (MT), welches mit Vorderradantrieb versehen ist (X) und ein bestimmtes Mass zwischen der Antriebs- und der Abtriebswelle hat (75, d.h. 75 mm).

8.1 Aus- und Einbau des Getriebes

Der Ausbau des Getriebes ist ziemlich aufwendig, da der gesamte Nebenrahmen sowie die Antriebswellen ausgebaut werden müssen.
Ebenfalls zum Ausbau wird eine Vorrichtung zum Anheben des Motors gebraucht, um die Aufhängungslager spannungsfrei zu lösen. Dies ist eine Art Stange, welche quer über den Motorraum angeordnet wird. Ein am Motorhebebügel eingehängter Haken wird dann zum Anheben des Motors benutzt. Auf die Vorrichtung wird später noch eingegangen.

- Beide Kabel der Batterie abklemmen und alle daran angeschlossenen Leitungen abschliessen. Kabelbinder müssen entsprechend aufgeschnitten und beim Einbau erneuert werden.
- Den Luftansaugstutzen unter Bezug auf das bereits gezeigte Bild 13 vollkommen ausbauen. Zuerst die vier Befestigungsschrauben (1) entfernen. Als nächstes den Stecker (2) vom Luftströmungsmesser abziehen und auf der gleichen Seite die Schellen (3) des Schlauches lösen. An der mit (4) bezeichneten Stelle einen Mehrfachstecker für den Sensor der Ansaugluft abziehen. Auf der linken Seite befindet sich ein Unterdruckschlauch (5). Diesen abziehen.
- Den Luftfilter ausbauen. Dazu einen Belüftungsschlauch zwischen Filter und Zylinderkopfhaube abschliessen. Rechts einen Gummiring aushängen und den Luftfilter in Pfeilrichtung von Bild 14 aus der Befestigung heben und herausheben.
- Vom Motorraum aus die elektrischen Anschlüsse vom Getriebe abschliessen. Dies sind ein Mehrfachstecker für den Schalter der Rückfahrleuchten und ein Masseband zwischen Getriebegehäuse und Karosserie (beide neben der Auflage für den Luftfilter).
- Das Kupplungsseil aus dem Ausrückhebel aushängen, von der Halterung am Getriebe freimachen und auf eine Seite legen.
- Die drei Schrauben zwischen Motor und Getriebe an der Oberseite herausdrehen. Ebenfalls bei dieser Gelegenheit die obere Schraube des Anlassers lösen und das angeschlossene Massekabel abnehmen.
- Die Radmuttern lockern und das Fahrzeug vorn auf Böcke setzen.
- Beide Vorderräder abschrauben. Auf der Riemenscheibenseite des Motors das Abdeckblech im Radkasten abschrauben und dann das Schutzblech für die Riemenscheibe entfernen.
- Das Fahrzeug jetzt wieder rechts und links auf Böcke setzen.
- Das Kugelgelenk links und rechts von der Unterseite des Achsschenkels trennen. Das Gestänge für den Kurvenstabilisator (vom Federbein) und das Gelenk der Spurstange (vom Lenkhebel) müssen dazu gelöst werden. Nähere Einzelheiten sind im Abschnitt "Vorderradaufhängung" zu finden.
- Das Schutzblech unter dem Vorderwagen abschrauben.
- Den Mehrfachstecker von der Lambda-Sonde abziehen und die Kabelschelle lösen. Den danebenliegenden Unterdruckschlauch vom Filter des Pulse-Air-Systems abschliessen.
- Auspuffanlage vollkommen ausbauen.
- Die Schaltstange und die Stützstange vom Getriebe befreien. Die Klemmschelle der Schaltstange muss ebenfalls gelockert werden, damit man die Schaltstange nach Lockern der Klemmschraube zurückziehen kann. Die Schelle an der Stange anzeichnen. Die Stützstange abschrauben.
- Von der Unterseite des Fahrzeuges das Wärmeschutzblech und die Führungskonsole für den Schalthebel abschrauben. Den gesamten Schaltmechanismus nach hinten schwingen und mit einem Stück Schnur festbinden.
- Die Lenkung und die hintere Drehmomentstütze des Motors vom Nebenrahmen abschrauben. An die Schrauben der Lenkung ist schwer heranzukommen. Ford-Werkstätten benutzen dazu einen speziell abgekröpften Ringschlüssel.
- Die drei in Bild 20 gezeigten Befestigungen lösen und die Konsole der hinteren Drehmomentstütze vom Getriebe befreien.
- Die mittlere Schraube aus der vorderen Drehmomentstütze des Motors herausdrehen.
- Den Filter des Pulse-Air-Systems von der Halterung an der Drehmomentstütze abschrauben.

Hinweis: Einbaustellung des Nebenrahmens vor Ausbau genau anzeichnen.

- Befestigungshalter für den Kühler abschrauben. Die vier Schrauben des Nebenrahmens lösen und den Nebenrahmen absenken. Bild 28 zeigt wo der Nebenrahmen befestigt ist.
- Die Getriebeflüssigkeit ablassen.
- Rechte Antriebswelle ausbauen. Diese wird durch ein Stützlager geführt. Nach Lösen der Schrauben (1) in Bild 112 und Abschrauben des Wärmeschutzbleches (2) kann die Welle aus dem Getriebe gezogen werden. Die Welle mit einem Stück Draht am Fahrgestell festbinden, ohne dabei das Gleichlaufgelenk abzuknicken.

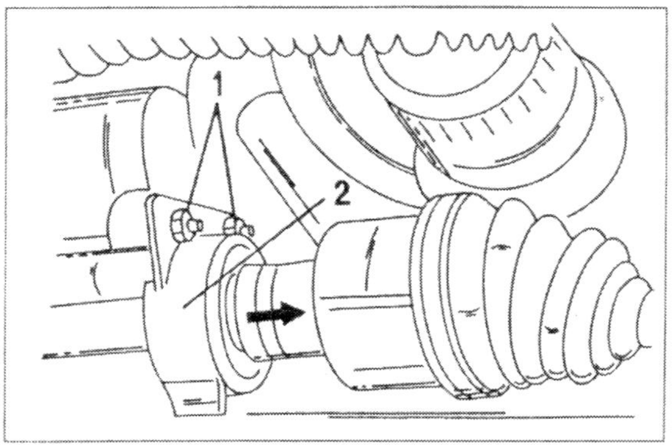

Bild 112
Zum Ausbau der rechten Antriebswelle.
1 Schrauben des Stützlagers
2 Wärmeschutzblech

- Zum Ausbau der linken Antriebswelle wird der in Bild 113 gezeigte Spezialdorn benutzt. Die Welle damit aus dem Sitz ausschlagen und danach aus dem Getriebe ziehen. Die Welle mit einem Stück Draht am Fahrgestell festbinden, ohne dabei das

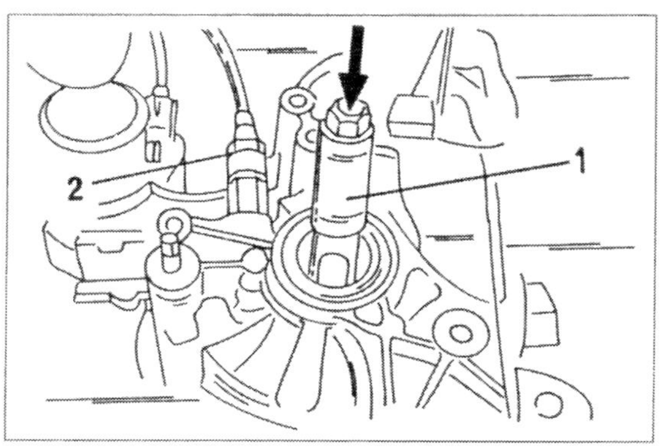

Bild 113
Die linke Antriebswelle mit dem gezeigten Spezialdorn (1) aus dem Sitz schlagen. Die Tachometerspirale wird mit der Kordelmutter (2) befestigt.

Gleichlaufgelenk zu knicken. Im gleichen Bild ist die Tachometerspirale sichtbar. Die Kordelmutter (2) abschrauben und die Spirale herausziehen. Daneben liegt auch der Geschwindigkeitssensor, welcher abzuschliessen ist.

Warnung: Das Getriebe muss beim Aus- und Einbau sicher auf dem Wagenheber ruhen. — Unfallgefahr.

- Einen Wagenheber unter Motor/Getriebe untersetzen (mit einem Holzklotz zwischen Wagenheberteller und Motor/Getriebe) und das Aggregat aus den Aufhängungen heben. Siehe nebenstehende Warnung.
- Die rechte Motoraufhängung lösen. Bild 23 zeigt wie der Aufhängungsbügel befestigt ist. Sechs selbstsichernde Muttern müssen gelöst werden (diese immer erneuern). Den Bügel danach herausnehmen.
- Auf der gegenüberliegenden Seite die selbstsichernden Muttern der linken Motoraufhängung vom Getriebe abschrauben. Die Muttern können sofort weggeworfen werden. Bild 24 zeigt die Befestigung.
- Das Getriebe absenken, bis es in einer Höhe mit dem linken Seitenträger steht, die verbleibenden Schrauben zwischen Motor und Getriebe lösen und die restlichen Anlasserschrauben entfernen.
- Kontrollieren, dass das Getriebe einwandfrei auf dem Wagenheber aufsitzt und vorsichtig vom Motor abziehen. Dabei ständig darauf achten, dass keine der Anschlüsse und Verbindungen vergessen wurden. Eine zweite Person sollte zur Hilfe gezogen werden, damit das Aggregat nicht herunterfallen kann.

8.2 Einbau des Getriebes

Alle selbstsichernden Muttern, zerschnittene Kabelschellen, nicht mehr einwandfrei aussehende Schellen oder andere Kleinteile müssen erneuert werden, ehe man mit dem Einbau des Getriebes beginnt.
Wie bereits beim Einbau des Motors in Kapitel 2.2 erwähnt, muss das Antriebsaggregat mit dem Nebenrahmen ausgefluchtet werden. Die Benutzung der Zentrierstifte ist im folgenden Text beschrieben. Falls diese fehlen, muss man sich dementsprechend helfen.

- Das Getriebe auf einen Wagenheber setzen, von einem Helfer gut halten lassen und an den Motor anflanschen. Das Kupplungsausrücklager muss fest Richtung Innenseite gedrückt werden.
- Die Verbindungsschrauben zwischen Motor und Getriebe einschrauben und langsam mit 40 Nm anziehen. Das volle Drehmoment erst ausüben nachdem der Spalt geschlossen ist. Die unteren Anlasserschrauben mit 48 Nm anziehen. Das Fahrzeug einstweilen wieder auf den Boden ablassen.
- Die bereits am Anfang erwähnte Vorrichtung zum Anheben des Motors wird jetzt wie in Bild 25 gezeigt aufgesetzt. Da diese bestimmt nicht vorhanden ist, kann man einen kleinen Handkran benutzen, und ein Seil an der Hebeöse einhängen. Wichtig ist, dass man den Motor anheben kann, bis er mit den Aufhängungslagern verbunden werden kann.
- Die linke Motoraufhängung (Bild 24) am Getriebe anschrauben, ohne die Muttern festzuziehen. Die Muttern immer erneuern.
- Die rechte Motoraufhängung (Bild 23) montieren. Die Muttern (immer erneuern) noch nicht fest-

ziehen.

- Die linke Antriebswelle in das Getriebe montieren. Einen neuen Sprengring richtig in die Wellennut einfedern, ehe das Wellenende in das Getriebe geschoben wird.
- Die rechte Antriebswelle in das Getriebe einschieben, das Stützlager anschrauben und die beiden in Bild 112 gezeigten Schrauben (1) mit 27 Nm anziehen. Danach das Wärmeschutzblech (2) befestigen.
- Den Sensor für die Fahrtgeschwindigkeit und die Tachometerspirale entsprechend Bild 114 anschliessen.
- Den Nebenrahmen jetzt ausfluchten, wie es auf Seite 16 beim Einbau des Motors beschrieben wurde. Alle Anweisungen treffen auch beim Einbau des Getriebes ohne den Motor zu.

Alle anderen Arbeiten werden jetzt in umgekehrter Reihenfolge wie der Ausbau durchgeführt. Der folgende Text weist noch auf einige Anzugsdrehmomente hin:

- Den Schaltmechanismus mit 44 Nm am Karosserieboden anschrauben.
- Die Klemmschraube der Schaltstange mit 23 Nm anziehen, die Befestigungsschraube der Stützstange mit 55 Nm. Das Getriebe muss dabei in Leergangstellung stehen. Die Schelle entsprechend der Kennzeichnung ausrichten und die Klemmschraube mit 16 Nm anziehen. Später kontrollieren, ob sich alle Gänge einwandfrei durchschalten lassen. Das Getriebe kann jetzt wieder mit Öl gefüllt werden.
- Vorderradaufhängung wieder montieren (siehe betreffendes Kapitel).
- Massekabel zwischen Getriebe und Karosserie mit 47 Nm anziehen.
- Auspuffanlage in die Gummiringe einhängen und die Verbindung am Auspuffkrümmer mit 40 Nm anziehen.

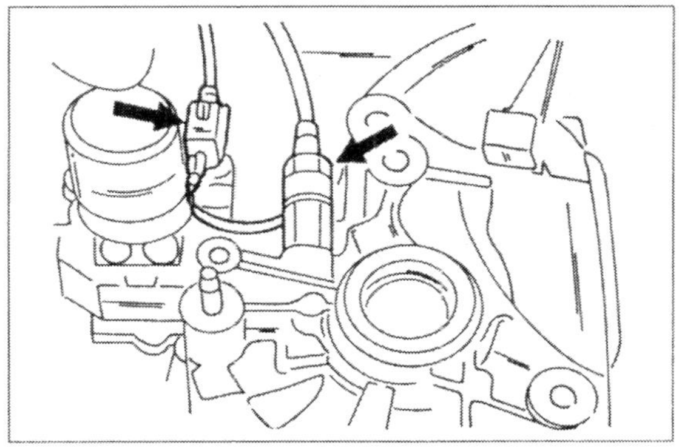

Bild 114
Links der Sensor, rechts die Tachometerspirale.

- Nach Ablassen des Fahrzeuges auf den Boden die Radmuttern mit 85 Nm anziehen.

8.3 Die Schaltung

Der Ausbau der Schaltstangen und des Befestigungslagers unter dem Fahrzeug wurde bereits beim Ausbau des Getriebes beschrieben. Da eine Lehre zum Einstellen der Schaltung erforderlich ist, muss die Klemmschelle der Schaltstange beim Lockern genau gezeichnet werden (Schaltstange auf einer Seite der Schelle einritzen), um sie beim Einbau wieder an gleiche Stelle zu setzen. Die Klemmschelle mit einem Anzugsdrehmoment von 16 Nm anziehen.

9 Automatisches Getriebe

Der Ford Mondeo ist mit einer neuen Viergang-Getriebeautomatik vom Typ CD4E erhältlich, dessen Schaltbereich vollkommen elektronisch vom EEC IV-Steuergerät der Motorsteuerung geschaltet wird. Falls die Elektronik einmal ausfallen sollte, übernimmt ein Notprogramm das Schalten der Gänge.

Vier verschiedene Gangstufen werden durch zwei Planetenradsätze, fünf Kupplungen und ein Bremsband erhalten. Eine Kette verbindet die Planetenradsätze mit dem Achsantrieb. Ein Abbremsen des Motors erfolgt in allen Gängen.

Ein Programmschalter, wie Sie bereits wissen werden, erlaubt ein Umschalten vom "Sparprogramm" auf ein "Sportprogramm". Die eingebaute Schnellgangsperre verhindert ein Schalten in den vierten Gang.

Der Schalthebel kann nur aus der Parkstellung bewegt werden wenn die Zündung eingeschaltet, die Handbremse angezogen und der Entsperrungsknopf gedrückt wurde.

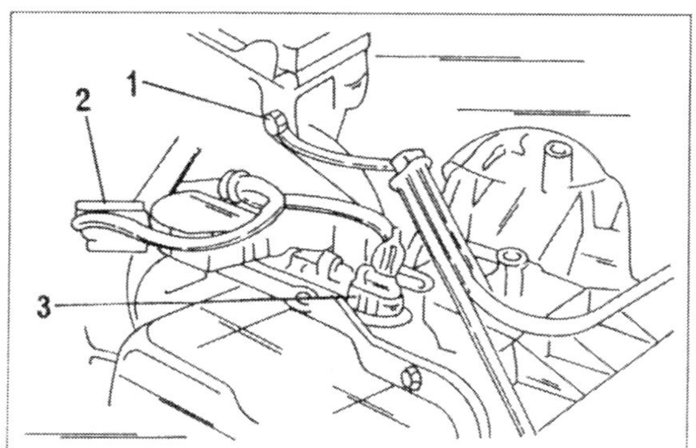

Bild 115
Die Mehrfachstecker und das Massekabel an den gezeigten Stellen abschliessen.
1 Massekabel
2 Mehrfachstecker
3 Mehrfachstecker

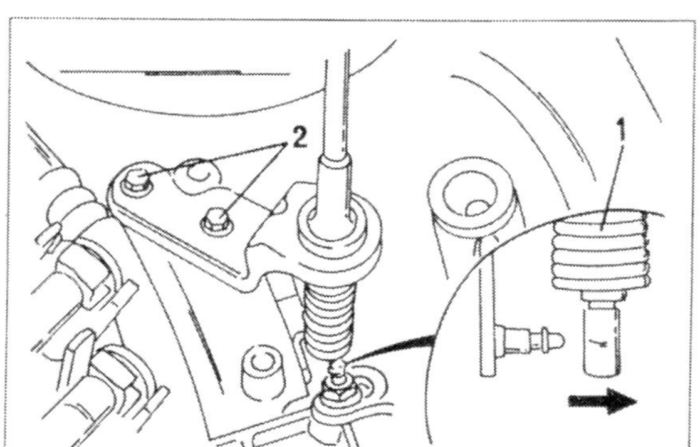

Bild 116
Befestigung des Schaltseils. Das Seil wird an Stelle (1) mit einem Clip und durch die beiden Schrauben (2) gehalten.

Das automatische Getriebe ist auf Lebenszeit gefüllt. Die gleiche Flüssigkeit wie bei älteren Ford-Getrieben wird dabei verwendet. Ihre Ford-Werkstatt wird Ihnen mitteilen welche Flüssigkeit verwendet wird, falls Flüssigkeit nachgefüllt werden muss.

Aufgrund der komplizierten Konstruktion und der elektronischen Schaltung empfehlen wir, dass alle Reparaturen und Einstellungen in einer Spezialwerkstatt durchgeführt werden, da die notwendigen Spezialwerkzeuge und Fachkenntnisse zur Überholung von automatischen Getrieben zur Verfügung stehen müssen. Elektronische Störungen können nur mit Ford-Apparaten festgestellt werden.

Das Getriebe kann jedoch getrennt ausgebaut werden, um es entweder in eine Werkstatt zur Überholung zu bringen oder ein Austauschgetriebe einzubauen.

9.1 Aus- und Einbau des Getriebes

Der Ausbau des Getriebes ist ziemlich aufwendig, da der gesamte Nebenrahmen sowie die Antriebswellen ausgebaut werden müssen.

Ebenfalls zum Ausbau wird eine Vorrichtung zum Anheben des Motors gebraucht, um die Aufhängungslager spannungsfrei zu lösen. Dies ist eine Art Stange, welche quer über den Motorraum angeordnet wird. Ein am Motorhebebügel eingehängter Haken wird dann zum Anheben des Motors benutzt.

- Beide Kabel der Batterie abklemmen und alle daran angeschlossenen Leitungen abschliessen. Kabelbinder müssen entsprechend aufgeschnitten und beim Einbau erneuert werden.
- Den Luftansaugstutzen unter Bezug auf das bereits gezeigte Bild 13 vollkommen ausbauen. Zuerst die vier Befestigungsschrauben (1) entfernen. Als nächstes den Stecker (2) vom Luftströmungsmesser abziehen und auf der gleichen Seite die Schellen (3) des Schlauches lösen. An der mit (4) bezeichneten Stelle einen Mehrfachstecker für den Sensor der Ansaugluft abziehen. Auf der linken Seite befindet sich ein Unterdruckschlauch (5). Diesen abziehen.
- Den Luftfilter ausbauen. Dazu einen Belüftungsschlauch zwischen Filter und Zylinderkopfhaube abschliessen. Rechts einen Gummiring aushängen und den Luftfilter in Pfeilrichtung von Bild 14 aus der Befestigung heben und herausheben.
- Vom Motorraum aus die elektrischen Anschlüsse vom Getriebe abschliessen. Dies sind ein Mehrfachstecker für den Anlasssperrschalter, ein Stecker für das Steuergerät des Getriebes und ein Masseband zwischen Getriebegehäuse und Batterie. Bild 115 wo die Anschlüsse zu finden sind.
- Schaltseil unter Bezug auf Bild 116 abschliessen. Dazu einen Clip (1) vom Seil am Wählhebel

entfernen und danach die Schrauben (2) herausdrehen.

- Die Radmuttern lockern und das Fahrzeug vorn auf Böcke setzen.
- Beide Vorderräder abschrauben. Auf der Riemenscheibenseite des Motors das Abdeckblech im Radkasten abschrauben und dann das Schutzblech für die Riemenscheibe entfernen.
- Das Fahrzeug jetzt wieder rechts und links auf Böcke setzen.
- Das Kugelgelenk links und rechts von der Unterseite des Achsschenkels trennen. Das Gestänge für den Kurvenstabilisator (vom Federbein) und das Gelenk der Spurstange (vom Lenkhebel) müssen dazu gelöst werden. Nähere Einzelheiten sind im Abschnitt "Vorderradaufhängung" zu finden.
- Das Schutzblech unter dem Vorderwagen abschrauben und die Kühlanlage ablassen, wie es in Kapitel 4.1 beschrieben ist.
- Den Mehrfachstecker von der Lamda-Sonde abziehen und die Kabelschelle lösen. Den danebenliegenden Unterdruckschlauch vom Filter des Pulse-Air-Systems abschliessen.
- Auspuffanlage vollkommen ausbauen.
- Die Lenkung und die hintere Drehmomentstütze des Motors vom Nebenrahmen abschrauben. An die Schrauben der Lenkung ist schwer heranzukommen. Ford-Werkstätten benutzen dazu einen speziell abgekröpften Ringschlüssel.
- Die Befestigungen lösen und die Konsole der hinteren Drehmomentstütze vom Getriebe befreien.
- Die mittlere Schraube in Bild 117 aus der vorderen Drehmomentstütze des Motors herausdrehen.
- Den Filter des Pulse-Air-Systems von der Halterung an der Drehmomentstütze abschrauben.
- Befestigungshalter für den Kühler abschrauben. Die vier Schrauben des Nebenrahmens lösen und den Nebenrahmen absenken. Bild 28 zeigt wo der Nebenrahmen befestigt ist. Den Nebenrahmen vor dem Ausbau in der Befestigung kennzeichnen.
- Die hintere Drehmomentstütze vom Getriebe abschrauben. Dazu die in Bild 118 gezeigte Schraube entfernen.
- Die Ölleitung an der Rückseite zwischen Getriebe und Ölkühler abschliessen. Zum Ausbau der Antriebswelle muss man einen Reifenhebel wie in Bild 119 gezeigt hinter dem Gleichlaufgelenk ansetzen und das Gelenk mit einem kurzen Ruck herausdrücken. Die Welle danach mit einem Stück Draht festbinden, so dass das Gelenk nicht abknicken kann.
- Rechte Antriebswelle ausbauen. Diese wird durch ein Stützlager geführt. Nach Lösen der Schrauben (1) in Bild 112 und Abschrauben des Wärmeschutzbleches (2) kann die Welle aus dem Getriebe gezogen werden. Die Welle mit einem Stück Draht am Fahrgestell festbinden, ohne dabei das Gleichlaufgelenk abzuknicken.

Hinweis: Einbaustellung des Nebenrahmens vor Ausbau genau anzeichnen.

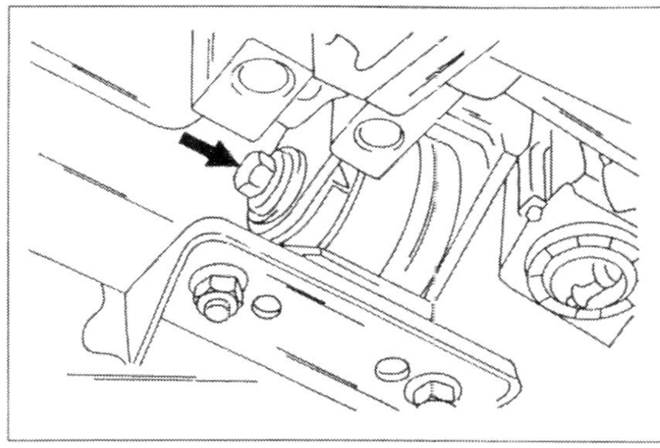

Bild 117
Die Schraube hält die vordere Drehmomentstütze an der Konsole.

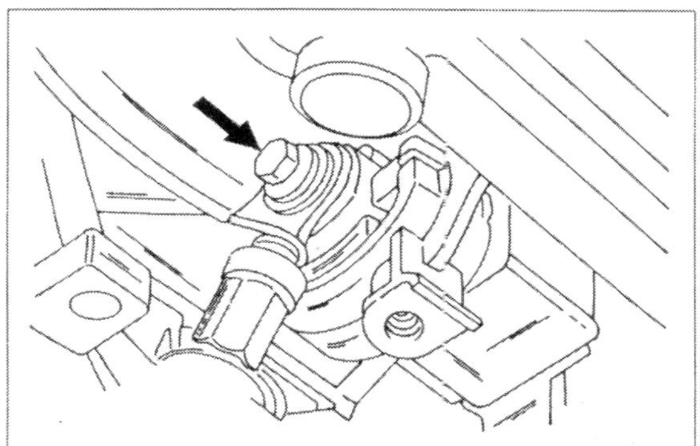

Bild 118
Die mit dem Pfeil gezeigte Schraube hält die hintere Drehmomentstütze am Getriebe.

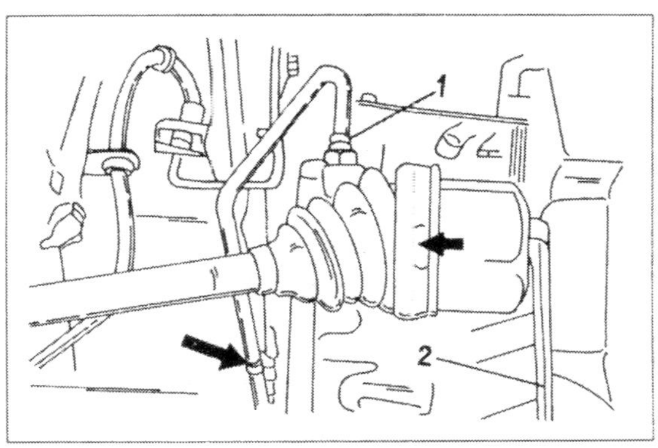

Bild 119
Zum Ausbau der linken Antriebswelle.
1 Ölleitung
2 Angesetzter Hebel

- Die Ölleitung an der Vorderseite zwischen Getriebe und Ölkühler abschliessen.
- Zwei Schrauben an der Unterseite des Getriebes lösen und das Abdeckblech abnehmen. Dabei werden der Zahnkranz, der Drehmomentwandler und die Antriebsscheibe des Wandlers sichtbar. Die Schrauben der Reihe nach lösen. Die Kurbelwelle muss dabei durchgedreht werden, bis alle Schrauben der Reihe nach an der Unterseite des Getriebes erschienen sind.
- Die beiden Mehrfachstecker am Thermostatgehäuse abziehen, die Schläuche abschliessen und das Thermostatgehäuse ausbauen.

Warnung: Das Getriebe muss beim Aus- und Einbau sicher auf dem Wagenheber ruhen. — Unfallgefahr !

- Einen Wagenheber unter Motor/Getriebe untersetzen (mit einem Holzklotz zwischen Wagenheberteller und Motor/Getriebe) und das Aggregat aus den Aufhängungen heben. Siehe nebenstehende Warnung.
- Die Schrauben (4) zwischen Motor und Getriebe an der Oberseite lösen.

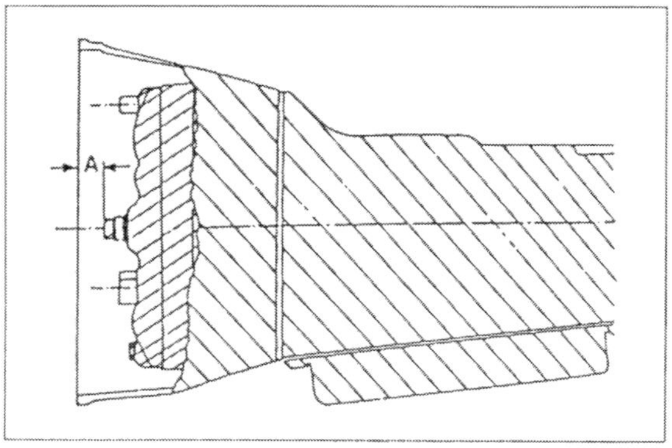

Bild 120
Beim Einbau des Wandlers den Abstand "A" beachten, welcher mindestens 10 mm betragen soll.

- Die rechte Motoraufhängung lösen. Bild 23 zeigt wie der Aufhängungsbügel befestigt ist. Sechs selbstsichernde Muttern müssen gelöst werden (diese immer erneuern). Den Bügel danach herausnehmen.
- Auf der gegenüberliegenden Seite die selbstsichernden Muttern der linken Motoraufhängung vom Getriebe abschrauben. Die Muttern können sofort weggeworfen werden. Die in Bild 24 gezeigte Aufhängung beim Schaltgetriebe sieht beim automatischen Getriebe ähnlich aus.

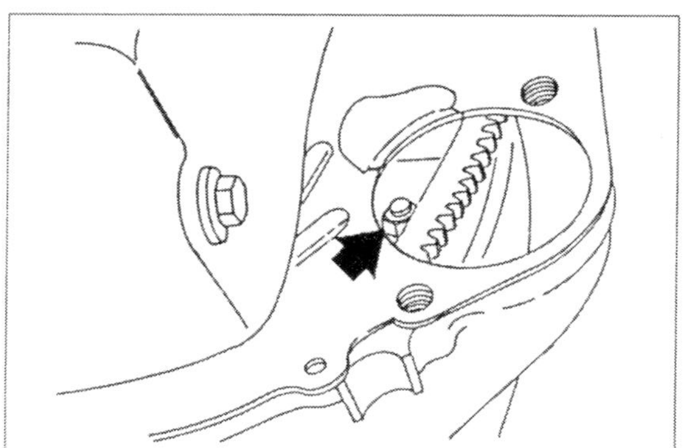

Bild 121
Befestigung der Mitnehmerscheibe am Drehmomentwandler. Die Scheibe durch die Öffnung für das Abdeckblech lösen oder anziehen.

- Das Getriebe absenken, bis es in einer Höhe mit dem linken Seitenträger steht und das Fahrzeug wieder anheben (wiederum Böcke untersetzen).
- Die verbleibenden Schrauben zwischen Motor und Getriebe lösen und die restlichen Anlasserschrauben entfernen.
- Kontrollieren, dass das Getriebe einwandfrei auf dem Wagenheber aufsitzt und vorsichtig vom Motor abziehen. Dabei ständig darauf achten, dass keine der Anschlüsse und Verbindungen vergessen wurden. Eine zweite Person sollte zur Hilfe gezogen werden, damit das Aggregat nicht herunterfallen kann. *Der Drehmomentwandler kann aus dem Getriebe fallen und muss entsprechend gehalten werden.*

Warnung: Das Getriebe muss beim Aus- und Einbau sicher auf dem Wagenheber ruhen. — Unfallgefahr!

9.2 Einbau des Getriebes

Alle selbstsichernden Muttern, zerschnittene Kabelschellen, nicht mehr einwandfrei aussehende Schellen oder andere Kleinteile müssen erneuert werden, ehe man mit dem Einbau des Getriebes beginnt.

Wie bereits beim Einbau des Motors in Kapitel 2.2 erwähnt, muss das Antriebsaggregat mit dem Nebenrahmen ausgefluchtet werden. Die Benutzung der Zentrierstifte ist im folgenden Text beschrieben. Falls diese fehlen, muss man sich dementsprechend helfen.

- Den Drehmomentwandler in das Getriebe einsetzen. Um zu gewährleisten, dass der Wandler einwandfrei sitzt, muss man von der Anbaufläche des Getriebes bis zum Zapfen des Wandlers messen. Dazu ein Messlineal auf die Fläche auflegen und mit einem Tiefenmass messen. Bild 120 veranschaulicht die Messung. Das Mass muss 10 mm betragen. Beim Erhalt eines kleineren Masses bedeutet dies, dass der Wandler nicht richtig in Eingriff mit der Ölpumpe gekommen ist. Während dem Einbau muss der Wandler natürlich in dieser Lage verbleiben.
- Das Getriebe auf einen Wagenheber setzen, von einem Helfer gut halten lassen und an den Motorflansch drücken.
- An der Unterseite des Getriebes die Kurbelwelle und den Wandler verdrehen, bis man die erste Schraube einsetzen kann (Bild 121). Die Schraube lose einschrauben und die Kurbelwelle verdrehen, bis alle anderen Schrauben eingedreht werden können. Die Schrauben danach ringsherum gleichmässig auf 36 Nm anziehen. Um den Motor leichter durchzudrehen, kann man die Zündkerzen ausschrauben.
- Die Verbindungsschrauben zwischen Motor und Getriebe einschrauben und langsam mit 40 Nm anziehen. Das volle Drehmoment erst ausüben nachdem der Spalt geschlossen ist. Die unteren Anlasserschrauben mit 48 Nm anziehen. Das Fahrzeug einstweilen wieder auf den Boden ablassen.
- Die bereits am Anfang erwähnte Vorrichtung zum Anheben des Motors wird jetzt wie in Bild 25 gezeigt aufgesetzt. Da diese bestimmt nicht vorhanden ist, kann man einen kleinen Handkran benutzen, und ein Seil an der Hebeöse einhängen. Wichtig ist, dass man den Motor anheben kann, bis er mit den Aufhängungslagern verbunden werden kann.

- Die linke Motoraufhängung (Bild 24) am Getriebe anschrauben, ohne die Muttern festzuziehen. Die Muttern immer erneuern.
- Die rechte Motoraufhängung (Bild 23) montieren. Die Muttern (immer erneuern) noch nicht festziehen. Diese werden erst nach Ausfluchtung des Nebenrahmens angezogen.
- Die linke Antriebswelle in das Getriebe montieren. Das Fahrzeug muss dabei auf Böcken sitzen. Einen neuen Sprengring richtig in die Wellennut einfedern, ehe das Wellenende in das Getriebe geschoben wird. Beim Einschieben den Dichtring nicht beschädigen.
- Die Ölleitung zwischen Getriebe und Ölkühler an der Rückseite anschrauben und mit 23 Nm anziehen. Die Leitung mit der Schelle befestigen. Leitung ebenfalls an der Vorderseite mit dem gleichen Drehmoment anschrauben.
- Die rechte Antriebswelle in das Getriebe einschieben, das Stützlager anschrauben und die beiden in Bild 112 gezeigten Schrauben (1) mit 27 Nm anziehen. Danach das Wärmeschutzblech (2) befestigen.
- Die hintere Drehmomentstütze des Motors montieren. Die mittlere Schraube nur handfest anziehen.
- Den Nebenrahmen jetzt ausfluchten, wie es auf Seite 16 beim Einbau des Motors beschrieben wurde. Alle Anweisungen treffen auch beim Einbau des Getriebes ohne den Motor zu.

Alle anderen Arbeiten werden jetzt in umgekehrter Reihenfolge wie der Ausbau durchgeführt. Der folgende Text weist noch auf einige Anzugsdrehmomente hin:

- Die Schrauben in Bildern 117 und 118 mit 120 Nm anziehen.
- Vorderradaufhängung wieder montieren (siehe betreffendes Kapitel).
- Auspuffanlage in die Gummiringe einhängen und die Verbindung am Auspuffkrümmer mit 40 Nm anziehen.
- Schaltseil anschliessen und die beiden Schrauben am Winkelblech anziehen. Die Schaltung später auf einwandfreie Funktion kontrollieren.
- Nach Ablassen des Fahrzeuges auf den Boden die Radmuttern mit 85 Nm anziehen.

9.3 Die Schaltung

Das Schaltseil ist mit einer Einstellvorrichtung versehen, um ein einwandfreies Schalten der Gänge zu gewährleisten. Falls die Schaltung nicht mehr einwandfrei arbeiten sollte, empfehlen wir, dass Sie sich an eine Werkstatt wenden, um sie einstellen zu lassen.

9.4 Flüssigkeitsstand kontrollieren

Eine genaue Kontrolle des Flüssigkeitsstandes ist nur möglich nachdem das Fahrzeug vorher gefahren wurde, bis sich die Getriebeflüssigkeit erhitzt hat.

- Fahrzeug auf ebenem Boden abstellen, Handbremse anziehen und von einem Helfer das Bremspedal fest durchtreten lassen.
- Beim im Leerlauf laufenden Motor die Gänge des Getriebes mindestens dreimal durchschalten lassen.
- Schalthebel in die Stellung "P" schalten und 1 bis 2 Minuten warten, damit sich das Öl wieder gleichmässig verteilen kann.
- Ölmessstab herausziehen (bei laufendem Motor), mit einem sauberen Lappen das am Stab sichtbare Öl abwischen und den Ölmessstab wieder in das Führungsrohr einsetzen.
- Ölmessstab erneut herausziehen und kontrollieren, ob die Flüssigkeit zwischen der "Min."- und der "Max."-Marke steht. Andernfalls den Flüssigkeitsstand berichtigen.

Zu erwähnen wäre noch, dass neue Getriebe bereits mit 3,5 Liter Flüssigkeit gefüllt sind. Die Gesamtfüllmenge, einschliesslich des Ölkühlers beträgt 7,2 Liter. Wie bereits erwähnt, braucht die Flüssigkeit nicht gewechselt zu werden.

Die Antriebswellen sind nicht auf beiden Seiten gleich. Die rechte Welle wird durch ein Stützlager geführt. Konstruktionsbedingt muss die rechte Antriebswelle ausgebaut sein, um die linke Welle auszubauen.

Beide Wellen können zerlegt werden, um bestimmte Teile zu erneuern.

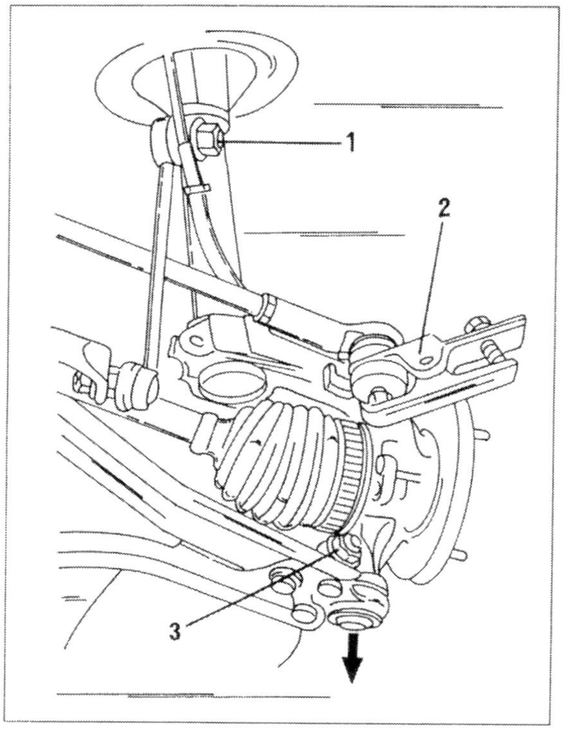

Bild 122
Gezeigte Teile lösen, um den Ausbau der rechten Antriebswelle zu ermöglichen.
1 Gestänge des Kurvenstabilisators
2 Abzieher für Spurstangenkopf
3 Klemmschraube des Querlenkerzapfens

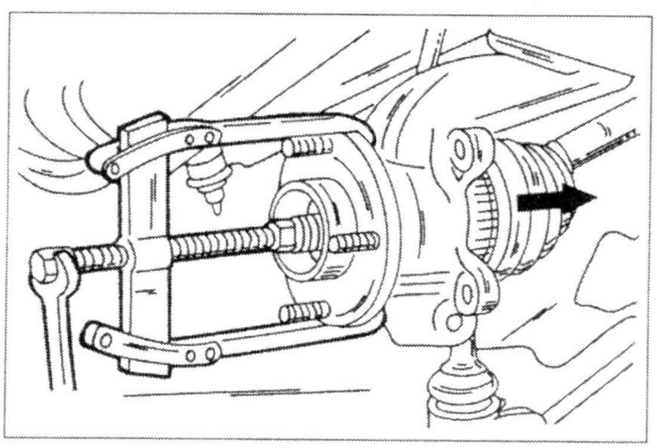

Bild 123
Ein Abzieher am Radnabenflansch angesetzt. Die Welle wird damit aus dem Flansch und Achsschenkel gedrückt.

Zum Einziehen beider Antriebswellen in den Achsschenkel wird in der Werkstatt ein Einzieher benutzt, um das Ende der Welle weit genug durch die Aussenseite zu bekommen, um die Mutter aufzuschrauben. Die Muttern der Wellen sind Spezialmuttern, welche bis zu fünf Mal benutzt werden können, ehe sie erneuert werden müssen.

Die Antriebswellen sitzen ziemlich fest in der Radnabe und im Radlager und ein Universal-Zwei- oder Dreiarmabzieher ist zum Abziehen des Radnabenflansches erforderlich. Vor Beginn der Arbeiten muss man einen solchen bereitlegen.

10.1 Rechte Antriebswelle

10.1.1 Aus- und Einbau

- Radmuttern und die Nabenmutter lockern und die Vorderseite des Fahrzeuges auf Böcke setzen. Das Rad abnehmen.
- An der Innenseite des Achsschenkels die beiden Schrauben des Bremssattels lösen und den Bremssattel mit einem Stück Draht an der Vorderradaufhängung festbinden, damit er nicht am Schlauch herunterhängen kann.
- Die Bremsscheibe abnehmen und die Radnabenmutter vollkommen abschrauben.
- Den Querlenker an der Unterseite von der Radaufhängung trennen. Dazu unter Bezug auf Bild 122 das Gestänge des Kurvenstabilisators vom Federbein (1) lösen und den Spurstangenkopf nach Lösen der Mutter mit einem Kugelbolzenabzieher abdrücken. An der Unterseite die Klemmschraube für den Bolzen des Querlenkers (3) lösen und den Querlenker nach unten drücken, bis die Verbindung getrennt ist.
- Einen Ausdrücker (Abzieher), ähnlich wie er in Bild 123 gezeigt ist, an der Radnabe ansetzen und die Welle durch Druck mit der Mittelspindel aus der Radnabe drücken. Da der Achsschenkel dabei nach aussen gezogen werden muss, ist dies eine Arbeit für zwei Personen, eine zum Anziehen der Abdrückspindel und eine zur Führung des Achsschenkels.
- Die beiden in Bild 124 gezeigten Schrauben herausdrehen und das Wärmeschutzblech abschrauben.
- Die Welle aus dem Getriebe herausziehen, ohne dabei den Radialdichtring in der Seite des Getriebes zu beschädigen. Das Gleichlaufgelenk muss dabei so gerade wie möglich gehalten werden.

Beim Einbau der Welle folgendermassen vorgehen. Selbstsichernde Mutter, Splinte und Sicherungsring immer erneuern.

- Die Antriebswelle in das Getriebe einschieben, ohne dabei den Radialdichtring zu beschädigen.
- Das Stützlager unter Bezug auf Bild 124 am Zylinderblock anschrauben und die beiden Schrauben mit 27 Nm anziehen. Das Wärmeschutzblech wieder anbringen.

- Den Achschenkel soweit wie möglich nach aussen ziehen und das Ende der Welle in den Achsschenkel einführen. Die Radnabe auf der Aussenseite aufstecken. Die Welle muss jetzt in den Achsschenkel und die Radnabe eingezogen werden. Von Werkstätten wird dabei das in Bild 125 gezeigte Einziehwerkzeug benutzt. Dieses wird auf das Gewinde der Welle geschraubt, so dass diese durch Anziehen der Mutter eingezogen werden kann. Falls das Werkzeug nicht zur Verfügung steht, kann man versuchen, die Welle soweit wie möglich durchzuschieben. Die Mutter auf die Welle schrauben und anziehen, bis die Welle weit genug heraussteht, um die Nabe aufzustecken. Das Gewinde sollte jetzt weit genug herausstehen, um die Mutter wieder aufzuschrauben. Die Mutter nur handfest anziehen.
- Zapfen des Querlenkers in den Achsschenkel einführen, den Bolzen einsetzen und die Verbindung mit 83 Nm anziehen.
- Spurstange am Lenkhebel anschliessen (Bolzen muss fettfrei sein) und die Mutter mit 30 Nm anziehen.
- Kurvenstabilisator anschliessen. Die Verbindung am Federbein mit 47 Nm anziehen.
- Bremssattel montieren. Die beiden Schrauben mit 60 Nm anziehen. Die Bremsscheibe wieder auf die Radnabe schieben.
- Das Rad wieder anschrauben und das Fahrzeug auf den Boden ablassen. Die Radmuttern mit 85 Nm und die Wellenmutter mit 340 Nm anziehen.
- Getriebeölstand kontrollieren und ggf. berichtigen, besonders wenn man festgestellt hat, dass Öl herausgelaufen ist.

10.1.2 Überholung einer Antriebswelle

Die Gleichlaufgelenke können nicht repariert werden und sind im Schadensfalle zu erneuern. Die Gummimanschetten können ebenfalls erneuert werden. Die Zerlegung der rechten und linken Antriebswelle ist in Kapitel 10.2.2 für die linke Welle beschrieben. Bei der rechten Welle muss man die Zwischenwelle von der Antriebswelle trennen. Dazu die Zwischenwelle in einen Schraubstock einspannen und mit einem Messingdorn an der Innenseite des Stützlagers gegen das Gelenk schlagen, bis der Sicherungsring aus der Rille springt.

Das Gelenk jetzt entsprechend Kapitel 10.2.2 erneuern oder reinigen.

Einen neuen Sicherungsring in die Rille der Welle einsetzen und die Antriebswelle senkrecht in einen Schraubstock einspannen. Die Zwischenwelle auf das Wellenende aufsetzen und mit einem Weichmetallhammer auf das Ende der Zwischenwelle schlagen, so dass der Sicherungsring in die Verbindung einschnappen kann.

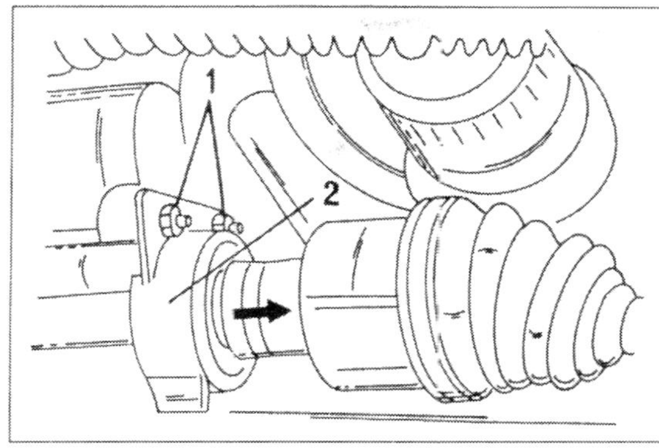

Bild 124
Zum Ausbau der rechten Antriebswelle.
1 Schrauben des Stützlagers
2 Wärmeschutzblech

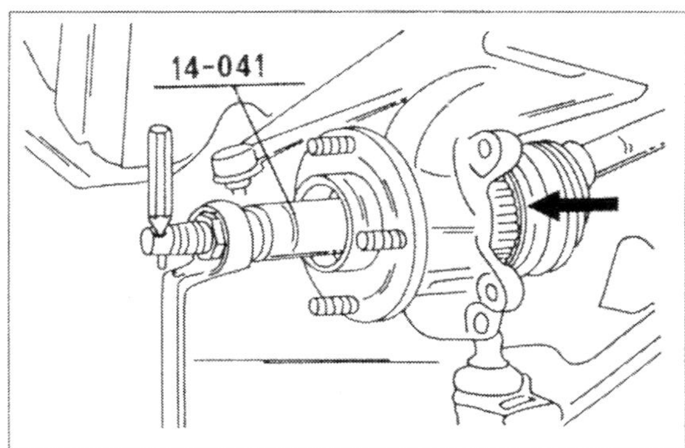

Bild 125
Einziehen einer Antriebswelle mit dem Spezialwerkzeug.

10.2 Linke Antriebswelle

10.2.1 Aus- und Einbau

Die rechte Antriebswelle muss ausgebaut werden, ehe man die linke Welle ausbauen kann. Die betreffenden Arbeiten sind in Kapitel 10.1.1 beschrieben.

Zum Ausbau der linken Welle die gleichen Arbeiten durchführen, bis der Radnabenflansch vom Ende der Welle abgezogen ist.

- Die Welle jetzt aus der Innenseite des Getriebes lösen, wie es bereits in Bild 22 beim Ausbau des Motors gezeigt wurde (Seite 14).
- Die Welle jetzt wie in Bild 119 gezeigt aus dem Getriebe herausdrücken. Unter die Drehstelle des Hebels ein Stück Holz untersetzen, damit die Druckstelle nicht durch den Hebel beschädigt wird. Sobald die Welle frei ist, kann sie aus dem Eingriff mit dem Achsschenkel gebracht werden. Dabei könnte Öl aus dem Getriebe auslaufen.

Der Einbau der Welle erfolgt ähnlich wie es bei der rechten Welle beschrieben wurde. Der Sicherungssprengring wird in die Rille der Welle eingesetzt (immer erneuern). Die Welle mit einem kurzen Ruck in das Getriebe drücken, bis der Sicherungsring eingeschnappt ist. Durch Hin- und

Herziehen an der Welle kann man sich über den Eingriff des Ringes überzeugen.
Die weiteren Arbeiten erfolgen entsprechend den Beschreibungen des Einbaus der rechten Antriebswelle.

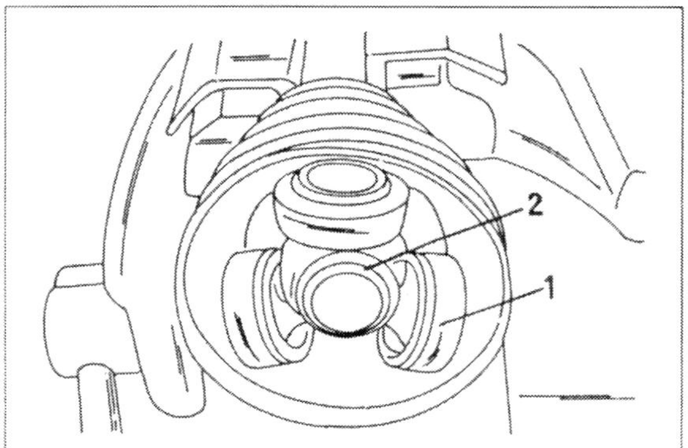

Bild 126
Das Dreisterngelenk am Ende der Welle. Die Lagerrollen (1) abnehmen und den Sicherungsring (2) ausfedern, ehe der Gelenkstern mit einem Abzieher heruntergezogen wird.

Achtung: Beim erwähnten Einschieben des Schraubenziehers nicht in die Manschette stechen.

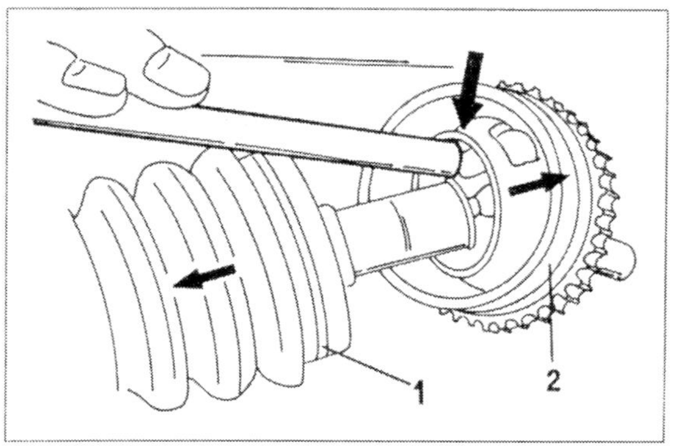

Bild 127
Gelenk in Pfeilrichtung von der Welle schlagen, während die Welle dabei herausgezogen wird.
1 Gelenkmanschette
2 Achsgelenk mit Zahnkranz

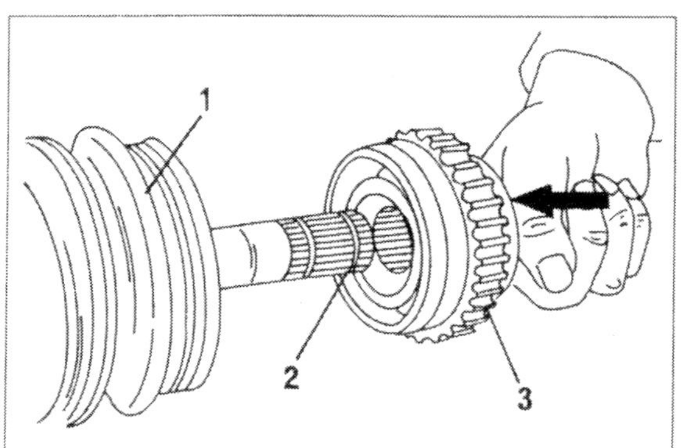

Bild 128
Das Gelenk an der Radseite in der gezeigten Zahlenreihenfolge zusammensetzen.
1 Manschette
2 Sprengring
3 Achsgelenk

10.2.2 Reparatur einer Antriebswelle

Ford-Dauerschmierfett muss man zur Verfügung haben, um eine zerlegte Welle wieder zusammenzubauen. Ausserdem sollten die Schellen der Manschetten mit einer Spezialzange zusammengespannt werden, um eine einwandfreie Abdichtung zu gewährleisten. Die zusätzlichen Arbeiten bei einer rechten Welle wurden bereits in Kapitel 10.1.2 erwähnt.

- Welle in einen Schraubstock einspannen, die Spannbänder der Manschette zerschneiden und die Manschette auf der Welle zurückschieben. Das Dreisterngelenk herunterziehen. *Dabei können die Lagerrollen herausfallen.*
- Den Sprengring (2) in Bild 126 entfernen und die Lagerrollen von den Zapfen abnehmen. Der Gelenkstern ist auf die Welle aufgepresst und muss mit einem geeigneten Abzieher heruntergezogen werden. Die Gummimanschette danach abstreifen.
- Um das Gelenk auf der Radseite auszubauen, die Spannbänder zerschneiden und abnehmen und die Manschette zurückschieben. Einen Messingdorn oder dergleichen wie in Bild 127 gezeigt am Gelenk ansetzen und einen kurzen Schlag darauf geben. Dabei wird der Sprengring aus der Rille springen. *Dabei das Lager nicht beschädigen.*
- Gelenk von der Welle ziehen, den Sicherungsring aus der Rille ausfedern (wegwerfen) und die Manschette abstreifen. Eine weitere Zerlegung ist nicht möglich.

Alle Teile einwandfrei reinigen und wie erforderlich erneuern. Beim Einbau des Gelenks auf der Getriebeseite folgendermassen vorgehen:

- Manschette auf der Getriebeseite anbringen und mit der kleinen Schelle befestigen.
- Den Gelenkstern mit einem Rohrstück bis zum Anschlag auf die Welle aufschlagen. Dabei nicht abrutschen und die Laufzapfen der Lagerrollen beschädigen. Einen neuen Sprengring in die Nut einfedern.
- Die Lagerrollen mit dem bereits erwähnten Fett einschmieren und auf die Lagerzapfen aufschieben.
- Eine Fettmenge von 100 g des genannten Fetts aufwiegen und in das Dreisterngelenk einschmieren.
- Einen kleinen Schraubenzieher zwischen Manschette und Gelenk einschieben, um eingeschlossene Luft auszuscheiden, das Dreisterngelenk bis zum Anschlag nach innen drücken und danach ca. 20 mm herausziehen. Die Manschette jetzt auf dem Gelenk anbringen.
- Den Schraubenzieher herausziehen und die Manschette an der Welle befestigen.

Beim Einbau des Gelenks auf der Radseite folgendermassen vorgehen:

- Die kleine Schelle lose an der Manschette anbringen und die Manschette auf die Welle schieben.
- Den in Bild 128 mit dem Pfeil gezeigten Sprengring erneuern. Der zweite Ring verbleibt an der Welle. Kontrollieren, dass der Sicherungsring einwandfrei sitzt und eine genaue Fettmenge von 100 g in das Gelenk schmieren. Die beiden Hälften der Antriebswelle jetzt zusammenschieben, bis der Sicherungsring in der Innenseite einrastet.
- Manschette in die Rille der Antriebswelle ein-

legen, wieder den genannten Schraubenzieher zwischen Manschette und Gelenk einschieben und die Manschette vorschriftsmässig eindrücken, während der Schraubenzieher herausgezogen wird.

- Die Schelle der Manschette festziehen.

10.3 Stützlager erneuern

Falls das Kugellager in der Innenseite des Stützlagers für die damit versehene Antriebswelle ausgeschlagen ist, kann man es getrennt erneuern.

- Gesamte Lagereinheit unter eine Presse setzen und die Welle durch das Lager pressen. Es kommt zusammen mit dem Staubschutz herunter.
- Die Antriebswelle gründlich reinigen das neue Lager mit einem Stück Rohr geeigneten Durchmessers auf die Welle aufpressen. Das Rohr darf nur auf dem inneren Lagerlaufring aufgesetzt werden. Die Welle muss mit dem anderen Ende auf dem Pressentisch aufsitzen. Das Lager nur soeben bis zum Anschlag aufpressen.
- In ähnlicher Weise den Staubschutzring auf die Zwischenwelle aufpressen. Dabei den Ring nicht beschädigen.

10.4 Innere Radialdichtringe

Falls es einmal vorkommen sollte, dass manÖlleckstellen an den Austritten der Antriebswellen am Getriebe feststellt, kann man die Dichtringe erneuern, ohne dass man die komplette Welle ausbaut.

Die betreffende Welle an der Innenseite vom Getriebe trennen, wie es für links und rechts beschrieben wurde, d.h. die Vorderradaufhängung muss an der Unterseite gelöst werden, und den Dichtring mit einem Schraubenzieher oder einem flachen Meissel aus der Getriebeöffnung schlagen, ohne dabei das Gehäuse zu beschädigen. Wiederum muss die rechte Welle ausgebaut werden, ehe man die linke Welle, bzw. den linken Radialdichtring erneuern kann.

Den neuen Dichtring an der Dichtlippe mit etwas Fett einschmieren und mit einem Dorn in das Getriebe einschlagen, bis die Aussenseite bündig abschneidet.

11 Vorderachse und Vorderradaufhängung

Die Vorderradaufhängung besteht aus McPherson-Federbeinen mit Schraubenfedern, welche zwischen zwei Federsitzen eingesetzt sind, zweiwegig wirkenden, hydraulischen Teleskop-Stossdämpfern und Querlenkern. Ein Kurvenstabilisator ist am Nebenrahmen befestigt und durch Gestänge links und rechts mit den Federbeinen verbunden.
Das äussere Ende der Antriebswellen wird im Achsschenkel auf nicht einstellbaren Rollenlagern geführt. Die Welle wird mit einer Spezialmutter an der Radnabe gehalten. Bild 130 zeigt wie die Radaufhängung im Fahrzeug eingebaut ist.

11.1 Vorderradnaben und Radlager

11.1.1 Ausbau

- Radmuttern und Nabenmutter lockern.

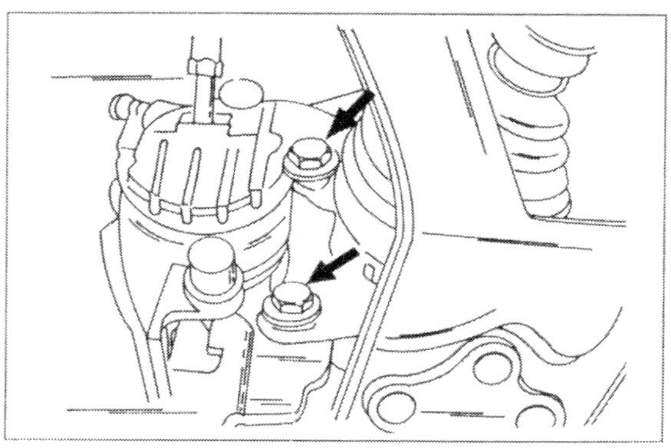

Bild 129
Die beiden Schrauben (Pfeile) halten den Bremssattel an der Vorderradaufhängung.

- Vorderseite des Fahrzeuges auf Böcke setzen und das Rad abnehmen.
- Zwei der Radbolzen wieder einschrauben, um die Radnabe und die Bremsscheibe zusammenzuhalten. Obwohl die Scheibe durch eine einzelne Schraube gehalten wird, sollte man nicht übermässige Belastung auf diese Schraube legen. Aus diesem Grund werden die Radbolzen wieder eingeschraubt.
- Nabenmutter vollkommen abschrauben.
- Befestigungsschrauben des Bremssattels lösen (Bild 129) und den Bremssattel mit einem Stück Draht am Fahrgestell anbinden, um zu verhindern, dass der Bremssattel am Schlauch herunterhängen kann.
- Die Welle aus dem Achsschenkel herausdrücken. Da die Teile festsitzen, muss man einen handelsüblichen Zweiarmabzieher dazu verwenden. Der Nabenflansch bleibt sitzen.

Falls die Radlager erneuert werden sollen, ist der komplette Achsschenkel auszubauen:

- Splint aus der Mutter des Spurstangengelenks herausziehen, die Kronenmutter abschrauben und das Kugelgelenk mit einem passenden Abzieher trennen (siehe Bild 164). Bei den nachfolgenden Arbeiten nicht die Staubschutzkappe des Spurstangengelenks beschädigen.
- Falls eingebaut eine Schraube lösen und den Sensor für die Raddrehzahl bei eingebautem ABS herausziehen. Ebenfalls den Stecker der Bremsbelag-Verschleissüberwachung abziehen, falls eine eingebaut ist.
- Die Klemmschraube und Mutter (3) in Bild

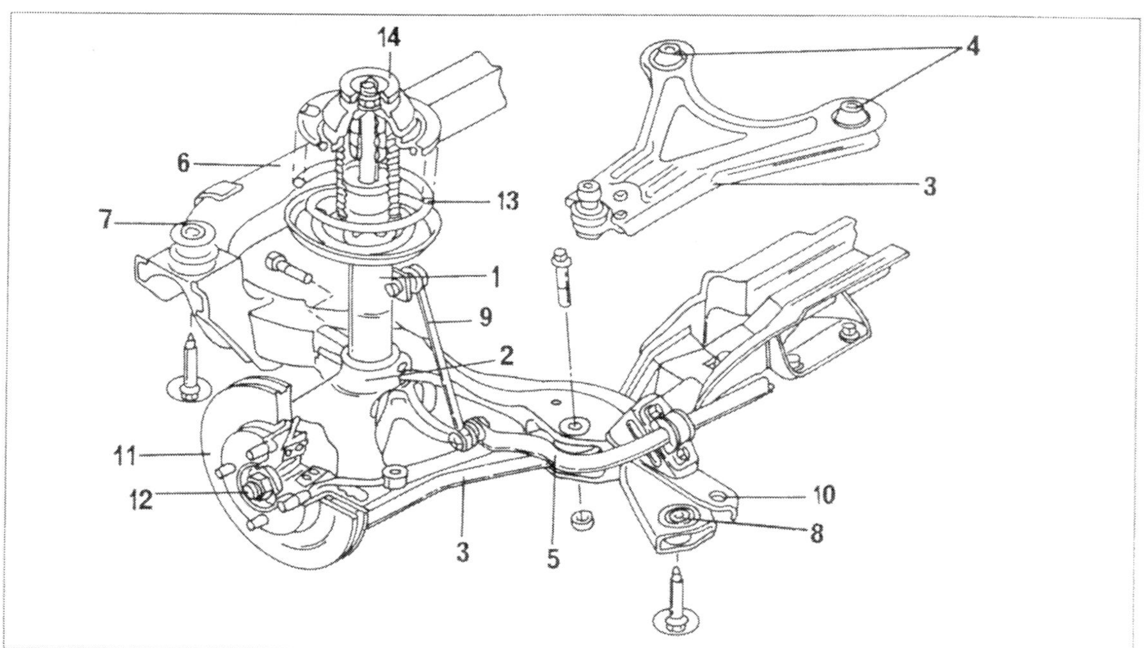

Bild 130a
Die zusammengebaute Vorderradaufhängung. Siehe auch Bild 130b.
1 Federbein
2 Achsschenkel
3 Querlenker
4 Silentlager
5 Kurvenstabilisator
6 Nebenrahmen
7 Vordere Gummibüchse
8 Hintere Gummibüchse
9 Kurvenstabilisatorgestänge
10 Führungsbohrung für Ausfluchtung des Nebenrahmens (auf beiden Seiten)
11 Bremsscheibe
12 Mutter der Antriebswelle
13 Schraubenfeder
14 Oberes Federbeinlager

122 entfernen. Den Querlenker an der Aussenseite vom Achsschenkel freimachen, indem man den Schlitz an der Unterseite des Federbeins etwas öffnet und den Querlenker nach unten drückt, bis das Federbein soeben aus dem Eingriff kommt.

- An der Oberseite des Achsschenkels die in Bild 131 gezeigte Klemmschraube entfernen. Diese Verbindung hält die Unterseite des Federbeins in der Oberseite des Achsschenkels.
- Den Achsschenkel jetzt aus der Radaufhängung herausziehen.

11.1.2 Einbau

Falls die Radlager erneuert werden sollen ist in Kapitel 11.1.3 nachzulesen. Beim Einbau des Achsschenkels folgendermassen vorgehen:

- Den Achsschenkel in die Radaufhängung einsetzen und über die Unterseite des Federbeins schieben. Falls notwendig dabei den Schlitz im Achsschenkel etwas öffnen. Dazu eignet sich ein abgewinkelter Inbusschlüssel der geeigneten Grösse. Die Schlüsselfläche sollte soeben in den Schlitz passen. Verdreht man den Schlüssel jetzt nach links oder rechts, werden die Kanten des Sechskants den Klemmschlitz genügend weit öffnen, um das Federbein einzuschieben. Bild 132 zeigt wo der Inbusschlüssel eingesetzt wird.
- Die Klemmschraube in Bild 131 einsetzen und mit einem Anzugsdrehmoment von 85 Nm anziehen.
- Die Antriebswelle von innen durch den Achsschenkel führen und den Radnabenflansch von aussen aufsetzen. Wie bereits beim Einbau der Antriebswelle erwähnt, wird in der Werkstatt ein Einzieher benutzt, den man auf das Gewinde der Welle schraubt. Andernfalls muss man versuchen die Welle zuerst durch das Radlager und danach durch den Flansch zu ziehen. Die Mutter so fest wie möglich anziehen.
- Querlenker am Achsschenkel befestigen und die Klemmschraube mit dem Kopf an der Rückseite liegend einsetzen. Falls erforderlich den Klemmschlitz beim Einführen des Federbeins etwas öffnen. Die Mutter mit einem Anzugsdrehmoment von 54 Nm anziehen. Beim Anziehen einen Drehmomentschlüssel an der Mutter ansetzen und die Schraube gegenhalten. Die Schraube muss genau in der Mitte der Nut des Kugelbolzenschafts eingreifen.
- Falls eingebaut den Sensor für die Radgeschwindigkeit (ABS) anbringen. Die Schraube mit 10 Nm anziehen.
- Bremssattel wieder montieren. Die Schrauben mit 60 Nm anziehen.
- Spurstange am Lenkhebel anschliessen und die Kronenmutter mit einem Anzugsdrehmoment von 28 Nm anziehen. Mit einem neuen Splint sichern.

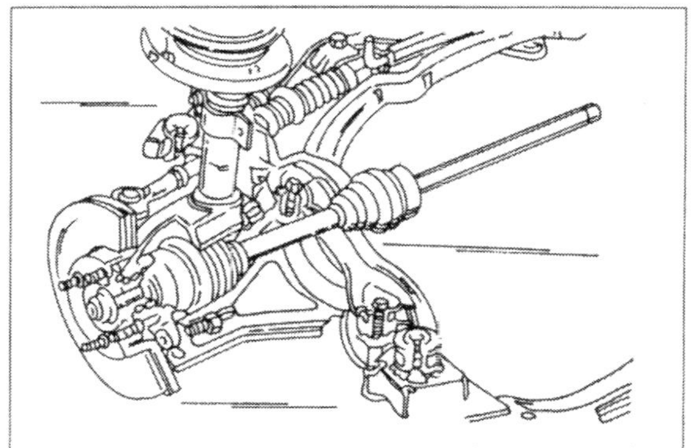

Bild 130b
Ansicht der zusammengebauten Vorderachse auf einer Seite.

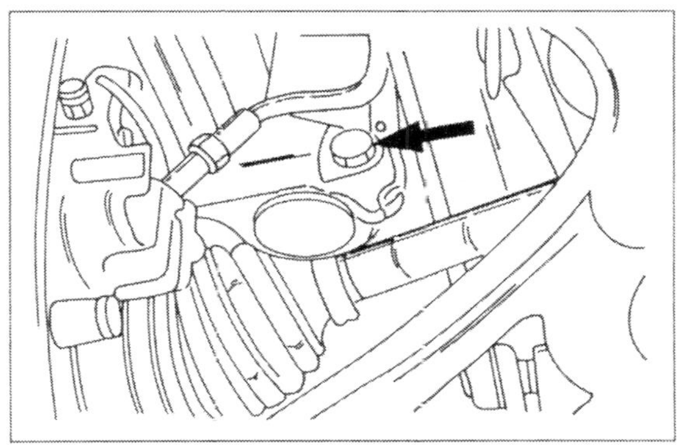

Bild 131
Die Klemmschraube der Verbindung Federbein-Achsschenkel.

- Fahrzeug auf den Boden ablassen und die Räder (85 Nm) sowie die Mutter der Antriebswelle (340 Nm) anziehen. Die Mutter hat selbstsichernde Fähigkeiten und braucht nicht gesichert zu werden.

11.1.3 Radlager erneuern

- Achsschenkel mit Blechbacken in einen Schraubstock einspannen und den Radnabenflansch mit einem Weichmetalldorn durch das Radlager schlagen oder in geeigneter Weise abziehen.
- Aus der Vorderseite und der Rückseite der Nabe je einen grossen Lagersprengring entfer-

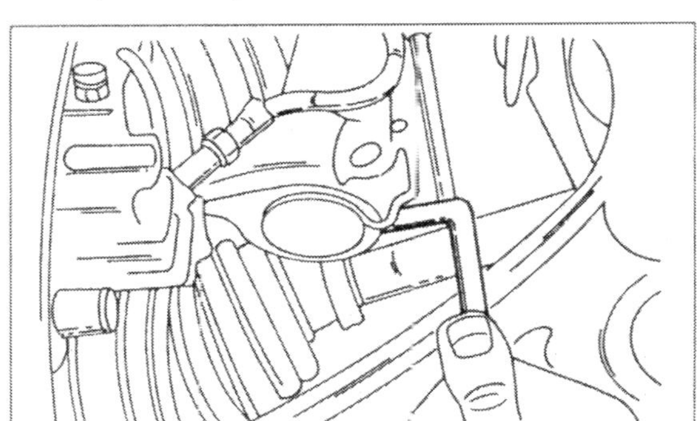

Bild 132
Der Klemmschlitz des Achsschenkels kann mit einem Inbusschlüssel geöffnet werden.

nen. Dazu eine Innensprengringzange verwenden. Bild 133 zeigt den Achsschenkel mit den beiden Sprengringen.

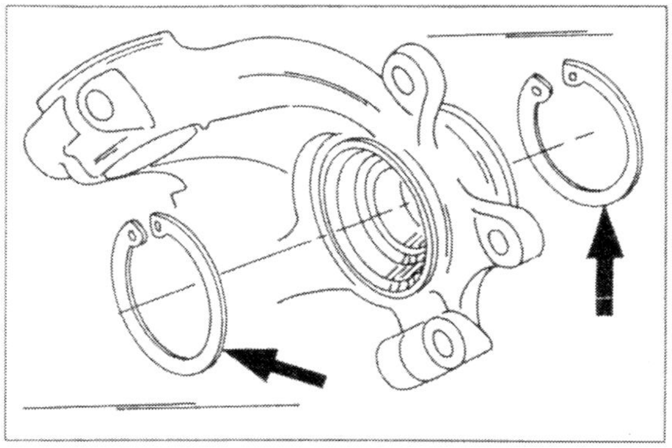

Bild 133
Ein Sprengring hält das Radlager auf jeder Seite des Achsschenkels.

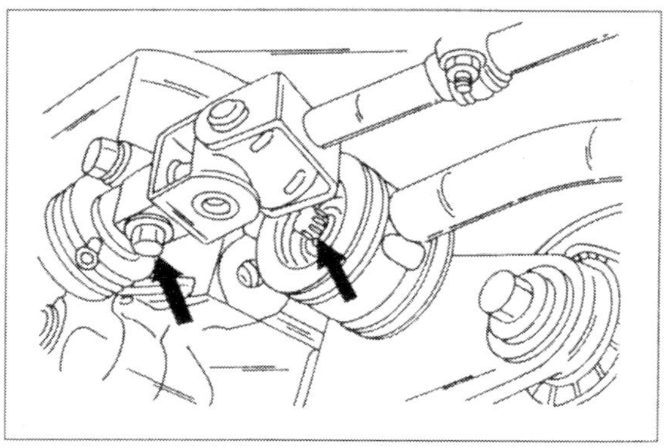

Bild 134
Die beiden Schrauben (Pfeile) halten das Schaltgestänge am Getriebe.

- Achsschenkel mit dem Arm nach oben weisend auf eine Presse aufsetzen und das Lager von innen nach aussen auspressen. Ohne Presse kann man das Lager mit einem passenden Dorn auf einem Schraubstock ausschlagen.
- Achsschenkel und alle dazugehörigen Teile einwandfrei reinigen.

Beim Bestellen von neuen Lagern unbedingt Mondeo-Vorderradlager verlangen, da diese speziell für dieses Fahrzeugmodell entworfen wurden.

- Den äusseren Lagersprengring in den Achsschenkel einsetzen. Kontrollieren, dass er ringsherum sitzt.
- Achsschenkel wie beim Ausbau beschrieben auf den Pressentisch aufsetzen und das Lager von innen nach aussen einpressen. Der Druck des Pressstempels darf nur auf dem äusseren Lagerlaufring aufgesetzt werden. Das Lager muss gut gefettet sein. Ohne Presse muss man das Lager mit einem Rohrstück einschlagen, bis es gegen den Sprengring anliegt.
- Den inneren Sprengring einfedern. Wiederum ringsherum auf richtigen Sitz kontrollieren.
- Den Radnabenflansch in das Lager und den Achsschenkel einpressen. Falls keine Presse zur Verfügung steht, einen Gewindestab mit grossen Scheiben durch die Nabe und den Achsschenkel führen und vorn und hinten Muttern aufschrauben. Das ganze zusammenschrauben, bis der Nabenflansch vollkommen eingezogen ist.
- Den Achsschenkel jetzt wieder in der beschriebenen Weise einbauen.

11.2 Linker Querlenker

Aufgrund der Überschrift wird man sofort feststellen, dass der Aus- und Einbau der beiden Querlenker nicht gleich ist und aus diesem Grund getrennt behandelt wird. Der Ausbau des Querlenkers ist ziemlich umfangreich, da man beim Ausbau dieses Querlenkers den gesamten Nebenrahmen ausbauen muss. Falls beide Querlenker ausgebaut werden sollen, wird die gleiche Arbeitsfolge eingehalten.

- Batterie abklemmen.
- Radmuttern lockern und die Vorderseite des Fahrzeuges auf Böcke setzen. Die Vorderräder abnehmen, um leichter an die Querlenker zu kommen.
- Bei eingebautem Schaltgetriebe die beiden in Bild 134 gezeigten Schrauben lösen, um das Schaltgestänge vom Getriebe zu trennen.
- Das vordere Auspuffrohr zusammen mit dem Katalysator ausbauen. Bei Benzinmodellen vorher den Stecker von der Lambda-Sonde abziehen.
- Das Schutzblech unter dem Fahrzeug ausbauen. Das Blech wird mit fünf Schrauben und vier Steck-Clips gehalten.
- Eine Schraube auf jeder Seite lösen und die Stützen der Kühlerbefestigung entfernen.
- Falls eine Klimaanlage eingebaut ist, muss der Kondenswassersammler ausgebaut werden (2 Schrauben).
- Die vordere und hintere Drehmomentstütze je nach eingebautem Motor/Getriebe ausbauen:
  - Bei Benzinmotor mit Schaltgetriebe eine Mutter und drei Schrauben (vorn) sowie zwei Muttern und sechs Schrauben (hinten) lösen.
  - Bei Dieselmotor mit Schaltgetriebe drei Schrauben (vorn) und eine Mutter und fünf Schrauben (hinten) lösen.
  - Bei eingebauter Getriebeautomatik drei Schrauben (vorn) und drei Muttern (hinten) lösen.
- Das Stabilisatorgestänge an der in Bild 135 gezeigten Stelle vom Federbein abschrauben.
- Klemmschraube des Kugelgelenks an der Unterseite mit einem vielverzahnten Steckeinsatz gegenhalten, die Mutter lösen und die Schraube ausschlagen.
- Einen Schraubenzieher in den Schlitz einsetzen und den Querlenker mit einem kräftigen Hebel nach unten drücken, bis der Schaft des Kugelgelenks aus dem Eingriff mit dem Achsschenkel kommt. Darauf achten, dass die Gummimanschet-

te des Kugelgelenks dabei nicht beschädigt wird.
● Den Kurvenstabilisator und den Querlenker auf der anderen Seite in gleicher Weise lösen.
● Die beiden Befestigungsschrauben der Lenkung entfernen. Es ist ziemlich schwer an die Befestigung zu kommen. Werkstätten benutzen dazu einen Spezialschlüssel.
● Die Flüssigkeitsleitungen vom Nebenrahmen lösen. Zwei Schrauben und eine Sicherungsspange sind zu lösen.
● Die genaue Lage des Nebenrahmens in geeigneter Weise anzeichnen und die vier Schrauben an den Aussenseiten herausdrehen. Der Nebenrahmen muss natürlich auf einem Wagenheber abgestützt sein, da er nach Lösen der Schrauben herunterfällt.
● Der linke Querlenker und, falls erforderlich der rechte Querlenker, können jetzt abgeschraubt werden. Die Schrauben sind an Stelle (4) in Bild 130 eingesetzt. Ebenfalls die beiden in Bild 136 gezeigten Schrauben herausdrehen, falls der Kurvenstabilisator ausgebaut oder ausgetauscht werden soll.

Die Gummibüchsen der Querlenker können erneuert werden, falls sie ausgeschlagen sind. Da das dazu verwendete Einpresswerkzeug die Büchsen jedoch in die richtige Lage zieht, können Sie den Querlenker in eine Werkstatt bringen, um die Büchsen erneuern zu lassen.

Der Einbau der ausgebauten Teile erfolgt in der folgenden Reihenfolge. Wie bereits beim Einbau des Motors beschrieben wurde, muss der Nebenrahmen einwandfrei ausgefluchtet werden. Aus diesem Grund ist es auch wichtig, dass man dessen Einbaulage vor dem Ausbau genau kennzeichnet.

● Die beiden Querlenker am Nebenrahmen ansetzen und die Schrauben von oben einsetzen. Schraubenköpfe gegenhalten und die beiden Muttern mit einem Anzugsdrehmoment von 50 Nm anziehen. Die Stellung der Mutter merken und sie um eine weitere Viertelumdrehung nachziehen. Die Büchsen werden dadurch vorschriftsmässig vorgespannt — **Siehe Hinweis rechts.**
● Die Montageschellen des Kurvenstabilisators mit den Gummibüchsen ansetzen und die beiden in Bild 136 gezeigten Schrauben mit 50 Nm anziehen.
● Den Nebenrahmen jetzt auf einem Wagenheber in die richtige Lage bringen und entsprechend der Kennzeichnung ausrichten. Die vier Schrauben mit einem Drehmoment von 130 Nm anziehen.
● Flüssigkeitsleitungen wieder am Nebenrahmen befestigen.
● Kugelgelenk des unteren Querlenkers in den Achsschenkel einsetzen (falls erforderlich den Klemmschlitz etwas öffnen), die Schraube einsetzen und die Verbindung mit 55 Nm zusammenschrauben.
● Gestänge des Kurvenstabilisators anschliessen (Bild 135). Die Mutter mit 50 Nm anziehen.
● Die hintere Drehmomentstütze montieren. Die lange, mittlere Schraube muss zuletzt angezogen werden. Die Anzugsdrehmomente sind wichtig, da sie nicht bei allen Ausführungen gleich sind. Aus diesem Grund muss man sich an Bilder 137 und 138 halten.

Hinweis: Die Muttern der Querlenker am Rahmen mit 50 Nm bei alten Teilen oder 70 Nm bei neuen Teilen anziehen, wieder lokkern, mit 50 Nm anziehen und 90° weiter anziehen.

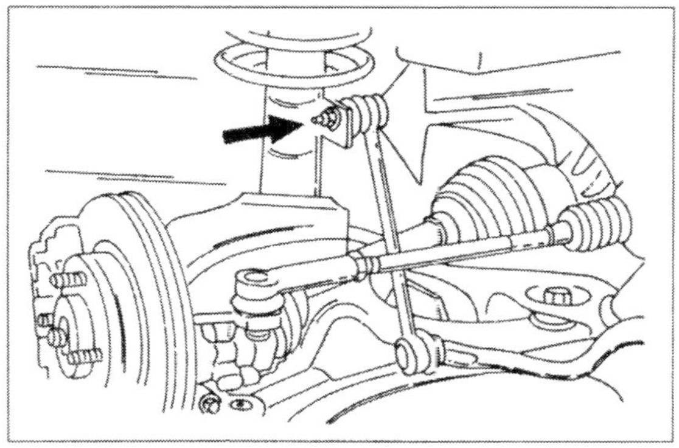

Bild 135
Das Gestänge des Kurvenstabilisators ist an der Pfeilstelle mit dem Federbein verbunden.

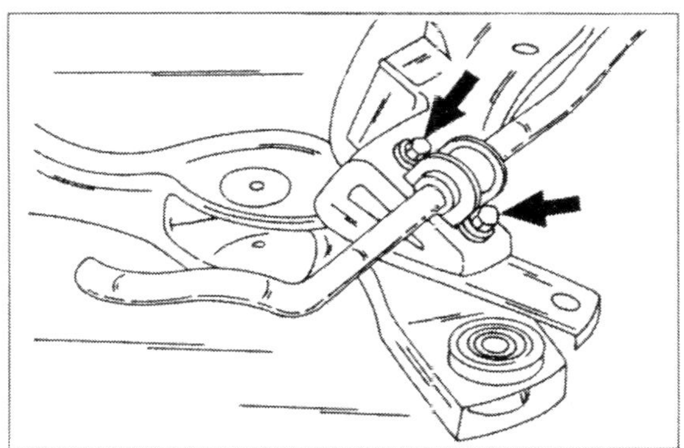

Bild 136
Die Schrauben halten den Kurvenstabilisator auf beiden Seiten des Nebenrahmens.

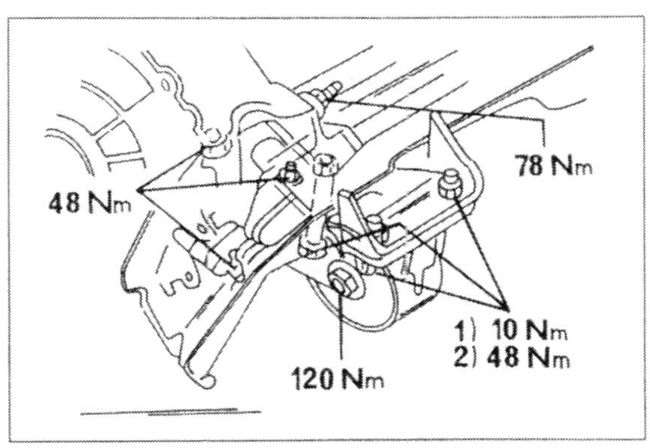

Bild 137
Die Anzugsdrehmomente der hinteren Drehmomentstütze bei eingebautem Schaltgetriebe.

● Die vordere Drehmomentstütze montieren. Wiederum die lange Schraube zuletzt einsetzen. Die Muttern/Schrauben der Drehmomentstütze mit 48 Nm, die Mutter der langen Schraube mit 120 Nm anziehen.
● Lenkung in die richtige Lage bringen und die Schrauben mit 130 Nm anziehen.

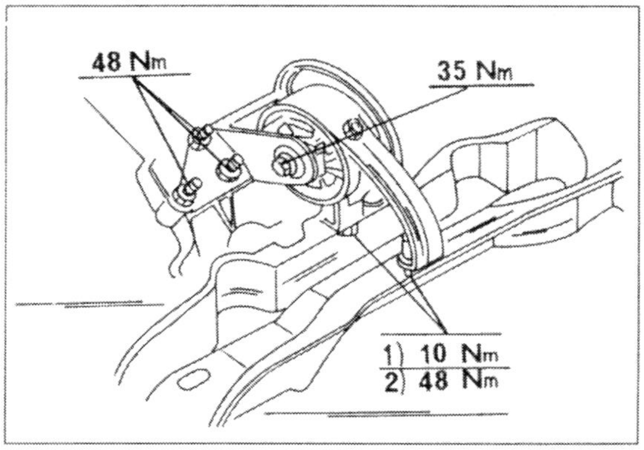

Bild 138
Die Anzugsdrehmomente der hinteren Drehmomentstütze bei eingebauter Getriebeautomatik.

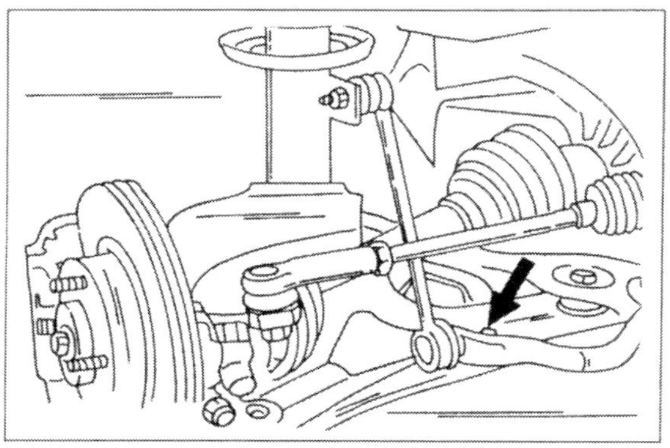

Bild 139
Die beiden Schrauben und Muttern lösen, um den rechten Querlenker vom Nebenrahmen zu trennen.

Hinweis: Die Muttern der Querlenker am Rahmen mit 50 Nm bei alten Teilen oder 70 Nm bei neuen Teilen anziehen, wieder lockern, mit 50 Nm anziehen und 90° weiter anziehen.

- Falls ausgebaut, den Kondenswassersammler der Klimaanlage anschrauben (24 Nm). Das gleiche Drehmoment gilt für die beiden Kühlerstützbügel.
- Auspuffrohr wieder am Krümmerflansch anschliessen. Die Muttern mit 24 Nm anziehen. Bei einem Benzinmotor den Stecker der Lambda-Sonde aufstecken.
- Bei eingebautem Schaltgetriebe die beiden in Bild 134 gezeigten Schrauben mit 45 Nm anziehen.
- Alle anderen Arbeiten in umgekehrter Reihenfolge durchführen. Die Radmuttern abschliessend mit 85 Nm anziehen.

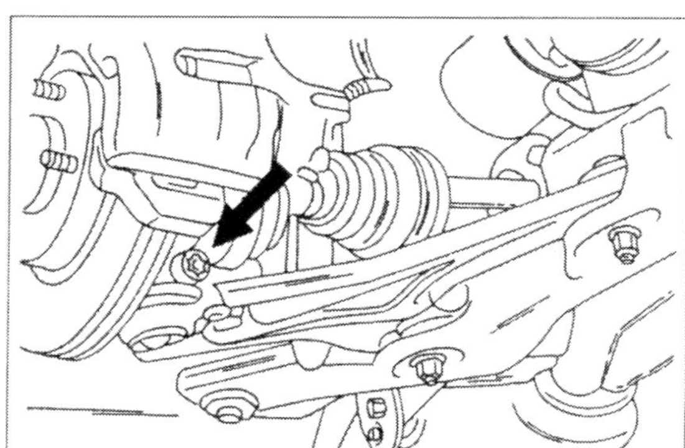

Bild 140
Die mit dem Pfeil gezeigte Klemmschraube verbindet den Querlenker mit der Unterseite des Achsschenkels.

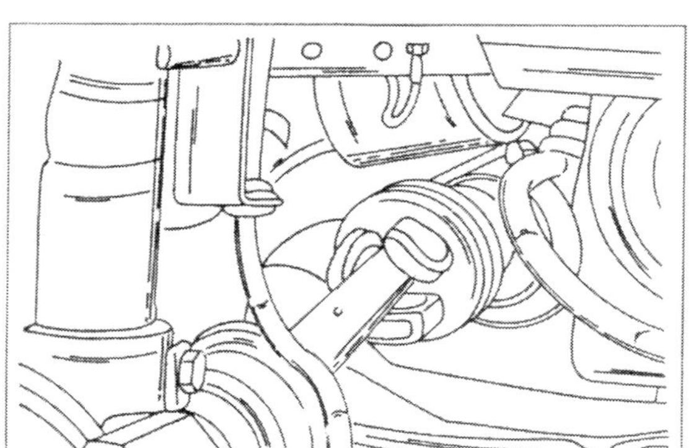

Bild 141
Die Antriebswelle muss beim Einbau wieder zusammengesetzt werden.

11.3 Rechter Querlenker

Wie bereits erwähnt, kann der rechte Querlenker ausgebaut werden, ohne den gesamten Nebenrahmen auszubauen, falls man zum Beispiel nur die Absicht hat die Gummibüchsen des Querlenkers zu erneuern.

- Radmuttern lockern, Fahrzeug auf sichere Unterstellböcke aufsetzen und das Rad abschrauben.
- An der Innenseite des Querlenkers die beiden in Bild 139 gezeigten Muttern und Schrauben entfernen, um den Lenkerarm an dieser Stelle zu trennen.
- Das Gestänge der Stabilisatorstange unter Bezug auf Bild 135 abschrauben, aber dieses Mal an der Unterseite. Das Gestänge verdrehen und aus dem Weg schwingen.
- Spurstangengelenk vom Lenkhebel abschrauben und mit einem Abzieher abdrücken. Den Splint immer erneuern.
- Die Befestigungsschelle der Manschette der Antriebswelle an der Innenseite entfernen.
- Klemmschraube des Querlenker-Kugelgelenks an der Unterseite des Achsschenkels an der in Bild 140 gezeigten Stelle entfernen, den Querlenker mit einem Reifenhebel nach unten drücken und herausnehmen sobald er frei ist. Dabei nicht die Staubschutzkappe des Kugelgelenks beschädigen.

Falls erforderlich kann man die Gummibüchsen erneuern lassen. Beim Einbau folgendermassen vorgehen — **Siehe Hinweis rechts:**

- Den Querlenker an der Innenseite ansetzen, die beiden Schrauben von oben einsetzen und die Muttern mit 50 Nm anziehen. Aus dieser Stellung um weitere 90° (Viertelumdrehung) nachziehen.
- Die Antriebswellle entsprechend Bild 141 in Eingriff bringen und die Manschette befestigen.
- Querlenker mit dem Achsschenkel verbinden. Die Klemmschraube mit 55 Nm anziehen.
- Spurstangengelenk am Lenkhebel anschliessen, die Mutter mit 30 Nm anziehen und die Verbindung mit einem neuen Splint sichern.
- Gestänge des Kurvenstabilisators anschliessen und die Mutter mit 50 Nm anziehen.
- Rad montieren. Muttern mit 85 Nm anziehen.

11.4 Kurvenstabilisator

Der gesamte Nebenrahmen muss ausgebaut werden, um den Kurvenstabilisator auszutauschen. Diese Arbeiten sind mit dem Aus- und Einbau des linken Querlenkers identisch und in Kapitel 11.2 beschrieben.
Die Gestänge des Kurvenstabilisators können getrennt erneuert werden. Die Muttern werden mit 50 Nm angezogen.

11.5 Nebenrahmen

Der Aus- und Einbau des Nebenrahmens wurde in Kapitel 11.2 beschrieben. Um den Nebenrahmen einwandfrei einzubauen, muss man die Anweisungen beim Einbau des Motors durchlesen.

11.6 Federbeine

11.6.1 Aus- und Einbau

Aufgrund des getrennten Ausbaus von Achsschenkel, Querlenker, usw. wird der Ausbau eines Federbeins nur zur Erneuerung des Stossdämpfers, der oberen Lagerung oder der Schraubenfeder erforderlich sein. Das Federbein kann zusammen mit dem Bremssattel oder ohne Bremssattel ausgebaut werden, sowie mit oder ohne Querlenker und dazugehöriger Teile.
Falls nur das Federbein ohne die restlichen Aufhängungsteile ausgebaut werden soll, sind die folgenden Arbeiten erforderlich:

- Vorderseite des Fahrzeuges auf Böcke setzen.
- Die Halterung der Bremsleitung vom Federbein abmontieren (eine Schraube).
- Den Bremssattel abschrauben und mit einem Stück Draht an der Vorderradaufhängung festbinden, damit er nicht am Bremsschlauch herunterhängen kann. Den Stecker trennen, falls eine Bremsbelag-Verschleissanzeige eingebaut ist.
- Spurstangenkugelgelenk am Lenkhebel trennen.
- Bei eingebautem ABS den Sensor für die Radgeschwindigkeit ausbauen (1 Schraube).
- Die Befestigungsschelle der Manschette für die Antriebswelle an der in Bild 142 gezeigten Stelle lösen.
- Gestänge für den Kurvenstabilisator an der Oberseite abschrauben.
- Klemmschraube an der Unterseite des Federbeins entfernen und mit einem kräftigen Schraubenzieher den Klemmschlitz des Achsschenkels öffnen. Gleichzeitig den Querlenker mit einem Achsschenkel nach unten drücken, bis die Unterseite des Federbeins aus dem Achsschenkel genommen ist. Nicht zu fest nach unten drücken, um die Gleichlaufgelenke der Antriebswelle nicht zu überspannen.
- Falls das Fahrzeug mit elektronisch regulierter Radaufhängung versehen ist, befindet sich am Federbein ein zusätzliches Kabel. Dieses von der Kabelschelle lösen, worauf der Stecker abgezogen werden kann.
- Das obere Federbeinlager abschrauben. Dazu einen 8 mm-Inbusschlüssel in die Kolbenstange des Stossdämpfers einsetzen und die Mutter mit einem Ringschlüssel lösen, wie es in Bild 143 gezeigt ist.

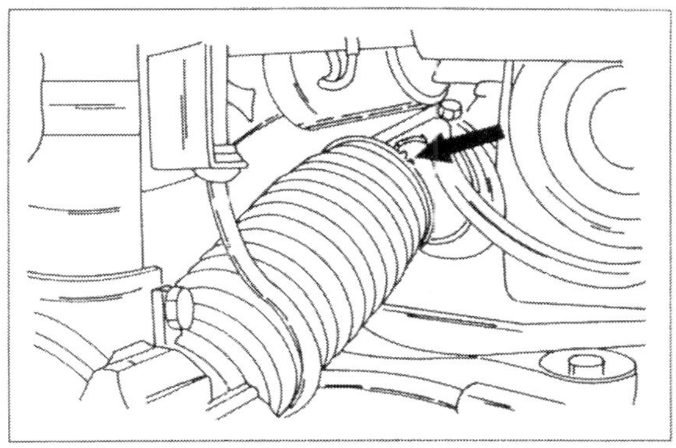

Bild 142
Die Manschette der Antriebswelle an der gezeigten Stelle lösen.

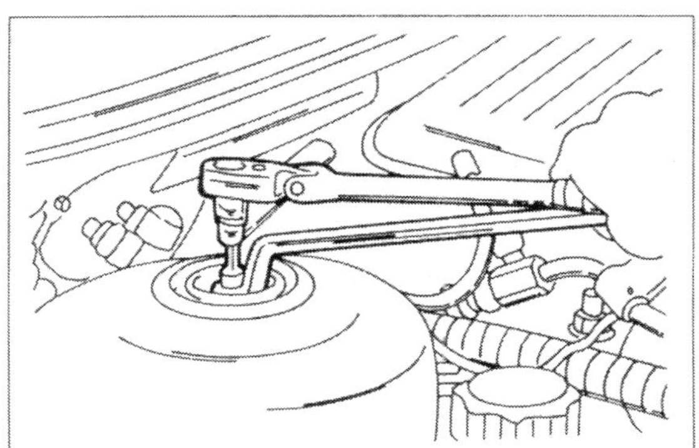

Bild 143
Lösen eines oberen Federbeinlagers.

- Das Federbein zusammen mit der Antriebswelle und dem Achsschenkel nach unten aus dem Fahrzeug herausziehen. Falls man das Federbein vom Achsschenkel trennen will, die Schraube an der Unterseite entfernen, den Klemmschlitz öffnen und das Federbein herausziehen.

Falls das gesamte Federbein ausgebaut werden soll, ist daran zu denken, dass diese Arbeit nur auf der rechten Seite durchgeführt werden kann, da man den Querlenker auf der linken Seite nur nach Ausbau des Nebenrahmens trennen kann:

- Vorderseite des Fahrzeuges auf Böcke setzen und das Rad abnehmen.
- Die Halterung der Bremsleitung vom Feder-

bein abmontieren.

- Bremssattel entweder vom Achsschenkel lösen und mit einem Stück Draht so festbinden, dass er nicht am Schlauch herunterhängen kann, oder den Bremsschlauch von der Bremsleitung abschliessen. Dazu den Bremsschlauch am Sechskant gegenhalten und die Überwurfmutter der Leitung lösen. Den Schlauch aus dem Blech entfernen. Das Leitungsende und das Schlauchende in geeigneter Weise zustopfen.
- Stabilisatorgestänge abschliessen.
- Querlenker an der Innenseite abschrauben.
- Antriebswelle an der Innenseite lösen.
- Mutter der Spurstange am Kugelgelenk entfernen und das Gelenk mit einem Abzieher trennen.
- Das Federbein etwas zur Seite schieben, um es aus dem Eingriff zu bringen.
- Die obere Mutter entsprechend Bild 143 lösen und das gesamte Federbein nach unten herausheben.

Der Einbau geschieht in umgekehrter Reihenfolge wie der Ausbau:

- Das Federbein mit dem Achsschenkel verbinden, die Klemmschraube einsetzen (sie muss einwandfrei eingreifen) und mit einem Anzugsdrehmoment von 85 Nm anziehen.

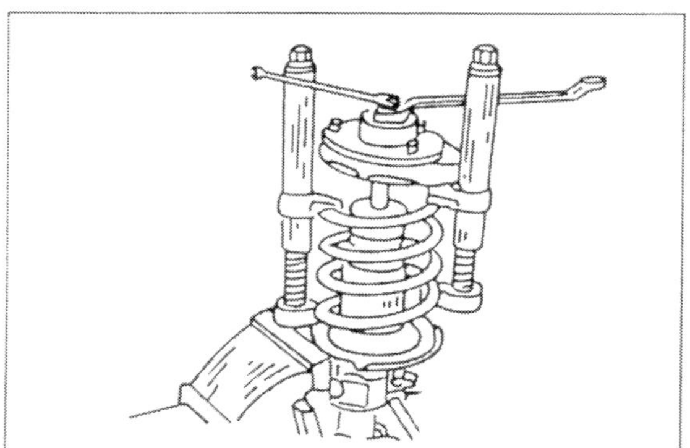

Bild 144
Schraubenfedern werden mit einem Federspanner zusammengedrückt, um die Belastung vom Federbeinlager zu entfernen.

- Federbein mit Antriebswelle und Achsschenkel in das Fahrzeug einsetzen und das obere Stützlager lose mit der Mutter befestigen.
- Antriebswelle in Eingriff bringen und die Manschette befestigen.
- Unteren Querlenker am Nebenrahmen befestigen (nur rechte Seite bei Ausbau des vollständigen Federbeins).
- Spurstange anschliessen, die Mutter mit 30 Nm anziehen und einen neuen Splint einsetzen.
- Das Ende des Stabilisatorgestänges anschrauben (50 Nm).
- Bremsschlauch anschrauben. In diesem Fall die Bremsanlage entlüften, wie es in Kapitel "Bremsen" beschrieben ist. Andernfalls den Schlauchhalter anschrauben.
- Kugelgelenk des unteren Querlenkers mit dem Achsschenkel verbinden und die Schraube mit 55 Nm anziehen.
- Falls vorhanden, den Sensor für die Radgeschwindigkeit (ABS) einsetzen und die Schraube mit 10 Nm anziehen. Das gleiche gilt für den Stekker einer elektronisch regulierten Radaufhängung. Diesen wieder zusammenstecken und die Leitung befestigen.
- Bremssattel anschrauben und die Schrauben mit 60 Nm anziehen. Stecker der Bremsbelag-Verschleisskonrolle zusammenstecken, falls vorhanden. Kontrollieren, dass der Bremsschlauch beim Einschlagen der Räder sich nicht verdrehen kann oder zu weit ausgedehnt wird.
- Fahrzeug auf die Räder ablassen und die obere Befestigungsmutter anziehen, während die Innenseite der Kolbenstange mit einem 8 mm-Inbusschlüssel gegengehalten wird, wie es aus Bild 143 ersichtlich ist. Das Anzugsdrehmoment der Mutter beträgt 46 Nm.
- Radmuttern mit 85 Nm anziehen.

11.6.2 Aus- und Einbau des Stossdämpfers

Falls nur der Stossdämpfer erneuert werden soll, ist das Federbein wie in Kapitel 11.6.1 beschrieben, ohne die restlichen Teile der Radaufhängung auszubauen. Das Federbein danach zerlegen, wie es in Kapitel 11.6.3 beschrieben ist, um den Stossdämpfer zu erneuern.
Stossdämpfer können verschiedene Ersatzteilnummern haben und sind nur anhand der Ersatzteillisten zu bestellen.

11.6.3 Vorderfedern

Die Vorderfedern sind mit Farbkennzeichnungen versehen. Es ist wesentlich, dass nur eine Feder mit der gleichen Farbmarkierung eingebaut wird. Die Schraubenfeder kann nur erneuert werden, nachdem man das Federbein, entweder mit oder ohne Achsschenkel, aus dem Fahrzeug ausgebaut hat, wie es in Kapitel 11.6.1 beschrieben wurde.
Ein Federspanner wird zum Zerlegen des Federbeins angebracht. Bild 144 zeigt einen derartigen Federspanner. Andernfalls muss man sich zwei Haken zurechtmachen, die über 3 oder 4 Wicklungen der Feder angebracht werden, ehe man das Federbein zerlegt.

- Federbein in einen Schraubstock einspannen und die Feder zusammenspannen.
- Mutter vom Federbeinlager abschrauben und die dabei lose werdenden Teile der Reihe nach herunternehmen, d.h. das obere Lager, ein Drucklager, den Federsitz und die zusammengespannte Schraubenfeder. Die Schutzmanschette abziehen und den Rückprallgummi abziehen. Die genann-

ten Teile sind in Bild 145 gezeigt. Ehe die Feder abgenommen wird, kann man sich überzeugen, wie sie im oberen und unteren Federsitz liegt. Falls eine Feder ermüdet erscheint, sollte man immer beide Federn erneuern, um die Fahrzeughöhe auf der anderen Seite nicht zu beeinflussen. Der Zusammenbau geschieht in umgekehrter Reihenfolge wie das Zerlegen. Unbedingt darauf achten, dass alle Teile in der in Bild 145 gezeigten Reihenfolge wieder auf das Federbein kommen. Die Mutter (1) mit dem vorgeschriebenen Drehmoment von 60 Nm anziehen. Darauf achten, dass die Schraubenfeder einwandfrei im unteren und oberen Sitz liegt, ehe die Teile zusammengeschraubt werden. Die Enden der Federwicklungen müssen gegen die Anschläge ansitzen.

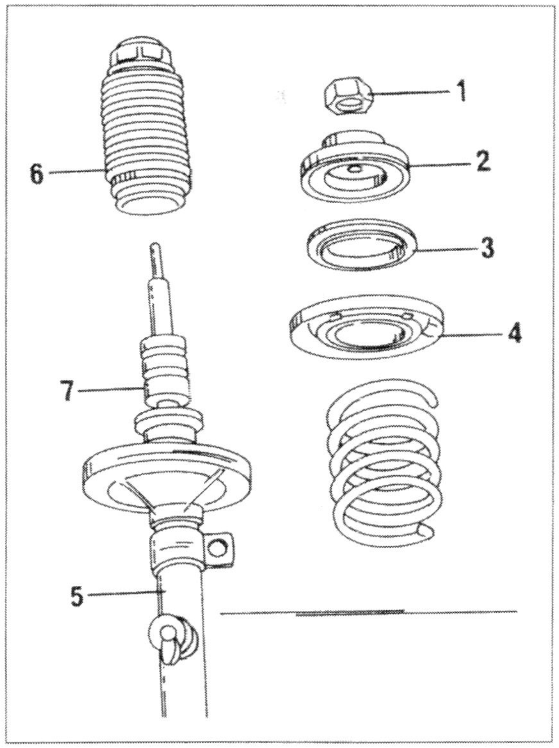

Bild 145
Zerlegtes Federbein.
1 Mutter, 60 Nm
2 Oberes Federbeinlager
3 Drucklager
4 Federsitz
5 Federbein
6 Schutzmanschette
7 Rückprallgummi

11.7 Vorderradgeometrie

Sturz und Nachlauf sind werkseitig eingestellt und können nicht verstellt werden. Sie sollten nur mit optischen Geräten ausgemessen werden. Nur in Notfällen sollte man die Messung mit mechanischen Geräten durchführen. Falls die Werte von den Angaben in der Mass- und Einstelltabelle abweichen, ist die Vorderradaufhängung gründlich zu kontrollieren, da sich irgendein Teil verzogen hat oder durch Beschädigung (Auffahren auf eine Bordkante zum Beispiel) verbogen wurde. Besonders zu beachten ist, dass nicht alle Fahrzeuge die gleichen Vermessungswerte haben.

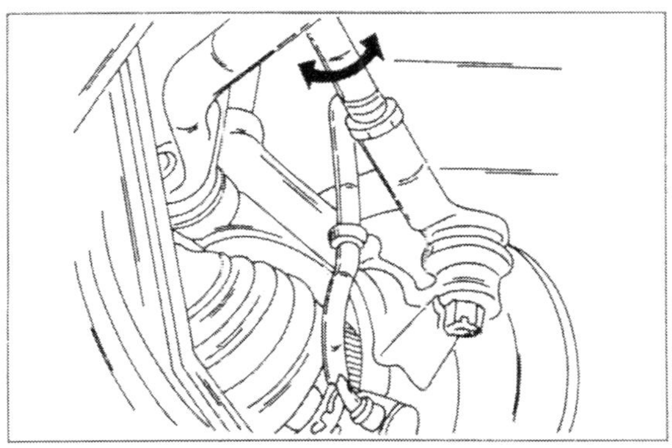

Bild 146
Die Spurstangen entweder nach links oder rechts verdrehen, um die Vorspur einzustellen.

11.7.1 Einstellen der Vorspur

Die Vorspureinstellung sollte innerhalb der in der Mass- und Einstelltabelle angeführten Angaben liegen. Zu beachten, dass die Räder entweder Vorspur oder Nachspur haben können, und dass keinerlei Nachstellungen erforderlich sind, wenn die Vorspur innerhalb 0,5 mm plus bis 3,5 mm minus liegt. Falls eine Neueinstellung durchgeführt werden muss, ist die Spur auf 2,0 mm Nachspur mit einer Toleranz von 1,0 mm nach beiden Seiten einzustellen. Bei der Kontrolle der Vorspur folgendermassen vorgehen:

- Eine Spurlehre gegen die Vorderseite der Felgen, in Höhe der Radnaben anlegen.
- Lehre auf Null stellen.
- Ansatzstelle der Lehre mit Kreide anzeichnen und die Lehre abnehmen.
- Fahrzeug um eine halbe Umdrehung der Vorderräder nach vorn schieben.
- Lehre an der Rückseite der Felgen ansetzen, wiederum aber an den mit Kreide angezeichneten Stellen.
- Den angezeigten Wert ablesen.

Falls Einstellungen erforderlich sind:

- Befestigungsschellen der Manschetten an den äusseren Enden der Spurstangen lockern.
- Kontermutter des Kugelgelenks der Spurstange lösen.
- Diese Arbeit auf der anderen Seite wiederholen.
- Beide Spurstangenrohre um den gleichen Wert entweder nach links oder rechts verdrehen (Bild 146), bis der angegebene Wert erhalten wird.
- Kontermuttern mit 40 Nm anziehen und die Schellen der Lenkungsmanschetten wieder vorschriftsmässig befestigen.

12 Hinterachse und Hinterradaufhängung

Die Hinterradaufhängung der Limousinen-Ausführung besteht aus Lenkerarmen und einem McPherson-Federbein. Dabei handelt es sich um zwei waagerecht angeordnete Seitenarme auf jeder Seite des Fahrzeuges, die an den inneren Drehstellen an einem Pressstahl-Querträger und an den Aussenseiten an Gusseisenradträgern verschraubt sind.
Der dritte Lenkerarm ist eine Schubstrebe welche den Radträger mit einem davor liegenden Lagerbock an der Karosserie verbindet. Die Schubstreben wirken den Bremskräften entgegen.
Das Federbein ist an der Oberseite des Radträgers befestigt. Das Federbein bestimmt den Sturz der Hinterräder und wirkt den beim Bremsen auftretenden Drehmomenten entgegen.
Beim Kombiwagen werden drei Lenkerarme auf jeder Seite verwendet, ein geschmiedeter, oberer Arm und zwei aus Pressstahl hergestellte untere Seitenarme. Die Seitenarme werden in Gummilagern an einem Querträger und am Radträger montiert. Serienmässig ist ein Kurvenstabilisator eingebaut. Wie bei der Limousine wird eine Schubstrebe, in Gummilagern am Wagenboden und fest am Radträger verschraubt, auf jeder Seite des Fahrzeuges montiert. Stossdämpfer und Schraubenfedern sind getrennt angeordnet (auch bei Fahrzeugen mit Selbstnivellierung). Die Stossdämpfer sind zwischen Radträger und Querträger eingesetzt; die Schraubenfedern liegen zwischen den unteren Seitenarmen und dem Querträger. Auf diese Weise wurde es möglich, einen flachen Laderaum für den Kombi herzustellen.

12.1 Radaufhängung — Limousine

Bilder 147a und 147b zeigen die Teile dieser Radaufhängung. Bei der folgenden Beschreibung kann man sich an diese Bilder halten, um die einzelnen Teile zu finden.

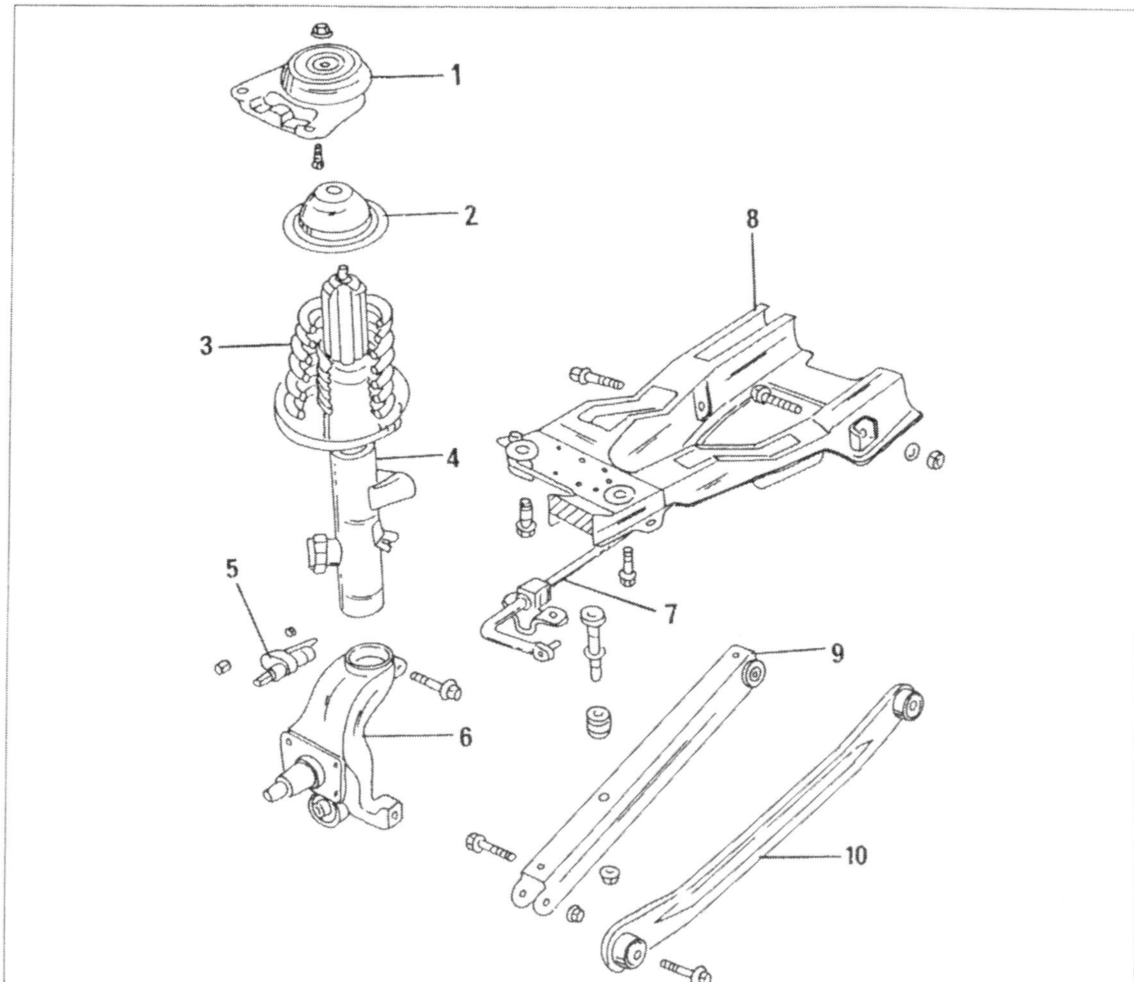

Bild 147a
Ansicht der zerlegten Hinterradaufhängung bei einer Limousine. Die fehlenden Gestänge sind in Bild 147b gezeigt.
1 Federbeinlager
2 Blechteller
3 Schraubenfeder
4 Federbein
5 Sensor für ABS
6 Achsschenkel
7 Kurvenstabilisator
8 Nebenrahmen
9 Lenkerarm
10 Lenkerarm

12.1.1 Aus- und Einbau der kompletten Hinterachse

Wie der vordere Nebenrahmen muss auch der hintere Querträger beim Einbau genau ausgefluchtet werden. Dazu sind rechts und links Fluchtbohrungen vorhanden, in welche vorschriftsmässigerweise Spezialstifte einzusetzen sind, die in entsprechende Bohrungen im Wagenboden eingreifen. Falls man diese nicht zur Verfügung hat, muss man die Einbaulage des Querträgers genau kennzeichnen.

- Radmuttern lockern, Rückseite des Fahrzeuges auf Böcke setzen und die Räder abschrauben.
- Auspuffanlage ausbauen, Bremsschläuche und Handbremsseile abschliessen.
- Die in Bild 148 gezeigten Schrauben und Muttern an den Radlagergehäusen lösen und die Schubstreben abschliessen.
- An der Unterseite der vorderen Längslenker die Muttern abschrauben, um die Gestänge des Kurvenstabilisators zu lösen. Die Gummibüchsen von den Gestängen abnehmen.
- Falls ein ABS eingebaut ist, die beiden Sensoren der Radgeschwindigkeit ausbauen.
- Schrauben und Muttern der Längslenker von den Radlagergehäusen lösen und die Lenkerarme trennen.
- Einen Wagenheber unter dem Querträger untersetzen, um diesen abzustützen und die beiden Hinterfedern mit geeigneten Federspannern zusammendrücken.
- Federbeine an der Oberseite abschrauben.
- Kontrollieren, dass der Querträger einwandfrei auf dem Wagenheber aufsitzt und die vier Schrauben lösen. Den Querträger langsam ablassen.
- Zwei Schrauben lösen und die Montageschellen des Kurvenstabilisators abnehmen. Die Gummibüchsen vom Stabilisator entfernen.
- Muttern und Schrauben lösen und die beiden Längslenker vom Querträger abnehmen. Exzenterschrauben und Scheiben werden bei den hinteren Längslenkern verwendet (zur Hinterradeinstellung). Vor Lösen dieser Verbindung kann man diese in geeigneter Weise kennzeichnen, um sie beim Einbau wieder in die ursprüngliche Lage zu drehen. Beachten von welcher Seite die Schrauben eingeschoben sind.

Alle Teile gründlich überprüfen. Beim Einbau der kompletten Aufhängung folgendermassen vorgehen. Zu beachten ist, dass alle gummigelagerten Aufhängungen angezogen werden müssen, wenn das Fahrzeug wieder mit den Rädern auf dem Boden aufsteht, d.h. man sollte sich Auffahrrampen besorgen, um unter dem Fahrzeug zu arbeiten. Bei der folgenden Beschreibung wird das Drehmoment sofort angegeben. Verbindungen ohne Gummibüchsen können sofort angezogen werden. Alle selbstsichernden Muttern müssen erneuert werden.

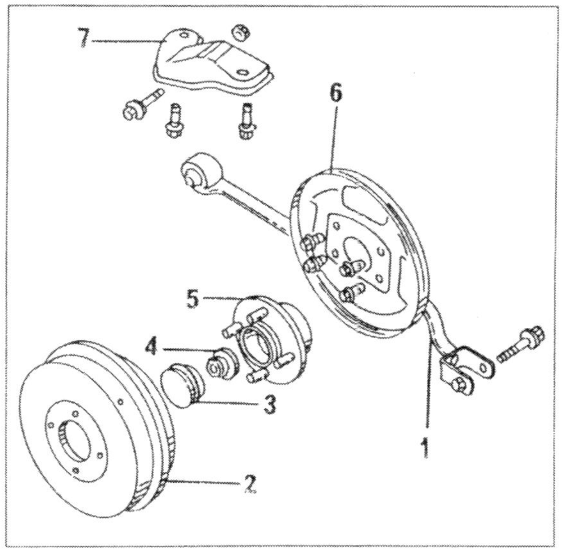

Bild 147b
Die verbleibenden Teile der Radaufhängung zusammen mit der Radnabe.
1 Schubstrebe
2 Bremstrommel
3 Nabenfettkappe
4 Radnabenmutter
5 Radnabe
6 Bremsträgerplatte
7 Lagerbock für Strebe

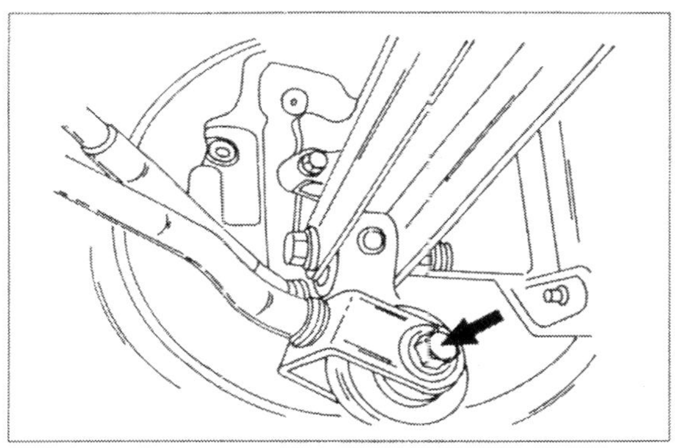

Bild 148
Die Schubstreben sind mit Gabelenden an den Radlagergehäusen angeschraubt.

- Vordere Längslenker in den Querträger einsetzen, die Schrauben von der richtigen Seite aus einschieben und die Muttern mit 85 Nm anziehen.
- Hintere Längslenker in den Querträger einsetzen, die Exzenterscheibe und die Exzenterschraube in die gekennzeichnete Lage bringen und die Mutter mit 85 Nm anziehen.
- Den Kurvenstabilisator mit den Gummilagern und den Schellen am Querträger befestigen. Die beiden Schrauben mit 23 Nm anziehen.
- Querträger mit einem Wagenheber in die richtige Lage heben und entsprechend den Kennzeichnungen genau ausrichten. Die vier Schrauben eindrehen (zwei davon sind in Bild 149 gezeigt) und mit einem Anzugsdrehmoment von 120 Nm anziehen.
- Die beiden Längslenker an den Radlagergehäusen verschrauben. Das Anzugsdrehmoment ist nicht gleich. Schrauben und Muttern der vorderen Lenkerarme mit 85 Nm, der hinteren Lenkerarme mit 120 Nm anziehen.

● Falls eingebaut, den Sensor einbauen (mit ABS). Mit 10 Nm anziehen.

● Gestänge des Kurvenstabilisators mit den aufgelegten Gummibüchsen durch die vorderen Längslenkerarme schieben und die Muttern an der Unterseite mit 35 Nm anziehen.

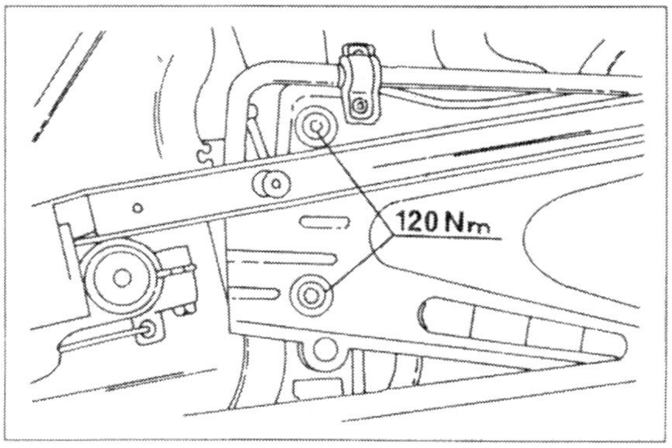

Bild 149
Die Schrauben des Querträgers. Zwei weitere liegen auf der anderen Seite.

● Schubstreben mit den Radlagergehäusen verbinden und die Verbindung mit 120 Nm anziehen.

● Die Auspuffanlage wieder montieren.

● Fahrzeug auf den Boden ablassen und die Räder mit einem Anzugsdrehmoment von 85 Nm anziehen. Das Fahrzeug jetzt auf Auffahrrampen auffahren und die gummigelagerten Aufhängungsstellen mit den bereits angegebenen Anzugsdrehmomenten anziehen. Die Hinterradeinstellung muss anschliessend kontrolliert und ggf. eingestellt werden.

12.1.2 Vorderer Längslenker

Der Kraftstofftank muss ausgebaut werden, um den vorderen Längslenker getrennt auszubauen. Da man den Tank nicht einfach ablassen kann, benötigt man eine Pumpe um den Kraftstoff abzusaugen. *Die alte, überlieferte Methode durch Saugen an einem Schlauch, bis der Kraftstoff herausläuft, sollte aus Gesundheitsgründen vermieden werden und wird auf keinen Fall empfohlen.*

● Batterie abklemmen und den Tank entleeren. Eine andere Möglichkeit wäre natürlich, dass man den Tank fast leer fährt.

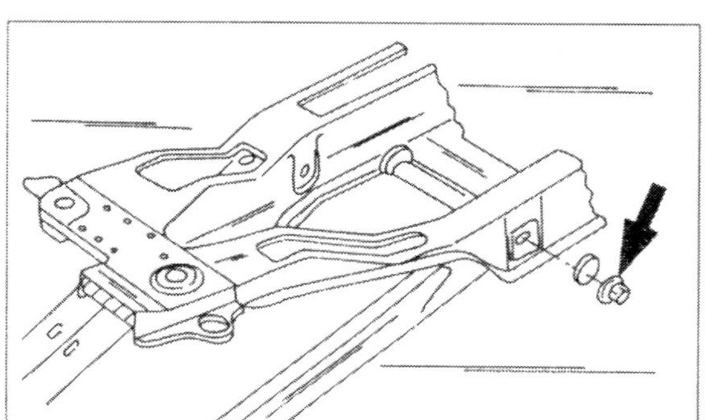

Bild 150
Die Schraube des hinteren Längslenkers wird von innen nach aussen eingeschoben. Die Exzenterscheibe sitzt an der Aussenseite.

● Das hintere Sitzkissen herausheben und die sichtbare Gummiabdeckung herausziehen. Den jetzt sichtbaren Mehrfachstecker abziehen.

● Fahrzeug hinten anheben und Böcke unterstellen. Den Wagenheber mit einer Holzplanke unter dem Tank untersetzen und diesen anheben, bis er abgestützt ist.

● Schrauben der Montageschellen für den Kurvenstabilisator auf beiden Seiten lösen und die Stange nach unten ziehen.

● Den Schlauch von der Kraftstoffleitung abschliessen.

● Bei einem Benzin-Modell den Auslassschlauch vom Kraftstoffilter abschliessen.

● Die Schrauben der beiden Tankbänder lösen und den Tank auf dem Wagenheber teilweise absenken, bis man die Kraftstoffleitungen an der Oberseite des Tanks abschliessen kann. Den Tank danach vollkommen absenken.

Der Längslenker kann jetzt folgendermassen ausgebaut werden:

● Die Mutter an der Unterseite des Längslenkers abschrauben und das Gestänge des Kurvenstabibilisators herausziehen. Die Gummibüchse dabei auffangen.

● Den Längslenker am Radlagergehäuse abschrauben und von der Befestigung am Querträger trennen. Der Lenkerarm kann jetzt einfach herausgezogen werden.

Der Einbau geschieht in umgekehrter Reihenfolge. Die gummigelagerte Verbindung anziehen, wenn das Fahrzeug wieder auf den Rädern aufsteht. Die Anzugsdrehmomente sind am Ende der Anleitung angeführt. Der Wagen sollte nach dem Einbau hinten vermessen werden.

12.1.3 Hinterer Längslenker

Der Tank braucht zum Aus- und Einbau dieser Längslenker nicht ausgebaut zu werden. Nachdem die Rückseite des Fahrzeuges auf Böcke gesetzt wurde, wird der Längslenker am Radlagergehäuse und am Querträger abgeschraubt. Zu beachten ist jedoch, dass die Befestigungsschraube am Querträger einen Exzenterkopf hat und an der Aussenseite eine Exzenterscheibe vewendet wird. Den Kopf der Schraube und die Stellung der Scheibe entsprechend kennzeichnen, ehe die Verbindung gelöst wird. Bild 150 zeigt wo die Teile sitzen.

Der Einbau geschieht in umgekehrter Reihenfolge, unter Beachtung der Schraubenkopf- und Scheibenstellung. Die Anzugsdrehmomente sind am Ende der Anleitung angeführt. Die gummigelagerte Verbindung anziehen, wenn das Fahrzeug wieder auf dem Boden steht, d.h. Auffahrrampen sollten vorhanden sein. Den Wagen nach Einbau hinten vermessen.

12.1.4 Kurvenstabilisator

Der Querträger kann im Fahrzeug verbleiben, um nur den Kurvenstabilisator auszubauen. Das Fahrzeug muss hinten auf Böcken stehen.

- An der Unterseite der vorderen Längslenker die Muttern abschrauben, das Gestänge herausziehen und die Büchse abnehmen.
- Die in Bild 151 gezeigten Schrauben lösen und die Montageschelle abnehmen. Die Büchse von der Stabilisatorstange herunterziehen.

Der Einbau geschieht in umgekehrter Reihenfolge. Die Gummilager können leicht erneuert werden. Die Schrauben der Schellen gleichmässig mit 23 Nm anziehen. Die Büchsen über die Gestänge schieben, Gestänge durch die Längslenker führen und die Muttern an der Unterseite mit 35 Nm anziehen.

12.1.5 Schubstreben

- Fahrzeug hinten auf Böcke setzen.
- Das Handbremsseil von der Befestigung an der Schubstrebe lösen.
- Die in Bild 148 gezeigte Schraubenverbindung am Radlagergehäuse lösen.
- Die beiden in Bild 152 gezeigten Schrauben entfernen und die Montagekonsole zusammen mit der Schubstrebe herausnehmen.
- Konsole in einen Schraubstock einspannen und die Mutter und Schraube lösen. Beachten von welcher Seite die Schraube eingeschoben ist und diese herausziehen. Die Schubstrebe ist jetzt frei.

Der Einbau geschieht in umgekehrter Reihenfolge. Wieder die gummigelagerten Aufhängungen anziehen nachdem das Fahrzeug mit den Rädern aufsteht, d.h. die Strebe nur handfest in der Konsole befestigen. Die Schraube von der richtigen Seite aus einschieben. Das Anzugsdrehmoment der Mutter beträgt 120 Nm.

- Die Konsole anschrauben. Die beiden Schrauben mit 120 Nm anziehen. Das gleiche Drehmoment gilt auch für die Verbindung am Radlagerträger.

12.1.6 Hinterfedern

Der Aus- und Einbau einer Hinterfeder entspricht den in Kapitel 12.1.1 gegebenen Anweisungen, bis man die Feder herausnehmen kann.

12.1.7 Radlager und Radnaben

Diese sind unter getrennter Überschrift in Kapitel 12.3 für die Limousine und den Kombiwagen beschrieben.

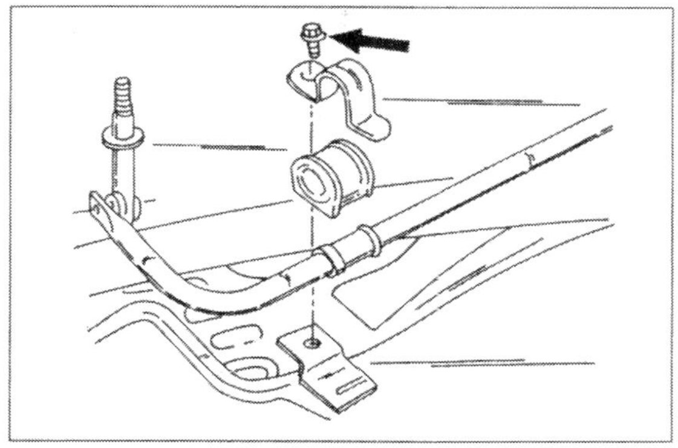

Bild 151
Die Befestigung der Stabilisatorstange am Querträger. Die beiden Gestänge sind mit einem der Längslenker verbunden.

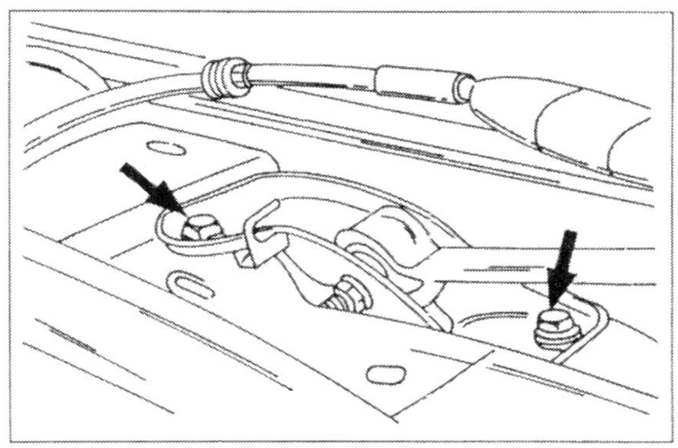

Bild 152
Die beiden Pfeile zeigen wo die Montagekonsole der Schubstrebe an der Karosserie befestigt ist.

12.2 Radaufhängung — Kombi

Bild 153 zeigt die zerlegte Radaufhängung eines Kombiwagens, mit der Ausnahme der Radnabe und damit verbundenen Teile. Bei der folgenden Beschreibung sollte man sich an dieses Bild halten, um die Befestigung der einzelnen Teile zu erkennen.

12.2.1 Aus- und Einbau der kompletten Hinterachse

Der Querträger dieser Radaufhängung hat seine eigenen Führungsstifte, die in die entsprechenden Bohrungen des Wagenbodens einzusetzen sind. Ein kräftiger Rollwagenheber ist zum Aus- und Einbau erforderlich.

- Radmuttern lockern, Rückseite des Fahrzeuges auf Böcke setzen und die Räder abschrauben.
- Die komplette Auspuffanlage ausbauen, wie es im betreffenden Kapitel beschrieben ist.
- Die hinteren Handbremsseile vom vorderen Handbremsseil abschliessen (siehe Abschnitt "Bremsen").
- Bei eingebautem ABS die Schrauben der

Sensoren für die Radgeschwindigkeit lösen, die Kabelschellen lösen und die Sensoren herausziehen.

- Die Bremsleitungen abschliessen. Dazu die Überwurfmutter lösen, das Federblech herausziehen und den Schlauch aus dem Halteblech herausziehen. Die offenen Enden gegen Eintreten von Schmutz schützen (Klebband).
- Einen Wagenheber unter dem Querträger untersetzen und diesen anheben. Die beiden in Bild 154 gezeigten Schrauben der Montagekonsolen für die Schubstreben entfernen.
- Drei Schrauben auf jeder Seite des Querträgers entfernen (Bild 155) und den Querträger langsam auf dem Wagenheber ablassen. Eine zweite Person sollte dabei helfen.

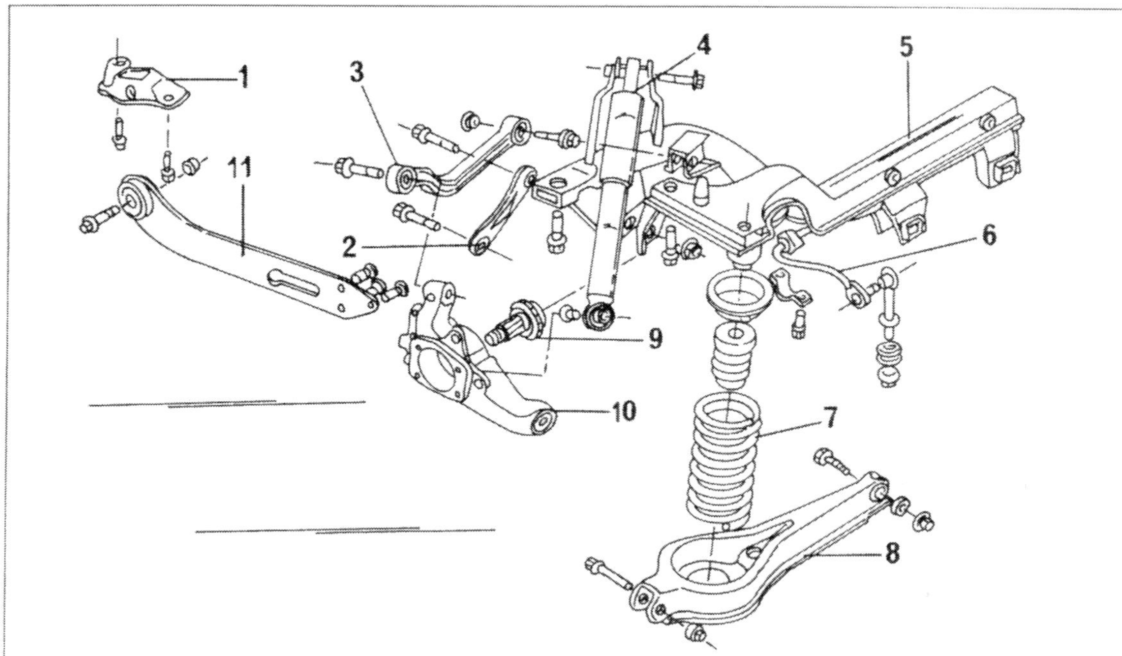

Bild 153
Montagebild der Hinterradaufhängung bei einem Kombiwagen.
1 Lagerbock der Schubstrebe
2 Unterer Seitenarm
3 Oberer Aufhängungsarm
4 Stossdämpfer
5 Querträger
6 Kurvenstabilisator
7 Schrauenfeder
8 Unterer Querlenker
9 Achsstumpf
10 Radnabenträger
11 Schubstrebe

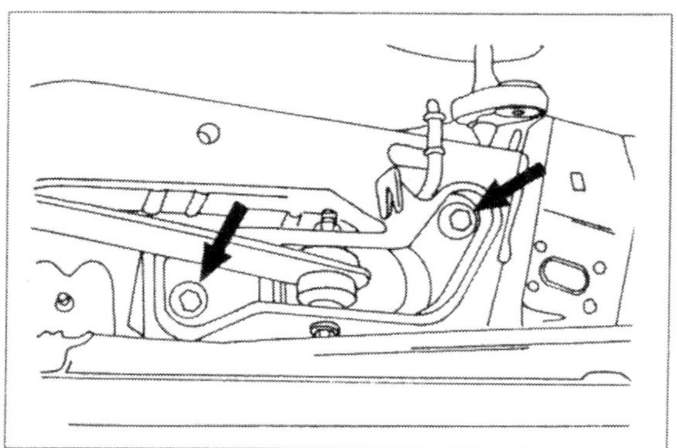

Bild 154
Die Pfeile weisen auf die Befestigungsschrauben für die Montagekonsole der Schubstreben.

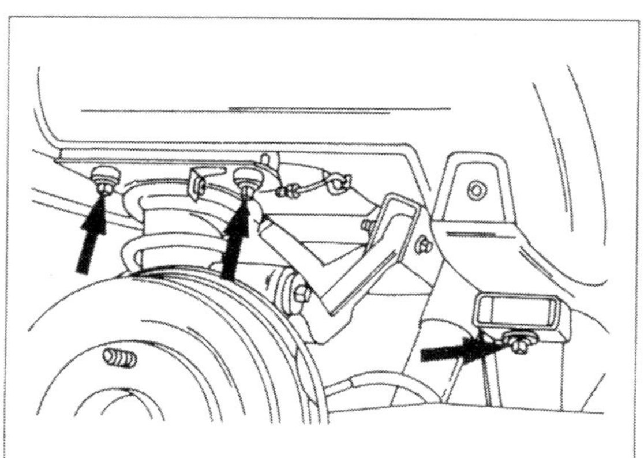

Bild 155
Die Pfeile weisen auf die Befestigungsschrauben des Querträgers. Drei weitere Schrauben liegen auf der anderen Seite.

Der Einbau geschieht in umgekehrter Reihenfolge wie der Ausbau. Alle gummigelagerten Verbindungen anziehen, wenn die Räder wieder auf dem Boden aufstehen.

- Querträger auf dem Wagenheber in die richtige Lage heben und die beiden Führungsstifte in die Fluchtbohrungen einsetzen.
- Die in Bild 155 gezeigten Schrauben auf jeder Seite mit 120 Nm anziehen.
- Montagekonsolen für die Schubstreben anbringen und die Schrauben mit 120 Nm anziehen.
- Falls erforderlich die Sensoren wieder montieren, die Schrauben mit 10 Nm anziehen und das Kabel mit der Schelle befestigen (mit ABS).
- Bremsschläuche und Bremsleitungen wieder zusammenschliessen und befestigen. Die Bremsanlage muss abschliessend entlüftet werden. Der Abschnitt "Bremsen" beschreibt die erforderlichen Arbeiten.
- Handbremsseile anschliessen und die Handbremse einstellen, wie es im Kapitel "Bremsen" beschrieben ist.
- Fahrzeug auf den Boden ablassen und die Räder mit 85 Nm anziehen.

Die Hinterradgeometrie muss nach Einbau vermessen werden.

12.2.2 Querlenker und Schraubenfedern

Die Schraubenfeder sitzt zwischen dem Querlenker und dem Querträger. Der Aus- und Einbau der Teile findet deswegen in gleicher Weise statt. Die Schraubenfeder muss mit geeigneten Federspannern zusammengedrückt werden, ehe man die Verbindung des Querlenkers löst.

- Die Radmuttern lockern und das Fahrzeug vorn auf Böcke setzen. Die Vorderräder abschrauben.
- Die Schraubenfeder mit geeigneten Spannhaken zusammenspannen, bis sie lose zwischen den Federsitzen sitzt.
- Einen Wagenheber unter den Querlenker setzen (an der Seite) und die in Bild 156 gezeigte Mutter des Gestänges für den Kurvenstabilisator abschrauben und die Kleinteile abnehmen. Das Gestänge nach oben herausziehen.
- Den Querlenker und den seitlichen Lenkerarm von der Befestigung am Radlagerträger lösen. Bild 157 zeigt die Befestigung der Aufhängungarme.
- Den Querlenker nach unten drücken und die Schraubenfeder herausnehmen.
- Den Querlenker an der Innenseite vom Querträger abschrauben und herausnehmen. Zu beachten ist der Exzenterkopf der Schraube und die auf der anderen Seite liegende Exzenterscheibe. Vor dem Lösen den Schraubenkopf und die Scheibe anzeichnen.

Der Einbau eines Querlenkers geschieht in umgekehrter Reihenfolge wie der Ausbau. Alle in Gummi gelagerten Aufhängungen müssen angezogen werden, wenn das Fahrzeug mit den Rädern auf dem Boden aufsteht, obwohl die Drehmomente beim betreffenden Arbeitsschritt genannt sind.

- Querlenker am Querträger anbringen. Die Exzenterscheibe und den Schraubenkopf entsprechend den Kennzeichnungen ausrichten. Die Mutter mit 85 Nm anziehen.
- Die zusammengespannte Schraubenfeder auf den Querlenker auflegen und den Lenkerarm anheben, bis er am Radlagergehäuse angeschraubt werden kann (Bild 157, oben).
- Den in Bild 157 (unten) gezeigten seitlichen Lenkerarm anschliessen. Die Mutter mit 120 Nm anziehen.
- Gestänge des Kurvenstabilisators entsprechend Bild 156 anschliessen und die Mutter mit 35 Nm anziehen.
- Federspanner abschrauben und das Fahrzeug auf den Boden ablassen. Die Gummilagerungen jetzt anziehen. Das Fahrzeug dazu mit den Hinterrädern auf Auffahrrampen auffahren. Die Hinterradeinstellung kontrollieren.
- Radmuttern mit 85 Nm anziehen.

12.2.3 Vorderer, unterer Seitenarm

Dies ist der Aufhängungsarm (2) in Bild 153. Der Aus- und Einbau bringt keine Schwierigkeiten mit sich. Das Fahrzeug muss auf sicheren Böcken sitzen. Nach Lösen des Lenkerarms vom Radlagerträger und Querträger kann er abgenommen werden.

Die gummigelagerten Aufhängungen mit 120 Nm anziehen, wenn die Räder wieder auf dem Boden aufstehen.

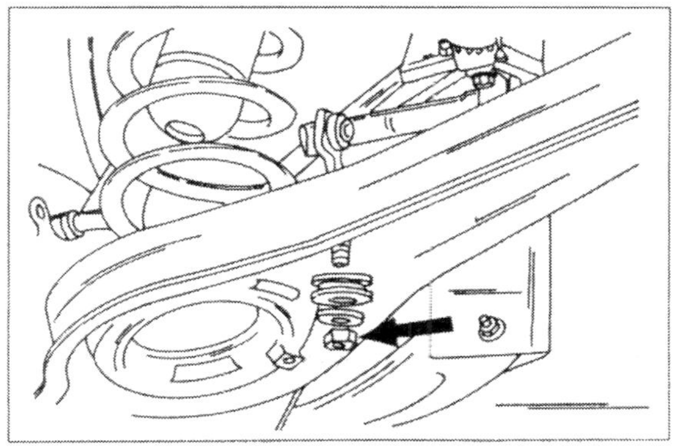

Bild 156
Befestigung des Gestänges der Stabilisatorstange an der Unterseite des Querlenkers. Die Mutter (Pfeil) zum Trennen lösen.

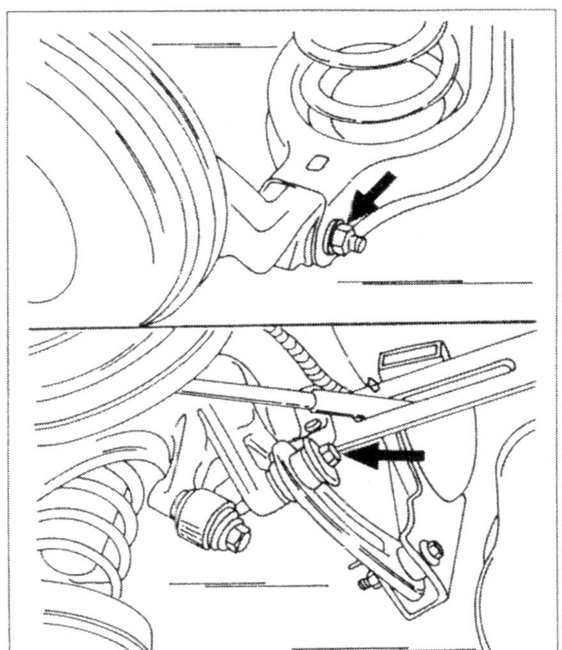

Bild 157
Befestigung des Querlenkers (oben) und des Seitenarms (unten) am Radlagergehäuse.

Achtung: Bei allen beschriebenen Arbeiten müssen sichere Unterstellböcke unter das Fahrzeug untergesetzt werden.

12.2.4 Oberer Aufhängungsarm

Dies ist der Aufhängungsarm (3) in Bild 153. Der Aus- und Einbau erfolgt in ähnlicher Weise wie es in Kapitel 12.2.3 für die seitlichen Lenkerarme beschrieben wurde. Das Anzugsdrehmoment ist jedoch nicht oben und unten gleich. Die obere Befestigung in Bild 158 mit einem Anzugsvon 85 Nm anziehen, die untere mit 120 Nm.

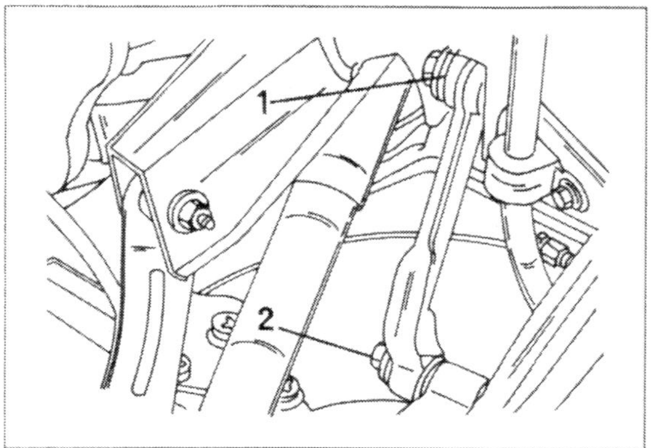

Bild 158
Die Befestigung des oberen Aufhängungsarmes.
1 Obere Schraube, 85 Nm
2 Untere Schraube, 120 Nm

Wiederum beachten, dass es sich um gummigelagerte Aufhängungen handelt, welche unter Belastung angezogen werden müssen.

12.2.5 Stossdämpfer

Stossdämpfer können getrennt ausgebaut werden, ohne andere Teile zu entfernen. Das Fahrzeug muss auf Böcken sitzen.

- Einen Wagenheber unter den Querlenker untersetzen und den Querlenker anheben, bis der Stossdämpfer zusammengeschoben ist.
- Stossdämpfer oben und unten abschrauben, die Schrauben herausschlagen und den Dämpfer herausnehmen.

Der Einbau geschieht in umgekehrter Reihenfolge. Die obere Aufhängung mit 85 Nm, die untere Aufhängung mit 120 Nm anziehen.

Achtung: Bei allen beschriebenen Arbeiten muss die Rückseite des Fahrzeuges auf sicheren Unterstellböcken ruhen.

12.2.6 Schubstreben

Beim Aus- und Einbau der Schubstrebe (11) in Bild 153 folgendermassen vorgehen. Es sollte erwähnt werden, dass das Handbremsseil von den Bremsbacken und der Bremsträgerplatte gelöst werden muss. Die Arbeiten sind im Kapitel "Bremsen" beschrieben.

- Fahrzeug vorn auf Böcke setzen und die Räder abschrauben.
- Einen Wagenheber unter den Querlenker untersetzen und diesen anheben, bis man den Stossdämpfer unten abschrauben kann.
- Handbremsseil von der Schubstrebe lösen.
- Bremsbacken jetzt ausbauen und das Handbremsseil aushängen.
- Drei Schrauben der Schubstrebe am Radlagergehäuse lösen und die beiden in Bild 154 gezeigten Schrauben entfernen. Die Schubstrebe jetzt zusammen mit der Lagerkonsole herausnehmen und das Handbremsseil durch die Strebe ziehen.
- Die Konsole in einen Schraubstock einspannen und die Schubstrebe aus dieser lösen.

Falls ABS eingebaut ist, muss das Kabel des Sensors für die Radgeschwindigkeit von der Strebe befreit werden.
Beim Einbau ist wieder zwischen gummigelagerten Verbindungen und starren Verbindungen zu unterscheiden. Der Einbau geschieht in umgekehrter Reihenfolge wie der Ausbau. Die Anzugsdrehmomente sind am Ende der Anleitung angeführt.
Die Strebe zuerst an der Konsole anbringen, ehe diese wieder eingebaut wird.

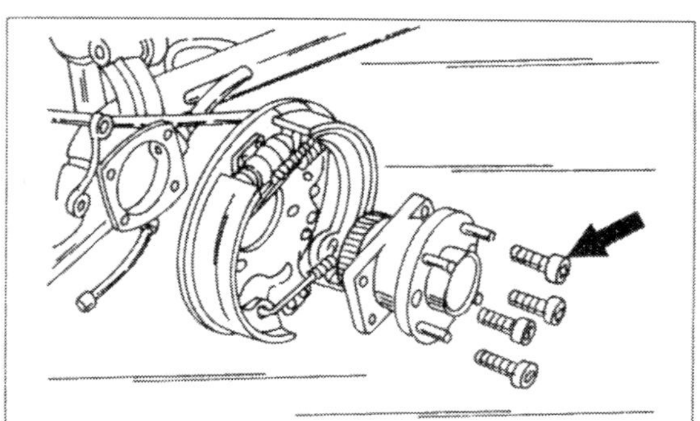

Bild 159
Die vier Schrauben halten die Radnabe am Achskörper. Bei der gezeigten Ausführung ist der Zahnkranz für ABS zu sehen.

12.2.7 Radlagergehäuse und Radnabe

Die Radnabe muss ausgebaut werden, um das Radlagergehäuse herauszunehmen.

- Fahrzeug hinten auf Böcke setzen und das Rad abschrauben.
- Einen Wagenheber unter den Querlenker setzen und diesen anheben, bis er unter Spannung ist.
- Falls ABS eingebaut ist, das Kabel lösen und den Sensor ausbauen.
- Bremstrommel ausbauen.
- Bremsleitung und Bremsschlauch trennen und von der Halterung lösen. Die offenen Enden in geeigneter Weise verschliessen, um Eindringen von Schmutz zu vermeiden.
- Die Radnabe unter Bezug auf Bild 159 ausbauen. Der Radnabenflansch muss dabei durchgedreht werden, um an die vier Befestigungsschrauben zu kommen.
- Die Bremsträgerplatte abnehmen und mit einem Stück Draht festbinden, damit sie nicht am Bremsseil herunterhängen kann.
- Das Radlagergehäuse jetzt ausbauen. Zu lösen sind der Stossdämpfer an der Unterseite, die drei Muttern und Schrauben der Schubstrebe, der obere Lenkerarm, der Seitenarm und der Querlenker. Der Querlenker muss auf dem Wagenheber bleiben, damit die Feder nicht herausfällt.

Der Einbau geschieht in umgekehrter Reihenfolge. Die Anzugsdrehmomente sind bereits im Text genannt oder am Ende der Anleitung angeführt. Radnabe mit 65 Nm anziehen.

12.2.8 Kurvenstabilisator

Der Kurvenstabilisator ist an der Unterseite des Querträgers montiert und mit Hilfe von Verbindungsgestängen an den beiden Querlenkern befestigt. Der Aus- und Einbau bringt keine Schwierigkeiten mit sich.

- Fahrzeug hinten auf Böcke setzen.
- Die in Bild 156 gezeigte Verbindung an der Unterseite beider Querlenker lösen und die Scheibe und Gummibüchse abnehmen.
- Die Montageschellen auf beiden Seiten des Kurvenstabilisators abschrauben und den Kurvenstabilisator herausnehmen.

Der Einbau geschieht in umgekehrter Reihenfolge wie der Ausbau. Die Schellen mit 25 Nm, die Muttern der Gestänge mit 35 Nm anziehen.

12.3 Hinterradnaben

Der Aus- und Einbau der Hinterradnaben bei einem Kombiwagen wurde bereits in Kapitel 12.2.7 im Zusammenhang mit dem Radlagergehäuse beschrieben. Das Radlager aller Ausführungen kann nicht getrennt erneuert werden. Nur eine komplette Nabe kommt bei Erneuerung zum Einbau. Der Aus- und Einbau einer Radnabe bei einer Limousine findet in folgender Weise statt:

- Fahrzeug hinten auf Böcke setzen und die Hinterräder abschrauben.
- Bei einem Fahrzeug mit Trommelbremsen die beiden Sicherungs-Clips der Bremstrommel entfernen und die Bremstrommel herunterziehen. Die Staubschutzkappe vorsichtig mit einem Schraubenzieher abdrücken und die Nabenmutter mit einer Stecknuss abschrauben — **Siehe Hinweis rechts.**
- Bei einem Fahrzeug mit Scheibenbremsen den Bremssattel abschrauben und die beiden Sicherungs-Clips der Bremsscheibe entfernen. Die Staubschutzkappe vorsichtig mit einem Schraubenzieher abdrücken und die Nabenmutter mit einer Stecknuss lösen — **Siehe Hinweis rechts.**
- Den Radnabenflansch mit einem Zwei- oder Dreiarmabzieher vom Achsstumpf herunterziehen, ähnlich wie es in Bild 123 bei der Vorderradnabe gezeigt wurde. Falls beim Abziehen des Flansches der Sicherungsring des inneren Laufrings des Radlagers aus seiner Lage gezogen wird, muss die komplette Einheit ebenfalls erneuert werden.

Beim Einbau den Nabenflansch über den Achsstumpf schieben und mit einem Gummihammer aufschlagen. Die Nabenmutter einstweilen fest anziehen.

Je nach eingebauter Hinterradbremse die in Bild 160 oder Bild 161 gezeigten Teile wieder montieren. Die Sicherungs-Clips der Trommel oder Bremsscheibe müssen immer erneuert werden.

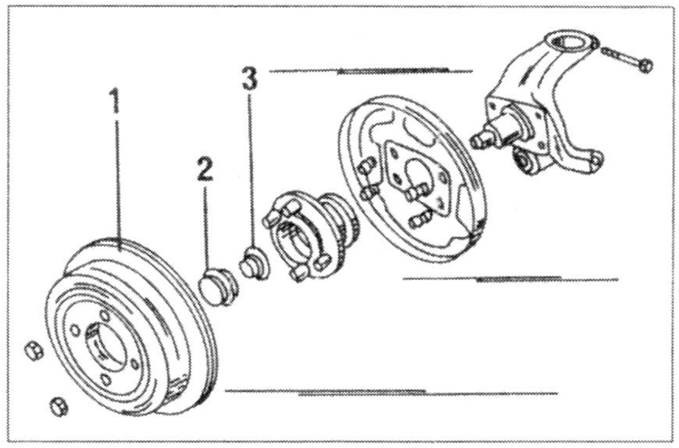

Bild 160
Die Teile einer Hinterradnabe bei eingebauten Trommelbremsen. Die Teile in Zahlenreihenfolge ausbauen.
1 Bremstrommel
2 Staubschutzkappe
3 Radnabenmutter

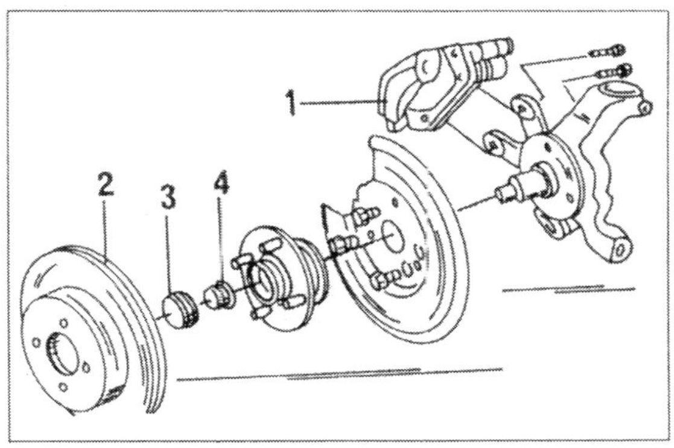

Bild 161
Die Teile der Radnabe bei eingebauten Scheibenbremsen. Die Teile in Zahlenreihenfolge ausbauen.
1 Bremssattel
2 Bremsscheibe
3 Staubschutzkappe
4 Radnabenmutter

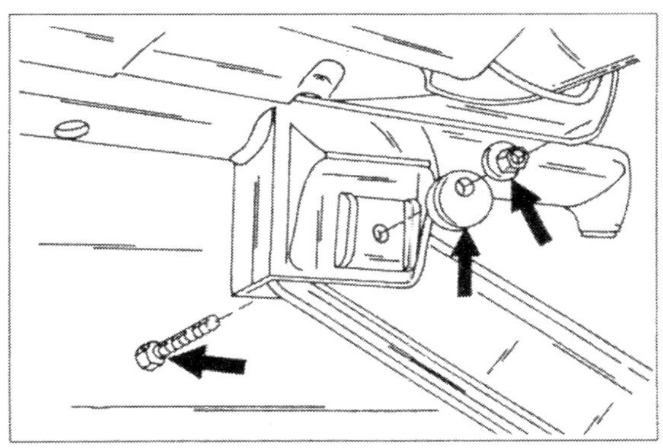

Bild 162
Die gezeigten Teile müssen zur Einstellung der Radeinstellung bei einem Kombiwagen verstellt werden und sind vor Ausbau genau zu zeichnen. Bild 150 zeigt die Befestigung bei der Limousine.

Die Staubschutzkappe beim Aufschlagen nicht verbeulen. Nachdem das Fahrzeug wieder auf dem Boden aufsteht, die Nabenmutter mit einem Anzugsdrehmoment von 290 Nm anziehen. Die Radmuttern mit 85 Nm anziehen.

Achtung: Die Radnabenmuttern sind sehr fest angezogen. Unbedingt überzeugen, dass das Fahrzeug sicher auf den Böken ruht.

12.4 Hinterradeinstellung

Obwohl die Spurweite der Hinterräder eingestellt werden kann, sollte man die Vermessung (optisch) und Einstellung in einer Werkstatt kontrollieren und einstellen lassen.

13 Die Lenkung

Achtung: Arbeiten an der Lenkung können Ihre Sicherheit gefährden. Nur mit grösster Umsicht und Sorgfalt durchführen.

Eine Zahnstangenlenkung mit Servounterstützung ist bei allen Modellen eingebaut. Die Lenkung ist am Nebenrahmen verschraubt. Durch die Bewegung des Lenkrades wird das Lenkritzel verdreht, wodurch die Zahnstange in eine Hin- und Herbewegung versetzt wird. An den Aussenseiten der Zahnstange befinden sich mit Hilfe von Kugelgelenken angeschlossene Spurstangen, welche an ihren Aussenseiten in ähnlicher Weise mit den Lenkhebeln der Achsschenkel verbunden sind.
Lenkungsmanschetten umschliessen die beiden inneren Kugelgelenke und dienen ebenfalls zur Aufnahme des Schmiermittels. Keine Einstellungen sind an der Lenkung vorgesehen.
Die Lenksäule ist am unteren Ende an einer elastischen Kupplung mit einer Klemmplatte befestigt. Die Kupplung wird mit einer Klemmschraube am Lenkritzel verschraubt. Eine Abdichtung am Wagenboden dichtet die Durchführung der Lenkzwischenwelle ab.
Die meisten Fahrzeuge, oder auch auf bestimmten Märkten alle Fahrzeuge, haben eine in der Länge und Höhe verstellbare Lenksäule, welche durch einen Hebel auf der linken Seite der Lenksäule festgestellt wird. Bild 163 zeigt die ausgebaute Lenkung mit Lage der einzelnen Teile.

13.1 Aus- und Einbau der Lenkung

Beim Ausbau einer Lenkung ist zu beachten, dass Unterschiede bei Fahrzeugen mit ABS vorliegen, die im folgenden Text entsprechend angeführt sind. Der Hauptunterschied liegt im Ausbau des Nebenrahmens, der bei eingebautem ABS zu senken ist. Ehe man mit dem Ausbau beginnt, sollte man sich die Befestigungsschrauben der Lenkung ansehen. Diese liegen versteckt und ein abgebogener Schlüssel, ähnlich wie er bereits in Bild 29 gezeigt wurde, muss vorhanden sein, um später keine Schwierigkeiten zu haben.

- Massekabel der Batterie abklemmen.
- Die Vorderräder in Geradeausstellung bringen.
- Vom Motorraum aus, die Mutter und Schraube der Lenkwellenkupplung vom Lenkritzel entfernen. Dazu die Schraube lösen und die Klemmplatte auf eine Seite schieben. Die Abdichtung vorsichtig auf dem Bodenblech freimachen, ohne dabei die Dichtlippe zu beschädigen.
- Die Klemmschraube der Lenkungskupplung am Lenkritzel ausfindig machen und die Schraube mit einem passenden Schlüssel entfernen. Die Kupplung von der Innenseite des Fahrzeuges aus vom Lenkritzel herunterziehen (nicht bei ABS).
- Radmuttern lockern, die Vorderseite des Fahrzeuges aufbocken und sichere Unterstellböcke unter die Karosserie untersetzen. Andernfalls kann das Fahrzeug auch über eine Montagegrube oder auf eine Hebebühne gefahren werden.
- Die hintere Drehmomentstütze ausbauen. Bilder 137 und 138 zeigen wo diese bei eingebautem Schaltgetriebe oder eingebauter Getriebeau-

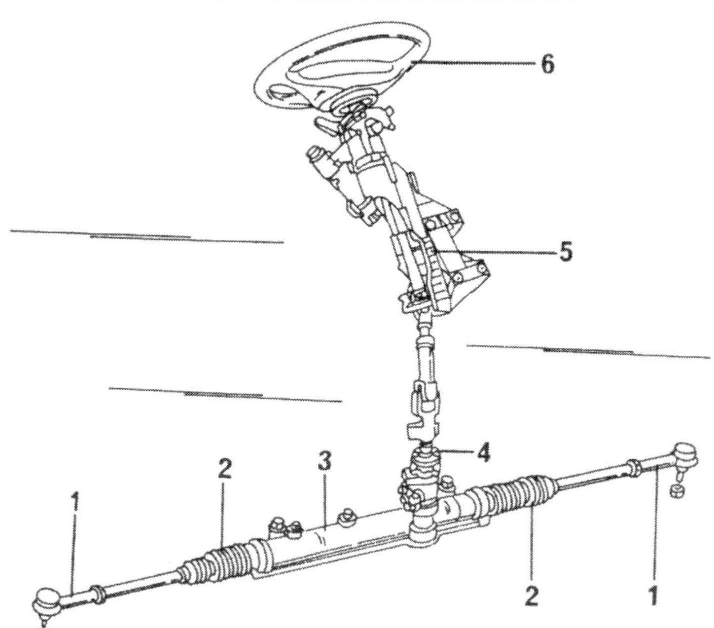

Bild 163
Ansicht der zusammengebauten Lenkung.
1 Spurstangen
2 Lenkungsmanschetten
3 Lenkung
4 Elastische Lenkungskupplung
5 Lenksäule
6 Lenkrad

tomatik befestigt ist. **Nur bei ABS** ebenfalls die vordere Drehmomentstütze ausbauen.

- **Nur bei ABS**: Die beiden Gestänge der Schaltung am Getriebe abschrauben.
- Vorderes Auspuffrohr vom Auspuffkrümmer abschrauben. Stecker der Lambda-Sonde (Benziner) abziehen.
- Vorderräder abschrauben.
- **Nur bei ABS**: Das Schutzblech unter dem Vorderwagen abschrauben. Den Kühler in geeigneter Weise festbinden, damit er nicht herunterrutschen kann, da die beiden Kühlerstützen an der Unterseite abgeschraubt werden müssen.
- Bei eingebauter Klimaanlage den Kondenswassersammler ausbauen (2 Schrauben).
- Splint entfernen, die Kronenmutter abschrauben und den Spurstangenkopf mit einem Kugelbolzenabdrücker vom Lenkhebel trennen. Bild 164 zeigt wie ein solcher Abzieher aussieht.
- **Nur bei ABS**: Gestänge des Kurvenstabilisators an der Oberseite lösen und den Querlenker an der Aussenseite vom Achsschenkel trennen. Die erforderlichen Arbeiten sind im Abschnitt "Vorderradaufhängung" beschrieben.
- **Nur bei ABS**: Den Nebenrahmen kennzeichnen, ehe die Befestigungsschrauben gelöst und der Rahmen abgesenkt werden. Die Schrauben liegen an den vier Ecken. Den Nebenrahmen im Moment gut auf einem Wagenheber abgestützt absenken, bis man an die sichtbaren Flüssigkeitsleitungen kommen kann.
- Überwurfmuttern der Leitungen für die Lenkungsflüssigkeit abschliessen und die Doppelschellen der Leitungen entfernen. Leitungsenden und Öffnungen in der Lenkung in geeigneter Weise verschliessen, um Eindringen von Schmutz zu vermeiden. Ebenfalls auslaufende Flüssigkeit auffangen. **Bei ABS** die Leitungen des Flüssigkeitskühlers vom Nebenrahmen lösen. Dazu zwei Schrauben der Leitungsschellen lockern und die Leitungen von der Befestigungsschelle auf einer Seite lösen. Der Nebenrahmen kann jetzt vollkommen abgelassen werden.
- **Ohne ABS**: Die beiden Befestigungsschrauben der Lenkung vom vorderen Querträger entfernen. Wie bereits erwähnt, muss man dazu einen abgebogenen Schlüssel benutzen, um an die Schrauben heranzukommen.
- **Mit ABS**: Die zwei Schrauben der Lenkung lösen und die Lenkung abnehmen. Darauf achten, dass das Druckrückschlagventil nicht aus einem der Kanäle herausfallen kann.
- **Ohne ABS**: Die komplette Lenkung durch den Radkasten auf der Seite des Lenkritzels herausziehen. Dabei aufpassen, dass das Druckrückschlagventil nicht aus einem der Kanäle herausfallen kann.
- Falls erforderlich die Spurstangenköpfe nach Lockern der Kontermuttern abschrauben, jedoch unbedingt zählen, wie viele Umdrehungen jeder Spurstangenkopf aufgeschraubt ist und den Wert notieren. Beim Aufschrauben der neuen Spurstangenköpfe diese entsprechend der gezählten Umdrehungen wieder aufdrehen.

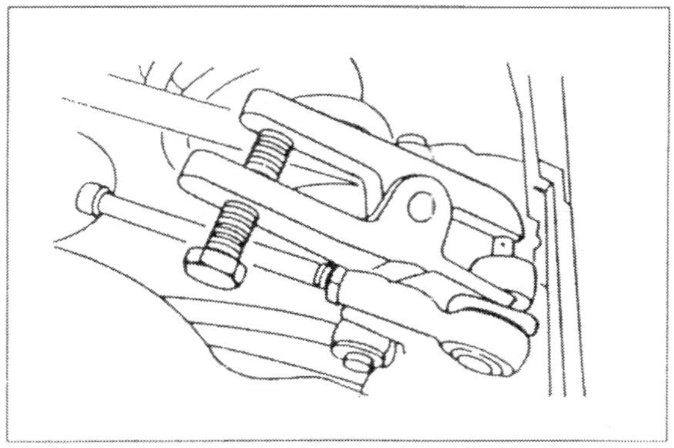

Bild 164
Ein Kugelbolzenabdrücker wird in gezeigter Weise am Kugelgelenk angesetzt.

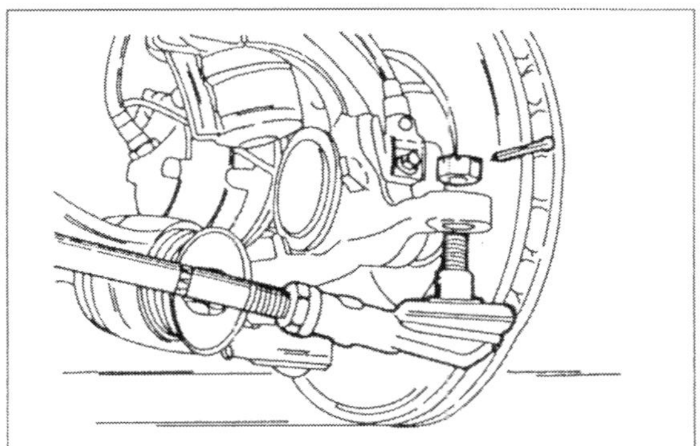

Bild 165
Anschlussweise der Spurstangen am Lenkhebel.

Der Einbau der Lenkung geschieht in umgekehrter Reihenfolge wie der Ausbau, soll jedoch aufgrund der Unterschiede noch einmal zusammengefasst werden:

- **Ohne ABS**: Die Lenkung durch den Radkasten einführen und in die richtige Lage führen. Die beiden Befestigungsschrauben mit 137 Nm anziehen. Zu beachten ist, dass das Drehmoment ausserordentlich hoch ist.
- Neue Dichtringe auf die Anschlüsse der Flüssigkeitsleitungen schieben. Da Werkstätten eine Konushülse zum Aufsetzen benutzen, muss man besonders sorgfältig dabei vorgehen. Die Leitung anschliessen und die Überwurfmuttern mit 31 Nm anziehen. Die Doppelschelle mit den beiden Schrauben anbringen.
- Spurstangenkugelgelenke anschliessen. Die Muttern mit 28 Nm anziehen und neue Splinte einsetzen. Bild 165 zeigt wie eine Spurstange angeschlossen ist.
- Auspuffrohr anschrauben (24 Nm) und den Stecker der Lambda-Sonde aufstecken.
- Die hintere Drehmomentstütze einbauen. Die Anzugsdrehmomente sind Bildern 137 und 138 zu entnehmen.

- Fahrzeug auf den Boden ablassen und die Räder mit 85 Nm anziehen.
- Die Lenkungskupplung über das Lenkritzel schieben. Die Schraube einsetzen und mit einer neuen Klemmschraube auf 28 Nm anziehen.
- Die Abdichtung im Wagenboden vorsichtig eindrücken. Sie muss einwandfrei in der Rille der Lenkungskupplung sitzen.
- Von der Innenseite des Fahrzeuges die Klemmplatte der Lenksäulenwelle über die Lenkungskupplung setzen und eine neue Schraube mit 24 Nm anziehen.
- Massekabel der Batterie anklemmen.
- Lenkungsanlage mit Flüssigkeit füllen und und entlüften, wie es im betreffenden Kapitel beschrieben ist.
- Abschliessend die Vorspur kontrollieren und ggf. einstellen (siehe Kapitel 11.7).

Achtung: Arbeiten an der Lenkung gewissenhaft durchführen. Die Sicherheit im Strassenverkehr hängt davon ab.

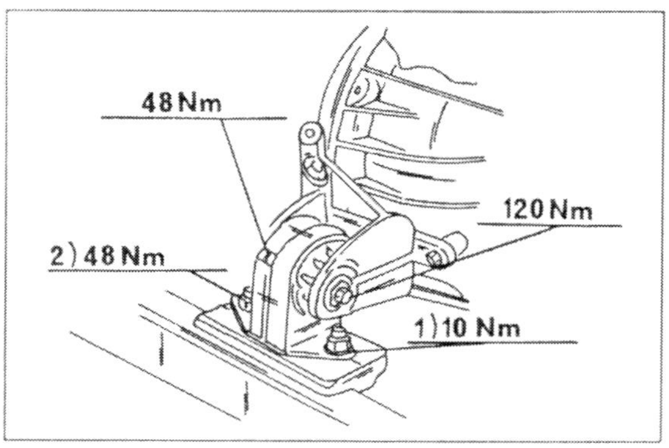

Bild 166
Befestigung der vorderen Drehmomentstütze bei Benzinmotor und Schaltgetriebe.

Falls das Fahrzeug mit ABS ausgerüstet ist:

- Die Lenkungskupplung an der Ritzelwelle anbringen, die Schraube einsetzen und mit einem Drehmomentschlüssel auf 28 Nm anziehen.
- Neue Dichtringe an den Flüssigkeitsleitungen anbringen, wie es auf der letzten Seite beschrieben wurde.
- Die Lenkung am Nebenrahmen ansetzen und die Schrauben mit 137 Nm anziehen. Den Nebenrahmen jetzt auf dem Wagenheber sitzend genügend weit anheben, bis man die Leitungen wieder anschliessen kann. Beide Überwurfmuttern mit 31 Nm anziehen und die Leitungen mit den Schellen befestigen.

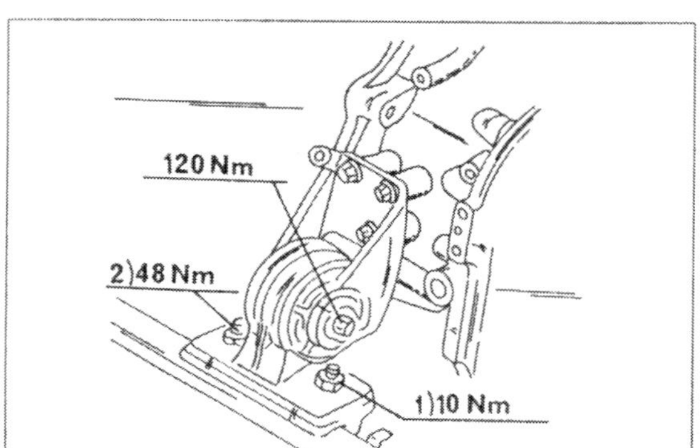

Bild 167
Die Befestigung der vorderen Drehmomentstütze bei eingebauter Getriebeautomatik.

- Den Nebenrahmen jetzt anschrauben, wie es beim Einbau des Motors auf Seite 16 beschrieben wurde. Daran denken, dass der Nebenrahmen einwandfrei ausgefluchtet sein muss.
- Radaufhängung wieder zusammenbauen, wie es im Abschnitt "Vorderradaufhängung" beschrieben ist.
- Die hintere Drehmomentstütze montieren und mit den in Bildern 137 und 138 gezeigten Anzugsdrehmomenten anziehen. Man muss natürlich das richtige Bild betrachten.
- Die vordere Drehmomentstütze montieren. Wiederum sind diese nicht bei allen Ausführungen gleich und Bilder 166 und 167 müssen hinzugezogen werden, da man sonst leicht einen Fehler machen kann. Die in Bild 166 mit 120 Nm bezeichnete Schraube ist bei allen Ausführungen vorhanden. Bei eingebautem Schaltgetriebe mit Dieselmotor fehlt die mit "48 Nm" bezeichnete Schraube. In allen Fällen muss die waagerecht eingesetzte Schraube als letztes angezogen werden.
- Kondenswassersammler mit 24 Nm anziehen (mit Klimaanlage).
- Stützbügel des Kühlers anschrauben (24 Nm) und das Schutzblech wieder anbringen.
- Auspuffrohr am Krümmer montieren, die Schaltungsgestänge anschliessen und das Fahrzeug wieder auf den Boden ablassen. Die Räder mit 85 Nm anziehen.
- Die verbleibenden Arbeiten in gleicher Weise wie bei Fahrzeugen ohne ABS durchführen.

13.2 Lenkungsmanschetten und Spurstangenköpfe

Falls eine der Lenkungsmanschetten eingerissen oder andernfalls beschädigt ist, kann man sie erneuern, ohne die gesamte Lenkung auszubauen. Das gleiche trifft auf die Erneuerung eines ausgeschlagenen Spurstangenkopfes zu.

- Fahrzeug vorn auf Böcke setzen und das Rad abschrauben.
- Die Kontermutter des Spurstangenkopfes an der Spurstange lockern.
- Splint aus der Kronenmutter herausziehen, die Mutter lösen und das Gelenk mit einem Abzieher vom Lenkhebel abdrücken (Bild 164).
- Den Spurstangenkopf unter gleichzeitiger Zählung der Umdrehungen von der Spurstange abschrauben und den Wert aufschreiben.
- Die Kontermutter von der Spurstange abschrauben, wenn die Manschette erneuert werden soll.
- Die Lenkmanschette von der Spurstange und

der Lenkung lösen. Aussen wird eine Sicherungsspange, innen ein Kunststoff-Spannband verwendet.

- Die Belüftungsleitung aus der Manschette herausziehen und die Manschette von der Spurstange abstreifen.
- Alle Teile einwandfrei reinigen.
- Neue Manschette auf die Spurstange schieben und die Belüftungsleitung anschliessen.
- Manschette innen und aussen mit neuen Befestigungsteilen anbringen.
- Spurstangenkopf um die Anzahl der gezählten Umdrehungen aufschrauben und in dieser Stellung die Kontermutter anziehen, ohne sie festzuziehen.
- Spurstangenkopf am Lenkhebel anschliessen (der Schaft des Kugelbolzens muss fettfrei sein) und die Mutter mit 30 Nm anziehen. Einen neuen Splint einsetzen.
- Das Fahrzeug auf die Räder ablassen (Radmuttern mit 85 Nm anziehen) und die Vorspur kontrollieren, wie es in Kapitel 11.7 beschrieben wurde.

13.3 Lenkungskupplung erneuern

- Batterie abklemmen.
- Lenkrad genau in die Mittelstellung setzen.
- Von der Innenseite des Fahrzeuges die Schraube der Klemmplatte der Lenkungskupplung und Lenksäulenwelle entfernen und die Platte auf eine Seite schieben. Vorsichtig die Abdichtung aus dem Bodenblech und der Rille der Kupplung herausziehen.
- Klemmschraube und Mutter von der Lenkscheibe lösen und die Welle vom Lenkritzel abziehen.

Der Einbau der neuen Lenkscheibe geschieht in umgekehrter Reihenfolge wie der Ausbau. Das Lenkrad muss immer noch in der Geradeausstellung stehen. Die Klemmschraube der Kupplung mit 28 Nm anziehen und die Abdichtung in die Rille der Kupplung und das Bodenblech eindrücken. Die Schraube der Klemmplatte mit 24 Nm anziehen.

13.4 Servolenkung entlüften

Zum vorschriftsmässigen Entlüften der Lenkung wird eine Unterdruckpumpe benutzt, jedoch wird man infolge der gegebenen Beschreibung die Luft aus der Anlage ausstossen können.

- Deckel des Vorratsbehälters abschrauben und den Behälter bis zum "Max."-Strich an der Aussenseite des Vorratsbehälters mit der vorgeschriebenen Ford-Flüssigkeit auffüllen (Bild 168).
- Motor anlassen und das Lenkrad langsam aus einem Einschlag in den anderen drehen. Eine zweite Person sollte dabei den Vorratsbehälter beobachten, um den Flüssigkeitsspiegel auf dem richtigen Stand zu halten.

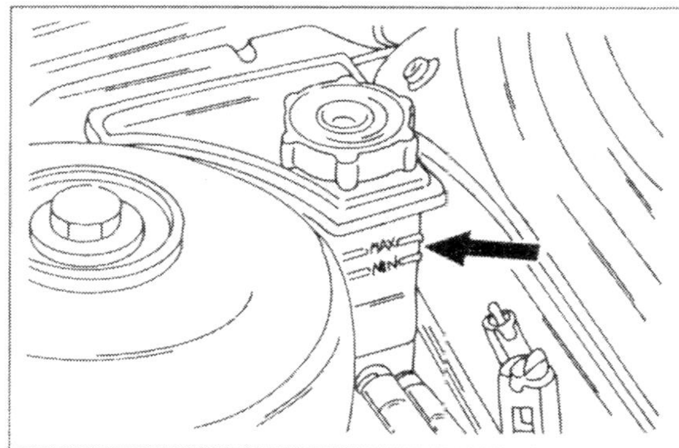

Bild 168
Der Pfeil weist auf die Anzeige des Flüssigkeitsstandes an der Seite des Vorratsbehälters für die Lenkungsflüssigkeit.

- Flüssigkeitsspiegel beobachten. Sobald sich die Höhe der Flüssigkeit nicht mehr verändert und keine Luftblasen mehr aufsteigen, ist die Lenkung entlüftet.
- Motor abstellen und nochmals anlassen und einige Sekunden laufen lassen. Motor abstellen und den Flüssigkeitsstand nochmals kontrollieren. Dieser sollte zwischen den Markierungen in Bild 168 liegen.

13.5 Lenkhilfspumpe erneuern (auch Antriebsriemen)

Achtung: Nur die von Ford vorgeschriebene Flüssigkeit in die Lenkungsanlage einfüllen.

Unterschiedliche Arbeiten sind je nach eingebautem Motor durchzuführen:

Benzinmotor

- Batterie abklemmen.
- An der Oberseite des Motors die Leitung ausfindig machen. Diese ist an der Stirnseite des Motors an der in Bild 169 gezeigten Stelle verlegt und wird durch eine Schraube und Mutter auf einer

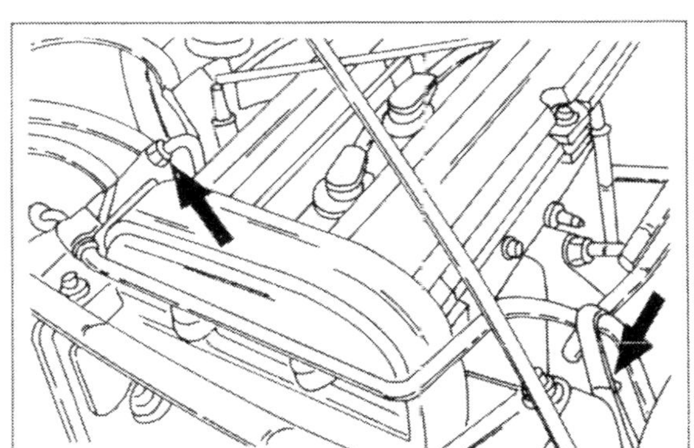

Bild 169
Die Befestigung der Flüssigkeitsleitung an der Stirnseite des Motors (Pfeile).

Seite am Motorhebebügel und auf der anderen Seite mit einer Schraube an der Konsole der Lenkhilfspumpe sowie den benutzten Leitungsschellen gehalten.

- Den Schlauch und die Leitung an der Unterseite der Lenkhilfspumpe abschliessen. Auslaufende Flüssigkeit in einen Behälter laufen lassen.
- Fahrzeug vorn aufbocken und in der Innenseite des Radkastens das Abdeckblech abschrauben und abnehmen.
- Den Antriebsriemen für die Lenkhilfspumpe ausbauen. Dazu den Riemenspanner neben dem Ölfilter lockern und nach rechts verdrehen, wie es in Bild 170 zu sehen ist. Den Riemen abnehmen sobald er locker ist.

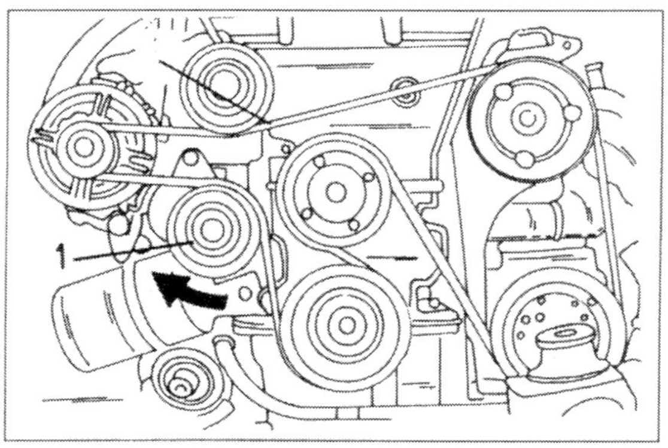

Bild 170
Den Riemenspanner (1) in Pfeilrichtung nach rechts verdrehen, bis der Riemen locker ist (Benzinmotor).

- Das Fahrzeug wieder auf den Boden ablassen.
- Vier Schrauben lösen und die Lenkhilfspumpe abnehmen. Die Riemenscheibe muss dabei verdreht werden, um an alle Schrauben zu kommen.

Der Einbau geschieht in umgekehrter Reihenfolge wie der Ausbau. Die Schrauben der Pumpe mit 25 Nm anziehen. Die Dichtringe der Flüssigkeitsleitungen sollten immer erneuert werden. Den Schlauch und die Leitung an der Unterseite anschliessen und die Verbindung mit 65 Nm festziehen.

Abschliessend die Lenkungsanlage auffüllen und entlüften, wie es in Kapitel 13.4 beschrieben wurde. Nur die von Ford empfohlene Flüssigkeit verwenden.

Achtung: Daran denken, dass das Fahrzeug mit einem Airbag-System ausgerüstet ist.

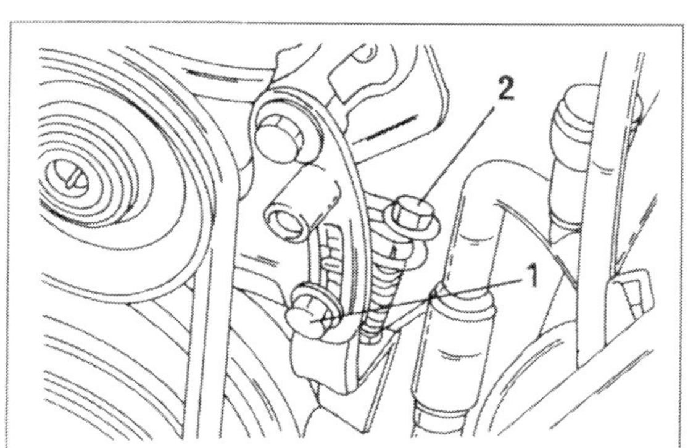

Bild 171
Die Feststellschraube (1) muss gelockert und die Einstellschraube (2) entspannt werden, ehe man den Riemen abnehmen kann (Dieselmotor).

Dieselmotor

- Batterie abklemmen.
- Den oberen Steuerriemenschutzdeckel abschrauben (2 Schrauben).
- Eine Leitung und einen Schlauch von der Lenkhilfspumpe abschliessen. Dazu eine Überwurfmutter (Leitung) und eine Schlauchschelle (Schlauch) lösen.
- Unter Bezug auf Bild 171 die Feststellschraube (1) lockern und die Einstellschraube (2) zurückschrauben, bis der Antriebsriemen abgenommen werden kann.
- Die vier Schrauben der Pumpe ausfindig machen (zwei von vorn eingesetzt, zwei von hinten) und die Pumpe von der Halterung abnehmen.

Der Einbau geschieht in umgekehrter Reihenfolge wie der Ausbau. Die Schrauben der Pumpe mit 25 Nm, die Überwurfmutter der Leitung mit 30 Nm anziehen. Nach Auflegen des Antriebsriemens die Einstellschraube anziehen, bis sich ein neuer Riemen um 1 bis 3 mm oder ein bereits gelaufener Riemen mit 1 - 2 mm hin- und herbewegen lässt. Die Feststellschraube dann anziehen.

13.6 Lenkrad und Lenksäule

Obwohl das Lenkrad mit dem darunterliegenden Airbag versehen ist, kann man das Lenkrad und/oder die Lenksäule ohne Bedenken ausbauen, wenn man die Teile mit der entsprechenden Vorsicht behandelt.

13.6.1 Lenkrad — Aus- und Einbau

Das Lenkrad folgendermassen ausbauen:

- Batterie abklemmen und *das Fahrzeug mindestens 5 Minuten lang stehen lassen, um ein versehentliches Aktivieren des Airbags zu vermeiden.*
- Von der Rückseite des Lenkrades zwei Schrauben des Airbag-Moduls lösen und das Modul vorsichtig von der Vorderseite des Lenkrades abnehmen, bis man den Mehrfachstecker an der Innenseite des Moduls abnehmen kann.

Wichtiger Hinweis: Das Modul mit dem Mechanismus nach **unten weisend** an geschützter Stelle ablegen, um ein versehentliches Auslösen zu vermeiden.

- Lenkrad in die Mittelstellung bringen und in dieser Lage sperren.
- Lenkradschraube in der Mitte lösen und das Lenkrad von der Lenkwelle herunterziehen.

Der Einbau findet in umgekehrter Reihenfolge statt.

Die Lenkradmutter mit 50 Nm anziehen.
Manchmal kann es vorkommen, dass das Lenkrad nicht mehr genau in der Mittelstellung steht. Dies wird durch ungleichmässige Länge der Spurstangen verursacht, kann aber folgendermassen richtiggestellt werden:

- Fahrzeug in Geradeausfahrt fahren und mit einem Bleistift eine Marke in die Lenkradnabe und die Lenksäulenverkleidung einzeichnen, um zu kennzeichnen, wie das Lenkrad steht.
- Fahrzeug vorn auf Böcke setzen.
- An beiden Spurstangen mit einer Reissnadel links und rechts der Kontermutter für die Spurstange einen Strich einzeichnen, um festzuhalten, wie Spurstange und Spurstangenkopf stehen. Die Kontermuttern danach lockern und die Befestigungsschelle der Lenkmanschette lockern, damit man die Spurstange ohne Mitdrehen der Manschette drehen kann.

Die Spurstangen werden jetzt entsprechend der Lenkradversetzung folgendermassen verstellt:

- Falls das Lenkrad nach links versetzt ist, muss man, **von der linken Seite des Fahrzeuges gesehen** beide Spurstangen um den gleichen Wert **nach rechts** verdrehen.
- Falls das Lenkrad nach rechts verdreht ist, muss man, **von der linken Seite des Fahrzeuges gesehen**, beiden Spurstangen um den gleichen Wert **nach links** verdrehen.
- Die Verstellung muss durch Versuche durchgefünrt werden. Allgemein gilt, dass man die Spurstangen um 30° pro Lenkradversetzung von 1° verdrehen muss.

Abschliessend die Kontermuttern wieder anziehen und die Lenkungsmanschette befestigen. Die Vorspur sollte nachgeprüft werden.

13.6.2 Lenksäule — Aus- und Einbau

Die Lenksäule wird zusammen mit dem Lenkrad ausgebaut. Da man jedoch die gesamte Armaturenbrettabpolsterung ausbauen muss und der Ausbau der Lenksäule kaum erforderlich sein wird, sehen wir von einer Beschreibung der Arbeiten ab.

13.7 Flüssigkeitskühler

Ein Kühler zum Kühlen der Flüssigkeit ist eingebaut. Dieser sitzt in der Vorderpartie des Fahrzeuges und wird mit zwei Schrauben, links und rechts, befestigt. Zum Ausbau muss der Stossfänger ausgebaut werden. Nach Abschliessen der Flüssigkeitsleitungen den Kühler abschrauben und herausnehmen.

14 Die Bremsanlage

Bei den Mondeo-Modellen sind entweder Scheibenbremsen an den Vorderrädern und Trommelbremsen an den Hinterräder oder Scheibenbremsen ringsherum eingebaut, d.h. die Hinterräder können entweder mit Trommelbremsen oder Scheibenbremsen versehen sein, je nach eingebautem Motor. Ausserdem gibt es Modelle mit einer sogenannten ABS-Anlage (Anti-Blockier-System), d.h. mit Scheibenbremsen oder Trommelbremsen. In diesem Zusammenhang soll auch die Anti-Schlupfregelung genannt werden, die im Zusammenhang mit ABS eingebaut sein kann und ein Durchdrehen der Räder auf nassen oder eisigen Strassen verhindert.

Achtung: Bei allen beschriebenen Aus- und Einbauarbeiten muss das Fahrzeuge auf sicheren Böcken ruhen, wenn man sich unter das Fahrzeug legen muss. Arbeiten an den Bremsen mit grösster Sorgfalt durchführen.

Die hydraulische Anlage ist über Kreuz geteilt, d.h. vorn rechts ist mit hinten links und vorn links mit hinten rechts verbunden.

Die vorderen Bremssättel oder Bremszangen sind an den Achsschenkeln montiert. Es handelt sich um sogenannte Gleitsättel mit einem einzelnen Kolben, welche gleichmässige Bremskraft auf beide Bremsklötze auswirken. Belüftete Bremsscheiben kommen bei allen Ausführungen zum Einbau.

Die hinteren Bremssättel, falls eingebaut, haben zwei gegenüberliegende Kolben, die auf eine Festmetall-Bremsscheibe wirken. Asbestfreies Material wird bei der Herstellung der Bremsklötze verwendet. Die Trommelbremsen sind von konventioneller Bauart mit einem Anlaufbacken und einem Ablaufbacken. Durch Verwendung von dünnerem und dickerem Bremsbackenbelag wird der Belagverschleiss proportional gehalten. Die Bremsen stellen sich durch die laufende Betätigung der Fussbremse von selbst nach.

Die hintere Bremstrommel, die Radnabe, der Achsstumpf und das Radlager bilden eine Einheit, welche an der Hinterachse verschraubt ist.

Der auf dem Boden zwischen den Sitzen montierte Handbremshebel ist mit einem Seilsystem mit den Hinterrädern verbunden. Neu beim Mondeo ist die automatische Selbstnachstellung der Handbremse durch einen "Ratsche mit Klinke"-Mechanismus am Handbremshebel.

Alle Modelle sind mit einem Bremskraftverstärker ausgerüstet, welcher direkt an den Hauptbremszylinder angeschraubt ist. Ein Hydraulikgerät für die ABS-Anlage ist dem Bremssystem angeschlossen.

Bei Dieselmodellen wird der zum Betrieb des Servogeräts erforderliche Unterdruck durch eine von der Nockenwelle angetriebene Unterdruckpumpe hergestellt.

Bei Fahrzeugen mit konventioneller Bremsanlage ist ein druckempfindliches Reduzierventil in die Auslasskanäle des Hauptbremszylinders eingesetzt. Diese Ventile regulieren den Bremsdruck zu den Hinterrädern, um ein vorzeitiges Blockieren der Hinterräder zu vermeiden.

Alle Arbeiten an der Bremsanlage müssen mit der grössten Sorgfalt durchgeführt werden. Reinigung, Kontrolle, Auswechslungen, bzw. Überholungen sind grundsätzlich auf beiden Fahrzeugseiten durchzuführen.

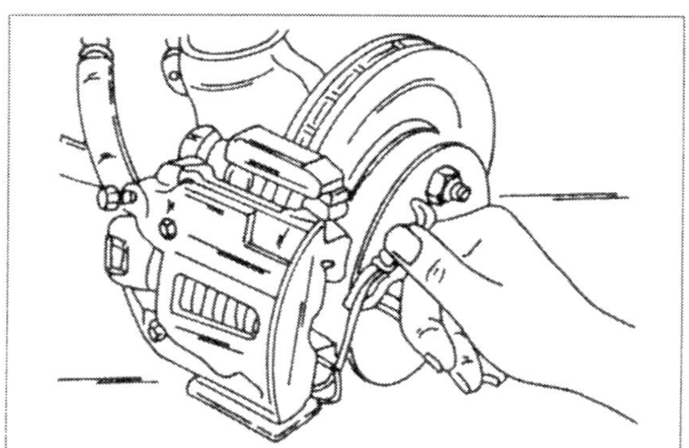

Bild 172
Die Sicherungsspange der Bremsklötze aus dem Bremssattel aushängen.

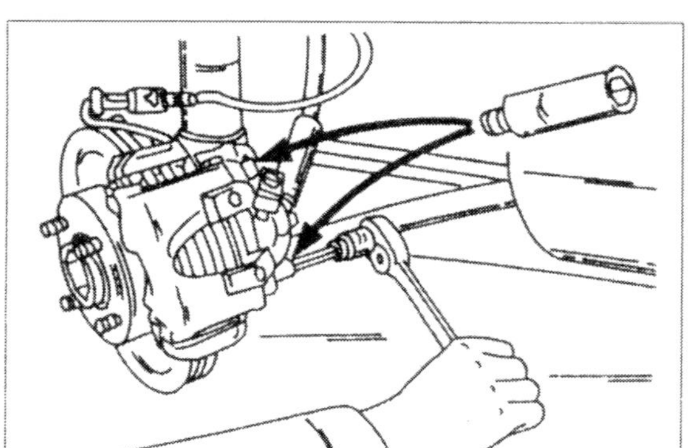

Bild 173
Lösen der 7 mm-Innensechskantschraube beim Ausbau der Bremsklötze.

14.1 Die Vorderradbremsen

14.1.1 Bremsklötze erneuern

Falls der eigentliche Belag der Bremsklötze bis auf eine Stärke von 1,6 mm abgeschliffen ist, müssen die Bremsklötze erneuert werden. In diesem Fall immer den gesamten Satz erneuern und unbedingt darauf achten, dass nur Bremsklötze des gleichen Herstellers eingebaut werden. Bei der Erneuerung folgendermassen vorgehen:

- Radmuttern lösen.
- Vorderseite des Fahrzeuges aufbocken.
- Räder abnehmen.
- Sicherungsspange vom Bremssattel aushängen, wie es in Bild 172 gezeigt ist.
- Die beiden Verschlussstopfen aus den Bohrungen für die Bremssattelzylinderschrauben entfernen.

- Mit einem 7 mm-Inbusschlüssel die beiden in Bild 173 gezeigten Schrauben lösen, bis das Zylindergehäuse frei vom Bremssattelträger ist und abgenommen werden kann.
- Bremssattel und Zylindergehäuse vom Bremssattelträger herunterziehen und die beiden Bremsklötze herausziehen. Zuerst einen Bremsklotz abnehmen und danach den zweiten vom Kolben abdrücken.

Der Einbau der Bremsklötze geschieht in umgekehrter Reihenfolge wie der Ausbau, jedoch sind die folgenden Punkte zu beachten:

- Unbedingt überzeugen, dass die richtigen Bremsklötze eingebaut werden. Bremsklotzflächen und Bremsscheiben müssen fettfrei sein.
- Der Kolben muss nach innen gestossen werden, wenn man neue Bremsklötze einbaut. Falls der Vorratsbehälter des Hauptbremszylinder gefüllt ist, könnte dies zum Überlaufen führen. In diesem Fall mit einem Saugrohr etwas Flüssigkeit aus dem Vorratsbehälter absaugen. Zum Eindrücken der Kolben sollte man eine Spezialzange verwenden, wie sie in Bild 174 gezeigt ist, oder man stösst den Kolben vorsichtig mit einem Stück Flacheisen in die Bohrung. Falls dabei Bremsflüssigkeit auf Lackstellen tropfen sollte, diese sofort mit kaltem Wasser abwaschen.
- Schutzpapier von den Bremsklötzen entfernen. Den inneren Bremsklotz in das Zylindergehäuse und den äusseren Bremsklotz in den Bremssattelträger einsetzen.
- Das Gehäuse auf den Bremssattelträger aufsetzen.
- Die beiden Schrauben in Bild 173 eindrehen und mit einem 7 mm-Inbusschlüssel auf ein Drehmoment von 28 Nm anziehen.
- Alle anderen Arbeiten in umgekehrter Reihenfolge durchführen.
- Flüssigkeitsstand im Vorratsbehälter berichtigen.
- Bremspedal einige Male betätigen, um die Bremsklötze an die Bremsscheibe heranzubringen.

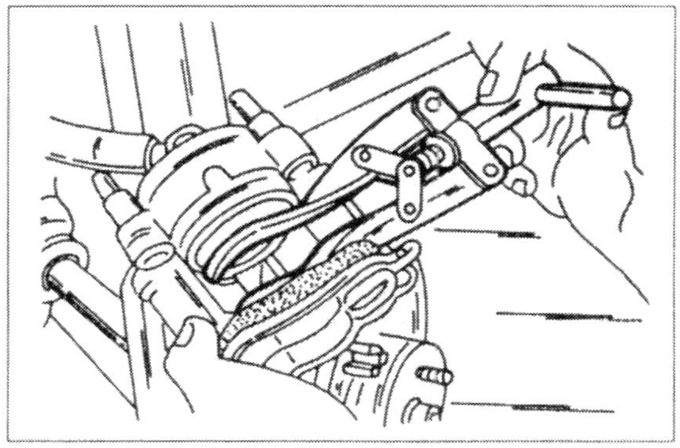

Bild 174
Den Kolben vorsichtig mit einer Kolbenrücksetzzange in die Bohrung stossen.

14.1.2 Aus- und Einbau eines Bremssattels

- Radmuttern lösen.
- Vorderseite des Fahrzeuges auf Böcke setzen und das Rad abnehmen.
- Den Hydraulikschlauch mit einer geeigneten Zwinge abdrücken und die Verschraubung des Vorratsbehälters abdrehen.
- Die Sicherungsspange in Bild 172 entfernen.
- Bremsklötze ausbauen (Kapitel 14.1.1).
- Bremsleitung vom Bremssattel abschrauben.

Das offene Ende der Leitung in geeigneter Weise verschliessen.

- Befestigungsschrauben des Bremssattelträgers lösen und den Träger vom Achsschenkel abnehmen.

Der Einbau geschieht in umgekehrter Reihenfolge wie der Ausbau. Die Befestigungsschrauben

Hinweis: Bestehen Sie auf den Einbau von Ford-Bremsklötzen oder von Ford genehmigten Teilen. Fremdprodukte sind hier fehl am Platz.

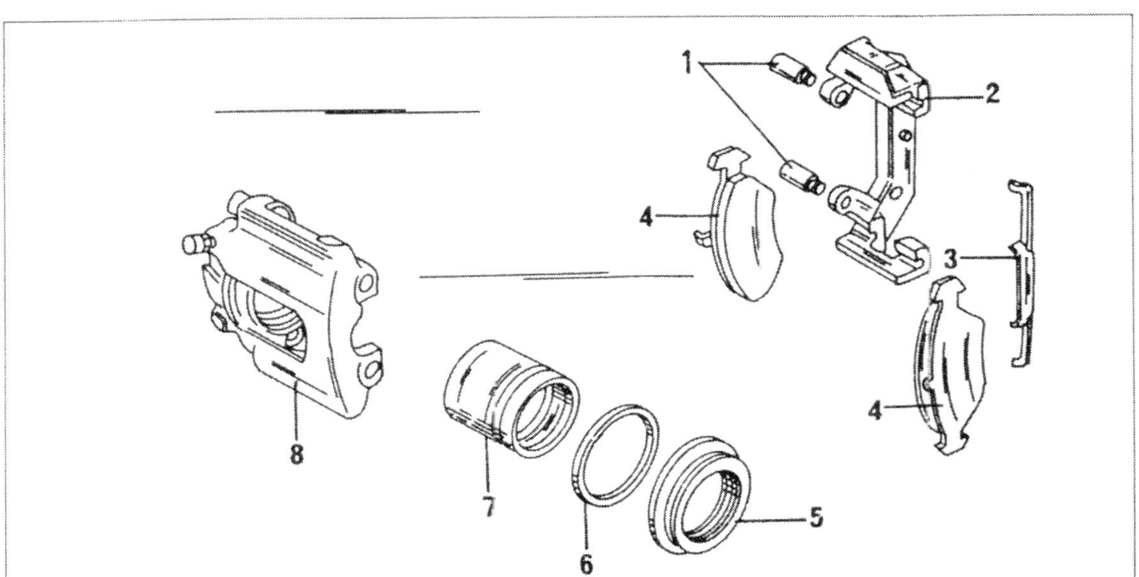

Bild 175
Montagebild eines Bremssattels.
1 Befestigungsbolzen
2 Bremssattelträger
3 Sicherungsspange
4 Bremsklötze
5 Staubschutzring
6 Zylinderdichtring
7 Kolben
8 Zylindergehäuse

des Bremssattelträgers mit 120 Nm anziehen. Die Bremsklötze montieren, wie es in Kapitel 14.1.1 beschrieben wurde. Abschliessend die Bremsanlage entlüften (siehe Kapitel 14.5).

14.1.3 Bremssattel überholen

Bild 175 zeigt ein Montagebild des Bremssattels, es sollte bei der Zerlegung hinzugezogen werden:

- Kolben teilweise aus einer Zylinderbohrung herausziehen und den Staubschutzring mit einem kleinen Schraubenzieher heraushebeln. Festsitzende Kolben können durch Ansetzen einer Pressluftleitung herausgeblasen werden. Dabei ein Stück Hartholz in die Bremssattelöffnung einsetzen, damit der Kolben gegen das Holz anschlagen kann.

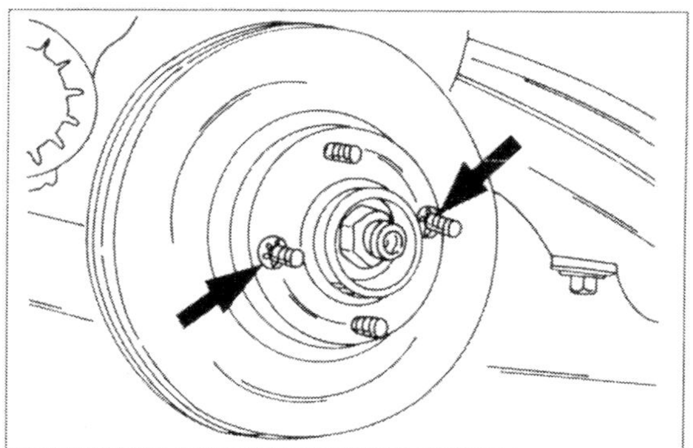

Bild 176
Bremsscheiben (und auch Bremstrommeln) sind mit zwei Sicherungs-Clips an zwei der Radbolzen befestigt.

- Mit einem weichen, spitzen Gegenstand den Zylinderdichtring aus der Innenseite der Zylinderbohrung heraushebeln. Bei Verwendung von scharfen Gegenständen besteht die Gefahr der Beschädigung der Bohrung. Der Bremssattel ist jetzt in die in Bild 175 auf der linken Seite gezeigten Teile zerlegt.
- Kolben und Zylinderbohrungen einwandfrei mit Bremsflüssigkeit oder Spiritus reinigen. Keine anderen Reinigungsmittel dazu verwenden, da diese die Gummiteile der Anlage zersetzen können.
- Alle Teile auf Beschädigung kontrollieren, besonders an den Aussenseiten des Kolbens und der Lauffläche des Zylinders. Kratzer oder Fressstellen sind auf keinen Fall zulässig.

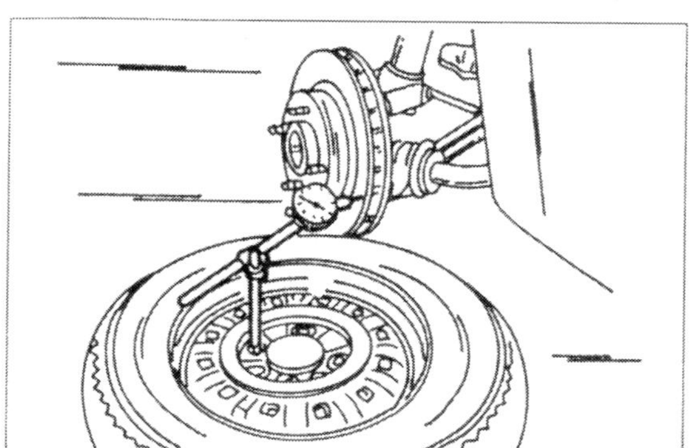

Bild 177
Ausmessen einer Bremsscheibe auf Schlag.

- Einen neuen Zylinderdichtring in die Rille des Zylinders einsetzen und den mit Bremsflüssigkeit eingeschmierten Kolben mit der geschlossenen Seite zuerst vorsichtig in die Zylinderbohrung einschieben.
- Staubschutzring an Kolben und Bremssattel anbringen. Der Bremssattel ist jetzt wieder einbaufertig.

14.1.4 Aus- und Einbau einer Bremsscheibe

- Bremssattel ausbauen, wie es bereits beschrieben wurde und diesen mit einem Stück Draht an der Vorderradaufhängung festbinden, damit er nicht am Schlauch herunterhängen kann.
- Die Bremsscheibe von der Radnabe herunterziehen, nachdem die beiden auf zwei der Radbolzen angebrachten Sicherungs-Clips entfernt wurden (Bild 176).
- Anlageflächen von Nabe und Scheibe einwandfrei reinigen.

Nach Befestigung der Bremsscheibe mit neuen Clips zwei Radmuttern umgekehrt gegen die Bremsscheibe schrauben (um diese fest anzulegen) eine Messuhr mit einem geeigneten Halter an der Vorderradaufhängung befestigen und den Taststift der Messuhr so nahe wie möglich an der gut gereinigten Bremsscheibe ansetzen. Bild 177 zeigt die Messung. Aus dem Bild ist ebenfalls ersichtlich, wie man einen Messuhrhalter praktisch benutzen kann. Die Bremsscheibe jetzt langsam durchdrehen und den maximalen Ausschlag der Nadel beobachten. Der Höchstschlag darf 0,15 mm nicht überschreiten.

Falls der Schlag grösser ist, kann die Bremsscheibe wieder von der Nabe abmontiert werden, so dass man die Anlageflächen von Nabe und Scheibe nochmals kontrollieren kann. Ebenfalls kann man versuchen, die Bremsscheibe in einer anderen Stellung an der Nabe zu montieren. Falls dies nicht hilft, ist die Bremsscheibe auszutauschen, vor allem, wenn die alte Scheibe wieder eingebaut werden soll, da sie sich höchstwahrscheinlich durch Hitzeeinwirkung während der Betätigung der Bremsen verzogen hat.

14.2 Die Hinterrad-Trommelbremsen

14.2.1 Bremsbacken ausbauen

- Rückseite des Fahrzeuges anheben und auf

Böcke setzen.

- Räder abnehmen und die Vorderräder durch Unterlegen eines Ziegelsteins verkeilen.
- Handbremse lösen.
- Befestigungsspangen der Bremstrommel entfernen (falls vorhanden) und die Bremstrommel abziehen.
- Die kleinen Ankerstifte aus beiden Bremsbacken entfernen. Dazu mit einem Finger von hinten gegen den Stift drücken und die Federspange nach innen drücken, wobei sie gleichzeitig nach unten herausgezogen wird, während man den Kopf des Stiftes entsprechend verdreht. Bild 178 zeigt diesen Arbeitsgang, welcher an beiden Bremsbacken und auf der anderen Seite durchzuführen ist.
- Mit einem Schraubenzieher die Enden der beiden Bremsbacken aus ihren Anlagen heben. Dabei werden die Rückzugfedern frei und können abgenommen werden, nachdem man sich einprägt, wie sie sitzen. Darauf achten, dass der Kolben des Radbremszylinders nicht herauskommt. Zur Sicherung ein Gummiband um den Zylinder wickeln. Ebenfalls die Gummimanschetten beim Ausheben nicht beschädigen.
- Backen vollkommen abnehmen. An einem Backen befinden sich die Druckstange der Handbremse und das Handbremsseil. Das letztere aus dem Hebel aushängen. Die Feder wird dazu zusammengedrückt, bis das Seilende frei ist.

Bremsbackenbeläge überprüfen und die Bremsbacken erneuern, falls die Beläge verölt, verbrannt oder andernfalls beschädigt sind. Die Backen müssen erneuert werden, falls die Beläge bis auf 1,5 mm abgenutzt sind. Ölverschmutzte Beläge sind immer durch Erneuern der Bremsbacken zu beseitigen. Es hat keinen Zweck, dass man verschmutzte Beläge reinigt, da das Öl in die Beläge eingedrungen ist und beim Heisswerden wieder an die Oberfläche durchkommt. Beim Bestellen von neuen Bremsbacken ist das Fahrzeugmodell genau anzugeben, da Bremsanlagen verschiedener Grösse bei einzelnen Ausführungen eingebaut sind.

14.2.2 Bremsbacken einbauen

- Die in Bild 179 gezeigten Anlagestellen der Bremsbacken leicht mit Heisslagerfett einschmieren.
- Drehstelle und das Gewinde des Einstellstössels mit dem gleichen Fett einschmieren.
- Falls die Bremsbacken erneuert wurden, wird der neue, hintere Bremsbacken mit dem Hebel für die Handbremse geliefert, welche am Backen vernietet ist. Die Gelenkstelle vor dem Einbau des Backens gut einölen, aber überflüssiges Öl abwischen.
- Druckstange mit dem Einsteller am Nachlaufbacken ansetzen und das Handbremsseil in den Hebel einhängen, ähnlich wie es Bild 180 zeigt.

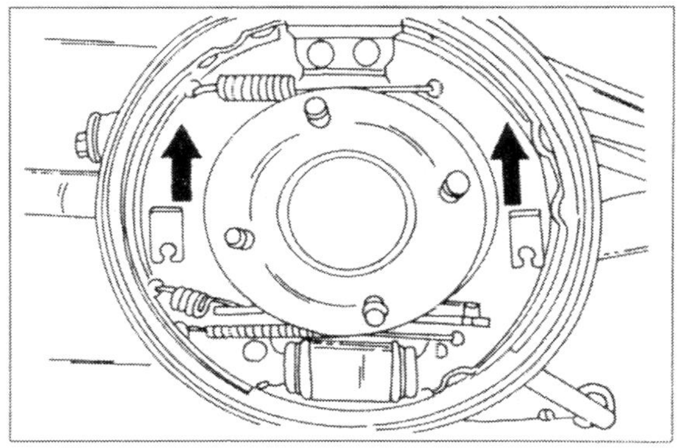

Bild 178
Ausbau der Ankerstifte für die Bremsbacken.

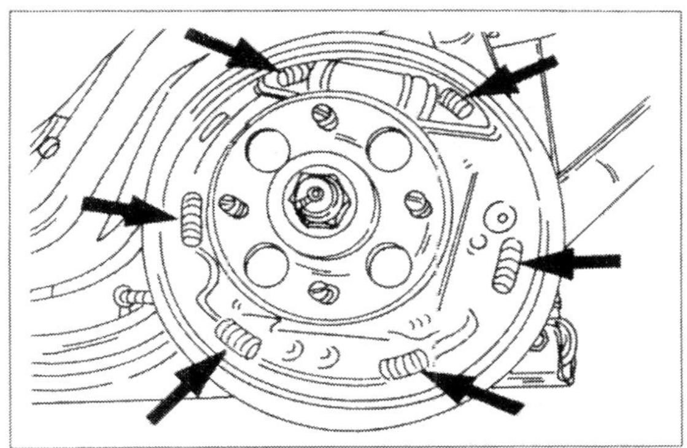

Bild 179
Die mit den Pfeilen gezeigten Stellen leicht mit Heisslagerfett einschmieren.

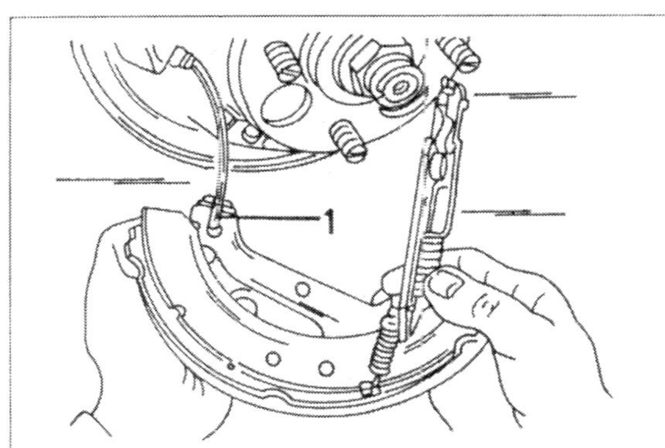

Bild 180
Zusammenbau der Bremsbacken. Das Handbremsseil (1) muss in den Hebel eingehängt werden.

- Beim Aufsetzen der Bremsbacken die Rückzugfedern entsprechend ihrer ursprünglichen Einbaulage in die Backen einhängen und die Backen an die Bremsträgerplatte ansetzen.
- Backenenden in die Lagerung an der Unterseite einsetzen.
- Das andere Ende des Bremsbackens vorsichtig mit einem Schraubenzieher in den Schlitz des Kolbens einsetzen (Gummiband vorher entfernen), ohne dabei die Staubschutzkappe des Zylinders zu beschädigen.
- Bremsbacken auf der Bremsträgerplatte zentrieren.
- Die Ankerstifte anbringen, indem man von

Hinweis: Bestehen Sie auf den Einbau von Ford-Bremsbacken oder von Ford genehmigten Teilen. Fremdprodukte sind hier fehl am Platz.

hinten gegen den Ankerstift drückt, die Feder zusammendrückt und einschiebt und den Kopf des Ankerstiftes um 90° verdreht, um die Teile zu sichern.

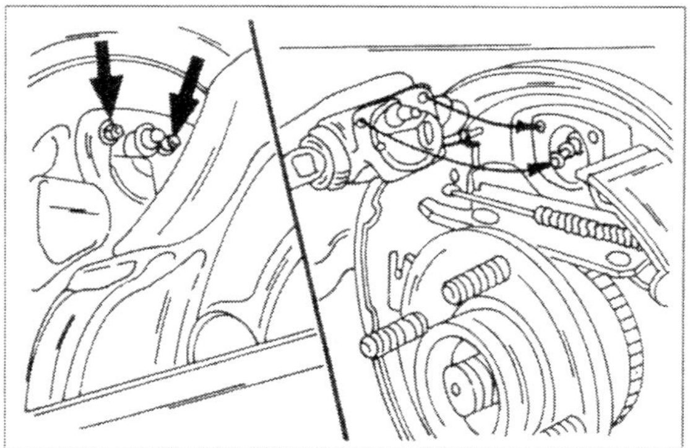

Bild 181
Die Befestigung eines Radbremszylinders einer Trommelbremse.

- Bremstrommel aufsetzen. Falls die Trommel nicht passt, muss der Selbstnachsteller in den Zähnen versetzt werden, damit die Backen näher zusammenkommen. Dazu einen Schraubenzieher gegen das Einstellsegment ansetzen und mit dem Handballen gegen den Schraubenzieher schlagen.

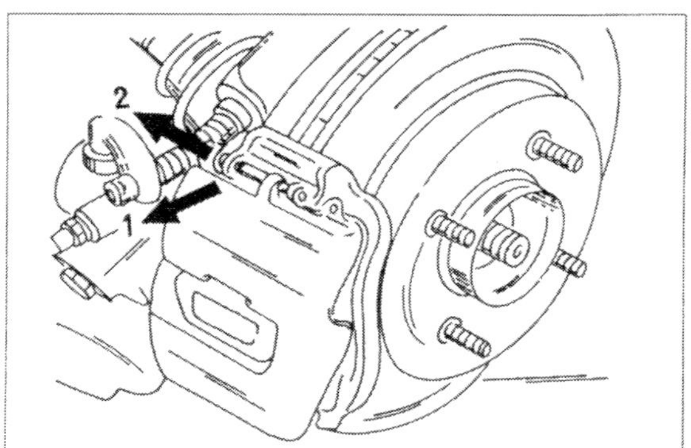

Bild 182
Die Sicherungsspange (1) und den Sicherungsstift (2) in Pfeilrichtung ausbauen.

- Die Bremsen einige Male betätigen, so dass der Mechanismus gut ausgerichtet wird und danach die Handbremse betätigen. Dabei werden "Klickgeräusche" in den Bremsen vernommen, die die Nachstellung der Bremsen anzeigen. Wenn keine Geräusche mehr hörbar sind, bedeutet dies, dass die Bremsen einwandfrei nachgestellt sind.

14.2.3 Radbremszylinder

Die Radbremszylinder können ausgebaut werden, ohne dass man die Bremsbacken ausbaut.

- Bei aufgebocktem Fahrzeug und abgeschraubtem Rad die Bremsleitung von der Rückseite des Radbremszylinders abschrauben. Bei einem Kombiwagen die Bremsleitung an der Unterseite der Hinterfeder vom Bremsschlauch trennen. Die offenen Enden gegen Eintritt von Schmutz schützen.
- Bremsbacken auseinanderdrücken bis der Selbstnachsteller die Bremsbacken vom Radbremszylinder abhebt.
- Zylinder von der Rückseite der Bremsträgerplatte abschrauben und herausnehmen. Bild 181 zeigt die Befestigung. Den Dichtring entfernen.

Im Moment liegen keine Anweisungen zur Reparatur eines Radbremszylinders vor. Falls der Zylinder verschlissen ist, sollte er immer erneuert werden.

Zum Einbau den Dichtring auf die Rückseite des Zylinders setzen und den Zylinder an der Bremsträgerplatte anschrauben. Die Bremsbacken wieder in die Kolben des Zylinders einsetzen. Dabei zuerst einen Backen vorsichtig in die Kolbenführung einsetzen und den zweiten Backen nach aussen ziehen, bis man ihn in den Schlitz des Kolbens einsetzen kann. Kontrollieren, dass alle Teile einwandfrei sitzen und die Bremstrommel aufstecken. Abschliessend die Bremsen entlüften und das Bremspedal einige Male durchtreten, um die Backen auszurichten. Handbremshebel einige Male betätigen, um den Selbstnachstellmechanismus in Gang zu setzen.

Das Fahrzeug wieder auf die Räder ablassen und die Radmuttern mit einem Drehmoment von 85 Nm anziehen.

14.3 Hinterrad-Scheibenbremsen

14.3.1 Bremsklötze erneuern

Bei eingebauter ABS-Anlage unterliegen die Hinterradbremsen einem hohen Druck. Die Bremsen dürfen nicht betätigt werden, nachdem man den Bremssattel vom Montagerahmen abgeschraubt hat.

- Radmuttern lockern, Handbremse anziehen und die Rückseite des Fahrzeuges auf Böcke setzen. Die Räder abnehmen.
- Steckverbinder des Verschleissanzeigers der Hinterradbremsen nach Abschrauben der Schelle trennen (falls eingebaut).
- Den Bremssattel entsprechend Bild 182 oben lösen. Zuerst die Federspange (1) und dann den Sicherungsstift (2) ausbauen.
- Den Bremsschlauch mit einer Zwinge zusammendrücken, um Auslaufen von Bremsflüssigkeit zu vermeiden und den Bremsschlauch abschliessen.
- Bremssattel in Pfeilrichtung von Bild 183 nach unten ziehen und die jetzt freiliegenden Bremsklötze herausnehmen.

Der Einbau der Bremsklötze geschieht in umgekehrter Reihenfolge wie der Ausbau, jedoch sind die folgenden Punkte zu beachten:

- Unbedingt überzeugen, dass die richtigen Bremsklötze eingebaut werden. Bremsklotzflächen und Bremsscheiben müssen fettfrei sein.
- Die Schutzverpackung der Bremsklötze abziehen und die beiden Bremsklötze im Bremssattelträger ansetzen.
- Bremssattel nach oben schwingen und wieder mit dem Sicherungsstift und der Sicherungsspange befestigen.
- Alle anderen Arbeiten in umgekehrter Reihenfolge durchführen.
- Flüssigkeitstand im Vorratsbehälter berichtigen.
- Bremspedal einige Male betätigen, um die Bremsklötze an die Bremsscheibe heranzubringen.

14.3.2 Aus- und Einbau eines Bremssattels

- Radmuttern lösen.
- Rückseite des Fahrzeuges auf Böcke setzen und das Rad abnehmen.
- Handbremse lösen.
- Kabel der Bremsverschleissanzeige abklemmen (Schraube lösen, Stecker auseinanderziehen).
- Bremsschlauch von Bremsleitung abschrauben. Die offenen Enden in geeigneter Weise verschliessen.
- Bremsklötze ausbauen, wie es im letzten Kapitel beschrieben wurde.
- Befestigungsschrauben des Bremssattels lösen. Schutzkappen sind auf die Schrauben aufgesetzt, welche vorher entfernt werden müssen.
- Handbremsseil aus dem Hebel aushängen und den Bremssattel wie in Bild 184 gezeigt abheben.

Der Einbau geschieht in umgekehrter Reihenfolge wie der Ausbau. Die Befestigungsschrauben des Bremssattelträgers mit 60 Nm anziehen. Darauf achten, dass der Bremsschlauch beim Anschliessen nicht verdreht wird. Die Kappen wieder auf die Befestigungsschrauben aufdrücken. Abschliessend die Bremsanlage entlüften (siehe Kapitel 14.5).

14.3.3 Bremssattelreparaturen

Wie bei den vorderen Bremssätteln sind keine Reparaturen für die hinteren Bremssättel vorgesehen. Falls ein Bremssattel nach langer Zeit einmal verschlissen ist, sollte man einen neuen Bremssattel einbauen. Dieser gewährt höhere Sicherheit als das Ersetzen des Kolbendichtringes und/oder Kolbens.

14.3.4 Aus- und Einbau einer Bremsscheibe

- Radmuttern lockern, Rückseite des Fahrzeuges auf Böcke setzen und das Rad abschrauben.
- Bremssattel ausbauen, wie es im letzten Kapitel beschrieben wurde.
- Die Befestigungsspangen der Bremsscheibe von zwei der Radbolzen entfernen, wie es in Bild 176 gezeigt ist, und die Bremsscheibe abnehmen.

Der Einbau geschieht in umgekehrter Reihenfolge. Wird die gleiche Bremsscheibe wieder montiert, muss man sie auf Schlag ausmessen, wie es bei den vorderen Bremsscheiben beschrieben wurde.

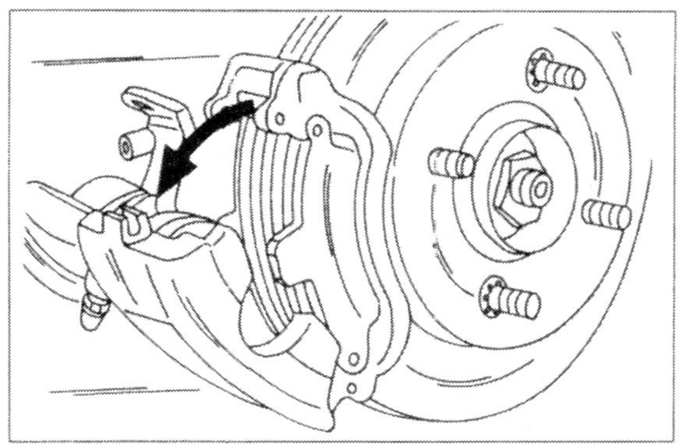

Bild 183
Bremssattel in Pfeilrichtung nach unten kippen und die Bremsklötze abnehmen.

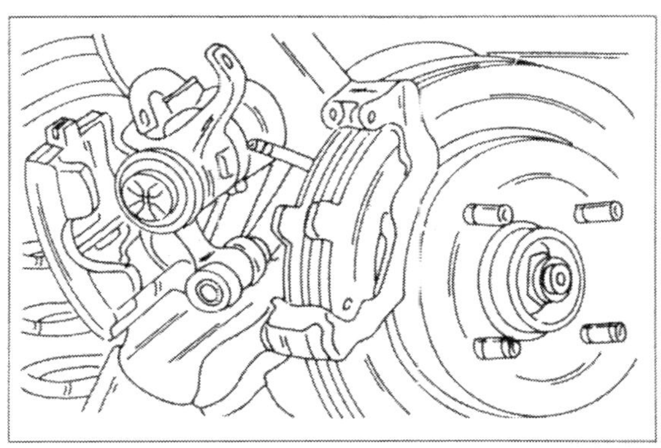

Bild 184
Den Bremssattel in der gezeigten Weise vom Bremssattelträger abnehmen und die Bremsklötze links und rechts der Bremsscheibe entfernen.

14.4 Hauptbremszylinder

14.4.1 Aus- und Einbau

Die Arbeiten sind die gleichen für Fahrzeuge mit Scheibenbremsen/Trommelbremsen und Scheibenbremsen/Scheibenbremsen-Kombination.

- Einen Entlüftungsschlauch auf eine der Entlüftungsschrauben stecken und das Ende des Schlauches in ein Gefäss einhängen.
- Entlüftungsschraube öffnen.
- Bremsanlage durch Pumpen des Bremspedales vollkommen entleeren.
- Stecker der Warnanlage für den Flüssig-

Achtung: Bremsflüssigkeit irritiert die Haut und greift lackierte Flächen an. Beim Umgang mit Bremsflüssigkeit deshalb vorsichtig vorgehen. Auch beim Entlüften der Bremsen das Fahrzeug auf Böcke setzen.

keitsstand an der Verschlusskappe abziehen und die Kappe abschrauben.

- Bremsleitungen an der Seite des Hauptbremszylinders mit einem Gabelschlüssel abschliessen. Dabei einen Lappen unter die Anschlussmuttern halten, damit auslaufende Bremsflüssigkeit sofort aufgefangen wird.
- Hauptbremszylinder von der Vorderseite des Bremskraftverstärkers abschrauben. Eine Stecknuss mit einer Verlängerung und einer Ratsche sollte dazu verwendet werden. Bild 185 zeigt den Zylinder im eingebauten Zustand.

Der Einbau des Hauptbremszylinders geschieht in

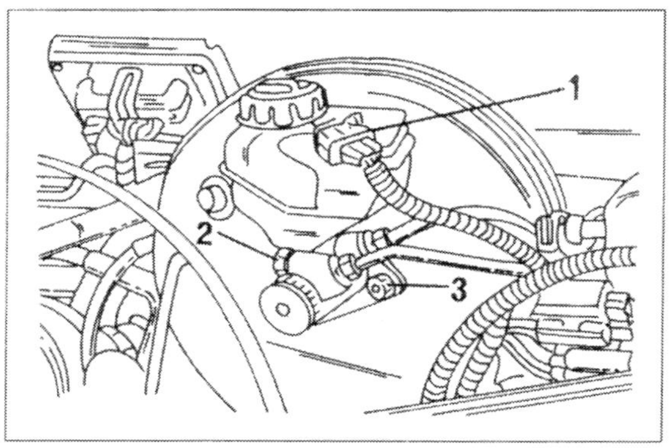

Bild 185
Eingebauter Hauptbremszylinder. Der Mehrfachstecker (1) sitzt an der gezeigten Stelle. Die beiden Muttern (2) und (3) halten den Zylinder.

umgekehrter Reihenfolge wie der Ausbau. Nach dem Einbau die Anlage mit Bremsflüssigkeit füllen und entlüften, wie es in Kapitel 14.5 beschrieben wird.

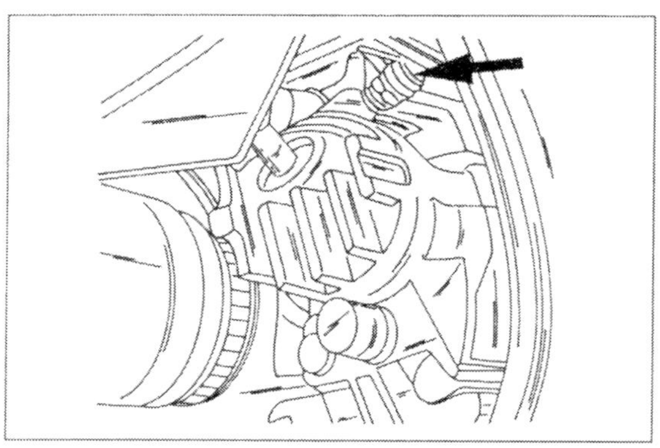

Bild 186
Der Pfeil zeigt auf die Entlüftungsschraube eines vorderen Bremssattels. Die Gummikappe vor Lockern der Schraube abziehen.

14.4.2 Hauptbremszylinder überholen

Der Hauptbremszylinder sollte nicht zerlegt werden. Ein neuer Zylinder kommt ohne Vorratsbehälter, welcher ausgetauscht werden muss. Um den Behälter auszubauen, zwei Sicherungszungen auf beiden Seiten des Zylinders lösen und den Vorratsbehälter vorsichtig mit einem Schraubenzieher abhebeln.

Der Einbau geschieht in umgekehrter Reihenfolge. Die Bremsanlage muss entlüftet werden, da Luft in die Anlage gekommen ist.

14.5 Bremsen entlüften

Das Entlüften der Bremsanlage sollte nach jeder Reparatur geschehen, bei der an irgendeiner Stelle des Bremssystems eine Leitung abgeschlossen oder die Bremsanlage in anderer Weise geöffnet wurde. Ein Entlüften ist ebenfalls erforderlich, falls sich das Bremspedal beim Durchtreten "schwammig" anfühlt, und sich beim mehrmaligen, schnellen Betätigen aufpumpt.

- Nur die von Ford vorgeschriebene Bremsflüssigkeit verwenden, welche in einer verschlossenen Büchse aufbewahrt werden muss.
- Während des Entlüftens den Vorratsbehälter immer gefüllt halten.
- Der zum Entlüften verwendete Schlauch darf kein Loch haben, damit keine Luft eintritt.

Beim Entlüften der Anlage folgendermassen vorgehen. Zu beachten ist, dass man beide Bremskreise auch unabhängig voneinander entlüften kann.

- Verschlussdeckel des Vorratsbehälters (Doppelbehälter für beide Bremskreise) säubern und abnehmen. Den Behälter bis zur "Max."-Strichmarkierung mit Bremsflüssigkeit füllen.
- Einen Entlüftungsschlauch auf die Entlüftungsschraube des rechten Vorderrades aufstecken (Gummikappe vorher von der Entlüftungsschraube abziehen, siehe Bild 186) und das freie Ende des Schlauches in einen Glasbehälter einhängen, in welchen vorher etwas saubere Bremsflüssigkeit eingefüllt wurde.
- Die Entlüftungsschraube um eine volle Umdrehung öffnen. Bild 186 zeigt wo die Schraube am vorderen Bremssattel sitzt.
- Das Bremspedal von einem Helfer auf den Boden durchtreten lassen und auf dem Boden halten.
- Entlüftungsschraube festziehen und das Bremspedal zurückkehren lassen.
- Diese Reihenfolge wiederholen, bis nur Bremsflüssigkeit, frei ohne Luftblasen aus dem Schlauchende in das Glasgefäss einströmt.
- Den linken hinteren Bremssattel oder Radbremszylinder in gleicher Weise entlüften.
- Einen Entlüftungsschlauch auf die Entlüftungsschraube der linken Vorderradbremse aufstecken und die Schraube um eine komplette Umdrehung öffnen.
- Fussbremse betätigen und das Pedal fest auf dem Boden halten.
- Entlüftungsschraube schliessen, sobald keine Luftblasen mehr sichtbar sind.
- Einen Entlüftungsschlauch auf die Entlüftungsschraube des rechten Hinterrads aufstecken, mit dem Schlauchende wieder in einem Glasgefäss, und die Schraube um eine komplette Umdrehung öffnen. Pedal wieder durchtreten lassen und die Schraube schliessen, wenn nur noch

blasenfreie Flüssigkeit herauskommt.

- Vorratsbehälter bis zum "Max."-Strich auffüllen.
- Die Verschraubung des Vorratsbehälters aufdrehen und die beiden Kabelstecker aufstekken.

14.6 Bremskraftverstärker

Das Gerät nutzt bei einem Benzinmotor den Druckunterschied zwischen dem Unterdruck im Ansaugrohr des Motors und dem atmosphärischen Druck aus. Bei laufendem Motor gelangt der Unterdruck über das Einweg-Regelventil in das Gerät. Auf beiden Seiten der Membrane im Gerät herrscht der gleiche Unterdruck. Beim Betätigen des Bremspedals dringt atmosphärische Luft ein und wirkt auf die Rückseite der Membrane verstärkend ein. Da beim Dieselmotor der genannte Druckunterschied nicht hergestellt wird, kommt eine durch die Nockenwelle angetriebene Unterdruckpumpe zur Verwendung, die den Unterdruck in das Bremsservogerät liefert.
Bei Ausfall des Geräts, der stets den Ausfall der Verstärkung zur Folge hat, kann die Bremsanlage weiterhin sicher in Betrieb gehalten werden, mit dem Unterschied, dass ein wesentlich höherer Fussdruck am Pedal erforderlich ist, um die gleiche Bremsleistung herzustellen.
Zur Funktionsprüfung des Geräts ist bei abgestelltem Motor das Bremspedal mehrere Male zu betätigen. Den Motor danach anlassen. Erfolgt eine Verstärkung durch das Gerät, so senkt sich das Bremspedal bei gleichbleibendem Fussdruck um einen gewissen Betrag. Oder den Motor kurz laufen lassen und kontrollieren, ob sich nach 3 bis 4 Minuten die Verstärkung im Bremshilfsgerät noch bemerkbar macht.
Ausser dem Austausch der Luftfilterpackung (Filterscheibe, Sicherungs-Dichtung und Dichtungskolben) und dem Austausch des Einwegventils sind weitere Reparaturen nicht ratsam. Andere Instandsetzungen am Gerät sollten nur von einem Spezialisten durchgeführt werden, der über entsprechende Prüf- und Messwerkzeuge verfügt.
Der Bremskraftverstärker kann nach Ausbau des Hauptbremszylinders ausgebaut werden. Danach die vier Muttern vom Gerät entfernen und die Stösselstange des Bremsservos vom Bremspedal abschliessen.
Der Einbau geschieht in umgekehrter Reihenfolge wie der Ausbau. Irgendwelche Einstellungen sind nicht erforderlich. Die Bremsanlage muss nach fertigem Einbau entlüftet werden, da ja die Leitungen gelöst wurden.

14.7 ABS-Anlage

Die eingebaute ABS-Anlage besteht aus einer konventionellen Bremsanlage mit diagonal geteilten Bremskreisen und einem Steuergerät. Das Steuergerät setzt sich aus einem Hydraulikteil, einer Druckpumpe, einem ABS-Modul mit eingebautem Relais und zwei druckempfindlichen Reduzierventilen zusammen.
Die zum Betrieb erforderlichen Raddrehzahlsignale werden durch vier Sensoren an den vier Rädern geliefert. Das ABS-Modul vergleicht diese Signale mit den im Modul gespeicherten Grenzwerten. Falls ein oder mehrere Räder während dem Abbremsen den Blockierwert erreichen, werden die entsprechenden Schaltventile durch das Modul aktiviert. Dies führt zu einem Abfall des Bremsdrucks im betreffenden Zylinder.
Falls die Raddrehzahl jetzt die Blockiergrenze überschreitet, wird der Bremsdruck durch das ABS-Regelmodul eingeschaltet. Die Pumpe erhöht dabei sofort den Druck im Radbremszylinder im Einklang mit dem durch die Betätigung des Bremspedals geforderten Bremsdruck.
Dieser Vorgang kann innerhalb von Sekunden mehrere Male wiederholt werden, je nach dem Zustand der Strassenfläche und der Dauer der Abbremsung. Bei einer Fahrgeschwindigkeit von weniger als 5 km/h findet der Betrieb der ABS-Anlage nicht statt.

14.7.1 Hydraulikgerät

- Massekabel der Batterie abklemmen.
- Luftfilter, Luftströmungsmesser und alle damit verbundenen Leitungen und Schläuche ausbauen, wie es beim Ausbau des Motors auf Seite 12 beschrieben wurde.
- Die Verschlussverschraubung des Vorratsbehälters vollkommen mit Klebband abdichten. Dadurch wird ein Auslaufen der Bremsflüssigkeit vermieden.
- Den Hauptbremszylinder zusammen mit dem Vorratsbehälter ausbauen, wie es in Kapitel 14.4.1 beschrieben wurde. Der Zylinder einstweilen auf die linke Seite gegen den linken Aufhängungsturm anlegen.
- Den Bremskraftverstärker ausbauen.
- Alle Bremsleitungen vom Hydraulikgerät abschliessen. Die Leitungsanschlüsse sind in Bild 187 gezeigt. Die offenen Anschlussstellen und Leitungsenden in geeigneter Weise verschliessen (Klebband) um ein Eindringen von Schmutz oder anderen Fremdkörpern zu vermeiden.
- Am Hydraulikgerät ist ein Mehrfachstecker aufgesteckt. An diesem gegen eine Sicherungslasche drücken und den Stecker abziehen. Der

Stecker ist an der in Bild 188 gezeigten Stelle aufgesteckt.

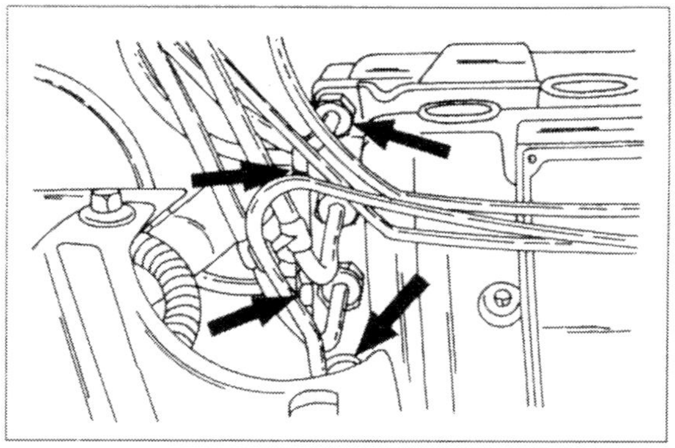

Bild 187
Die vier Leitungsenden müssen am Hydraulikgerät abgeschlossen werden.

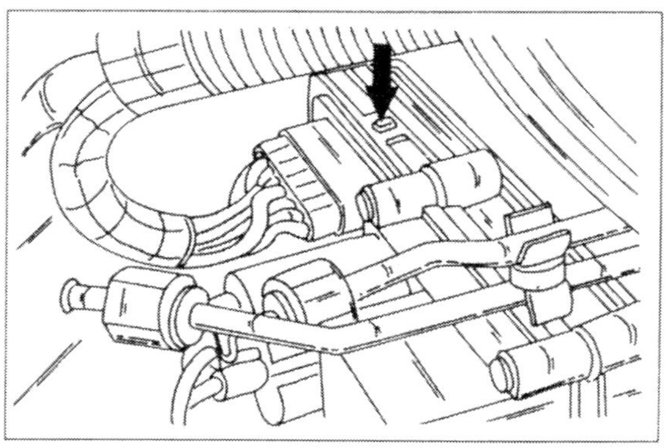

Bild 188
Der Stecker des hydraulischen Steuergeräts. Die Sicherungslasche in Pfeilrichtung entsperren.

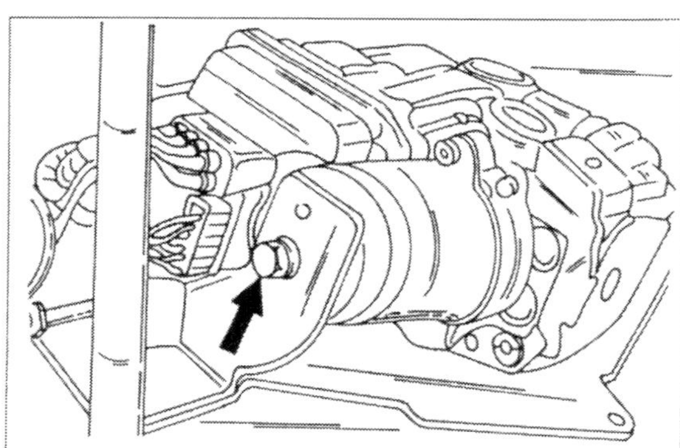

Bild 189
Die gezeigte Mutter hält die Pumpe an der Rückseite.

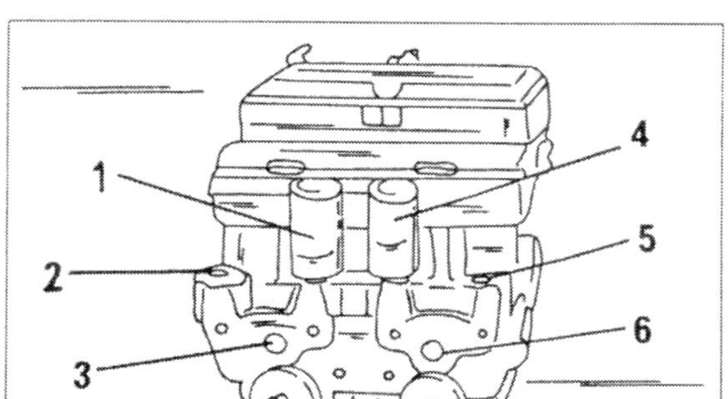

Bild 190
Die Anschlüsse der Bremsleitungen am Hydraulikgerät. Auf die Zahlen wird im Text eingegangen.

- Bremskraftverstärker ausbauen. Dazu die Bremspedalhalterung abschrauben und den Bremskraftverstärker mit der Welle als komplette Einheit herausnehmen.
- Die Befestigungsschraube der Pumpe an der Rückseite entfernen (Bild 189), das Hydraulikgerät langsam auf der linken Seite anheben und aus der rechten Lagerung herausheben. Darauf achten, dass keine Teile der Befestigung herunterfallen können, d.h. an der Seite sind lose Einsätze mit Stiftschrauben eingesetzt. Ausserdem werden eine Kappe mit Stiftschraube und der Isolierring frei. Beim Dieselmotor muss das Wärmeschutzblech abgeschraubt werden.

Vor Einbau des Hydraulikgeräts den Isolierring und die Kappe mit der Stiftschraube aufsetzen. Das Gerät jetzt mit der rechten Seite zuerst einsetzen und die Einsätze mit den Stiftschrauben in die Aufhängungsgummi einsetzen. Diese Einsätze sollten sich immer noch in ihrer Lage in der Halterung befinden.
Das linke Ende jetzt in die Halterung senken und die in Bild 189 gezeigte Mutter mit 20 Nm anziehen.
Die verbleibenden Arbeiten in umgekehrter Reihenfolge durchführen, jedoch muss man Bild 190 genau studieren, um die Bremsleitungen vorschriftsmässig anzuschliessen:

- Am Anschluss (1) die zur vorderen, rechten Bremse führende Leitung anschliessen.
- Anschluss (2) ist der Auslass zum vorderen, linken Bremskreis.
- Anschluss (3) ist der Sekundärauslass (für den Zwischenkolben) des Hauptbremszylinders.
- Anschluss (5) ist der Auslass zum vorderen, rechten Bremskreis.
- Anschluss (6) ist der Einlass für den Primärkreis (für den Druckkolben) des Hauptbremszylinders.

Nach dem Einbau muss die Bremsanlage entlüftet werden, wie es im Kapitel 14.5 beschrieben wurde.

- Die Arbeitsweise der Bremsanlage d.h. der Bremsdruckverstärkung und der Anti-Blockierfunktion kontrollieren.

14.7.2 Fühler für ABS-Anlage erneuern (vorn)

Die Fühler oder Sensoren sind in die Achsschenkel eingesetzt.

- Vorderseite des Fahrzeuges auf Böcke setzen. Um besser an die einzelnen Teile zu kommen sollte man das Vorderrad abschrauben, besonders, da man das Abdeckblech im Radkasten ausbauen muss.
- Die Befestigungsschraube des Fühlers am Achsschenkel lösen. Den Fühler vorsichtig an der in Bild 191 gezeigten Stelle am Achsschenkel herausziehen.
- Das Abdeckblech in der Innenseite des Radkastens auf der betreffenden Seite ausbauen. Dieses ist mit Schrauben (mit Torx-Kopf) und Clips befestigt.

- Durch die freigelegte Öffnung den Kabelstrang des Sensors lösen und den Stecker abziehen.
- Kontrollieren, dass die Aufnahmebohrung für den Sensor und der Sensor selbst sauber sind.

Der Einbau geschieht in umgekehrter Reihenfolge wie der Ausbau. Arbeitsweise der ABS-Anlage abschliessend kontrollieren.

14.7.3 Fühler für ABS-Anlage erneuern (hinten)

Unterscheiden muss man zwischen eingebauten Trommelbremsen und Scheibenbremsen. Der Ausbau eines Sensors bei eingebauter Scheibenbremse erfolgt in ähnlicher Weise wie der Ausbau eines vorderen Sensors (siehe letztes Kapitel). Der Ausbau eines Fühlers (Sensors) für die Hinterrad-Trommelbremsen ist etwas umfangreicher, da man das Rücksitzkissen ausbauen muss.

- Batterie abklemmen.
- Rückseite des Fahrzeuges auf Böcke setzen und das Rad abnehmen.
- Hinteres Sitzkissen ausbauen.
- Den Mehrfachstecker des Sensors unter dem Sitzkissen trennen.
- An der Innenseite der Bremsträgerplatte eine Schraube lösen und den Sensor aus der Öffnung ziehen (Bild 192).
- Dem Kabelstrang des Sensors folgen und von den Befestigungen lösen.

Der Einbau geschieht in umgekehrter Reihenfolge. Vor dem Einbau die Aufnahmebohrung des Fühlers auf Beschädigung, Rostansätze oder rauhe Kanten kontrollieren. Das Rad durchdrehen und das Zahnrädchen auf Schäden kontrollieren.

14.8 Unterdruckpumpe — Diesel

Die Zylinderkopfhaube muss ausgebaut werden, um an die restlichen Teile zu kommen. Die Batterie vor Arbeitsbeginn abklemmen.

- Den Motor durchdrehen, bis die Stösselstange der Unterdruckpumpe vollkommen in den Zylinderkopf zurückgezogen ist.
- Unterdruckleitung zwischen der Pumpe und dem Bremskraftverstärker abschliessen.
- Luft/Ölleitung zwischen Unterdruckpumpe und Kurbelgehäuse ausbauen.
- Untere Schraube der Pumpe und danach die obere Schraube entfernen und die Pumpe vom Motor abnehmen. Den eingesetzten "O"-Dichtring entfernen.

Der Einbau erfolgt in umgekehrter Reihenfolge wie der Ausbau. Den "O"-Dichtring immer erneuern, falls er nicht mehr einwandfrei aussieht.

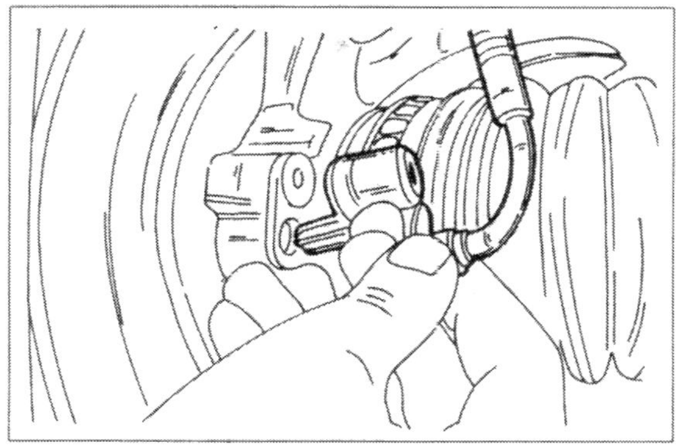

Bild 191
Der Sensor für das Vorderrad sitzt an der gezeigten Stelle in den vorderen Achsschenkeln.

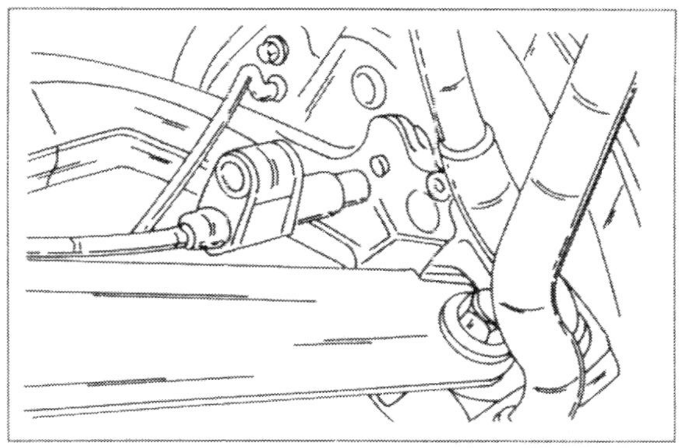

Bild 192
Der Sensor für das Hinterrad einer Trommelbremse ist an der gezeigten Stelle in die Bremsträgerplatte eingebaut.

14.9 Die Handbremse

Die Handbremse stellt sich automatisch durch einen Mechanismus mit einer Ratsche und einer Klinke nach.

14.9.1 Vorderes Handbremsseil erneuern (auch Aus- und Einbau des Handbremshebels)

Die Mittelkonsole muss ausgebaut werden, um das Handbremsseil vom Handbremshebel zu lösen.

- Batterie abklemmen.
- Den Aschenbecher ausbauen.
- Den Knopf vom Schalthebel abziehen.
- Mit einem Schraubenzieher die Schalthebelmanschette mit der Schaltertafel vorsichtig heraushebeln, wie es in Bild 193 zu sehen ist. Falls eine elektronisch geregelte Radaufhängung eingebaut ist, muss man den Schalter mit einem Schraubenzieher herausheben. Unter den Drehpunkt des Schraubenziehers jedoch eine weiche Unterlage unterlegen, um keine Schäden anzurichten. Den Mehrfachstecker trennen und den Schalter herausnehmen.

- An der Vorderseite, an der Seite der Konsole vier Schrauben mit Kappen entfernen, in der Mitte drei Schrauben lösen und an der Vorderseite in der Mitte weitere vier Schrauben entfernen.

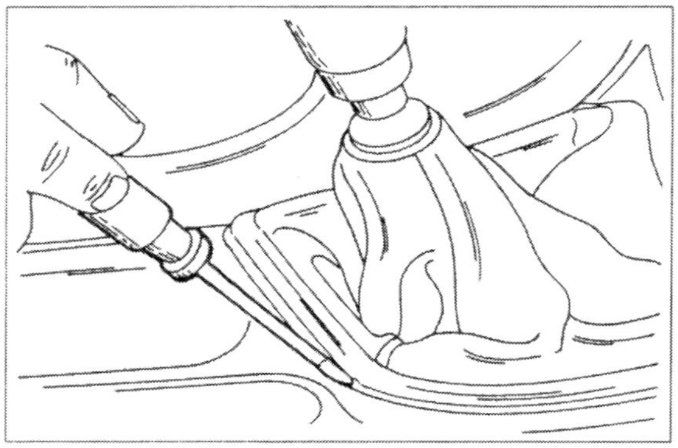

Bild 193
Abhebeln der Schalthebelmanschette. Darunter könnte ein Schalter sitzen.

- Die Gummiabdeckung des Handbremshebels über der Handbremse anheben und den Stecker für den Zigarrenanzünder trennen.
- Rückseite des Fahrzeuges auf Böcke setzen.
- Falls eingebaut die Wärmeschutzbleche unter den Auspuffteilen abschrauben und das Auspuffrohr von der Aufhängung freimachen.
- Auf beiden Seiten die Handbremsseile vom Ausgleichshebel lösen und aus dem Hebel aushängen. Bild 194 zeigt wo die Seile eingehängt sind.

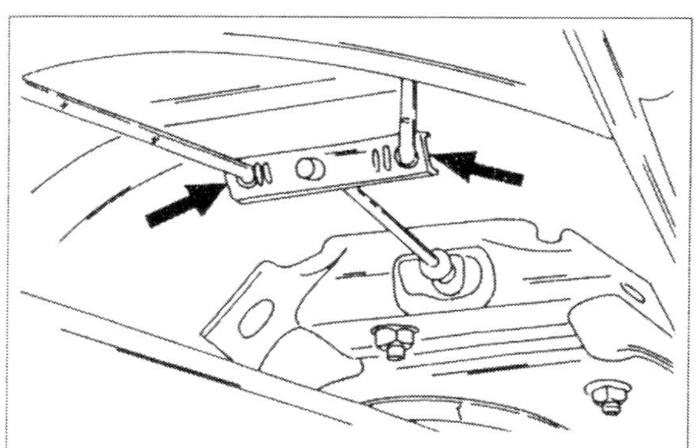

Bild 194
Die beiden hinteren Handbremsseile sind an den Pfeilstellen mit dem Ausgleichshebel verbunden. In der Mitte ist das vordere Bremsseil angebracht.

- Zwei Befestigungsschrauben des Handbremshebels lösen, den Hebel herausheben und das Handbremsseil vom Hebel aushängen. Das Seil wird durch eine kleine Rolle gehalten.

Der Einbau geschieht in umgekehrter Reihenfolge wie der Ausbau. Darauf achten, dass das Seil einwandfrei im Handbremsmechanismus sitzt.

14.9.2 Hintere Handbremsseile erneuern

- Rückseite des Fahrzeuges auf Böcke setzen.
- Eingebaute Wärmeschutzbleche unter der Auspuffanlage ausbauen und das Auspuffrohr von der Aufhängung freimachen.
- Die beiden Handbremsseile an den in Bild 194 gezeigten Stellen vom Ausgleichshebel lösen und die Seile aushängen.
- Handbremsseil am Bremssattel aushängen oder im Fall einer Trommelbremse die Bremsbacken ausbauen und das Seil aushängen, wie es im betreffenden Kapitel beschrieben ist.
- Handbremsseil vom Gestänge und an der Befestigung der Karosserie lösen und herausnehmen.

Der Einbau geschieht in umgekehrter Reihenfolge wie der Ausbau. Darauf achten, dass die Seilenden einwandfrei im Ausgleichshebel sitzen und die Seilaussenhüllen bis zum Anschlag in die Führungen geschoben sind.
Abschliessend die Arbeitsweise der Handbremse überprüfen.

14.10 Anti-Schlupf-Regelung

Wie bereits erwähnt, wird dieses System auf Sonderwunsch eingebaut und arbeitet zusammen mit der ABS-Anlage. Beide Systeme benutzen die gleichen Sensoren für die Raddrehzahl, das hydraulische Steuergerät und das elektronische Regelmodul, jedoch werden bei der Anti-Schlupf-Regelung zusätzliche Teile benötigt.
Das System arbeitet auf der Grundlage, dass sich das Drehmoment des sich durchdrehenden (durchschlupfenden) Rades auf das Rad mit der besseren Antriebshaftung überträgt. Dies kann entweder durch Einwirkung der betreffenden Bremse oder durch Schliessen der Drosselklappe geschehen. Der Betrieb der Bremsen wird durch das hydraulische Steuergerät reguliert, die Betätigung der Drosselklappe durch einen Drosselklappenregler reguliert, welcher zwischen dem Fahrpedal und dem Drosselklappengehäuse eingesetzt ist und zwei Seile hat, welche Fahrpedal und Drosselklappe verbinden. Der Regler dehnt das Seil praktisch aus, so dass eine verringerte Drosselklappenstellung für jede Stellung des Fahrpedals erhalten wird, wenn das System in Betrieb kommt.
Die Anlage benutzt auf diese Weise eine Kombination aus Brems- und Drosselklappenregulierung bis zu einer Geschwindigkeit von 50 km/h. Bei höheren Geschwindigkeiten arbeitet nur die Drosselklappenregulierung. Dem Fahrer wird durch eine Warnleuchte im Armaturenbrett mitgeteilt wenn das Anti-Schlupf-Regelsystem in Betrieb ist.
Wie Sie ja bereits wissen werden, leuchtet die Warnleuchte nach Einschalten der Zündung ca. 3 Sekunden lang auf und erlöscht, falls die Elektronik keine Fehler feststellen kann. Auch das willkürliche Ausschalten des Systems wird Ihnen ja bekannt

sein, d.h. die Warnleuchte bleibt erhellt, bis man die Anlage wieder einschaltet.
Falls sich in der Anlage eine Störung entwickelt hat, bleibt die Warnleuchte erhellt, bis die Störung behoben wurde.
Bild 196 zeigt ein Diagramm mit der Lage der zum System gehörenden Teile.

14.10.1 Aus- und Einbau des Regelmotors

Die Seilverbindungen müssen eingestellt werden, nachdem der Regelmotor erneuert wurde. Bei der folgenden Beschreibung wird angenommen, dass man den Motor nur aus- und einbaut und die Seile wieder anschliesst, wie sie vorgefunden wurden. Die Einstellung kann man dann in einer Werkstatt bei der nächsten Gelegenheit kontrollieren lassen.

- Batterie abklemmen.
- Den Regelmotor anhand von Bild 195 ausfindig machen und den Mehrfachstecker abziehen.
- Abdeckung des Motors entfernen.
- Seilzug zwischen dem Motor und der Drosselklappenwelle von der oberen Riemenscheibe aushängen. Die Riemenscheibe muss dabei verdreht werden, um das Seil zum Aushängen genügend weit zu lockern.
- Das Seil aus dem Motorgehäuse aushängen, indem man die Spange und das Seil nach oben zu herausdrückt.

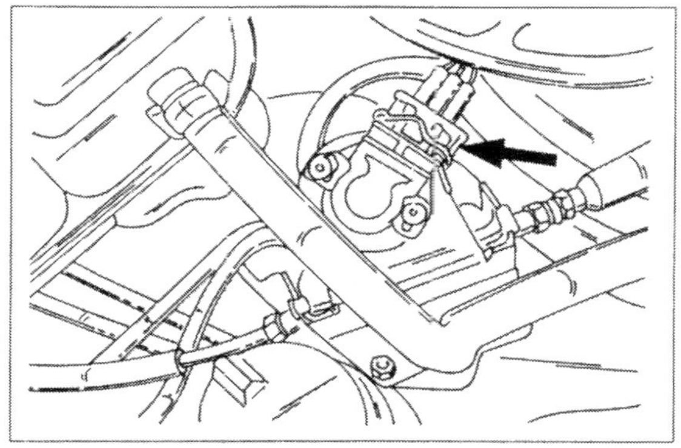

Bild 195
Der Regelmotor sitzt an der gezeigten Stelle.

- Das Seil zwischen dem Fahrpedal und dem Motor an der unteren Riemenscheibe aushängen. Wiederum die Riemenscheibe gegen die Spannung verdrehen, um das Seil zu lockern und das Seil nach oben aus der Halterung am Motorgehäuse herausschieben.
- Zwei Schrauben lösen und den Motor nach oben zu aus dem Fahrzeug heben.

Der Einbau geschieht in umgekehrter Reihenfolge wie der Ausbau.

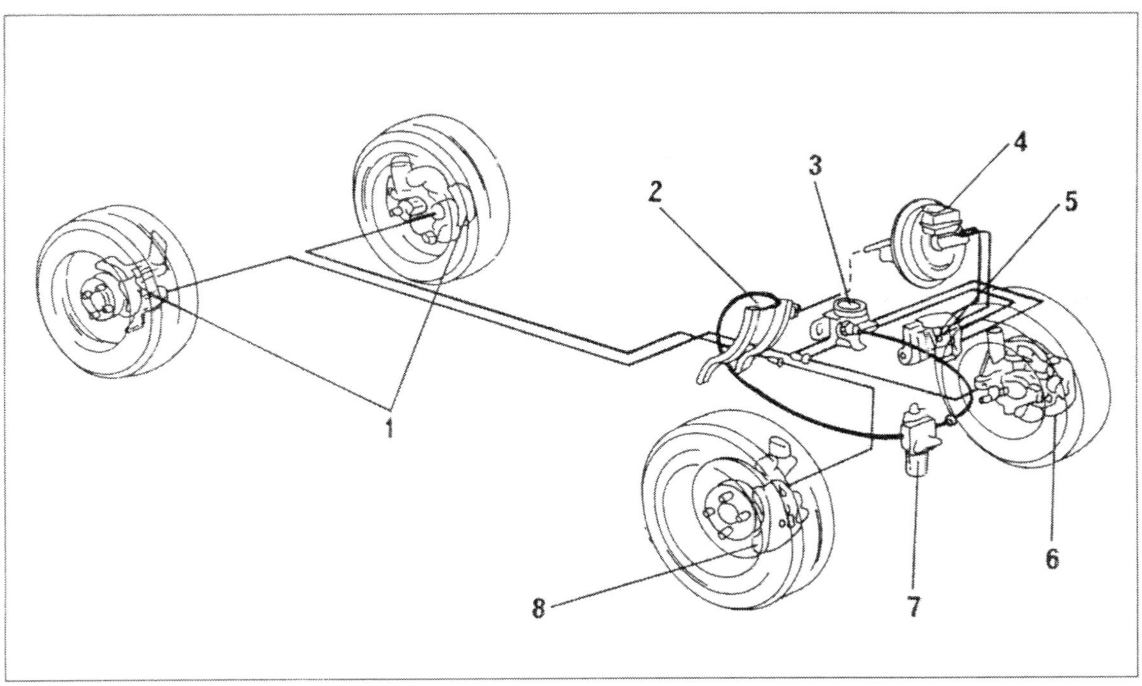

Bild 196
Die zum Anti-Schlupf-Regelsystem gehörenden Teile.
1 Hinterradbremsen
2 Fahrpedal
3 Drosselklappe
4 Hauptbremszylinder
5 Mecatronic-Gerät
6 Vorderradbremse
7 Motor für Anti-Schlupf-Regelsystem
8 Vorderradbremse

15 Die elektrische Anlage

Die elektrische Anlage ist auf eine Spannung von 12 V abgestellt. Sie besteht aus Drehstromlichtmaschine, Reglerschalter, Anlasser, Zündanlage, Batterie, Beleuchtung und anderen Stromabnehmern.
Die Drehstromlichtmaschine ist von Bosch oder Mitsubishi hergestellt oder eine Ford-eigene Lichtmaschine kann eingebaut sein. Die Lichtmaschine hat eine Leistung von 90 A oder 95 A (Ford), je nach eingebautem Motor und Ausrüstung. Die Lichtmaschine ist an der Vorderseite des Motors montiert und wird durch den gleichen Riemen wie die anderen Aggregate angetrieben.
Der Anlasser wird ebenfalls von verschiedenen Herstellern geliefert (Magnetti Marelli oder Bosch) und je nach eingebautem Motor und Getriebe wird ein unterschiedlicher Anlasser verwendet. Nur der Magnetti-Marelli-Anlasser ist von konventioneller Bauweise. Die anderen Anlasser haben ein Untersetzungsgetriebe.

15.1 Die Drehstromlichtmaschine

15.1.1 Vorsichtsmassnahmen bei Arbeiten an der Lichtmaschine

Ehe irgendwelche Arbeiten an der Ladestromanlage durchgeführt werden, müssen die folgenden Vorsichtsmassnahmen unbedingt eingeprägt werden:

- Niemals die Batterie oder den Spannungsregler abklemmen, während der Motor und somit die Lichtmaschine laufen.
- Niemals die Erregerklemme (Feldklemme) der Lichtmaschine oder das daran befestigte Kabel in Berührung mit Masse kommen lassen.
- Niemals die beiden Leitungen des Spannungsreglers verwechseln.
- Niemals den Spannungsregler in Betrieb bringen, wenn er mit Masse verbunden ist (sofortige Beschädigung von Dioden, usw.).
- Niemals die Lichtmaschine ausbauen, wenn die Batterie nicht vorher aus dem Stromkreis genommen wurde.
- Beim Einbau der Batterie darauf achten, dass die Minusklemme an Masse angeschlossen wird.
- Niemals eine Prüflampe verwenden, die direkt an das Hauptstromnetz (110 oder 220 V) angeschlossen ist. Nur eine Prüflampe mit einer Spannungsstärke von 12 V benutzen.
- Falls eine Batterie im eingebauten Zustand mit einem Batterieladegerät aufgeladen wird, müssen die beiden Batteriekabel abgeklemmt werden. Die positive Klemme des Ladegerätes an den positiven Pol der Batterie und die negative Klemme des Ladegerätes an den negativen Pol der Batterie anschliessen.
- Falsches Anschliessen der Leitungen führt zur Zerstörung der Gleichrichter und des Spannungsreglers.

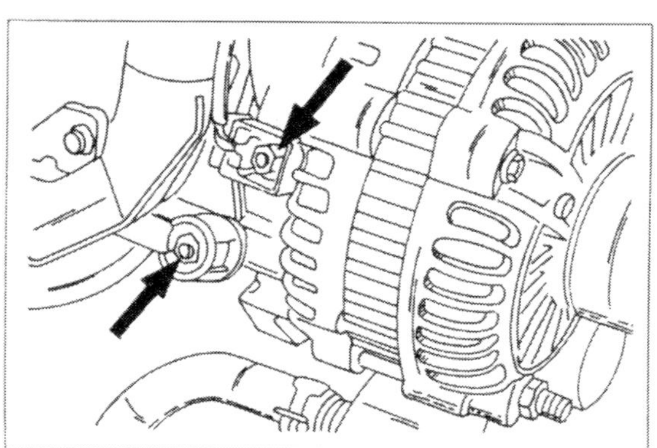

Bild 197
Die Pfeile zeigen wo die Kabel der Drehstromlichtmaschine angeschraubt sind.

15.1.2 Eingebaute Drehstromlichtmaschine prüfen

Während normaler Fahrt muss die Ladekontrollleuchte erlöschen. Falls dies nicht der Fall ist, liegt ein Fehler in der Drehstromlichtmaschine oder im Spannungsregler vor. Als erstes alle Stromverbindungsanschlüsse der Drehstromlichtmaschine prüfen. Kontrollieren, ob der Antriebsriemen einwandfrei gespannt ist. Die weiteren Überprüfungsarbeiten sind bei ausgebauter Drehstromlichtmaschine durchzuführen.

15.1.3 Aus- und Einbau

Der Aus- und Einbau der Lichtmaschine bei den Benzinmodellen ist umfangreicher als man dies bei einer Lichtmaschine erwartet. Bei einem Dieselmotor ist dies dagegen verhältnismässig einfach.

Benzinmotor

- Massekabel der Batterie abklemmen.
- Das Ansauggehäuse vollkommen ausbauen. Dazu den grossen Schlauch der einen Seite abschliessen, den Unterdruckschlauch abschliessen und die vier in der Mitte sichtbaren Schrauben und Muttern lösen.
- Alle elektrischen Kabel an den in Bild 197 gezeigten Stellen abschrauben und ebenfalls den Kabelstrang vom Ansaugsammelrohr abschrauben.

- Obere Befestigungsschrauben der Lichtmaschine entfernen.
- Vorderseite des Fahrzeuges auf Böcke setzen und das rechte Vorderrad abschrauben.
- Das Abdeckblech im Radkasten abschrauben und ebenfalls das Blech über der Riemenscheibe entfernen.
- Die Schraube des Riemenspanners nach rechts drehen, bis der Antriebsriemen abgenommen werden kann.
- Spurstangengelenk vom Lenkhebel abschliessen, wie es im Abschnitt "Lenkung" beschrieben wurde.
- Die untere Befestigungschraube der Lichtmaschine lösen und diese durch den Radkasten herausnehmen.

Beim Einbau folgendermassen vorgehen. Da das Fahrzeug dabei auf den Boden abgelassen und wieder angehoben werden muss, ist trotzdem auf die notwendige Sicherheit zu achten.

- Lichtmaschine in den Aufhängungsbügel ansetzen und die untere Schraube einsetzen ohne sie jedoch festzuziehen. Das Rad provisorisch anschrauben und das Fahrzeug wieder auf den Boden ablassen.
- Die obere Befestigungsschraube einsetzen und sie mit einem Drehmoment von 50 Nm anziehen. Das Fahrzeug jetzt wieder vorn anheben und die untere Schraube mit dem gleichen Drehmoment anziehen.
- Antriebsriemen auflegen und den Riemen mit der Spannrolle spannen.
- Abdeckbleche wieder am Radkasten anbringen.
- Spurstangenkopf wieder am Lenkhebel anschliessen, die Mutter mit 30 Nm anziehen und mit einem neuen Splint sichern.
- Kabel an der Drehstromlichtmaschine anschrauben und den Kabelstrang am Ansaugsammelrohr befestigen.
- Rad montieren, das Fahrzeug auf den Boden ablassen und die Räder mit 85 Nm anziehen.
- Die verbleibenden Teile wieder montieren.

Dieselmotor

- Massekabel der Batterie abklemmen.
- Fahrzeug vorn auf Böcke setzen und das Schutzblech unter dem Vorderwagen abschrauben (9 Befestigungsstellen).
- Die Schraube in der Mitte der Spannvorrichtung lockern und die Schraube an der Unterseite des Spanners nach links drehen, bis der Riemen locker ist und abgenommen werden kann. Bild 199 zeigt wo der Riemenspanner beim Dieselmotor sitzt.
- Fahrzeug wieder auf den Boden ablassen.
- Den Ladeluftkühler ausbauen, wie es bei der Kühlanlage des Dieselmotors im betreffenden Kapitel beschrieben wird.
- Kabel an der Rückseite der Drehstromlichtmaschine abschliessen. Ein Kabel hat einen Stecker, das zweite ist angeschraubt.
- Die beiden Schrauben des Aggregats lösen (Bild 198) und dieses herausheben.

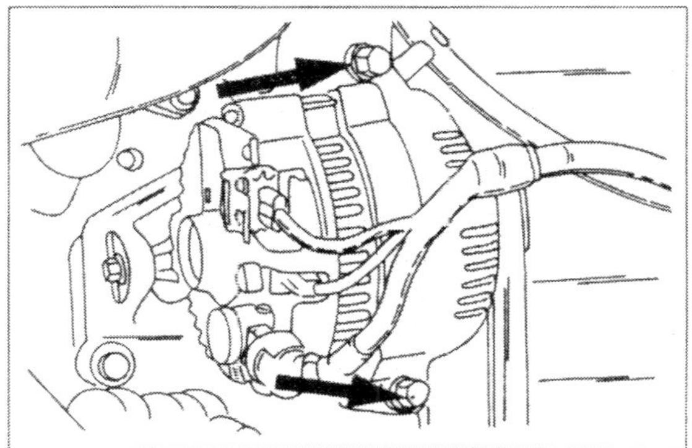

Bild 198
Die beiden Schrauben halten die Lichtmaschine beim Dieselmotor. Beide Schrauben mit 50 Nm anziehen.

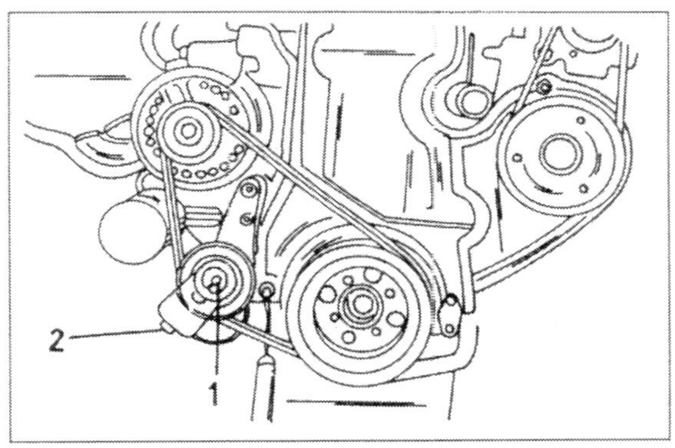

Bild 199
Nach Lockern der Feststellschraube (1) die Schraube (2) herausdrehen, um die Riemenspannung zu entlasten. Beim Einbau in umgekehrter Reihenfolge vorgehen.

Der Einbau geschieht in umgekehrter Reihenfolge wie der Ausbau. Zum Spannen des Riemens die in Bild 199 gezeigte Schraube anziehen, bis sich der Riemen an der Unterseite ca. 2 mm hin- und herbewegen lässt. Erst dann die Schraube (1) in der Mitte anziehen.

15.1.4 Reparatur der Drehstromlichtmaschine

Eine Bosch NC 90-, eine Mitsubishi A004T- oder eine Ford EFHD 3G-Drehstromlichtmaschine werden bei der Produktion des Mondeos eingebaut. Bei allen Ausführungen ist der Spannungsregler an der Rückseite der Lichtmaschine montiert. Die Lichtmaschine ist starr am Montagehalter verschraubt, d.h. die Spannung des Antriebsriemens findet an getrennter Stelle statt, ohne dabei die Lichtmaschine in der bekannteren Weise in der Aufhängung zu verschieben.

Drehstromlichtmaschinen sollten nicht zur Überholung zerlegt werden. Falls die Maschine nicht mehr auflädt, sollte man eine Austausch-Lichtmaschine gegen Rückgabe des alten Aggregats erstehen oder man baut eine neue Lichtmaschine ein.

15.2 Anlasser

Alle Anlasser haben einen Einrückmagnetschalter. Falls ein Anlasser nicht mehr arbeitet, sollte man einen Austauschanlasser einbauen oder ihn in einer Elektro-Werkstatt überprüfen lassen. Anlasser von verschiedenen Herstellern werden angeliefert und es sollte nur ein Anlasser der gleichen Ausführung und kW-Stärke eingebaut werden, vor allem, da eine Anlasserausführung in konventioneller Weise auf dem Schubtrieb-Prinzip arbeitet, während die beiden anderen mit einem Untersetzungsgetriebe versehen sind.

15.2.1 Anlasser prüfen (eingebaut, ohne Prüfstand)

Dreht sich der Anlasser nicht oder zu langsam, sind zuerst der Ladezustand der Batterie und die Kabelverbindung zwischen Batterie und Anlasser zu prüfen. Bei voll eingeschaltetem Licht ist der Anlasser zu betätigen. Verdunkelt sich das Licht beträchtlich, ist entweder die Batterie entladen oder es liegt sonst ein Batteriedefekt vor. Bleiben die Lampen hell und der Anlasser bewegt sich nicht, ist entweder das Starterkabel gebrochen oder der Anlasser ist defekt. Da der Anlasserschalter vollkommen verkapselt ist und nur ein ganzes Teil geliefert wird, kann er nur mittels 12 Volt-Prüflampe auf Durchgang geprüft werden. Eine Prüfspitze an der Klemme für das Anlasserkabel, die andere Prüfspitze an den Anschluss für die Stromverbindungsschiene halten. Jetzt den Anlassschalter betätigen. Brennt die Prüflampe nicht hell genug, liegt eine Unterbrechung vor. Den Anlassschalter auswechseln.

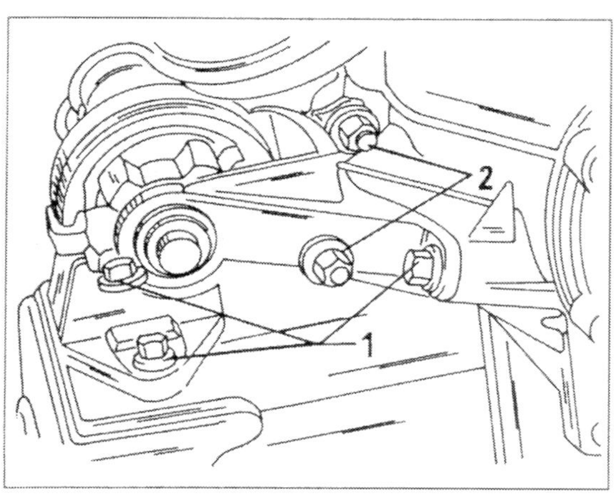

Bild 200
Die Schrauben (1) und Muttern (2) halten die vordere Drehmomentstütze der Motoraufhängung.

15.2.2 Aus- und Einbau

Auch der Aus- und Einbau des Anlassers ist beim Benzin- und Dieselmotor unterschiedlich.

Benzinmotor

- Massekabel der Batterie abklemmen.
- Am Luftfilter den grossen Luftschlauch abschliessen und den Mehrfachstecker des Luftströmungsmessers abziehen.
- Den kompletten Luftfilter ausbauen (Gummiband entfernen und zwei Schläuche abziehen).
- Die oberen Anlasserschrauben lösen. Unter einer der Schrauben befindet sich das Massekabel.
- Vorderseite des Fahrzeuges auf Böcke setzen.
- Anlasserkabel vom Einrückmagnetschalter abschliessen.
- Die untere Befestigungsschraube lösen und den Anlasser herausheben.

Der Einbau findet in umgekehrter Reihenfolge statt. Die Anlasserschrauben mit einem Anzugsdrehmoment von 35 Nm anziehen.

Dieselmotor

- Massekabel der Batterie abklemmen.
- Vorderseite des Fahrzeuges auf Böcke setzen.
- Schutzblech unter dem Vorderwagen abschrauben.
- Die vordere Drehmomentstütze unter Bezug auf Bild 200 abmontieren. Dazu die drei Schrauben (1) und die beiden Muttern (2) lösen.
- Kabel vom Anlasser abklemmen.
- Anlasser abschrauben. Drei Schrauben am Kupplungsgehäuse und eine Schraube der Anlasserstütze lösen.

Der Einbau geschieht in umgekehrter Reihenfolge wie der Ausbau. Die drei Schrauben am Kupplungsgehäuse mit 48 Nm, die Schraube der Anlasserstütze mit 35 Nm anziehen. Alle in Bild 200 gezeigten Schrauben/Muttern werden mit 48 Nm angezogen.

15.3 Batterie

15.3.1 Batterie prüfen

Die bei den neuesten Modellen im Motorraum eingebaute Batterie ist auf Lebenszeit verschlossen, d.h. sie erfordert keine Kontrolle des Batteriesäurestands. Um die Batterie auf ihre Leistungsfähigkeit zu kontrollieren, benutzt man ein Voltmeter, welches man zwischen die beiden Batteriepole anlegt. Die Prüfung muss durchgeführt werden, nachdem die Batterie mindestens 6 Stunden ohne jeglich Aufladung gestanden hat. Falls diese Zeitspanne nicht verstrichen ist, kann man die Batterie stabilisieren, indem man die Scheinwerfer 30 Sekunden lang einschaltet. Dadurch wird eine etwaige Überladung der Batterie stabilisiert. Nach einer Wartezeit von 4 - 5 Minuten kann man die Batteriespannung prüfen. Folgendermassen vorgehen:

● Batterieklemmen und Pole reinigen und die beiden Spitzen eines Voltmeters auf die Pole halten. Aus der Anzeige kann man die folgenden Schlüsse ziehen:

— Eine Anzeige von nur 12,5 Volt bedeutet, dass die Batterie sich in schlechtem Zustand befindet.
— Eine Anzeige von 12,6 Volt weist auf einen normalen Ladezustand hin.
— Eine Anzeige von 12,7 Volt weist auf einen guten Zustand der Batterie hin.

15.3.2 Batterie warten

Bei oxydierten Anschlussklemmen die Kabel abnehmen, die Polköpfe sauber machen und die Kabel wieder aufsetzen. Die Polköpfe mit Bosch-Batteriefett einschmieren. Die Batteriepflege ist besonders im Winter sorgfältig durchzuführen, da beim Anlassen bei Kälte der Strombedarf besonders hoch ist. Entladene Batterien sind frostgefährdet; eine gefrorene Batterie gibt keinen Strom ab. Auch wenn das Fahrzeug während des Winters nicht immer benutzt wird, sollte man den Motor regelmässig anlassen und laufen lassen.

15.4 Scheibenwischer

15.4.1 Aus- und Einbau des Scheibenwischermotors (vorn)

● Scheibenwischermotor einschalten und abschalten.

● Die Kunststoffkappen der Scheibenwischerarme anheben und die beiden sichtbaren Muttern um je zwei Umdrehungen lockern.

● Die Wischerarme von der Scheibe abheben und sie vom Konussitz trennen, indem man sie seitlich bewegt. Die Muttern vollkommen abschrauben und die Arme abnehmen.

● Das Windlaufblech vor der Windschutzscheibe ausbauen. Dazu die fünf Kappen abziehen und die Schrauben lösen.

● Motorhaube öffnen und das Massekabel der Batterie abklemmen.

● Unter Bezug auf Bild 201 die Gummiabdichtung (1) vorsichtig herausziehen und die fünf Schrauben (2) entfernen. Die beiden Hälften des Windlaufblechs trennen und herausheben.

● In der frei gewordenen Öffnung die vier Schrauben des Wischergestänges auffinden. Je eine sitzt rechts und links und die beiden anderen nebeneinander ca. in der Mitte.

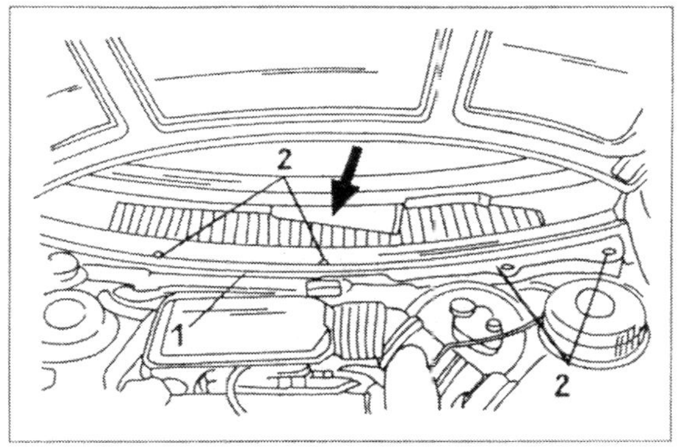

Bild 201
Die Gummiabdichtung (1) und die fünf Schrauben (2) entfernen, um das Windlaufblech auszubauen.

● Das Gestänge herausheben und den Mehrfachstecker vom Motor abziehen.

● Die Stellung des Kurbelarms im Verhältnis zur Befestigungsplatte kennzeichnen und die Mutter des Arms lösen. Den Arm herunterziehen. Der Motor ist mit drei Schrauben an der Montageplatte befestigt und kann jetzt abgeschraubt werden.

Der Einbau geschieht in umgekehrter Reihenfolge wie der Ausbau. Besondere Punkte brauchen nicht beachtet werden, nur dass man die folgenden Anzugsdrehmomente beachten muss:

● Die Schrauben des Scheibenwischermotors mit 8 - 12 Nm anziehen.

● Den Kurbelarm entsprechend der Kennzeichnung aufstecken und die Mutter mit 25 Nm anziehen.

● Das Scheibenwischergestänge mit 8 Nm anziehen.

● Die beiden Muttern der Scheibenwischerarme mit 25 Nm anziehen.

15.4.2 Aus- und Einbau des Scheibenwischergestänges (vorn)

● Die im letzten Kapitel beschriebenen Arbeiten durchführen, bis das Windlaufblech ausgebaut ist.

● Mit einem Gabelschlüssel geeigneter Grösse, den man auf das Ende des Gestänges aufsetzt, das Gestänge von den Lagerstellen abdrücken.

Die Lagerbüchsen und Gummimanschetten können erneuert werden und sind vor Einbau gut einzufetten. Die Gummimanschetten über die Kanten der Lagerbüchse aufsetzen und die Lagerbüchsen auf die Drehlager aufsetzen. Zur Montage braucht man eine Wasserpumpenzange und eine Stecknuss geeigneten Durchmes-

sers. Die Stecknuss über die Kante der Lagerbüchse aufsetzen und mit der Zange entsprechend Bild 202 aufdrücken.
Der verbleibende Einbau erfolgt in umgekehrter Reihenfolge.

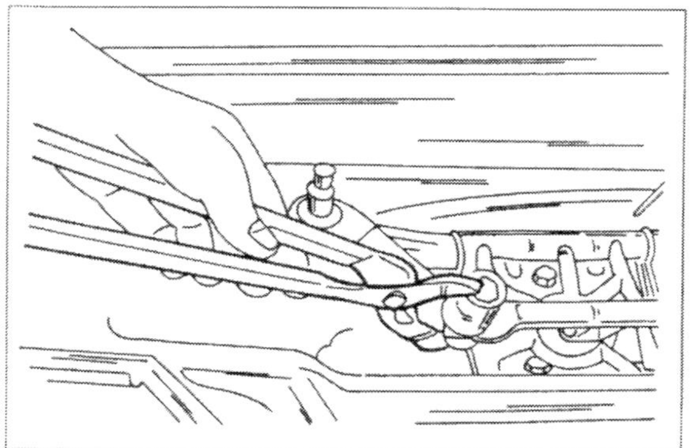

Bild 202
Aufdrücken der Lagerbüchsen auf das Scheibenwischergestänge.

15.4.3 Aus- und Einbau des Scheibenwischermotors (hinten)

Unterschiedliche Arbeiten gelten bei einem Hatchback und einem Kombiwagen:

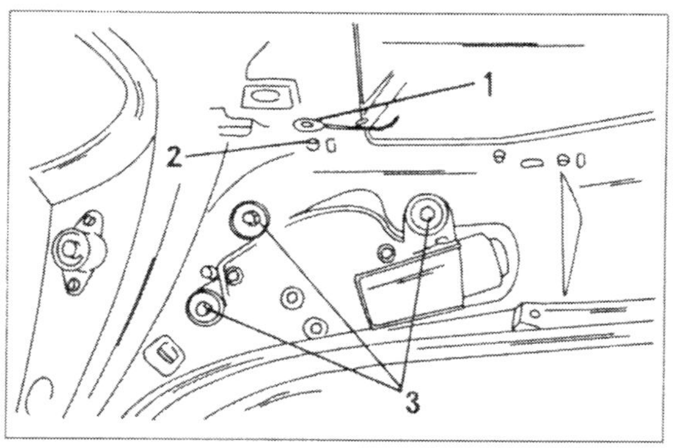

Bild 203
Befestigung des hinteren Scheibenwischermotors.
1 Massekabel
2 Mehrfachstecker
3 Befestigungsschrauben

Hatchback

- Massekabel der Batterie abklemmen.
- Wischerarm folgendermassen abmontieren:
  — Die Kunststoffkappe anheben und die jetzt sichtbare Mutter zwei Umdrehungen lösen.
  — Den Wischerarm von der Scheibe abheben und seitlich bewegen, um ihn vom Konussitz zu lösen.
  — Die Mutter vollkommen entfernen und den Arm abnehmen.
- Die Verkleidung in der Innenseite der Heckklappe abschrauben. Diese ist mit 10 Schrauben (6 auf einer Seite und 4 auf der anderen) befestigt.
- Die in Bild 203 gezeigten Teile werden jetzt sichtbar und sind der Reihe nach zu entfernen.
- Die drei Schrauben der Halteplatte abschrauben und die gesamte Einheit herausheben.

Der Einbau erfolgt in umgekehrter Reihenfolge. Die Schrauben der Montageplatte und die Schrauben des Wischermotors mit 8 Nm anziehen. Die Mutter der Scheibenwischerspindel mit 20 Nm anziehen und die Kunststoffkappe wieder aufdrücken.

Kombiwagen

- Scheibenwischerarm wie beim Hatchback ausbauen.
- An der Oberseite der geöffneten Heckklappe die sechs Schutzkappen vorsichtig mit einem Schraubenzieher herausdrücken und die sechs darunterliegenden Schrauben entfernen. Die Verkleidung wird in der Mitte durch vier nicht sichtbare Clips gehalten. Durch vorsichtiges Ziehen an der Verkleidung werden diese vom Blech frei.
- Der Wischermotor liegt jetzt frei. Das Massekabel abschrauben, den Mehrfachstecker abziehen und das Kabel von der Befestigung befreien und die Schrauben des Wischerrahmens von der Heckklappe abschrauben. Die Halteplatte kann nach Lösen der drei Schrauben ausgebaut werden.

Der Einbau geschieht in umgekehrter Reihenfolge wie der Ausbau. Alle Schrauben mit 8 Nm anziehen. Beim Anbringen der Verkleidung die vier Clips mit den Löchern ausrichten und die Verkleidung aufdrücken. Danach erst die sechs Schrauben einsetzen und anziehen. Die Abdeckkappen wieder eindrücken.

15.5 Scheinwerfer

15.5.1 Aus- und Einbau

Die gleichen Arbeitsanweisungen gelten ebenfalls zum Ausbau der vorderen Blinkleuchte, da diese zum Ausbau des Scheinwerfers ausgebaut werden muss.

- Batterie abklemmen.
- Die in Bild 204 gezeigte Schraube der Blinkleuchte lösen und die Blinkleuchte nach vorn ziehen.

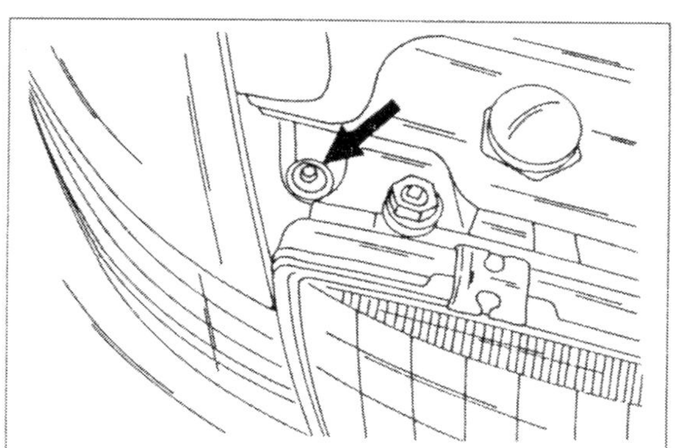

Bild 204
Die mit dem Pfeil gezeigte Schraube hält die Blinkleuchte (gezeigt auf einer Seite).

- Falls die Blinkleuchte ausgebaut werden soll, nur den Mehrfachstecker abziehen.
- Von der Rückseite den Mehrfachstecker vom Scheinwerfer abziehen.
- Zwei Schrauben des Kühlergitters lösen.
- Den vorderen Stossfänger ausbauen. Dazu das Fahrzeug anheben und das Schutzblech unter dem Vorderwagen abschrauben (neun Schrauben bei einem Benzinmodell, zehn Schrauben bei einem Dieselmodell). Falls Nebelleuchten eingebaut sind die Stecker abziehen. Die beiden in Bild 205 gezeigten Schrauben jetzt auf jeder Seite des Stossfängers lösen und den Stossfänger absenken.
- Den Scheinwerfer jetzt ausbauen. Die Befestigungsschrauben liegen auf beiden Seiten (insgesamt drei).

Der Einbau geschieht in umgekehrter Reihenfolge.

15.5.2 Einstellen der Scheinwerfer

Scheinwerfer sollten nur mit Hilfe eines optischen Gerätes eingestellt werden, jedoch kann man im Notfall anhand der folgenden Anweisungen die Scheinwerfer einstellen. Bei der ersten Gelegenheit muss die Einstellung jedoch kontrolliert werden lassen. Das Fahrzeug muss unbeladen sein und die Reifendrücke müssen stimmen. Wichtig ist die Füllung des Tanks. Ist dieser nur zur Hälfte oder weniger gefüllt, muss man eine Last von 30 kg in den Koffer- oder Laderaum einlegen. Ausserdem sollte eine Person von ca. 75 kg Gewicht im Fahrersitz sitzen. Das Fahrzeug vor der Einstellung einige Male durchwippen, damit sich die Radaufhängungen einspielen können. Falls eine Selbstnivellierregulierung für die Hinterradaufhängung eingebaut ist, muss man das Fahrzeug nach dem Durchwippen mindestens eine Minute stehen lassen, damit sich die Radaufhängung setzen kann.

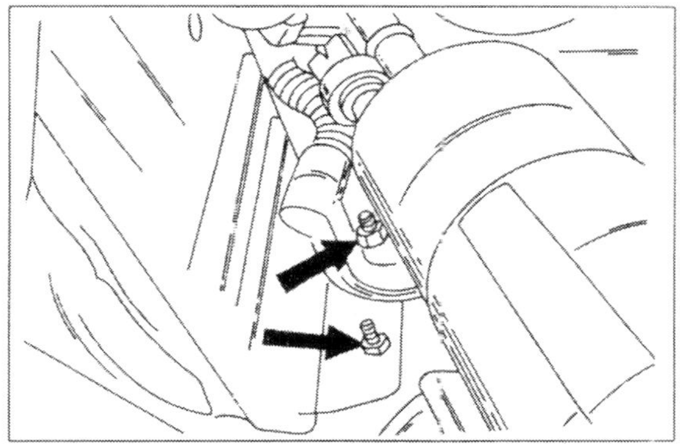

Bild 205
Die Befestigung des vorderen Stossfängers auf der linken Seite. Die gleiche Befestigung wird man auf der anderen Seite vorfinden.

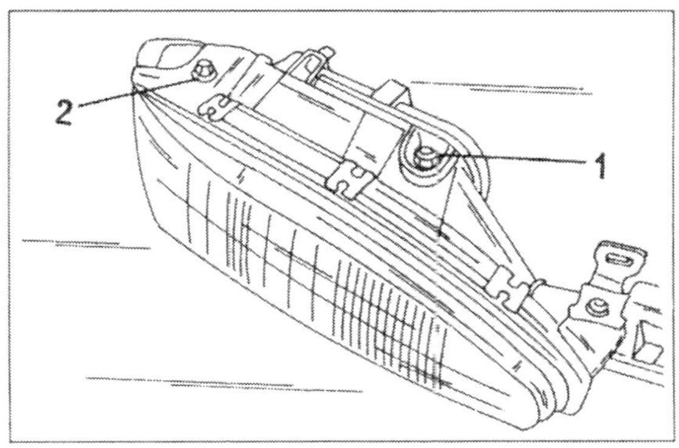

Bild 206
Die Lage der Einstellschrauben für den Scheinwerfer
1 Höheneinstellschraube
2 Seiteneinstellschraube

Falls ein Selbsteinstellungssystem für die Scheinwerfer eingebaut ist, muss man dieses einige Male durchschalten, um zu gewährleisten, dass es einwandfrei arbeitet. Danach den Schalter auf Stellung "0" schalten.

- Fahrzeug ca. 10 m vor eine Garagentür oder eine Wand fahren, welche als Einstellschirm benutzt werden kann.
- Das in Bild 207 gezeigte Einstelldiagramm auf die Wand oder Tür übertragen. Die jeweiligen Masse sind dabei von den Scheinwerfern zu ent-

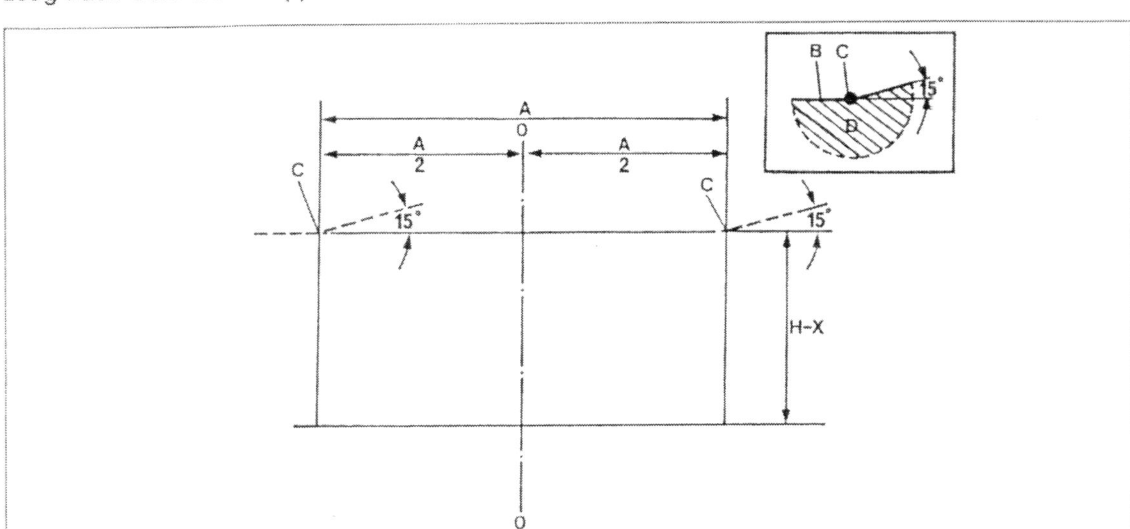

Bild 207
Einstelldiagramm für die Scheinwerfer.
A Abstand zwischen Scheinwerfermittelpunkten
B Hell/Dunkelgrenze
C Scheinwerfermittelpunkt, Abblendlicht
D Lichtmuster bei Abblendlicht
H Höhe vom Boden zu Scheinwerfermittelpunkten
X = 12 cm (bei allen Modellen)

nehmen, d.h. Mittelpunkt, Scheinwerferhöhe, usw.

- Abblendlicht einschalten und den linken Scheinwerfer mit einer Decke abdecken.
- Bild 206 betrachten, um sich mit der Lage der Einstellschrauben zu vertrauen und den rechten Scheinwerfer seitlich einstellen (Einstellschraube 1), bis der Schnittpunkt des waagerechten und abgewinkelten Lichtmusters "C" mit der senkrechten Linie auf der Einstellfläche ausgerichtet ist.
- Scheinwerferstrahlen in der Höhe einstellen (Einstellschraube 2), bis die Hell/Dunkelgrenze des Lichtmusters "B" im Bild mit der Strichlinie übereinstimmt.
- Gleiche Einstellung am anderen Scheinwerfer durchführen.
- Decke entfernen.

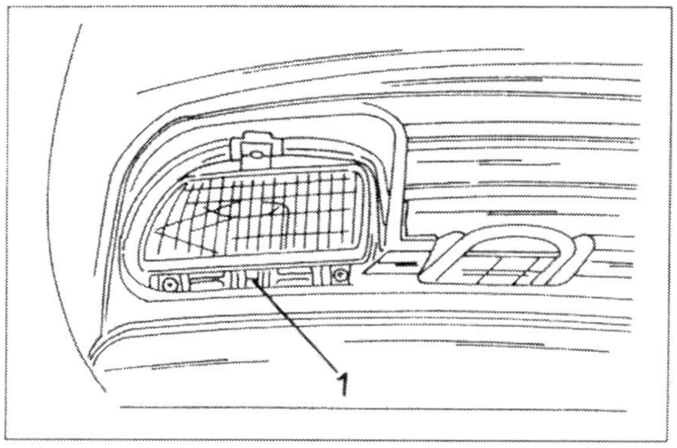

Bild 208
Die Schraube (1) dient zum Einstellen der Nebelleuchte. Beide Leuchten haben ihre eigene Schraube.

Die obige Beschreibung gilt nur als Richtlinie. Scheinwerfer müssen unbedingt im Rahmen der in der Strassenverkehrsvorschrift der einzelnen Länder enthaltenen Gesetze eingestellt werden. Nur eine Ford-Werkstatt oder eine mit Ford-Fahrzeugen vertraute Auto-Elektrik-Werkstatt wird in der Lage sein, die Scheinwerfer einwandfrei und entsprechend der geltenden Landesgesetze einzustellen.

15.6 Nebelleuchten einstellen

Die Einstellschraube jeder Nebelleuchte befindet sich an der in Bild 208 gezeigten Schraube. Die Hell/Dunkelgrenze muss so eingestellt werden, dass sie auf der waagerechten Linie liegt. Auch die Einstellung der Nebelleuchten muss dem Gesetz entsprechen.

Der 1,8 Liter-Turbodieselmotor ist auf dem bereits existierenden 1,8 Liter-Saugdieselmotor aufgebaut. Durch Zusatz von Turbolader und Ladeluftkühler konnte die Leistung auf 88 PS(65 kW) erhöht werden. Der Motor arbeitet mit einem Katalysator, um die in Europa für 1993 festgelegten Normen der Abgasregulierung zu erfüllen. Die Kühlungsluft für den Ladeluftkühler wird durch einen Luftschlitz in der Isolierung der Motorhaube zugeführt. Bild 209 zeigt eine Ansicht des Turbodieselmotors.

Viele der Teile wurden vom Vorgänger übernommen, einige wurden abgeändert und einige sind neu. Verglichen mit dem Saugdiesel weist der Turbodiesel die folgenden Unterschiede auf:

- **Zylinderkopf**: Der Öldruckschalter wurde versetzt, die Ventilsitzflächen sind gehärtet, die Ventile haben eine Vertiefung in der Mitte, Ansaug- und Auspuffkrümmer haben neue Dichtungen, die Belüftung des Kurbelgehäuses ist in den Ansaugkanal des Turbladers verlegt.
- **Zylinderblock**: Die Kolben sind speziell für den Turbodiesel hergestellt worden, längere Kolbenbolzen sind eingebaut, der obere Kolbenring wurde abgeändert, das Material der Pleuellagerschalen wurde geändert, das Schwungrad ist schwerer und mit neuen Schwungradschrauben befestigt.
- **Motorschmierung**: Das Ölfassungsvermögen ist grösser, die Ölwanne ist neu, mit einem neuen Ölansaugrohr. Ein neuer Ölkühler mit geänderter Befestigungsweise ist zwischen der vom Saugdiesel übernommenen Ölpumpe und dem Ölfilter eingebaut.

16.1 Ausbau des Motors

Motor und Getriebe werden zusammen aus dem Fahrzeug ausgebaut, jedoch möchten wir darauf hinweisen, dass Ford-Werkstätten zwei Führungsstifte zum Ausfluchten des Antriebsaggregats im Verhältnis zum Nebenrahmen benutzen. Da man annehmen muss, dass diese nicht zur Verfügung stehen, muss man beim Lösen der Motor- und Getriebeaufhängungen die Befestigungsweise des Nebenrahmens und der Gummilager genau kennzeichnen, um sie wieder in der ursprünglichen Stellung anzuziehen. Eine andere Lösung wäre, dass man die Motor/Getriebe/Nebenrahmenflucht anschliessend kurz in einer Werkstatt kontrollieren lässt.

Ebenfalls zum Ausbau wird eine Vorrichtung zum Anheben des Motors gebraucht, um die Aufhängungslager spannungsfrei zu lösen. Dies ist eine Art Stange, welche quer über den Motorraum angeordnet wird. Ein am Motorhebebügel eingehängter Haken wird dann zum Anheben des Motors benutzt. Auf die Vorrichtung wird später noch eingegangen.

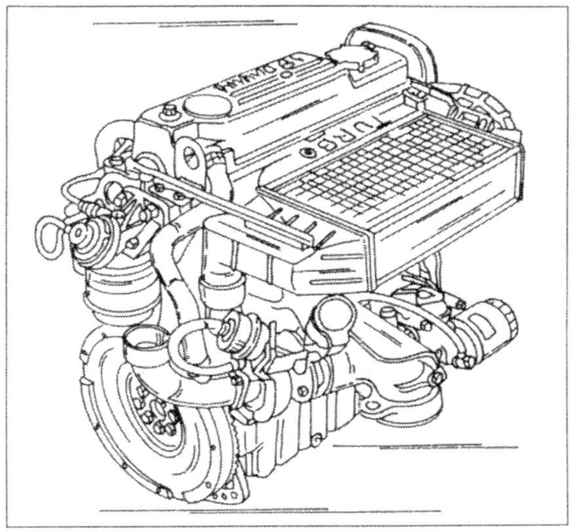

Bild 209
Ansicht des Turbodieselmotors.

- Die Radmuttern beider Vorderräder lockern.
- Beide Kabel der Batterie abklemmen und alle daran angeschlossenen Leitungen abschliessen. Kabelbinder müssen entsprechend aufgeschnitten und beim Einbau erneuert werden.
- Fahrzeug vorn auf Böcke setzen.
- Das Schutzblech unter dem Vorderwagen abschrauben.
- Einen Mehrfachstecker am Sensor für die Stellung und die Drehzahl der Kurbelwelle abziehen. In unmittelbarer Nähe die Tachometerspirale abschrauben.
- Einen geeigneten Behälter unter die Vorderseite des Fahrzeuges setzen und das Schutzblech unter dem Kühler abschrauben. Den Ablasshahn des Kühler ausfindig machen und öffnen. Diese befindet sich unmittelbar neben einer der Kühlerstützbleche. Das auslaufende Kühlmittel auffangen.
- Den unteren Kühlerschlauch auf einer Seite vom Kühler und an der anderen Seite von der Verbindungsleitung abschliessen. Zu beachten ist, dass Ford-Werkstätten ein Spezialwerkzeug zum Öffnen und Festziehen der Schlauchschellen benutzen. Falls man dieses nicht zur Verfügung hat, muss man die Schellen aufschneiden. Schraubschellen werden dann beim Einbau benutzt.
- Der Luftfilter wird als nächstes ausgebaut. Dazu den Mehrfachstecker vom Luftströmungs-

messer abziehen, den grossen Ansaugschlauch an der Seite abschliessen und die Gummibandaufhängung auf der gegenüberliegenden Seite aushängen. Die Teile sind in Bild 210 gezeigt.

● Den Luftansaugschlauch vom Turbolader lösen und abziehen. Die Turboladeröffnung in geeigneter Weise verschliessen. Zum Beispiel kann man ein Stück Kunststoffbeutel über die Öffnung legen und mit Klebband umwickeln.

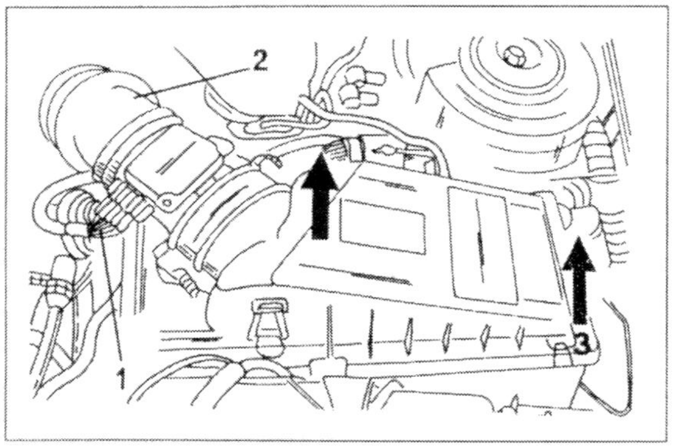

Bild 210
Einzelheiten zum Aus- und Einbau des Luftfilter.
1 Mehrfachstecker
2 Ansaugschlauch
3 Gummiband

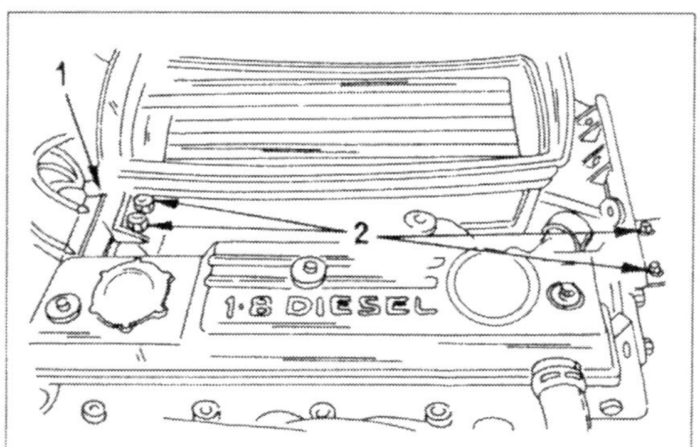

Bild 211
Der Ansaugluftkühler kann nach Abschliessen des Schlauchs (1) und Lösen der Schrauben (2) abgenommen werden.

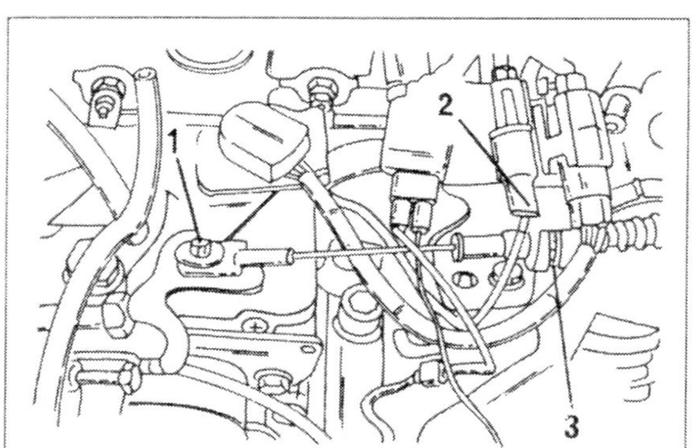

Bild 212
Einzelheiten zum Abschliessen des Gaszuges (Beschleunigungszuges). Auf die Zahlen wird im Text verwiesen.

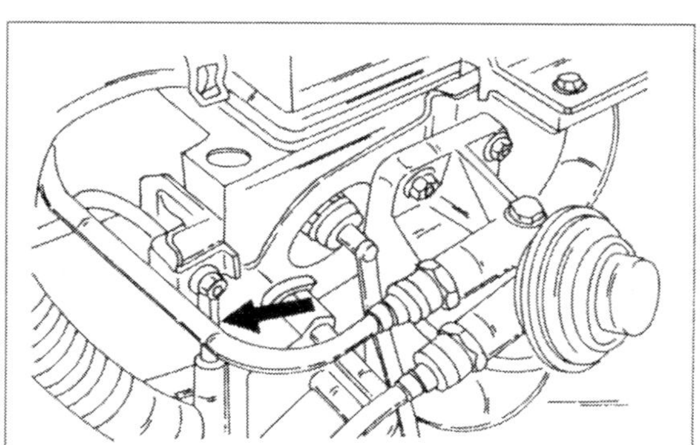

Bild 213
Der Pfeil weist auf die Anschlussstelle der Kabel für die Glühkerzen.

● Den Ladeluftkühler an den in Bild 211 gezeigten Stellen abschrauben, nachdem man den Schlauch auf einer Seite abgeschlossen hat.

● Die verbleibenden Kühlmittelschläuche abschliessen. Diese sind mit dem Dehngefäss, dem Ansaugkrümmer und dem Thermostatgehäuse verbunden. Ebenfalls den grossen Schlauch vom Thermostatgehäuse nach Lösen der Schlauchschelle abziehen.

● Die beiden Kraftstoffleitungen abschliessen. Diese sind mit Schnellverschlüssen versehen (nach innen drücken und herausziehen). Der Rücklaufschlauch ist an der Einspritzpumpe, der Förderschlauch vor der Kraftstoffvorheizung angeschlossen.

● Unterdruckschläuche und Heizungsschläuche abschliessen. Die Heizungsschläuche sind am Ölkühler und am Zylinderkopf angeschlossen, der Unterdruckschlauch am Abgasrückführungsventil.

● Beschleunigungszug unter Bezug auf Bild 212 abschliessen. Zuerst das Seilende an Stelle (1) lösen, dann den Clip (2) entfernen und schliesslich das Seil aus dem Widerlager (3) herausziehen. Das Seil auf eine Seite legen.

● Die Überwurfmutter der Unterdruckleitung für den Bremskraftverstärker von der Unterdruckpumpe abschrauben.

● Kabelanschlüsse der Glühkerzen an der in Bild 213 gezeigten Stelle abschliessen.

● Einen Mehrfachstecker am Motor abziehen.

● An der Drehstromlichtmaschine einen Kabelstecker abziehen und eine Kappe entfernen, um die darunterliegende Mutter des Kabels abzuschrauben.

● Zwei Stecker an der Stirnwand des Motorraums trennen. Diese gehören zum Selbstdiagnosesystem.

● Drei Mehrfachstecker an der Kraftstoffeinspritzpumpe trennen.

● Eine Mutter lösen und die Kabel des Kraftstoffabsperrventils entfernen, unmittelbar daneben die Schraube für das Widerlager des Gaszugseils entfernen und etwas weiter nach rechts den Stecker vom Wärmefühler des Fernthermometers abziehen.

● Einen Mehrfachstecker vom Kühlmitteltemperatursensor des Motors abziehen.

● Vom Anschlussstutzen des Thermostatgehäuses den Stecker vom Schalter für den Kühlungsventilator abziehen.

● Kabelanschlüsse am Anlasser abschrauben (2 Muttern).

● Kabelstecker von der Kraftstoffvorheizung abziehen und in gleicher Nähe den Stecker des Öldruckschalters.

- Den Mehrfachstecker vom Sensor der Fahrgeschwindigkeit abziehen und den Kabelstrang des Motors aus der Halterung befreien.
- Zwei Mehrfachstecker des Motorkabelstrangs trennen, einen kleineren Stecker darüber abziehen, den Kabelbinder des Motorkabelstranges aufschneiden und den kompletten Kabelstrang herausnehmen. Bild 214 zeigt wo diese Kabelstecker sitzen.
- Kupplungsseil aushängen.
- Massekabel an der Motor/Getriebeverbindung abschrauben.
- Zwei Schrauben des Abdeckblechs an der Lenkhilfspumpe entfernen und das Blech abnehmen. Dahinter die Befestigungsschrauben der Lenkhilfspumpe lösen.
- Die Spannvorrichtung für den Riemen der Lenkhilfspumpe unter Bezug auf Bild 215 ausbauen. Dazu die Klemmschraube (1) lockern, die Riemenspannung durch Zurückschrauben der Einstellschraube (2) lockern und den Riemenspanner nach Lösen der Schraube (3) vom Stirndeckel abnehmen.
- Den Antriebsriemen abnehmen und die Pumpenschrauben lösen. Die Pumpe auf eine Seite legen, wo sie aus dem Weg ist.
- Fahrzeug vorn auf Böcke setzen.
- Den Kühler an der Oberseite festbinden, damit er nicht herunterfallen kann, wenn die beiden Stützlager des Kühlers an der Unterseite jetzt abgeschraubt werden.
- Das vordere Auspuffrohr zusammen mit dem Katalysator ausbauen, d.h. vom Krümmer und vom Katalysatorflansch abschrauben. Auf die eingelegten Federn an der Verbindung achten.
- Das Kugelgelenk links und rechts von der Unterseite des Achsschenkels trennen. Das Gestänge für den Kurvenstabilisator (vom Federbein) und das Gelenk der Spurstange (vom Lenkhebel) müssen dazu gelöst werden. Nähere Einzelheiten sind im Abschnitt "Vorderradaufhängung" zu finden.
- Die Schaltstange und die Stützstange vom Getriebe befreien. Die Klemmschelle der Schaltstange muss ebenfalls gelockert werden, damit man die Schaltstange nach Lockern der Klemmschraube zurückziehen kann. Die Schelle an der Stange anzeichnen. Die Stützstange abschrauben.
- Von der Unterseite des Fahrzeuges das Wärmeschutzblech und die Führungskonsole für den Schalthebel abschrauben. Den gesamten Schaltmechanismus nach hinten schwingen und mit einem Stück Schnur festbinden.
- Die bereits am Anfang erwähnte Vorrichtung zum Anheben des Motors wird jetzt wie in Bild 25 beim Benzinmotor gezeigt aufgesetzt. Da diese bestimmt nicht vorhanden ist, kann man einen kleinen Handkran benutzen, und ein Seil an der Hebeöse einhängen. Wichtig ist, dass man den Motor anheben kann, um die Spannung von den verschiedenen Elementen der Motoraufhängung zu nehmen.

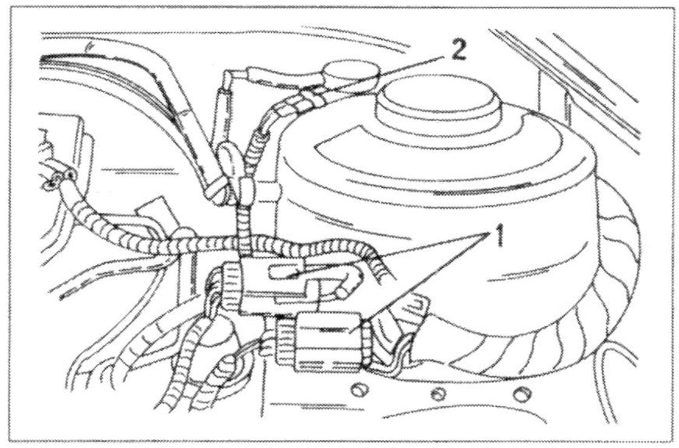

Bild 214
Die beiden Mehrfachstecker (1) des Kabelstranges und den darüberliegenden, kleinen Stecker (2) vom Sensor abziehen.

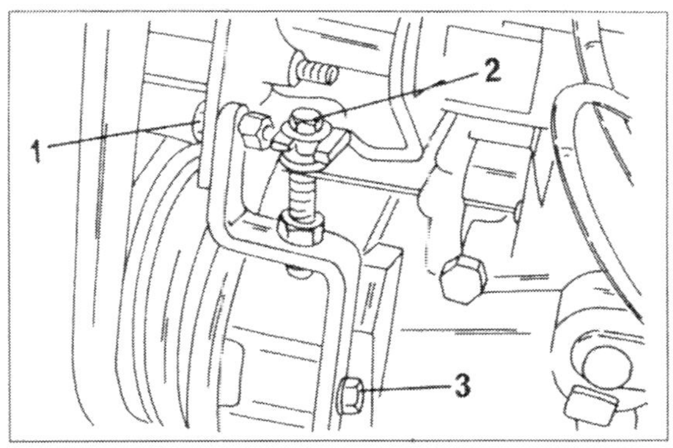

Bild 215
Die drei Schrauben lösen, um den Spanner des Riemens der Lenkhilfspumpe auszubauen.

- Das Kugelgelenk links und rechts von der Unterseite des Achsschenkels trennen. Das Gestänge für den Kurvenstabilisator (vom Federbein) und das Gelenk der Spurstange (vom Lenkhebel) müssen dazu gelöst werden. Nähere Einzelheiten sind im Abschnitt "Vorderradaufhängung" zu finden.
- Die Schaltstange und die Stützstange vom Getriebe befreien. Die Klemmschelle der Schaltstange muss ebenfalls gelockert werden, damit man die Schaltstange nach Lockern der Klemmschraube zurückziehen kann. Die Schelle an der Stange anzeichnen. Die Stützstange abschrauben.
- Von der Unterseite des Fahrzeuges das Wärmeschutzblech und die Führungskonsole für den Schalthebel abschrauben. Den gesamten Schaltmechanismus nach hinten schwingen und mit einem Stück Schnur festbinden.
- Die Lenkung und die hintere Drehmomentstütze des Motors vom Nebenrahmen abschrauben. Dabei zuerst die mittlere Schraube in Bild 216 lösen und entfernen und dann die drei Schrauben der Stütze lösen. An die Schrauben der Lenkung ist schwer heranzukommen. Ford-Werkstätten benutzen dazu einen speziell abge-

Hinweis: Einbaustellung des Nebenrahmens vor Ausbau genau anzeichnen.

kröpften Ringschlüssel.

- Die drei in Bild 20 gezeigten Schrauben der Konsole der hinteren Drehmomentstütze vom Getriebe lösen und die Konsole abnehmen. Die Anordnung ist bei Benzin- und Dieselmotor gleich.

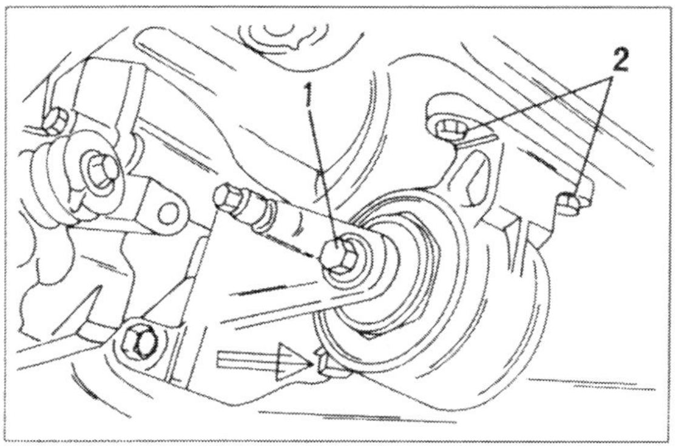

Bild 216
Die Schraube (1) und die drei anderen Schrauben (2) halten die hintere Drehmomentstütze am Nebenrahmen.

Hinweis: Einbaustellung des Nebenrahmens vor Ausbau genau anzeichnen.

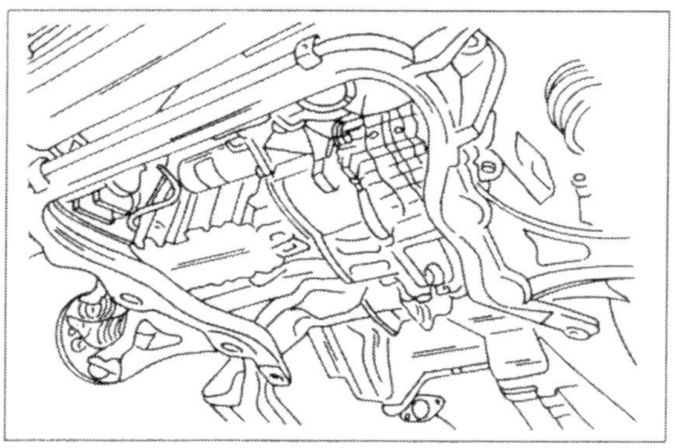

Bild 217
Ansicht des eingebauten Nebenrahmens.

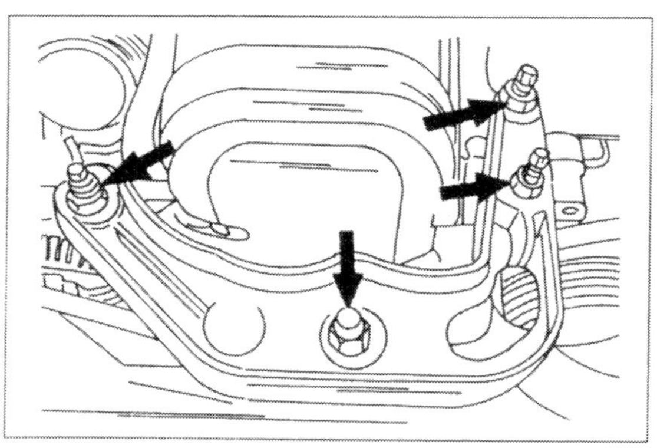

Bild 218
Der rechte Bügel der Motoraufhängung ist an den vier Stellen mit Muttern befestigt.

Warnung: Motor und Getriebe müssen beim Aus- und Einbau sicher auf den untergestellten Wagenheber sitzen — Unfallgefahr!

- Die mittlere Schraube aus der vorderen Drehmomentstütze des Motors herausdrehen.
- Die vier Schrauben des Nebenrahmens lösen und die Getriebeflüssigkeit ablassen. Bild 217 zeigt eine Ansicht des Nebenrahmens wie man ihn von der Unterseite sieht. Die Schrauben sitzen an den vier Ecken — **Siehe linken Hinweis**.
- Rechte Antriebswelle ausbauen. Diese wird durch ein Stützlager geführt. Nach Lösen der Schrauben (1) in Bild 21 und Abschrauben des Wärmeschutzbleches (2) kann die Welle aus dem Getriebe gezogen werden. Die Welle mit einem Stück Draht am Fahrgestell festbinden, ohne dabei das Gleichlaufgelenk abzuknicken.
- Zum Ausbau der linken Antriebswelle wird der bereits in Bild 22 gezeigte Spezialdorn benutzt. Die Welle damit aus dem Sitz ausschlagen und danach aus dem Getriebe ziehen. Die Welle mit einem Stück Draht am Fahrgestell festbinden, ohne dabei das Gleichlaufgelenk zu knicken.
- Einen Wagenheber unter Motor/Getriebe untersetzen (mit einem Holzklotz zwischen Wagenheberteller und Motor/Getriebe) und das Aggregat aus den Aufhängungen heben. **Siehe Warnung im Randteil.**
- Die rechte Motoraufhängung lösen. Bild 218 zeigt wie der Aufhängungsbügel befestigt ist. Vier selbstsichernde Muttern müssen gelöst werden (diese immer erneuern). Den Bügel danach herausnehmen.
- Auf der gegenüberliegenden Seite die selbstsichernden Muttern der linken Motoraufhängung vom Getriebe abschrauben. Die Muttern können sofort weggeworfen werden.
- Kontrollieren, dass Motor und Getriebe einwandfrei auf dem Wagenheber aufsitzen und vorsichtig aus dem Fahrzeug herausziehen. Dabei ständig darauf achten, dass keine der Anschlüsse und Verbindungen vergessen wurden. Eine zweite Person sollte zur Hilfe gezogen werden, damit das Aggregat nicht herunterfallen kann.

Hinweis: Falls eine Klimaanlage eingebaut ist, müssen der Kondenswassersammler und der Kompressor ausgebaut werden. Den Kompressor mit einem Stück Draht festbinden, ohne die Schläuche abzuschliessen.

16.2 Einbau des Motors

Alle selbstsichernden Muttern, zerschnittene Kabelschellen, nicht mehr einwandfrei aussehende Schlauchschellen oder Schlauchbinder müssen erneuert werden, ehe man mit dem Einbau des Motors beginnt. Es wird angenommen, dass das Getriebe abgeflanscht war, um die Kupplung zu überprüfen. Andernfalls lohnt es sich diese nicht umfangreiche Arbeit durchzuführen. Es könnte später Zeit und Kosten sparen. Wie bereits erwähnt, muss das Antriebsaggregat mit dem Nebenrahmen ausgefluchtet werden. Die Benutzung der Zentrierstifte ist im folgenden Text beschrieben. Falls diese fehlen, muss man sich dementsprechend helfen.

- Motor und Getriebe auf einen Wagenheber setzen, von einem Helfer gut halten lassen und in die ungefähre Lage in den Motorraum hineinheben.
- Die bereits am Anfang erwähnte Vorrichtung

zum Anheben des Motors wird jetzt wie in Bild 25 gezeigt aufgesetzt. Da diese bestimmt nicht vorhanden ist, kann man einen kleinen Handkran benutzen, und ein Seil an der Hebeöse einhängen. Wichtig ist, dass man den Motor anheben kann, bis er mit den Aufhängungslagern verbunden werden kann.

- Die linke Triebwerkaufhängung am Getriebe anschrauben, ohne die Muttern festzuziehen. Die Muttern immer erneuern.
- Die rechte Motoraufhängung (Bild 218) montieren. Die Muttern (immer erneuern) noch nicht festziehen.
- Die linke Antriebswelle in das Getriebe montieren. Einen neuen Sprengring richtig in die Wellennut einfedern, ehe das Wellenende in das Getriebe geschoben wird.
- Die rechte Antriebswelle in das Getriebe einschieben, das Stützlager anschrauben und die beiden in Bild 21 gezeigten Schrauben (1) mit 27 Nm anziehen. Danach das Wärmeschutzblech (2) befestigen.
- Falls eingebaut den Kompressor der Klimaanlage montieren (vier Schrauben mit 25 Nm anziehen) und den Stecker der elektro-magnetischen Kupplung aufschieben. Den Antriebsriemen auflegen und den Riemen durch Verstellen der Spannvorrichtung spannen. Bei einem neuen Riemen muss sich dieser 1 bis 2 mm durchdrücken lassen, bei einem gebrauchten 2 - 4 mm.
- Den Nebenrahmen jetzt ausfluchten. Da die Arbeiten ähnlich wie beim Benzinmotor durchgeführt werden, kann man sich an die entsprechenden Abbildungen halten. Zuerst aber die Kühlerhalterung und die vordere Drehmomentstütze vom Nebenrahmen lösen. Die beiden in Bild 27 gezeigten Führungsstifte jetzt an den gezeigten Stellen einsetzen und den Nebenrahmen so ausrichten, dass die Führungsstifte in der Mitte der Bohrungen in der Karosserie sitzen. Ebenfalls die Lenkung in die richtige Lage bringen. Bild 28 zeigt von unten wo die Stifte eingesetzt sind. Falls man keine Stifte zur Verfügung hat, muss man den Nebenrahmen entsprechend den eingezeichneten Markierungen wieder montieren. Die Schrauben (1) in Bild 28 gleichmässig auf ein Anzugsdrehmoment von 130 Nm anziehen und die beiden Führungsstifte (2), falls verwendet, wieder herausdrehen.
- Mittlere Schraube der vorderen Drehmomentstütze einsetzen, ohne die Mutter fest anzuziehen.
- Die drei Muttern der linken Motoraufhängung mit 83 Nm anziehen. Die Motoraufhängung darf sich dabei nicht verdrehen.
- Die Muttern in Bild 218 anziehen. Zuerst die drei Muttern am Motor anziehen. Die Mutter des Aufhängungsbügels anziehen, nachdem der Motor wieder mit seinem eigenen Gewicht in den Aufhängungen sitzt, d.h. die zum Anheben benutzte Vorrichtung muss vorher abgenommen werden. Das Anzugsdrehmoment aller Muttern beträgt 83 Nm.
- Die Konsole der hinteren Dremomentstütze am Getriebe anbringen und mit 84 Nm anziehen (siehe Bild 20).
- Hintere Drehmomentstütze und Lenkung unter Bezug auf Bild 29 am Nebenrahmen anschrauben. Das Bild zeigt ebenfalls den Spezialschlüssel zum Anziehen der Lenkungsschrauben. Die Anzugsdrehmomente sind im Bild angegeben.
- Die vordere Drehmomentstütze, d.h. die mittlere Schraube kann jetzt mit 120 Nm angezogen werden. Die Schrauben der Halterung mit 48 Nm anziehen (siehe Bild 216). Die mittlere Schraube wird jedoch als letztes angezogen.

Alle anderen Arbeiten werden jetzt in umgekehrter Reihenfolge wie der Ausbau durchgeführt. Der folgende Text weist noch auf einige Anzugsdrehmomente hin:

- Den Schaltmechanismus mit 44 Nm am Karosserieboden anschrauben.
- Die Klemmschraube der Schaltstange mit 23 Nm anziehen, die Befestigungsschraube der Stützstange mit 55 Nm. Das Getriebe muss dabei in Leergangstellung stehen. Die Schelle entsprechend der Kennzeichnung ausrichten und die Klemmschraube mit 16 Nm anziehen. Später kontrollieren, ob sich alle Gänge einwandfrei durchschalten lassen. Das Getriebe kann jetzt wieder mit Öl gefüllt werden.
- Vorderradaufhängung wieder montieren (siehe betreffendes Kapitel).
- Massekabel zwischen Getriebe und Karosserie mit 40 Nm anziehen.
- Den Antriebsriemen der Lenkhilfspumpe entsprechend Bild 215 auflegen und den Riemen spannen indem man die Einstellschraube festzieht. Die beiden Schrauben der Pumpe mit 24 Nm anziehen. Das Abdeckblech vor dem Riemen anschrauben (10 Nm).
- Schrauben des Ladeluftkühlers mit 18 Nm anziehen.
- Auspuffanlage montieren. Die Verbindung am Auspuffkrümmer und am Rohr mit 40 Nm anziehen.
- Alle Mehrfachstecker auf die richtigen Anschlüsse aufstecken.
- Kraftstoffleitungen mit den Schnellverschlüssen anschliessen.
- Motor mit Öl füllen (falls abgelassen) und die Kühlanlage auffüllen.
- Kupplungsseil anschliessen.
- Nach Ablassen des Fahrzeuges auf den Boden die Radmuttern mit 85 Nm anziehen.

16.3 Zerlegung des Motors

Vor der Zerlegung des Motors, ganz gleich um welche Ausführung es sich handelt, sind alle Aussenflächen gründlich zu reinigen, um Schmutz oder Öl zu entfernen. Besonders ist auf die

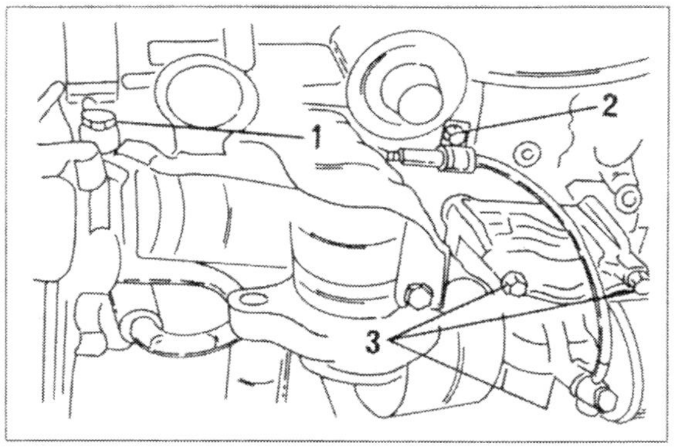

Bild 219
Zum Aus- und Einbau der Ölpumpe (siehe Text).

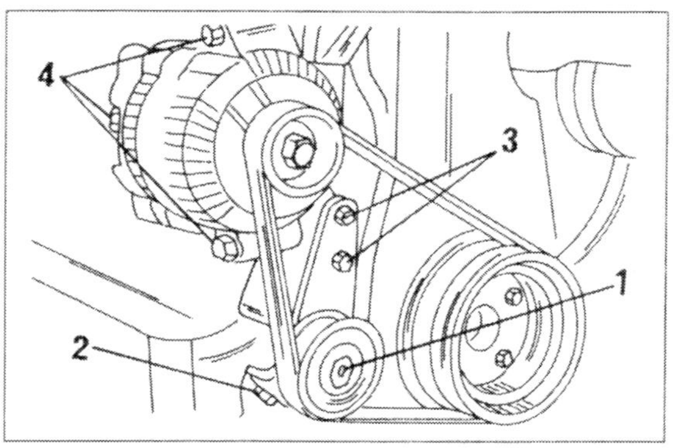

Bild 220
Zum Aus- und Einbau der Drehstromlichtmaschine und der Vorrichtung zum Spannen des Antriebsriemens. Auf die Zahlen wird im Text verwiesen.

Dichtflächen zu achten, damit keine Fremdkörper in den Motor fallen können, wenn die Dichtflächen der einzelnen Teile voneinander getrennt werden. Motor in einen geeigneten Montagestand einspannen. Falls dies nicht durchführbar ist, den Motor auf einer Werkbank absetzen und seitlich durch Anordnung von Holzblöcken so abstützen, dass er nicht umfallen kann. Bei der folgenden Beschreibung wird zuerst der allgemeine Zerlegungsvorgang beschrieben. Später werden die Arbeiten im einzelnen beschrieben, so dass unter den betreffenden Überschriften nachzulesen ist.
Um die Reparatur fachmännisch durchzuführen sind einige Spezialwerkzeuge erforderlich. Dies sind vor allem ein Bolzen zur o.T.-Stellung der Kurbelwelle sowie ein Bolzen um die Einspritzpumpe in die richtige Stellung zu setzen, eine Gradscheibe zum Anziehen der Zylinderkopfschrauben (jedoch kann man sich anderweitig helfen) und ein Vielzahnsteckschlüssel zum Lösen und Anziehen der Zylinderkopfschrauben. Derartige Einsätze sind im Handel erhältlich und liegen heutzutage vielen Stecknussätzen bei. Wichtig ist jedoch, dass der erforderliche Einsatz die notwendige Festigkeit hat, das Drehmoment der Zylinderkopfschrauben auszuhalten. Eine Stecknuss mit einer Schlüsselweite von 27 mm wird zum Ausschrauben der Einspritzdüsen benötigt, die aber lang genug sein muss, um das Sechskant an der Düse zu erreichen.
Falls die Kurbelwelle oder die Pleuelstangen ausgebaut werden sollen, muss man in vielen Fällen "Plastigage"-Kunststoffdraht zum Messen der Lagerspiele benutzen. Auf Seite 17 ist der Name und die Anschrift einer Lieferfirma angegeben, die Ihnen weitere Auskünfte geben kann.
Bei kompletter Zerlegung des Motors in folgender Reihenfolge vorgehen, wobei angenommen wird, dass das Getriebe bereits vom Motor abgeflanscht wurde:

- Den Kühlmittelschlauch zum Ölkühler abschliessen und unmittelbar daneben zwei Schrauben des Metallbügels lösen.
- Die Ölpumpe unter Bezug auf Bild 219 ausbauen. Dazu die Ölleitung am Turbolader (1) abschrauben, die Schraube (2) der Leitungsschelle entfernen und die vier Schrauben (3) der Ölpumpe lösen.
- Drei Schrauben des Stützbügels für das Zwischenlager der Antriebswelle entfernen und den Bügel abnehmen.
- Den Motor jetzt, falls möglich, in einen Montagestand einspannen und als erstes das Motoröl ablassen. Den Ölfilter abschrauben.
- Die nächsten Arbeiten unter Bezug auf Bild 220 durchführen, um Drehstromlichtmaschine und die Halterung der Riemenspannrolle auszubauen. Dabei die Schraube (1) der Spannrolle lösen und den Riemen entspannen, indem man die Einstellschraube (2) der Spannrolle vollkommen herausdreht. Die beiden Schrauben der Halterung der Spannrolle (3) entfernen und den Halter abnehmen. Die Lichtmaschine kann nach Lösen der drei Schrauben (4) abgenommen werden.
- Vier Schrauben lösen und die Aufhängung der Lichtmaschine abnehmen.
- Den Kühlmittelschlauch neben der Riemenscheibe der Einspritzpumpe nach Lösen des Schlauchbandes abziehen und die drei Schrauben der Riemenscheibe lösen. Die Riemenscheibe abziehen.
- Die Zahnriemenabdeckungen ausbauen. Insgesamt muss man fünf Schrauben und drei Clips entfernen, die sich an der Oberseite, an der Unterseite und rechts am Antrieb der Einspritzpumpe befinden.
- Der Zahnriemen für die Nockenwelle wird als nächstes ausgebaut. Dazu die in Bild 221 mit dem Pfeil gezeigte Schraube lockern und auf die Spannfeder drücken (rechter Pfeil). Der Riemenspanner versetzt sich dabei und lockert den Zahnriemen. Die Schraube in der neuen Stellung des Riemenspanners festziehen und den Riemen ab-

nehmen. Den Riemen von Fett oder Öl freihalten und bei der Aufbewahrung nicht knicken.

- Den Antriebsriemen der Einspritzpumpe in ähnlicher Weise ausbauen, d.h. die Spannrolle wieder nach aussen drücken und in der neuen Lage festziehen. Den Riemen in gleicher Weise wie den Nockenwellenriemen behandeln.
- Den Riemenspanner des Pumpenriemens abschrauben und die drei Schrauben des Zahnriemenrades der Pumpe entfernen. Das Pumpenrad dabei gegen Mitdrehen halten. Das Pumpenrad abziehen. Zu beachten ist, dass der Riemenspanner unter Federspannung steht und mit der notwendigen Vorsicht zu behandeln ist.
- In ähnlicher Weise den Riemenspanner des Nockenwellenriemens und das Zahnriemenrad der Nockenwelle ausbauen. Wiederum auf die Federspannung des Spanners achten. Das Nockenwellenrad wird mit einer Schraube gehalten, sitzt aber fest auf der Nockenwelle, so dass man einen Zwei- oder Dreiarmabzieher benutzen muss, um es herunterzuziehen.
- Das Schwungrad durch Einsetzen eines kräftigen Schraubenziehers in den Zahnkranz gegenhalten und die Schraube in der Mitte der Kurbelwellenriemenscheibe lösen. Die Riemenscheibe, d.h. den Schwingungsdämpfer, mit zwei untergesetzten Reifenhebeln abdrücken.
- Die Laufrolle für den Zahnriemen gegenüber der Spannrolle abschrauben (1 Schraube) und die hintere Zahnriemenabdeckung abmontieren.
- Leckölleitungen abziehen und die vier Überwurfmuttern der Einspritzleitungen an den in Bild 222 gezeigten Stellen abschrauben. Die offenen Anschlüsse gegen Eindringen von Schmutz schützen.
- Die Kraftstoffleitungen von der Einrichtung zur Vorwärmung des Kraftstoffs abschliessen (Schnellverschlüsse) und die beiden Clips des Vorwärmelements entfernen. Die Sperrstifte der Clips dabei nach innen drücken und die Clips ausdrücken.
- Den Kraftstoffilter zusammen mit der Halterung unter Bezug auf Bild 223 ausbauen. Dazu die beiden Muttern (1) der Halterung entfernen, die Schraube (2) der Schelle für die Unterdruckleitung lösen und die Unterdruckleitung an Stelle (3) vom Turbolader abschliessen.
- Die Befestigung der Einspritzpumpe ausbauen. Dazu zwei Schrauben und drei Muttern der Konsole entfernen, den Thermostat für die Kraftstoffregulierung vom Thermostatgehäuse abschrauben, eine Schraube der Unterdruckleitung lösen und die Unterdruckleitung von der Einspritzpumpe abschliessen. Drei Schrauben der Einspritzpumpe herausdrehen.
- Sechs Schrauben der Konsole für die Servopumpe herausdrehen und den unmittelbar danebenliegenden Kühlmittelschlauch abschliessen.
- Belüftungsschlauch des Kurbelgehäuses von der Zylinderkopfhaube und vom Turbolader abschliessen.

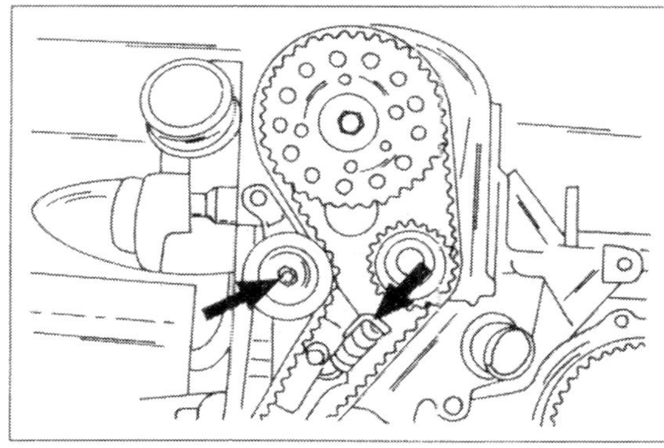

Bild 221
Zum Ausbau des Zahnriemens die gezeigte Schraube (links) lockern, Spannrolle nach aussen drücken und die Schraube wieder festziehen.

- Das Ölmessstabrohr abschrauben (1 Schraube) und komplett herausziehen.
- Schrauben der Unterdruckpumpe und die Schelle des Kabelstranges der Glühkerzen abschrauben. Den Unterdruckschlauch von der Pumpe abziehen und die Pumpe herausnehmen.

Bild 222
Die Einspritzleitungen sind an den Pfeilstellen mit Überwurfmuttern angeschraubt.

- Das Thermostatgehäuse abschrauben.
- Einspritzdüsen auschrauben (27 mm-Steckschlüssel) und die Wärmeschutzscheiben abnehmen. Die Glühkerzen können ebenfalls ausgeschraubt werden.
- Zylinderkopfhaube abschrauben und das Ölleitblech ausbauen.

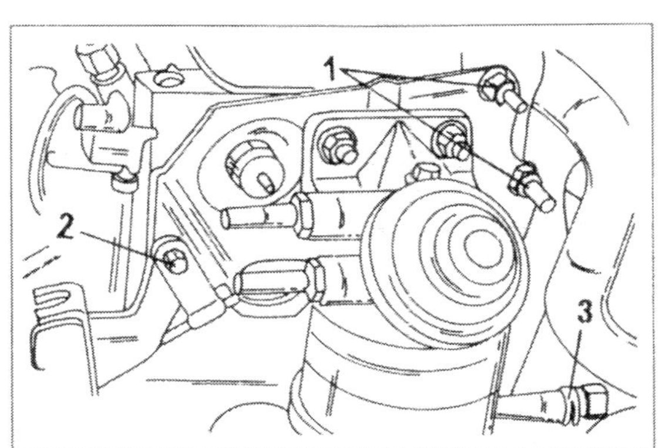

Bild 223
Befestigung des Kraftstoff-filters.
1 Muttern
2 Leitungsschelle
3 Unterdruckschlauch

- Ölrücklaufschlauch vom Turbolader abschliessen.
- Den Zylinderkopf abschrauben. Die Schrauben dazu in der in Bild 224 gezeigten Reihenfolge lösen. Ein mehrverzahnter Schlüsseleinsatz, ähnlich wie ein Inbusschlüssel (Nr. 21-164)

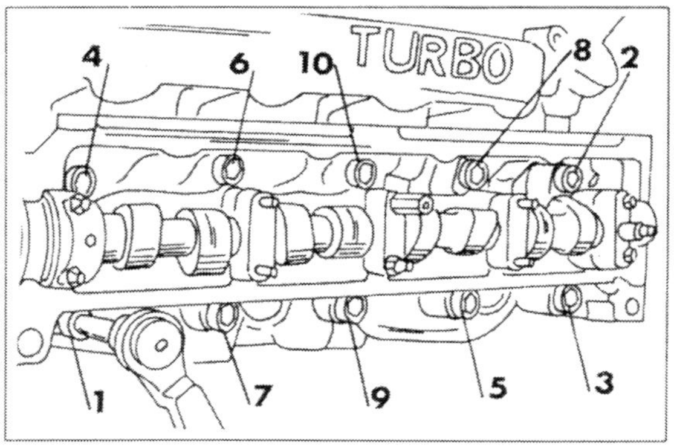

Bild 224
Zylinderkopfschrauben werden in der gezeigten Reihenfolge gelockert und in umgekehrter Reihenfolge angezogen.

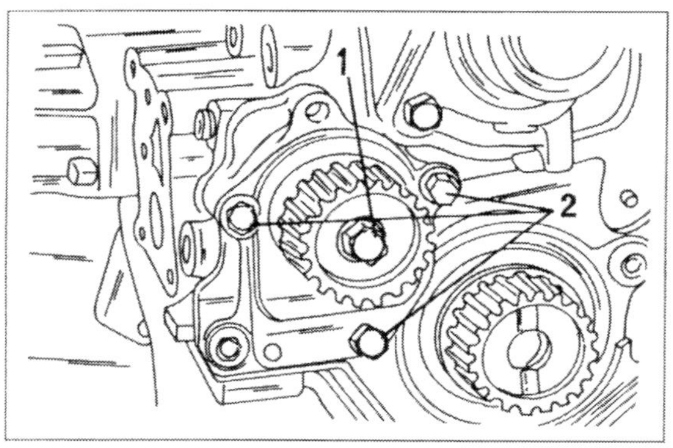

Bild 225
Nach Lösen der Schraube (1) das Zahnriemenrad der Zwischenwelle abziehen. Der Dichtringflansch ist mit den drei Schrauben (2) gehalten.

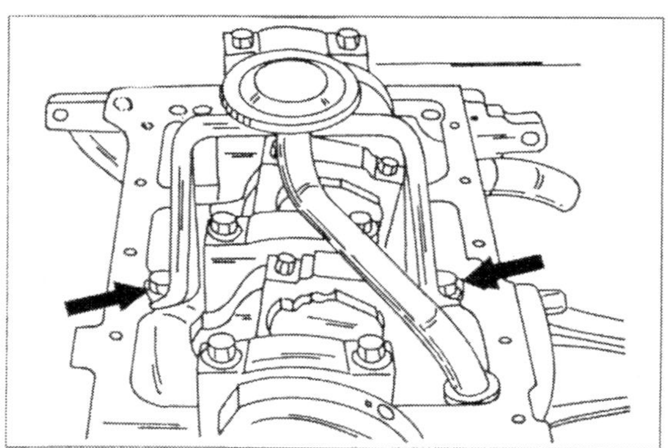

Bild 226
Die Pfeile weisen auf die Befestigungsstellen des Ölansaugrohres in der Innenseite des Kurbelgehäuses.

ist dazu erforderlich und einen derartigen Schlüssel muss man verwenden, um die Schraubenköpfe nicht zu beschädigen. Nach Ausbau des Ölmessstabrohres den Zylinderkopf abheben (falls erforderlich mit einem Gummihammer nachhelfen) und ihn auf zwei Holzstücke aufsetzen. Den Kopf nicht einfach auf die Dichtfläche legen. Zylinderkopfdichtung abnehmen.

- Den Sensor für die Anzeige der Kurbelwellenstellung und der Drehzahl nach Lösen der Schraube herausziehen.
- Schwungrad gegenhalten und die Kupplung abschrauben. Die Schwungradschrauben können jetzt ebenfalls gelöst werden.
- Sieben Schrauben lösen und den Flansch für den hinteren Kurbelwellendichtring abnehmen.
- Motor so ausrichten, dass sich die Ölwanne an der Unterseite befindet und die Ölwanne abschrauben. Auf diese Weise verbleibt der Ölschlamm in der Wanne und kann nicht in die Zylinder laufen.
- Antriebsrad der Zwischenwelle lösen (Zahnriemenrad gegenhalten) und die drei Schrauben des Öldichtringflansches lösen. Bild 225 zeigt die Befestigungsweise.
- Die Zwischenwelle jetzt ausbauen. Diese wird durch eine Halteplatte mit zwei Schrauben befestigt. Nach Lösen der beiden Schrauben die Welle herausziehen.
- Wasserpumpe abschrauben (4 Schrauben).
- Zahnriemenrad der Kurbelwelle mit einem Zwei- oder Dreiarmabzieher herunterziehen. Man kann auch versuchen zwei Reifenhebel links und rechts unterzusetzen, um das Steuerrad abzudrücken.
- Den Deckel an der Vorderseite des Motors abschrauben (4 Schrauben) und den Öldichtring herausschlagen.
- Aus der Innenseite des Kurbelgehäuses das Ölansaugsieb abschrauben. Dieses ist an der in Bild 226 gezeigten Stellen angeschraubt.
- Kurbelwelle durchdrehen (am Schwungradende) bis alle Kolben ungefähr in der Mitte ihres Hubs stehen und mit einem Schaber vorsichtig den Ölkohlering an der Oberseite der Zylinderbohrungen abkratzen, ohne dabei die Bohrungen zu beschädigen.
- Der Reihe nach die Lagerdeckel von den Pleuelstangen abschrauben. Leicht mit einem Gummihammer gegen die Deckel schlagen und Deckel zusammen mit der Lagerschale herunterheben. Die Deckel und Pleuelstangen mit den Zahlen 1 bis 4 kennzeichnen, damit man sie nicht verwechseln kann. Normalerweise sind Deckel und Pleuelstangen gezeichnet. Nur wenn man die Kennzeichnungen gut sehen kann, kann man die Markierung unterlassen. Die Zylindernummer ist jeweils in Pleuel und Lagerdeckel an gegenüberliegenden Stellen eingeschlagen.
- Kolben mit der Pleuelstange von der Unterseite durch die Zylinder stossen. Je zwei Kolben sollten sich jeweils auf dem unteren Totpunkt befinden, um den Ausbau zu erleichtern. Die Lagerdeckel und -schalen sollten am besten wieder an die betreffende Pleuelstange angeschraubt werden, um sie zusammenzuhalten.
- Befestigungsschrauben der Hauptlagerdeckel für die Kurbelwellenlager lösen, aber jede Schraube nur stückweise lockern.
- Schrauben herausziehen und die Lagerdeckel mit der Lagerschalenhälfte herausheben. Jeden

Deckel und die Schale in geeigneter Weise zeichnen (z.B. Farbstriche) so dass sie wieder in die ursprüngliche Lage zurückgebracht werden können.

● Kurbelwelle vorsichtig aus den Lagern herausheben und an sauberer Stelle ablegen.

● Die im Kurbelgehäuse befindlichen Lagerschalen entfernen und sie entsprechend kennzeichnen, um sie nicht zu verwechseln und mit den anderen Lagerschalen zusammenlegen. Ebenfalls die Anlaufscheiben für das Wellenaxialspiel herausnehmen.

● An den in Bild 227 gezeigten Stellen sitzen Ölspritzdüsen für die Kolbenkühlung. Diese müssen vor dem Zusammenbau gut gereinigt werden.

16.4 Zusammenbau des Motors

Nachdem der Motor zerlegt worden ist, sollten alle Teile gründlich gereinigt und kontrolliert werden. Unter den nächsten Überschriften wird in Einzelheiten auf alle erforderlichen Reparaturarbeiten eingegangen, welche vor den hier beschriebenen Zusammenbau durchzuführen sind. Der Zusammenbau des Motors kann danach beginnen. Der Zylinderblock ist sorgfältig von allen Spänen oder sonstigem Schmutz zu reinigen, wobei besonders auf die Ölwege und Bohrungen zu achten ist. Alle sich bewegenden oder gleitenden Teile mit Motoröl einschmieren, ehe die Teile zusammengesetzt werden. Ein Einölen nach dem Zusammenbau ist in vielen Fällen zwecklos, da das Öl nicht mehr an die zu schmierenden Flächen gelangt.
Beim Zusammenbau in der beschriebenen Reihenfolge vorgehen. Der Text beschreibt nur den Zusammenbau, wobei vorausgesetzt wird, dass die einzelnen Teile wie unter den betreffenden Überschriften kontrolliert und ggf. repariert wurden. Alle Drehmomente sind, falls nicht erwähnt, der Tabelle am Ende des Buches zu entnehmen.

● Die Rückseiten der Lagerschalen trockenwischen und so in die Grundbohrung einsetzen, dass die Nasen der Schalen in die Aussparungen der Bohrungen eingreifen. Falls die gleichen Schalen wieder verwendet werden, müssen sie in die ursprünglichen Bohrungen eingelegt werden. Die Anlaufhalbscheibe zur Aufnahme des Kurbelwellenaxialdrucks am Lager Nr. 3 ansetzen, mit der Ölschmiernute zur Aussenseite.

● Kurbelwelle vorsichtig hineinheben.

● Lagerschalen in die Hauptlagerdeckel einsetzen (wieder auf die Nasen achten) und die Deckel entsprechend der Kennzeichnungen (sichtbare oder bei Demontage eingezeichnete) am Kurbelgehäuse anschrauben. Die Deckel sind mit den Zahlen 1 bis 5 gezeichnet. Deckel Nr. 1 befindet sich an der Vorderseite. Bild 57 zeigt eine Ansicht der Kurbelwelle eines Benzinmotors. Ähnlich sieht es beim Dieselmotor aus.

● Lagerdeckelschrauben gleichmässig von der Mitte nach den beiden Aussenseiten vorgehend in mehreren Stufen auf 27 Nm anziehen. In der gleichen Reihenfolge werden die Schrauben jetzt im Winkel um 75° nachgezogen. Falls keine Gradscheibe vorhanden ist, muss man den Winkel schätzen, d.h. etwas weniger als eine Viertelumdrehung. Die Kurbelwelle nach dem Anziehen einige Male durchdrehen, um Klemmer bereits jetzt festzustellen.

● Kurbelwellenaxialspiel ausmessen, wie es in Kapitel 16.8 unter der betreffenden Überschrift beschrieben ist.

● Kolben und Pleuelstangen montieren, wie es in Kapitel 16.7.2 beschrieben wird.

● Ölansaugrohr mit einem neuen "O"-Dichtring anbringen. Der Dichtring muss einwandfrei sitzen. Die beiden Schrauben mit 22 Nm anziehen.

● Die Platte an der Stirnseite mit einer neuen Dichtung und neuen Dichtringen für die Ölkanäle anbringen. Die Platte muss einwandfrei zentriert werden, d.h. die Abschlusskante der Platte muss bündig mit der Unterkante des Zylinderblocks abschneiden. Die vier Schrauben mit 22 Nm anziehen.

● Einen neuen Radialdichtring in die vordere Platte einziehen. Der Öldichtring wird entweder eingeschlagen oder man benutzt ein Rohrstück (dessen Aussendurchmesser auf dem Dichtring aufsitzt) mit einer grossen Scheibe und zieht den Dichtring unter Benutzung der Schraube für die Riemenscheibe in das Gehäuse ein, bis die Aussenfläche bündig abschneidet.

● Den "O"-Dichtring im Ende der Kurbelwelle mit Motoröl einschmieren (er muss in gutem Zustand sein) und das Steuerrad bis zum Bund auf die Kurbelwelle schieben. Ein Stift im Ende der Kurbelwelle und ein Loch im Steuerrad müssen dabei in Eingriff kommen. Bild 228 zeigt eine Ansicht des Wellenendes und Steuerrades mit Lage der genannten Teile.

● An der Verbindungsfuge zwischen dem

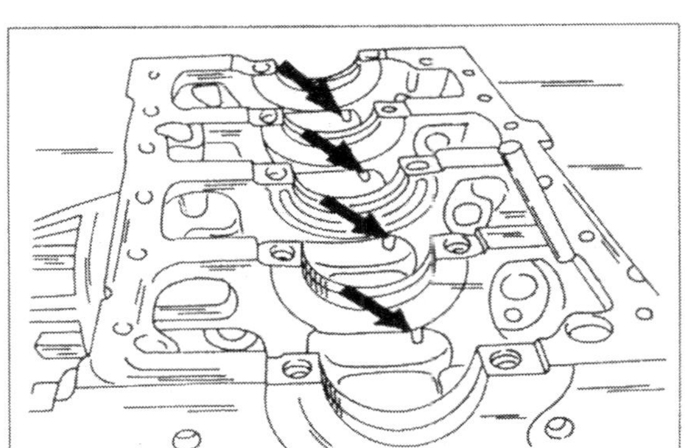

Bild 227
Spritzdüsen für die Kolbenkühlung sind an den gezeigten Stellen eingebaut.

Stirndeckel und dem Zylinderblock etwas Dichtungsmasse aufstreichen und die Ölwanne mit einer neuen Dichtung aufsetzen. Die Schrauben einstweilen handfest anziehen. Der vollständige Einbau der Ölwanne muss innerhalb 20 Minuten nach Auftragen der Dichtungsmasse stattfinden. Man sollte sich in einer Ford-Werkstatt erkundigen welche Dichtungsmasse von dieser benutzt wird.

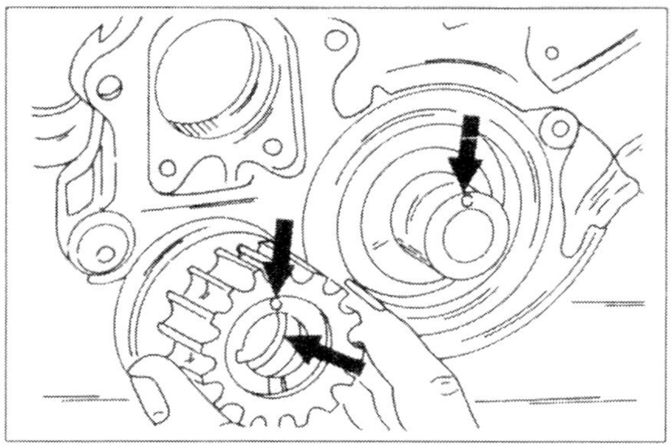

Bild 228
Die Pfeile weisen auf den Stift im Ende der Kurbelwelle, das Loch im Steuerrad und den "O"-Dichtring in der Innenseite.

- Flansch für den hinteren Kurbelwellendichtring mit einer neuen Dichtung anbringen und die sieben Schrauben über Kreuz mit 20 Nm anziehen. Der Flansch wird mit Nasen am Block zentriert. Der eingebaute Flansch ist in Bild 229 gezeigt, die Schrauben mit den Pfeilen.

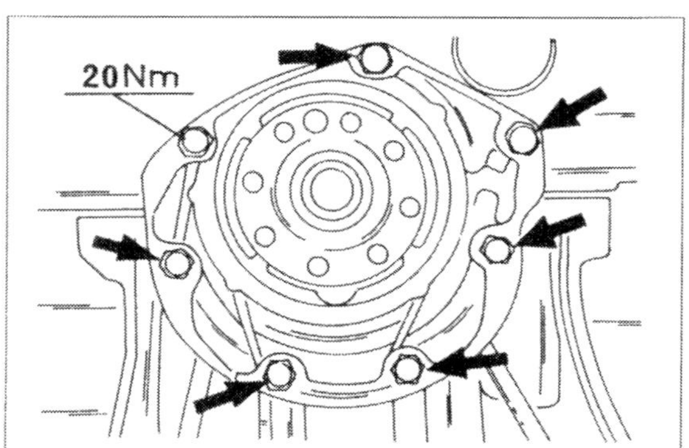

Bild 229
Der Dichtringflansch für den hinteren Kurbelwellendichtring.

- Die Ölwanne jetzt gleichmässig ringsherum und über Kreuz mit einem Anzugsdrehmoment von 11 Nm anziehen.
- Den hinteren Radialdichtring in den Flansch hineinziehen. Werkstätten verwenden dazu ein Spezialwerkzeug. Falls dieses nicht zur Verfügung steht, kann man eine runde Platte am Flansch der Kurbelwelle anschrauben, die auf der Aussenfläche des Dichtringes aufsitzt. Durch gleichmässiges Anziehen der Schrauben wird der Radialdichtring eingezogen, bis die Platte gegen die Kurbelwelle, bzw. gegen den Dichtringflansch anliegt.
- Schwungrad am gut gereinigten Kurbelwellenflansch ansetzen. Die Schrauben müssen immer erneuert werden. Einen Schraubenzieher in die Zähne des Zahnkranzes einsetzen, um die Kurbelwelle gegen Mitdrehen gegenzuhalten. Falls die Ölwanne nach Einbau des Schwungrades eingebaut wird, kann man auch einen Holzklotz zwischen Kurbelwelle und Kurbelgehäuse einsetzen, um die Welle gegenzuhalten. Den Motor von einer zweiten Person halten lassen und die Schrauben gleichmässig ringsherum auf ein Drehmoment von 40 Nm anziehen. Aus dieser Stellung die Schrauben etwas weniger als eine Viertelumdrehung im Winkelanzug nachziehen und dann ein zweites Mal um den gleichen Wert nachziehen, d.h. der Winkelnachzug muss 2 mal 40° erfolgen.
- Kupplung einbauen, wie es im betreffenden Kapitel beschrieben ist. Die Schrauben werden mit 30 Nm angezogen.
- Den Sensor für Kurbelwellenstellung/Drehzahl einsetzen und die Schraube mit 21 Nm anziehen. Die Arbeitsweise des Sensors hängt vom Spalt zwischen der Sensorspitze und dem Schwungrad ab. Es wird angenommen, dass dieser stimmt.
- Die Wasserpumpe mit einer neuen Dichtung montieren. Unter einer der Schrauben befindet sich das Ankerblech für die Rückzugfeder des Riemenspanners.
- Zwischenwelle, Lagerbüchse im Zylinderblock und die Halteplatte mit Motoröl einschmieren, die Welle einschieben und die Platte an der Welle anbringen. Die beiden Schrauben mit 10 Nm in den Zylinderblock schrauben. Die Schmiernuten der Halteplatte müssen nach aussen weisen.
- Der Dichtringträger der Zwischenwelle hat einen integralen Radialdichtring, d.h. das gesamte Teil muss erneuert werden. Das Ende der Welle gut einölen und den Deckel sowie die Kunststoff-Führungshülse auf das Ende der Zwischenwelle aufschieben. Die drei Schrauben mit 23 Nm anziehen und die Hülse nach fertigem Einbau herausziehen.

Als nächstes muss das Überstehmass der Kolben ausgemessen werden. Diese Arbeit wird im Rahmen mit dem Einbau der Kolben im betreffenden Kapitel beschrieben.

- Kurbelwelle durchdrehen, bis der Kolben des ersten Zylinders auf dem oberen Totpunkt steht. Um die Nockenwelle in die richtige Stellung zu setzen, dreht man sie durch, bis der Exzenter an der Nockenwelle parallel mit der Oberkante des Zylinderkopfes steht, wobei der grössere Halbkreis des Exzenters an der Oberseite sein muss. Kurbelwelle und Nockenwelle dürfen jetzt nicht mehr durchgedreht werden.
- Eine neue Zylinderkopfdichtung auflegen. Die Dichtung ist auf einer Seite mit Top/Oben gezeichnet und muss entsprechend aufgelegt werden. Beim Bestellen der Zylinderkopfdichtung muss man sich an die beim Ausmessen des Vorstehmasses der Kolben erhaltene Stärke halten. Die

Stärke der Dichtung wird durch die Zacken auf einer Seite der Dichtung angegeben. Die Dichtung wird durch zwei eingesetzte Führungsstifte auf einer Seite des Zylinderkopfes geführt und muss gut auf diesen sitzen.

- Den Zylinderkopf auf den Block aufsetzen, wobei gleichzeitig der Ölrücklaufschlauch für den Turbolader aufgesteckt werden muss, während man den Kopf senkt. Die Schlauchschelle sofort anziehen. Die Zylinderkopfschrauben ungeölt einschrauben und lose anziehen.
- Die Zylinderkopfschrauben entgegengesetzt dem Diagramm von Bild 230 auf ein Drehmoment von 10 Nm anziehen. In der gleichen Reihenfolge dann die Schrauben in mehreren Stufen mit 100 Nm anziehen. Dies ist die Voranzugsstufe. Die Schrauben müssen danach im Winkelanzug folgendermassen nachgezogen werden:
  - Zylinderkopf mindestens 3 Minuten lang stehen lassen.
  - Die mit "1" in Bild 230 gezeigte Schraube um genau eine halbe Umdrehung lockern und wieder mit dem Drehmomentschlüssel auf 70 Nm anziehen.
  - Bei der nächsten Stufe ist wieder die bereits genannte Gradscheibe zu benutzen. Die Schraube muss jetzt ohne Drehmomentschlüssel 120° nachgezogen werden. Wie bekannt sein sollte, sind 120° eine Drittelumdrehung. Falls man keine Gradscheibe hat, kann man also einen Bezugspunkt an der Aussenseite des Schraubenkopfes einzeichnen und von diesem ausgegangen die Schraube entsprechend festziehen.
  - Alle Schrauben in der Reihenfolge von Bild 230 in der oben beschriebenen Weise anziehen.
- Die Glühkerzen und die Einspritzdüsen einschrauben (Bild 231) und die Kabel an den Glühkerzen anschrauben (vier Muttern). Die Wärmeabweisscheiben der Einspritzdüsen richtig herum auflegen. Zum Festziehen eine lange Stecknuss mit 27 mm Schlüsselweite benutzen.
- Thermostatgehäuse mit einer neuen Dichtung anbringen. Die Schrauben mit 20 Nm anziehen.
- Kühlmittelschlauch an der Wasserpumpe anschliessen und den Halter für die Servopumpe anschrauben. Die sechs Schrauben mit 32 Nm anziehen.
- Unterdruckpumpe unter Bezug auf Bild 232 montieren. Dabei den Ölrücklaufschlauch (1) anziehen. Die Pumpe mit einem neuen "O"-Dichtring ansetzen. Beim Einsetzen der Schrauben die Schelle der Glühkerzenkabel unter einer der Schrauben unterlegen. Die untere Schraube muss zuerst eingesetzt werden. Die beiden Schrauben gleichmässig auf 22 Nm anziehen.
- Die Einspritzpumpe mit den drei Schrauben anziehen (24 Nm). Die Schrauben werden gleichmässig ringsherum angezogen.
- Die in Bild 233 gezeigten Teile mit den angegebenen Anzugsdrehmomenten anziehen. Den Unterdruckschlauch mit der Einspritzpumpe verbinden.

Achtung: Die Zylinderkopfschrauben werden nach Lauf des Motors nicht nachgezogen.

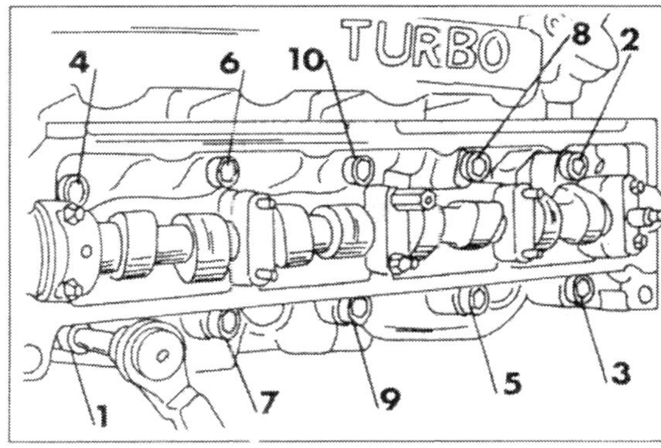

Bild 230
Anzugsreihenfolge der Zylinderkopfschrauben.

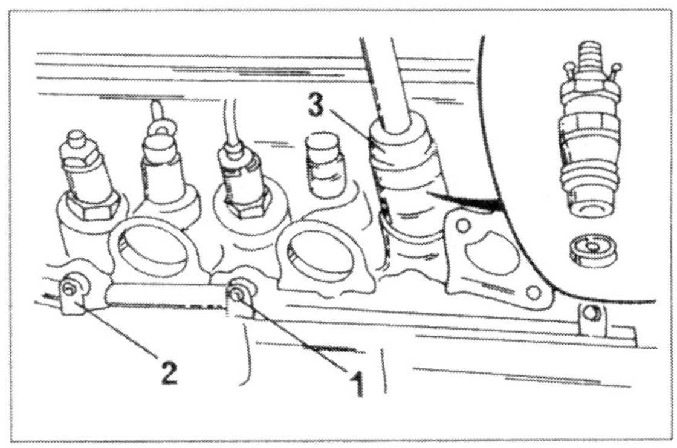

Bild 231
Glühkerzen (1), Kabel der Glühkerzen (2) und Einspritzdüsen (3) montieren.

Bild 232
Einbau der Unterdruckpumpe. An der Unterseite wird der Ölrücklaufschlauch (1) angeschlossen. Die beiden Schrauben (2) mit 22 Nm anziehen.

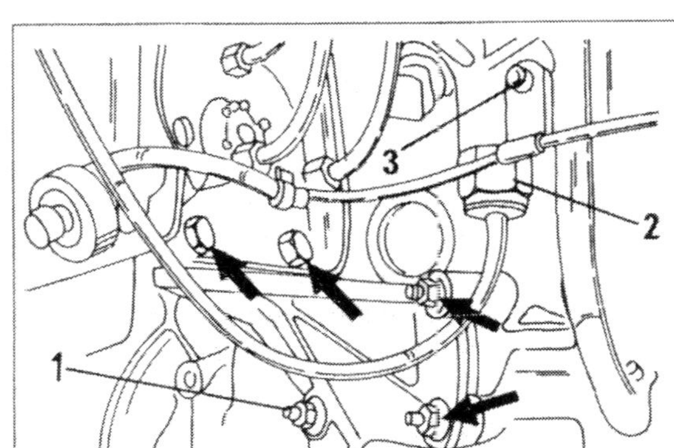

Bild 233
Die gezeigten Teile mit den angegebenen Anzugsdrehmomenten anziehen.
1 Pumpenkonsole, 23 Nm
2 Regelthermostat, 23 Nm
3 Unterdruckleitung, 5 Nm

- Den Kraftstoffilter zusammen mit dem Halter anschrauben. Die Unterdruckleitung wird dabei mit dem Turbolader verbunden. Bild 223 zeigt die Einzelheiten.
- Kraftstoffvorheizelement (2 Schrauben) anbringen und die beiden Kraftstoffschläuche am Kraftstoffilter anschliessen (2 Schnellverschlüsse).

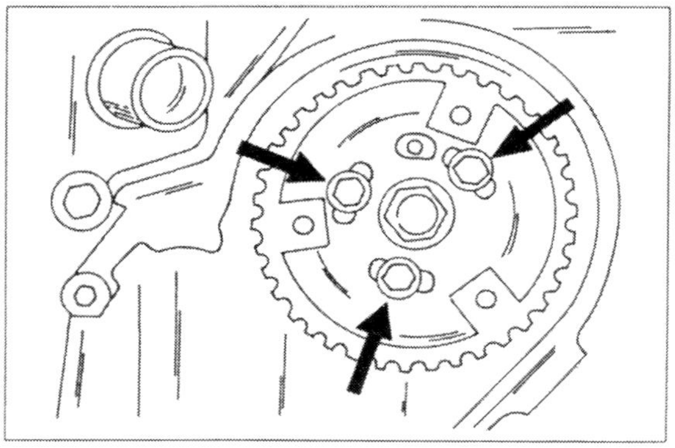

Bild 234
Beim einstweiligen Anbringen des Riemenrades der Einspritzpumpe die drei Schrauben in die Mitte der Langlöcher setzen.

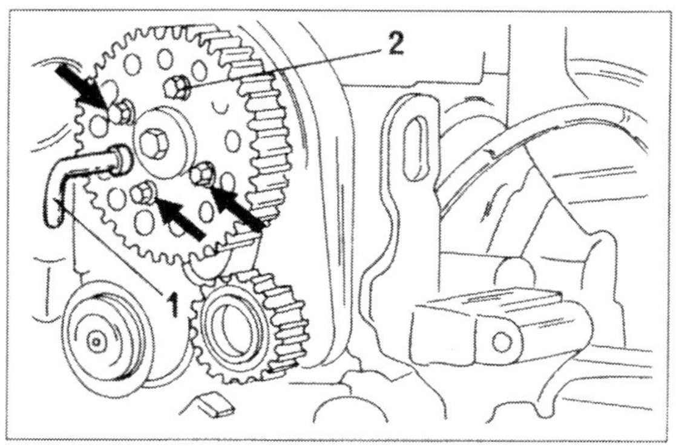

Bild 235
Den Bolzen (1) zur Steuereinstellung der Nokkenwelle an der gezeigten Stelle einschieben. Die Schrauben (2) danach lockern.

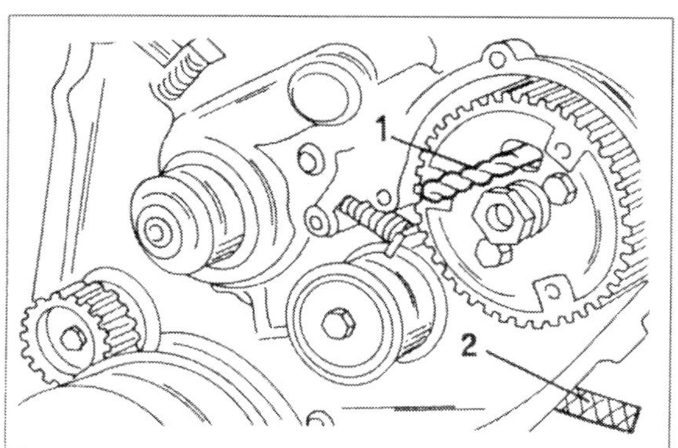

Bild 236
Riemenrad der Einspritzpumpe mit einem Spiralbohrer (1) und die Kurbelwelle mit dem Spezialbolzen (2) in die vorschriftsmässige Stellung zur Einstellung der Steuerung bringen.

- Einspritzleitungen anschrauben. Die Überwurfmuttern mit 25 Nm anziehen. Die Lecköllleitungen wieder aufstecken.
- Hintere Zahnriemenabdeckung anbringen, die Riemenlaufrolle anschrauben (45 Nm) und die Schrauben der Abdeckung mit 24 Nm anziehen.
- Steuerrad der Nockenwelle aufschieben, das Riemenrad gegenhalten und die Schraube mit 30 Nm anziehen.
- Riemenrad der Zwischenwelle aufschieben. In der Zwischenwelle ist ein Stift eintgesetzt. Das Loch im Riemenrad muss über den Stift gesetzt werden. Das Rad gegenhalten und die Schraube mit 45 Nm anziehen.
- Den Halter mit dem Zahnriemenspanner anschrauben. Die Halterung mit 10 Nm anziehen. Der Riemenspanner wird jetzt gegen die Riemenspannung zusammengedrückt und die Schraube in der Mitte festgezogen, damit sich der Riemenspanner nicht mehr bewegen kann.
- Das Riemenrad der Einspritzpumpe aufsetzen und mit den drei Schrauben befestigen. Die Schrauben müssen in der Mitte der Langlöcher sitzen. Die Schrauben aber noch nicht vollkommen festziehen (siehe Bild 234)
- Die Riemenspannrolle für den Riemen der Einspritzpumpe anschrauben, die Rolle gegen die Federspannung nach innen drücken und die Schraube handfest anziehen.
- Schwingungsdämpfer auf die Kurbelwelle sitzen (Nase und Kerbe gegenüber) und die Schraube trocken einschrauben. Die Kurbelwelle am Schwungrad gegen Mitdrehen blockieren und die Schraube anziehen. Dabei ist eine bestimmte Reihenfolge zu beachten. Die Schraube zuerst mit 150 Nm anziehen und dann um genau eine Vierteldrehung lockern. Jetzt wieder mit dem Drehmomentschlüssel auf 120 Nm anziehen und im Winkelanzug nochmals 60° weiter anziehen. Wiederum muss man den Winkel schätzen, wenn man keine Gradscheibe zur Verfügung hat.

Die Ventilsteuerung wird als nächstes eingestellt. Wie bereits erwähnt benutzen Werkstätten einen Bolzen, um das Rad der Nockenwelle in die richtige Stellung zu bringen. Bild 235 zeigt eine Ansicht der Teile mit dem eingesetzten Bolzen. Das Steuerrad hat eine Bohrung und der Bolzen wird durch diese und eine Bohrung im Zylinderkopf eingesetzt. Vorausgesetzt, dass man sich einen Bolzen des genauen Durchmessers besorgen kann, ist das Spezialwerkzeug nicht unbedingt notwendig. Nach Einsetzen des Bolzens die vier mit (2) bezeichneten Schrauben lockern.

- Das Riemenrad der Einspritzpumpe als nächstes unter Bezug auf Bild 236 in die richtige Lage bringen. Dieses Mal braucht man einen Spiralbohrer von 6 mm Durchmesser, welcher aber einen unbeschädigten Schaft haben sollte. Den Bohrerschaft an der in Bild 236 gezeigten Stelle durch das Riemenrad und das dahinterliegende Loch im Pumpengehäuse einschieben. Dies verhindert ein nachfolgendes Verdrehen des Riemenrades.
- Die Kurbelwelle ebenfalls auf die o.T.-Stellung (oberer Totpunkt) drehen. Unter dem Rad der Einspritzpumpe liegt ein Stopfen, welcher herausgedreht werden muss. In diese Bohrung wird jetzt der Spezialbolzen 21-104 eingeschraubt, welcher in die Kurbelwelle eingreift. Es wird ziemlich schwer

sein diesen Bolzen durch andere Hilfswerkzeuge zu ersetzen, jedoch sollte man in der Lage sein die Kurbelwelle in anderer Weise auf o.T. zu setzen, nur dass man dann die Kurbelwelle auf keinen Fall verdrehen darf.

- Den Riemen der Einspritzpumpe montieren. Der Riemen ist mit der Laufrichtung markiert und muss entsprechend aufgelegt werden. Ausserdem muss der Riemen gegenüber dem Riemenspanner stramm aufgelegt werden. Die Schraube des Riemenspanners jetzt lockern. Die Spannrolle springt dabei gegen den Riemen und spannt diesen. In dieser Stellung die Schraube der Spannrolle mit 45 Nm anziehen. Kontrollieren, dass die Schrauben des Riemenrades noch in der Mitte sitzen und mit 23 Nm anziehen. Die Anordnung der Riemenspannung ist in Bild 237 gezeigt.
- Zahnriemen der Nockenwelle auflegen. Wiederum ist die Laufrichtung eingezeichnet. Der Riemen muss auf der gegenüberliegenden Seite stramm aufgelegt werden, d.h. er muss gut in den Zähnen sitzen. Die Schraube der Spannrolle lockern, bis die Rolle gegen den Riemen schnappt. Die Schraube in dieser Spannrollenstellung mit 50 Nm anziehen. Kontrollieren, dass die vier Schrauben des Nockenwellenrades in der Mitte der Langlöcher liegen und die Schrauben mit 10 Nm anziehen. Den Bolzen jetzt aus dem Nockenwellenrad herausziehen.

Die Spannung der Riemen muss jetzt einwandfrei eingestellt werden. Bild 238 ist dazu hinzuzuziehen:

- Als erstes alle zum Sperren der Riemenräder benutzten Bolzen ausbauen.
- Die Kurbelwelle um genau zwei Umdrehungen in normaler Drehrichtung durchdrehen, bis der Schlitz im Riemenrad der Einspritzpumpe genau oben, d.h. in der "12-Uhr-Stellung" steht. Aus dieser Stellung die Kurbelwelle zurückdrehen, bis der Schlitz auf "11 Uhr" steht.
- Den Arretierbolzen (1) der Kurbelwelle einschrauben und die Kurbelwelle in Drehrichtung durchdrehen, bis die Kurbelwelle innen gegen den Bolzen anschlägt.
- Den Bolzen (2) jetzt in das Rad der Nockenwelle und den Spiralbohrer (3) in das Rad der Einspritzpumpe einschieben. Beide müssen sich ohne zu klemmen einschieben lassen.
- Dier vier Schrauben des Nockenwellenrades, die drei Schrauben des Riemenrades der Einspritzpumpe und die beiden Riemenspannrollen um eine halbe Umdrehung lockern und mit dem Daumen auf die beiden Riemen drücken. Bild 238 zeigt wo man dagegendrückt.
- Die gelockerten Schrauben jetzt anziehen: Nockenwellenrad mit 9 Nm, Einspritzpumpenrad mit 23 Nm, Spannrolle des Einspritzpumpenriemens mit 45 Nm, Spannrollen des Nockenwellenriemens mit 50 Nm. Alle eingesetzten Arretierbolzen danach herausziehen. Den Stopfen wieder in das Kurbelgehäuse einschrauben.

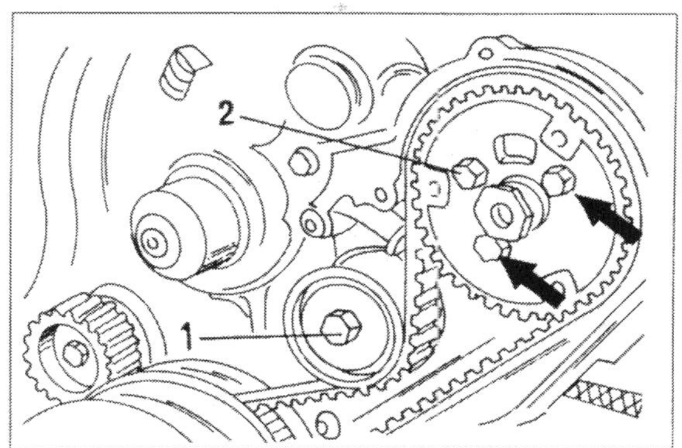

Bild 237
Schraube (1) der Riemenspannrolle mit 45 Nm, Schrauben des Riemenrades (2) mit 23 Nm anziehen.

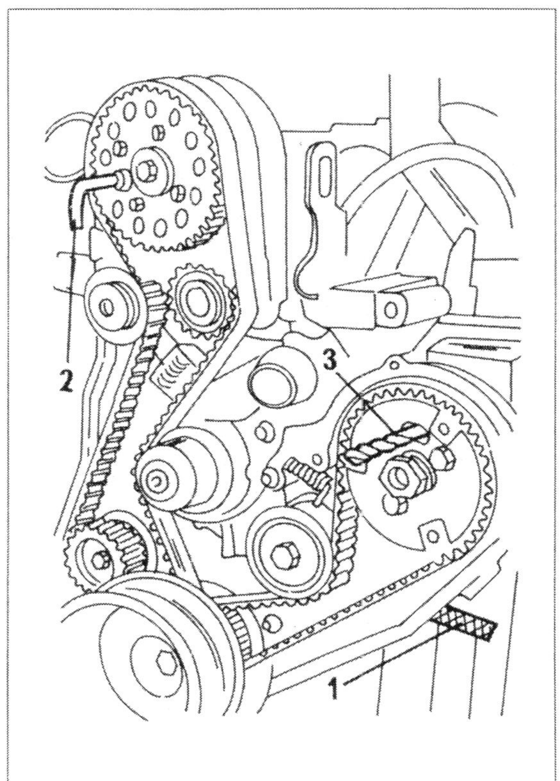

Bild 238
Zur Einstellung der Steuerung. Auf die Zahlen wird im Text eingegangen.

- Abdeckungen des Zahnriemens anbringen (fünf Schrauben, drei Clips).
- Die Riemenscheibe an der Einspritzpumpenwelle anbringen (25 Nm) und den Kühlmittelschlauch anschliessen.
- Konsole der Lichtmaschine montieren (40 Nm).
- Lichtmaschine montieren. Die Schrauben oben und unten mit 50 Nm, die Schraube an der Rückseite und die beiden Schrauben des Riemenspanners mit 24 Nm anziehen. Die Einstellschraube zur Riemeneinstellung in den Riemenspanner eindrehen.

● Den Riemen jetzt unter Bezug auf Bild 239 auflegen und einstellen. Durch Verstellen der Schraube (1) den Riemen spannen, bis er sich an

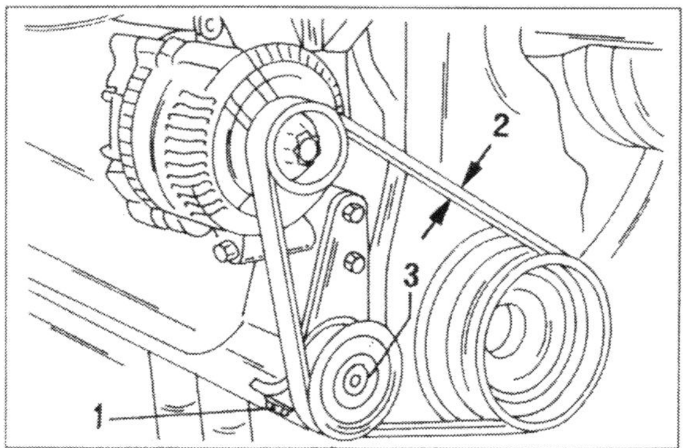

Bild 239
Zur Einstellung des Antriebsriemens der Drehstromlichtmaschine.
1 Schraube
2 Spannung hier messen
3 Schraube, 24 Nm

Stelle (2) 1 - 2 mm bei einem neuen Riemen oder 2 - 4 mm bei einem bereits gelaufenenen Riemen durchdrücken lässt. Die Feststellschraube des Spanners (3) dann mit 24 Nm anziehen.

● Ventilspiele kontrollieren und ggf. einstellen.

● Die Steuereinstellung sowie die Spannung der Zahnriemen nochmals kontrollieren, ehe man die verbleibenden Arbeiten in umgekehrter Reihenfolge wie beim Zerlegen durchführt. Der Motor kann jetzt wieder eingebaut werden.

16.5 Zylinderkopf und Ventile

16.5.1 Aus- und Einbau bei eingebautem Motor

Der Ausbau des Zylinderkopfes ist praktisch identisch mit dem Ausbau und der Zerlegung des Motors und die in Kapiteln 16.1 und 16.3 gegebenen Anweisungen sind miteinander zu kombinieren, bis der Zylinderkopf frei ist und abgeschraubt werden kann.

Der Einbau des Zylinderkopfes, verbunden mit dem Einbau der ausgebauten Steuerungsteile, ist in Kapitel 16.4 beschrieben. Um die richtige Zylinderkopfdichtungsstärke auszuwählen, muss man in Kapitel 16.7 über die Kolben nachlesen, da das Vorstehmass der Kolben vor Wahl der Dichtung auszumessen ist.

Zum Lösen/Anziehen der Zylinderkopfschrauben ist ein Vielzahn-Steckeinsatz erforderlich. Falls das dafür von Ford vorgesehene Werkzeug nicht vorhanden ist, kann man einen beliebigen Einsatz der entsprechenden Grösse benutzen, welcher jejedoch das Drehmoment beim Anziehen aushalten muss, ohne sich dabei innerlich zu verdrehen. Dies trifft besonders auf die manchmal in Stecknusskästen befindlichen Torx-Einsätze zu.

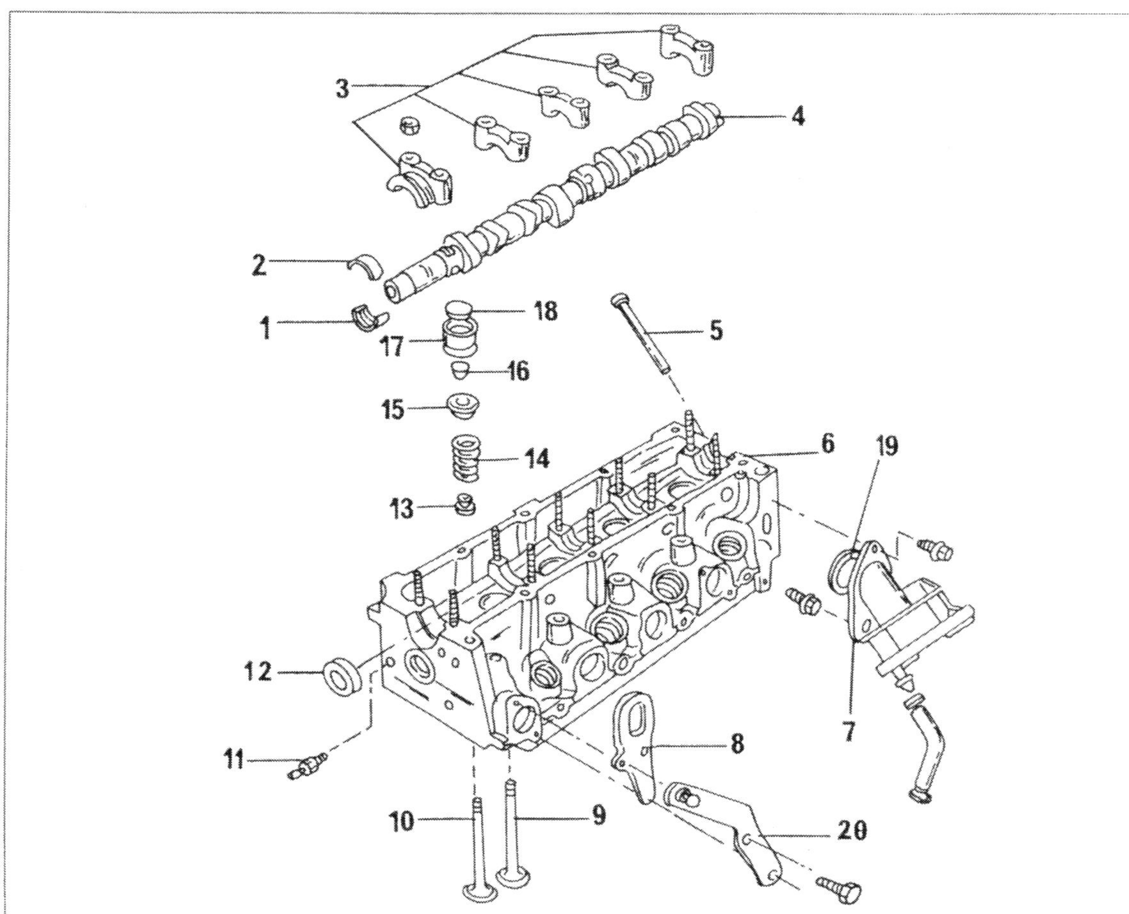

Bild 240
Montagebild des Zylinderkopfes.
1 Untere Lagerschale
2 Obere Lagerschale
3 Lagerdeckel
4 Nockenwelle
5 Stössel der Unterdruckpumpe
6 Zylinderkopf
7 Unterdruckpumpe
8 Hebeöse
9 Auspuffventil
10 Einlassventil
11 Wasserstutzen
12 Radialdichtring
13 Ventilschaftdichtring
14 Ventilfeder
15 Ventilfederteller
16 Ventilkegelhälften
17 Becherstössel
18 Einstellscheibe
19 "O"-Dichtring
20 Haltebügel

Zu beachten ist, dass Kurbelwelle, Nockenwelle und Riemenrad der Einspritzpumpe in der o.T.-Stellung stehen müssen, ehe der Zahnriemen abgenommen wird. Kurbelwelle und Nockenwelle dann in dieser Stellung arretieren, wie es beim Zusammenbau des Motors beschrieben wurde.

16.5.2 Zerlegung des Zylinderkopfes

Wie bereits bekannt ist, bildet die Nockenwelle einen Teil des Zylinderkopfes, d.h. die Nockenwelle muss ausgebaut werden, um an die Ventile zu kommen.
Um die Ventile nicht zu beschädigen, sollte der Zylinderkopf vorn und hinten auf zwei Holzklötze aufgelegt werden. Andernfalls kann man sich einen Bügel zurechtmachen und an den Stiftschrauben des Ansaugkrümmers anschrauben, nachdem dieser abmontiert wurde. Den Bügel danach in einen Schraubstock einspannen.

- Ansaugkrümmer und Auspuffkrümmer abschrauben und die Dichtungen abnehmen.
- Unterdruckpumpe abschrauben. Die Schrauben gleichmässig lockern.
- Die Nockenwelle ausbauen. Um einen Verzug der Welle zu vermeiden, müssen die Lagerdeckel nach einer bestimmten Vorschrift gelockert werden. Zuerst die Deckel Nr. 2 und Nr. 4 vollkommen abschrauben und danach die Muttern der verbleibenden Deckel von innen nach aussen vorgehend um jeweils eine Umdrehung lösen, bis sie vollkommen locker sind.
- Die Lagerdeckel und die oberen Lagerschalen, die Nockenwelle, den Öldichtring und die unteren Lagerschalen herausnehmen. Die Schalen entsprechend der Lagernummern zusammenhalten.
- Becherstössel und Einstellscheiben herausnehmen. Die Teile in Einbaureihenfolge ablegen.
- Den Stössel für die Unterdruckpumpe herausziehen.
- Die beiden Hebeösen abschrauben (insgesamt 4 Schrauben).
- Den Öldruckschalter und die Kühlmittelanschlüsse ausbauen.
- Ventilfedern der Reihe nach mit einem Ventilheber zusammendrücken. Ein geeigneter Ventilheber für diesen Motor ist in Bild 241 gezeigt. Nachdem die Feder ausreichend zusammengedrückt ist, kommen die beiden Ventilkegelhälften aus der Oberseite heraus und können abgenommen werden. Das Werkzeug langsam abschrauben und Ventilfedersitz und Ventilfeder abnehmen. Mit einem Schraubenzieher oder einer Zange den Ventilschaftdichtring von der Führung herunterdrücken und den unteren Ventilfederteller abnehmen. Das Ventil muss von der anderen Seite durch Unterlegen eines Holzklotzes jedoch gut gegengehalten werden. Falls der Ventilheber nicht zur Verfügung steht, ein Stück Rohr des geeigneten Durchmessers auf den Ventilfederteller aufsetzen und mit einem Hammer auf das Rohr schlagen. Die Ventilkegelhälften springen dabei heraus und verbleiben im Inneren des Rohres. Die Ventile nach dem Ausbau in Einbaureihenfolge zusammenhalten (durch ein Stück Pappe stossen, mit der Nummer davor).
- Die vier Wirbelkammern aus dem Zylinderkopf ausbauen, falls der Kopf gewechselt werden soll. Falls der Zylinderkopf erneuert werden soll, alle Stiftschrauben mit zwei gegeneinandergekonterten Muttern herausdrehen. Einen Gabelschlüssel an der unteren Mutter ansetzen und die Stiftschrauben herausdrehen.

16.5.3 Zylinderkopf und Ventile überholen

Ventilsitze
Vor Durchlesen der untenstehenden Anweisungen müssen die folgenden Hinweise beachtet werden:
Falls die Ventile ausgeschlagen oder andernfalls beschädigt sind, müssen neue Ventile eingebaut werden. Falls die Ventilsitze nach Ausbau der Ventile schlecht aussehen, schlagen wir vor, dass man den gesamten Zylinderkopf zur Überholung in eine Ford-Werkstatt bringt. Diese wird Ihnen auch die Ventile einbauen, so dass der Kopf nur wieder eingebaut werden braucht.

Bild 241
Verwendung eines Ventilhebers zum Ausbau der Ventile.

Ventile
Ventilschäfte auf übermässigen Verschleiss, Riefenbildungen oder Risse kontrollieren. Ein Stahllineal entlang der gut gereinigten Ventilschäfte anlegen und überprüfen, ob die Schäfte gerade sind. Verbiegungen sind nicht gestattet, da die Schäfte anderenfalls in den Führungen klemmen können. Die Ventilteller auf Abbrand oder Narbenbildungen überprüfen. Zwischen Ventiloberfläche und der Oberkante des Ventiles muss noch ein

bestimmtes Mass vorhanden sein. Dieses Mass wird als Ventilkantenbreite bezeichnet und darf im allgemeinen nicht kleiner als 0,8 mm sein. In den Turbodieselmotor werden spezielle Ventile eingebaut, d.h. Ventile für einen Saugdiesel der gleichen Motorausführung eignen sich nicht.

Ventilführungen

Die Ventilführungen sind in den Zylinderkopf eingearbeitet. Falls das Spiel zwischen Ventilschaft und Führung zu gross ist, können die Ventilführungen aufgerieben werden. Zuerst das Spiel kontrollieren. Dazu eine Messuhr mit einem Ständer auf die Zylinderkopffläche aufsetzen und das Ventil, wie in Bild 49 beim Benzinmotor gezeigt, in den Zylinderkopf einschieben. Das Ventil auf eine Seite drücken, die Messuhr auf Null stellen und das Ventil zur anderen Seite drücken. Die Anzeige der Messuhr sollte bei den Einlassventilen 0,50 mm und bei den Auslassventilen 0,60 mm nicht überschreiten. Falls das Spiel zu gross ist, die Führungen aufreiben, um Ventile mit Übergrösse-Schäften zu verwenden. Die Ventile sind mit zwei Übergrösse-Schäften erhältlich. Ihre Ford-Werkstatt wird Ihnen Näheres über Erhältlichkeit der Führungen mitteilen.

Ventilführungen immer von der Ventilseite aus aufreiben. Die Grösse der Reibahle hängt vom Fortschritt des Verschleisses ab. Man sollte zuerst immer die kleinste Reibahle verwenden und danach ein Ventil mit der kleinsten Übergrösse am Schaft probieren, um festzustellen, ob das Spiel innerhalb der angegebenen Werte liegt.

Die Ventilsitze müssen immer nachgefräst werden, nachdem man die Führungen aufgerieben hat, um die Geradlinigkeit zwischen der Führung und dem Sitz beizuhalten. Wiederum wäre es besser, wenn Sie in einer Ford-Werkstatt nachfragen, um keine Fehler zu begehen.

Ventilfedern

Es ist immer ratsam die Ventilfedern zu erneuern, wenn der Motor eine hohe Kilometerleistung hinter sich hat. Die Federn können kontrolliert werden, indem man eine alte Feder, Ende gegen Ende gegen eine neue Feder auf eine lange Schraube steckt und eine Mutter auf die Schraube dreht (mit entsprechenden Scheiben). Die Mutter anziehen, bis die Federn unter Druck stehen und danach die Länge der Federn ausmessen. Falls die gebrauchte Feder 10% kürzer ist als die neue Feder, sollte der komplette Satz erneuert werden. Die Ventilfedern sind so einzubauen, dass das geschlossene Ende nach unten weist.

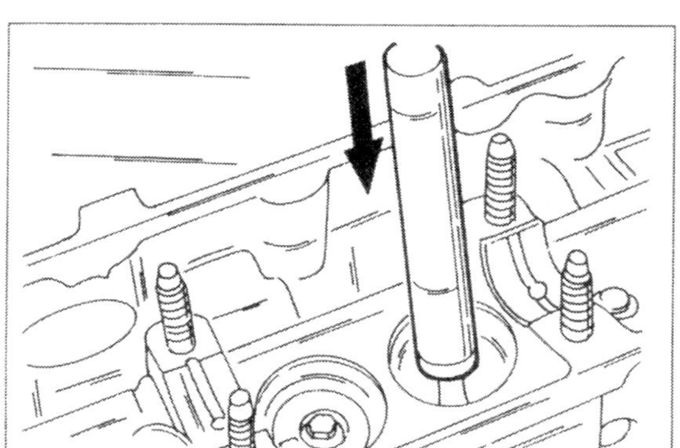

Bild 242
Dichtringe der Ventilführungen können in der gezeigten Weise auf die Ventile aufgeschoben werden.

Zylinderkopf

Zylinderkopf im allgemeinen auf Rissstellen oder andere Schäden hin kontrollieren. Die Zylinderkopffläche auf Verzug kontrollieren, indem man ein Messlineal längs, quer und diagonal auf die gut gesäuberte Fläche auflegt und mit einer Fühlerlehre den Lichtspalt ausmisst. Falls das Spiel mehr als 0,08 mm beträgt, muss man den Kopf erneuern, da man die Zylinderkopffläche nicht planschleifen lassen kann.

Die Bohrungen der Nockenwellenlager einzeln ausmessen, nachdem die Lagerdeckel mit den Lagerschalen aufgeschraubt wurden. Durch Ausmessen der Nockenwellenlagerzapfen kann man das Lagerspiel ermitteln, welches zwischen 0,016 - 0,075 mm liegen sollte. Eine Innenmessuhr sowie ein Mikrometer müssen dazu benutzt werden.

Den Durchmesser der Stösselbohrungen und die Aussendurchmesser der Stössel ausmessen, um das Laufspiel zu ermitteln.

16.5.4 Zusammenbau des Zylinderkopfes

- Die Stiftschrauben (falls entfernt) wieder einschrauben. Dieses Mal an der oberen der beiden Muttern einen Schlüssel ansetzen und die Stiftschrauben anziehen. Die im Zylinderkopf sitzenden Gewinde können mit Sicherungsmittel eingeschmiert werden.
- Ventile, Ventilsitze, Kanäle und Dichtflächen einwandfrei reinigen. Die Innenseiten der Ventilführungen reinigen, indem man ein Stück in Benzin getauchten Lappen durch die Führungen zieht.
- Als nächstes sind die Ventilschaftöldichtringe über die Ventilführungen zu montieren. Das Ende des Ventiles, mit den Rillen für die Ventilkegelhälften, muss mit etwas Staniolpapier (aus einer Zigarettenpackung) oder Klebband umwickelt werden. Bei diesen Motoren ist ein Spezialwerkzeug empfohlen, welches die in Bild 242 gezeigte Form hat. Die gut eingeölten Ventile in die Führungen einsetzen, die Ventildichtringe innen einölen und auf die Enden der Ventilschäfte aufschieben. Mit dem Rohrstück jetzt die Dichtringe aufdrücken. Die Ventile müssen beim Aufdrücken der Dichtringe von der anderen Seite gegen den Zylinderkopf gedrückt werden. Das Klebband wieder entfernen.

Hinweis: Falls ursprüngliche Ventile in einen neuen Zylinderkopf eingebaut werden, muss man die Ventilteller in einer Ventilschleifmaschine auf den vorgeschriebenen Winkel schleifen lassen (falls zulässig, zuerst Gewissheit darüber schaffen).

- Ventilfedern aufsetzen, Federteller darübersetzen und die Federn mit dem Ventilheber zusammendrücken, bis sich die Ventilkegelhälften einwandfrei in die Nuten einsetzen lassen. Bild 243 zeigt eine Schnittansicht eines zusammengebauten Ventils.
- Den Druck des Ventilhebers zurücklassen und mit einem Hammer auf die Ventilfeder schlagen, um festzustellen, ob die Ventilkegelhälften einwandfrei sitzen.
- Kühlmittelschalter und Öldruckschalter einschrauben.
- Die beiden Hebeösen anschrauben.
- Den Stössel der Unterdruckpumpe einölen und in den Zylinderkopf einschieben.
- Die Stössel mit Hypoidöl einschmieren (wie es im Getriebe verwendet wird) und in die ursprünglichen Bohrungen einsetzen. Die Stössel vollkommen hineinschieben. Falls neue Stössel eingebaut werden, können sie beliebig eingesetzt werden. Die Einstellscheiben auf die Stössel auflegen. Die Beschriftung kommt nach unten. **Siehe Hinweis in rechter Randspalte.**
- Die unteren Lagerschalen der Nockenwelle in den Kopf einlegen (diese haben Ölschmierlöcher) und gut einölen. Zu beachten ist, dass die Lagerschalen während der Produktion entweder auf Sollgrösse oder Übergrösse gefertigt werden. Übergrösse-Lager werden durch eine grüne Farblinie gekennzeichnet. Die Übergrösse ist in der Nähe der Ersatzteilnummer eingeschlagen.
- Die oberen Lagerschalen (ohne Schmierölnuten) gut einölen und in die Lagerdeckel einsetzen. Die Lagerdeckel jetzt folgendermassen montieren:

— Die Lagerdeckel betrachten und die Deckel in Nummernreihenfolge so auslegen, dass die eingegossenen Pfeile zur Antriebsseite der Nockenwelle weisen.
— Zwei Holzstücke von mindestens 25 mm Höhe auf beiden Seiten unter die Enden des Zylinderkopfes unterlegen, so dass sich die Ventile ungehemmt bewegen können.
— Alte Dichtungsmasse von den Anlageflächen des Lagerdeckels Nr. 1 und des Zylinderkopfes entfernen und die Stellen mit Dichtungsmasse einschmieren.
— Lagerdeckel Nr. 1, 3 und 5 und die Muttern handfest aufschrauben, bis sie ansitzen.
— Die Muttern des Deckels Nr. 3 um eine halbe Umdrehung anziehen.
— Die Muttern des Deckels Nr. 1 um eine halbe Umdrehung anziehen.
— Die Muttern des Deckels Nr. 5 um eine halbe Umdrehung anziehen.
— Diesen Anzugsvorgang wiederholen, bis alle drei Deckel flach aufliegen.
— Die Deckel Nr. 2 und Nr. 4 aufsetzen, mit einem Kunststoffhammer anschlagen und die Muttern anziehen, bis die Deckel flach aufliegen.
— Alle Lagerdeckel über Kreuz auf 18 - 22 Nm anziehen.

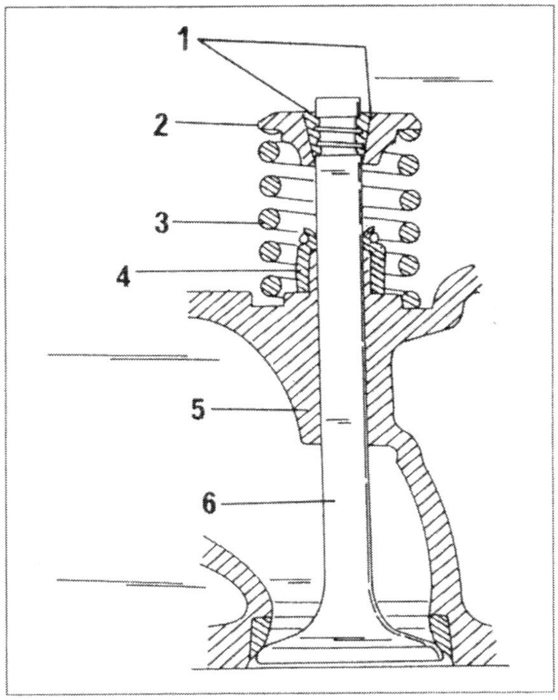

Bild 243
Schnitt durch ein Ventil.
1 Ventilkegelhälften
2 Ventilfederteller
3 Ventilfeder
4 Ventilschaftdichtring
5 Zylinderkopf
6 Ventil

Hinweis: Falls der Zylinderkopf überholt wurde, d.h. Ventilsitze wurden nachgefräst oder Ventile eingeschliffen, sollten Ventileinstellscheiben von 3,3 mm Stärke eingebaut werden.

- Konussitz der Nockenwelle und die Innenseite des Radialdichtringes mit Öl einschmieren und den Dichtring in den Zylinderkopf und über die Welle ziehen. Ein Stück Rohr, welches man auf den Aussenumfang des Dichtringes aufsetzen und mit einer Schraube (in das Gewinde im Ende der Welle eingeschraubt) anschrauben kann, eignet sich gut zum Einbau des Dichtringes.
- Wirbelkammern einschlagen.
- Ansaug- und Auspuffkrümmer mit neuen Dichtungen montieren. Der Auspuffkrümmer hat Kunststoffhülsen in den oberen Bohrungen. Diese sind wichtig zur Ausdehnung, wenn der Krümmer heiss wird. Die Schrauben/Muttern mit 15 - 18 Nm von innen nach aussen zu anziehen. Das Abgasregelventil wieder anschrauben.
- Unterdruckpumpe mit einem neuen "O"-Dichtring montieren. Zuerst die untere Schraube einsetzen, danach die Pumpe ansetzen und die obere Schraube einsetzen. Darauf achten, dass der Dichtring dabei nicht verrutscht. Die Schrauben gleichmässig anziehen.

16.5.5 Einstellen der Ventile

Das Ventilspiel wird durch die auf die Becherstössel aufgelegten Einstellscheiben bestimmt. Da die Stössel dabei jedoch nach unten gedrückt werden müssen, um die Scheiben auszutauschen, werden zwei Spezialwerkzeuge benötigt.
Falls der Motor zusammengebaut ist, muss man die notwendigen Arbeiten durchführen, um die Zylinderkopfhaube abzunehmen.

- Kurbelwelle durchdrehen bis die beiden Nocken des zu messenden Zylinders nach oben weisen und beide den gleichen Winkel auf jeder Seite der senkrechten Achse der Ventile haben. Das Ventilspiel durch Einschieben einer Blattfühlerlehre der erforderlichen Stärke zwischen der Unterseite des Nockens und der Einstellscheibe ausmessen, wie es in Bild 244 gezeigt ist. Das gemessene Spiel für den betreffenden Zylinder aufschreiben.

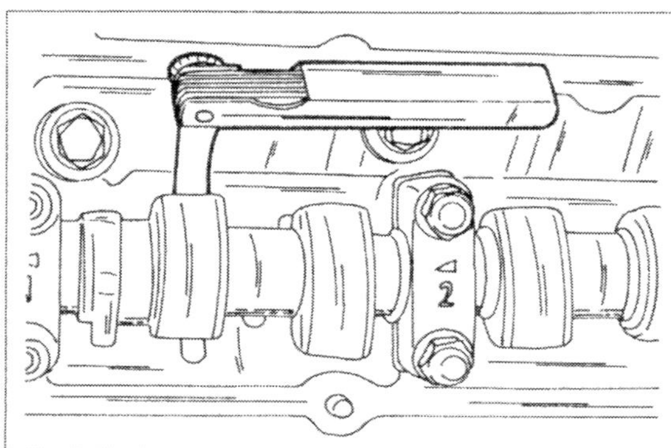

Bild 244
Ausmessen des Ventilspiels.

- Kurbelwelle weiter durchdrehen, bis die verbleibenden Ventile wie oben beschrieben ausgemessen werden können.

Falls Einstellungen erforderlich sind:

- Das erste Ventilpaar vornehmen und die Kurbelwelle um eine weitere Viertelumdrehung weiter drehen, um den Kolben vom o.T.-Punkt wegzubringen.
- Den Stössel nach innen drücken und die Einstellscheibe mit einem Stabmagnet herausnehmen.

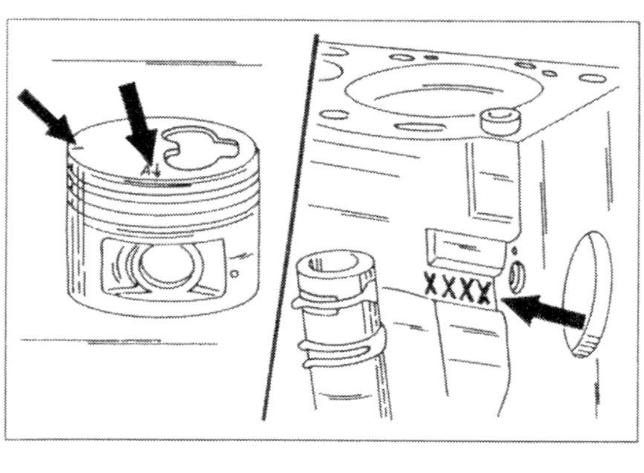

Bild 245
Die linke Seite zeigt, wo die Kolben mit der Grössenklasse und der Gewichtsklasse gezeichnet sind; rechts wo der Block gezeichnet ist.

- Durch Kalkulierung des gemessenen Spiels und des Sollspiels die neue Scheibenstärke bestimmen und diese am Ende wieder einsetzen.

Wir empfehlen, dass man eine Neueinstellung der Ventilspiele in einer Werkstatt durchführen lässt.

16.6 Zylinderblock

Alles was über den Zylinderblock für die Benzinmotoren in Kapitel 2.6 geschrieben wurde, gilt auch im grossen und ganzen für den Dieselmotor.
Die in den Zylinderblock eingearbeiteten Bohrungen werden bei der Herstellung in Grössenklassen eingeteilt und durch Verwendung des vorgeschriebenen Kolbens wird das vorschriftsmässige Kolbenlaufspiel automatisch hergestellt. Zwei Übergrösse-Kolben stehen für den Motor zur Verfügung. Die Bohrungsdurchmesser sind der Mass- und Einstelltabelle zu entnehmen.
Bohrungen und Kolbendurchmesser sollte man am besten in einer Motorenwerkstatt ausmessen lassen. Diese hat Präzisionsinstrumente und ist in der Lage, Ihnen einen genauen Bericht über den Zustand des Zylinderblocks und der Kolben zu geben.
Die Grundbohrungen für die Kurbelwellenlager im Kurbelgehäuse sind in Grösseklassen eingeteilt und haben entweder Nenngrösse oder Übergrösse. Ihre Motorenwerkstatt wird die Kurbelwelle entsprechend dieser Grössen neu lagern.

16.7 Kolben und Pleuelstangen

16.7.1 Zerlegung und Überprüfung

Als erstes die Kolbenringe von den Kolben abnehmen. Dazu entweder eine vorschriftsmässige Kolbenringzange verwenden oder, falls diese nicht zur Verfügung steht, drei alte Fühlerlehren benutzen. Eine Fühlerlehre unter den Ring schieben und den Ring vorsichtig herausheben, bis er aus der Nut kommt. Jetzt die beiden anderen Fühlerlehren in gleichmässigem Abstand unter den Ring schieben und den Ring über die drei Lehren vom Kolben streifen. Bild 50 zeigt eine Darstellung dieser Arbeit. Eine Kolbenringzange wird entsprechend Bild 51 benutzt.
Die Kolben sind äusserlich im Kolbenboden gezeichnet und ausserdem in zwei Gewichtsklassen erhältlich, die entweder durch "+" (schwer) oder "—" (leicht) angegeben sind. Bild 245 zeigt die Kennzeichnung auf der linken Seite. Diese Grössenklassifizierung ist wie auf der rechten Seite in den Zylinderblock eingezeichnet.

Die Pleuelstangen können auch nicht als konventionell angesehen werden. Pleuelstangen werden während der Produktion in vier verschiedenen Längen eingebaut, um das gleiche Vorstehmass der Kolben aller vier Zylinder zu erhalten. Diese Länge wird durch die Buchstaben von "A" bis "D" gekennzeichnet und ist an der gezeigten Stelle in Bild 246 eingeschlagen. Buchstabe "A" gibt die kürzeste Pleuelstange an.

Die Pleuelstangen sind ausserdem in zwei Gewichtsklassen eingeteilt (schwer und leicht). Diese ist gegenüber der Zylindermarkierung in Pleuel und Pleuellagerdeckel eingezeichnet. Nur zu der einen oder anderen Gruppe gehörende Pleuelstangen dürfen eingebaut werden. Der Buchstabe "F" ist in den Schaft der Pleuelstange eingestanzt und ein Pfeil in den Kolbenboden. Beim Zusammenbau müssen diese auf der gleichen Seite der Kolben/Pleueleinheit liegen. Die Seite mit dem "F" muss näher zur Vorderseite des Motors stehen. Im allgemeinen kann man sagen, dass Ihnen nur Ihre Ford-Werkstatt beim Bestellen von Ersatzteilen anhand der Ersatzteil-Mikrofilme weitere Einzelheiten geben kann.

Die Kolben und Pleuelstangen können zerlegt werden, falls Kolben und Pleuelstangen erneuert werden müssen. Die Kolbenringe sind mit Sicherungsringen gehalten. Da die Kolbenbolzen in Kolben und Pleuelstangen schwimmend gelagert sind, kann man sie nach Anwärmung mit einem passenden Bolzen ausschlagen. Der Kolben kann dabei mit einem Lappen in der hohlen Hand gehalten werden.

Ehe man sich entschliesst, neue Kolbenringe einzubauen (sie können getrennt erneuert werden), die alten Ringe in die Zylinderbohrungen einschieben und mit einem umgekehrten Kolben ca. 25 mm nach unten drücken. Unter Bezug auf Bild 52 wie beim Benzinmotor mit einer Fühlerlehre das Stossspiel der Ringenden kontrollieren. Falls das Stossspiel grösser als das in der Mass- und Einstelltabelle angegebene Mass ist, muss der betreffende Ring erneuert werden. Im allgemeinen erneuert man die Ringe im Satz.

Die gleiche Prüfung sollte ebenfalls durchgeführt werden, wenn man neue Kolbenringe verwendet, da es manchmal möglich ist, dass die Ringstösse unterhalb des Mindestmasses liegen. In diesem Fall eine Schlichtfeile in einen Schraubstock einspannen und mit beiden Händen die Ringenden gegen die Feile ansetzen und ausreichend Material abfeilen, bis das Stossspiel stimmt.

16.7.2 Montage von Kolben und Pleuelstangen

Beim Aufbringen der Kolbenringe ist zu beachten, dass die oberen Ringe ausschliesslich für den Turbodiesel hergestellt sind, obwohl Ringe eines Saugdiesels gleichen Typs auch passen würden. Beide Verdichtungsringe haben das Wort "Top" eingestanzt, welches nach Anbringen der Ringe von oben lesbar sein muss.

Kolbenringe mit einer Kolbenringzange an den Kolben anbringen. Falls keine Zange zur Verfügung steht, macht man sich drei dünne Metallstreifen

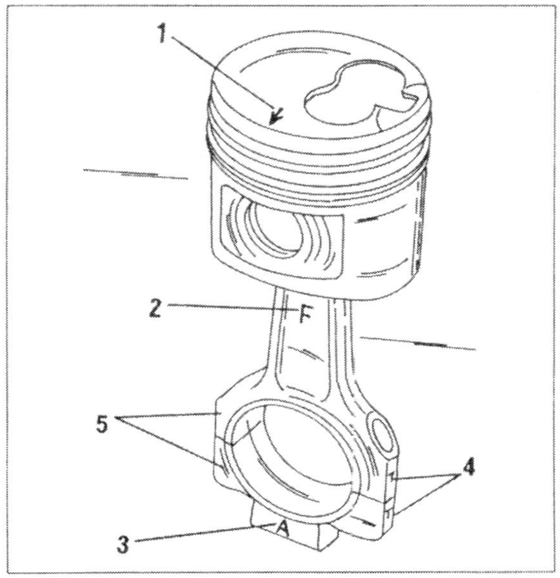

Bild 246
Ansicht einer zusammengebauten Kolben- und Pleuelstangeneinheit.
1 "Vorn"-Pfeil
2 "Vorn"-Zeichen in Pleuelstange
3 Längenkennzeichnung der Pleuelstange
4 Zylindernummer
5 Gewichtsklassenkennzeichnung

zurecht und baut sie damit ein. Die Metallstreifen in gleichmässigen Abständen, wie in Bild 50 gezeigt, am Aussenumfang des Kolbens verteilen und den unteren Ring über den Streifen schieben. Ein Streifen muss genau unter dem Ringstoss sitzen, damit keine Kratzer entstehen. Den Kolbenring vorsichtig nach unten schieben, bis er in Höhe mit seiner Nut sitzt und die Metallstreifen herausziehen, so dass der Ring einschnappen kann. Den zweiten und dritten Ring in der gleichen Weise am Kolben anbringen.

Mit den Händen kann man die Ringe auch vorsichtig ohne Hilfsgegenstände aufziehen, jedoch sollten die beiden Ringenden geschützt werden, da sie den Kolben zerkratzen können. Es soll aber gesagt werden, dass ein Kolbenringbruch sehr leicht zustandekommen kann, wenn man keine vorschriftsmässige Zange verwendet.

- Kolbenringe mit Motoröl einschmieren und die Kolbenringstösse auf der Aussenseite des Kolbens verteilen. Die Stösse der Kolbenringe, d.h. die Spalte zwischen den Ringenden, müssen gleichmässig auf dem Umfang verteilt werden.
- Kolben und Pleuelstange von oben in den Zylinderblock einschieben, wobei entsprechend den folgenden Anweisungen vorzugehen ist:
- Die durch einen Pfeil angegebene "Vorn"-Markierung muss zur Vorderseite weisen.

● Das in die Pleuelstange eingeschlagene "F" muss zur Vorderseite des Motors weisen.
● Kolbenringe mit einem passenden Spannband zusammendrücken, wie es in Bild 53 gezeigt ist. Falls dieses nicht zur Verfügung steht, kann man einen sehr breiten Schlauchbinder verwenden. Kolben und Bohrung vor dem Einbau gut mit Motoröl einschmieren.
● Kurbelwelle durchdrehen, bis der erste und vierte Kurbelzapfen in der unteren Totpunktstellung stehen.
● Neue Pleuelschrauben einsetzen.
● Lagerschale in den Pleuelfuss einsetzen (es wird vorausgesetzt, dass das Laufspiel der Lager ausgemessen wurde, siehe Kapitel "Kurbelwelle") und Kolben und Pleuelstange vorsichtig einschieben, aber gleichzeitig das Pleuellager auf den Kurbelzapfen führen. Nochmals kontrollieren, dass die "Front"-Markierung zur Vorderseite des Motors weist. Von der Kurbelgehäuseseite kontrollieren, ob die Markierungen der Pleuelstangen sich auf der gleichen Seite des Motors befinden. Während die Kolbenringe in den Zylinder rutschen, wird das Spannband frei und kann abgenommen werden.

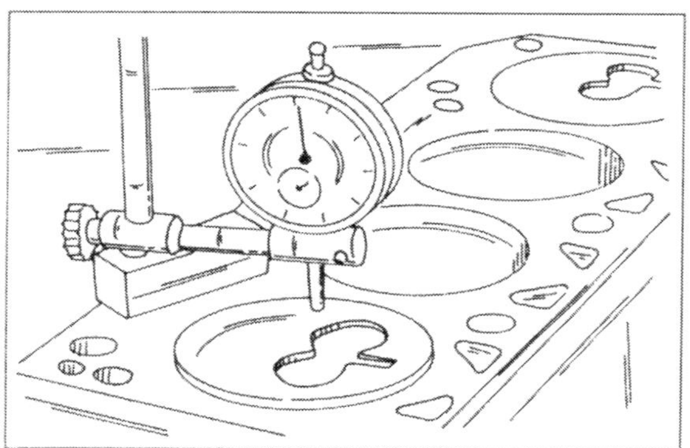

Bild 247
Ausmessen des Vorstehmasses der Kolben.

● Pleuellagerdeckel mit den eingelegten Schalen aufsetzen. Dabei wieder darauf achten, dass die Deckel an die dazugehörigen Pleuelstangen kommen. Kontrollieren, ob die Nummern der Deckel auf der gleichen Seite wie die Nummern in den Pleuelstangen liegen.
● Pleuellagerdeckel abwechselnd und in drei Stufen anziehen. Beim ersten Durchgang auf 20 - 30 Nm anziehen, danach um weitere 60° anziehen und schliesslich nochmals um 20° anziehen. Dabei werden die verwendeten Dehnschaftschrauben vorgespannt.
● Kurbelwelle einige Male durchdrehen und den ersten Kolben wieder auf die u.T.-Stellung bringen.
● Kolben und Pleuelstange des zweiten Zylinders einbauen.
● Kurbelwelle durchdrehen, bis sich die Kurbelzapfen Nr. 2 und Nr. 3 im unteren Totpunkt befinden und die beiden Kolben und Pleuelstangen in der beschriebenen Weise montieren.
● Nach dem Einbau nochmals die folgenden Prüfungen durchführen:
— Kontrollieren, dass alle Pfeile in den Kolbenböden und das "F" in den Pleuelstangen zu der Vorderseite des Motors weisen.
— Kontrollieren, dass sich alle Zylindernummerkennzeichnungen der Pleuelstangen auf der gleichen Seite befinden, und dass die Nummer in Pleuel und Pleuelstange jeweils gleich ist.
— Kontrollieren, dass jede Pleuelstange auf dem Kurbelzapfen ein kleines Seitenspiel aufweist, wenn man die Pleuellager in Axialrichtung, d.h. Längsrichtung der Welle hin- und herbewegt.
● Alle weiteren Arbeiten wie beim Zusammenbau des Motors durchführen, jedoch ist vorher das Vorstehmass der Kolben anhand der folgenden Beschreibung auszumessen, da man die Stärke der Zylinderkopfdichtung bestimmen muss.

16.7.3 Vorstehmass der Kolben ausmessen

Das Vorstehmass aller vier Kolben, d.h. das Mass um welches sie aus dem Zylinderblock herausstehen, muss ausgemessen werden. Anhand des erhaltenen Masses und den folgenden Angaben muss die Stärke der zu verwendenden Zylinderkopfdichtung ermittelt werden.
● Eine Messuhr mit einem Magnetfuss auf den Zylinderblock aufsetzen, den Messfinger auf die gut gereinigte Blockfläche aufsetzen und die Messuhr auf Null stellen.
● Die Messuhr schwenken, so dass der Messfinger auf der Kolbenfläche aufsitzt und zwar 5 mm von der Kante entfernt und in Längsrichtung des Zylinderblocks, wie es in Bild 247 zu sehen ist. Die Kurbelwelle langsam durchdrehen, so dass der Kolben am o.T.-Punkt vorbei über die Blockfläche ansteigt. Dabei die grösste Anzeige an der Messuhr ablesen und für den betreffenden Zylinder aufschreiben.
● Die gleiche Messung nochmals durchführen, aber jetzt auf der gegenüberliegenden Seite des Kolbens, wiederum 5 mm von der Aussenkante entfernt. Auch dieses Mass aufschreiben.
● Die beiden Messungen an den verbleibenden Kolben durchführen. Die Masse wieder aufschreiben.
● Das grösste der jetzt erhaltenen 8 Masse herausfinden. Dieses bestimmt die Stärke der Dichtung und wird anhand der folgenden Angaben bestimmt:

Gemessenes Mass	*Stärke der Dichtung*
0,500 - 0,680 mm	1,36 mm
0,681 - 0,740 mm	1,42 mm
0,741 - 0,840 mm	1,52 mm

Die Zylinderkopfdichtungen für einen Block mit Sollgrösse-Bohrungen wird durch kleine Zähne auf einer Seite gekennzeichnet, d.h. 2 Zähne (1,36 mm), 3 Zähne (1,42 mm) oder 4 Zähne (1,52 mm). Dichtungen für Übergrösse-Bohrungen sind durch kleine halbrunde Ausschnitte gezeichnet.

16.8 Kurbelwelle

16.8.1 Reparatur

Die Hauptlager der Kurbelwelle von Ford-Motoren sind entweder in Nenngrösse geschliffen oder haben ein Untermass von 0,25 mm. Wellen mit Untergrösse-Hauptlagerzapfen haben einen grünen Strich an der in Bild 248 gezeigten Stelle. Entsprechende Lagerschalen sind eingebaut.
Übergrösse-Lagerschalen sind mit einer entsprechenden Beschriftung auf der Rückseite der Lagerschale versehen und Ersatzlagerschalen sind ausserdem neben der Ersatzteilnummer entsprechend gezeichnet.

16.8.2 Lagerspiel ermitteln

Beim Einbau von neuen Lagerschalen ist es wichtig, dass man das Laufspiel des betreffenden Lagers ermittelt. Das Lagerspiel wird mit Hilfe von "Plastigage", einem Plastikdraht der Firma "Perfect Circle", schnell, genau und sicher gemessen. Auf Seite 17 werden Sie die Anschrift einer Lieferfirma finden, falls Sie Schwierigkeiten beim Kauf dieses Messdrahtes haben. Ein Stück des Plastikdrahtes in Lagerbreite wird auf den sauberen und öltrockenen Lagerzapfen gelegt (Bild 249, links), die Haupt- bzw. die Pleuellagerschale mit dem Deckel aufgesetzt und die Deckelschrauben werden mit dem zutreffenden Anzugsdrehmoment angezogen.
Die Lagerspiele dürfen nicht gleichzeitig, sondern müssen Lager für Lager ausgemessen werden. Während dieses Vorganges darf die Welle nicht gedreht werden, auch darf nicht auf die Lagerdeckel geschlagen werden.
Je nach dem vorhandenen Lagerspiel wird der Plastikdraht breitgedrückt. Nun den Lagerdeckel abschrauben. Der breitgedrückte Plastikdraht haftet entweder am Lagerzapfen oder an der Schale. Jetzt die Breite des flachgedrückten Drahtes mit der im Plastigage-Satz mitgelieferten Lehre ausmessen und das kleinste Lagerspiel ablesen, welches sich an der breitesten Stelle befindet (Bild 249, rechts).
Wenn ein Ende des breitgedrückten Plastigage breiter als das andere ist, besteht ein Unterschied im Lagerspiel. Dieser Unterschied gibt die Konizität an. Um die Unrundheit zu messen, wird der Plastikdraht über die gesamte Länge der unteren Lagerschale (quer) gelegt. Nach dem Anzug mit dem vorgeschriebenen Anzugsdrehmoment wird der flachgedrückte Draht gemessen. Der Unterschied zwischen dem grössten Mass und dem kleinsten Mass gibt die Unrundheit an.

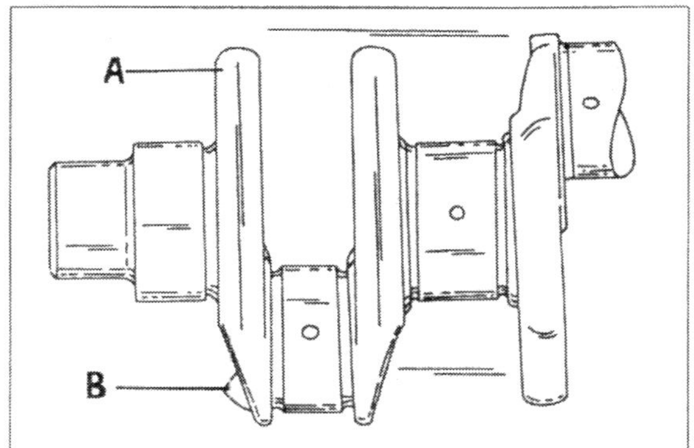

Bild 248
Kurbelwellenhauptlagerzapfen sind an Stelle (A) mit der Untergrösse gezeichnet. Kurbelzapfen an Stelle (B).

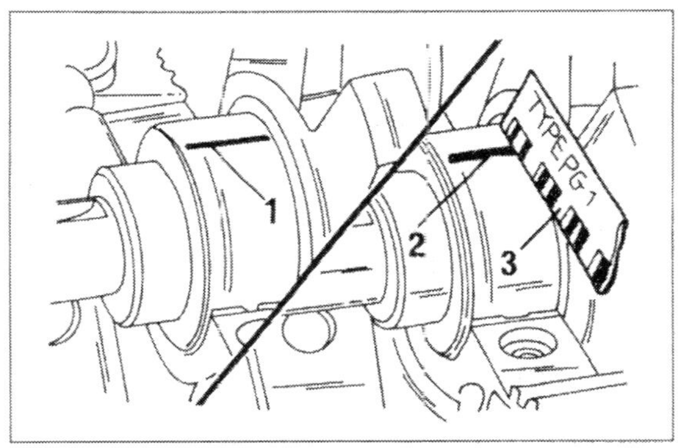

Bild 249
Ausmessen des Laufspiels der Kurbelwellenlager.
1 Aufgelegter Kunststoffstreifen
2 Zusammengedrückter Kunststoffstreifen
3 Messskala

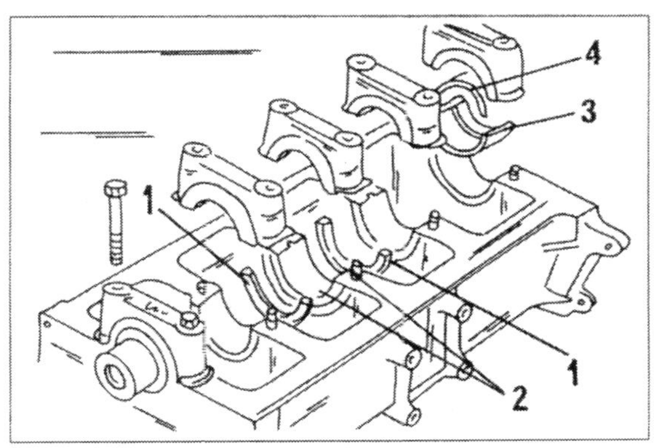

Bild 250
Die Kurbelwellenlagerung
1 Anlaufhalbscheiben
2 Ausnahmen
3 Lagerschale mit Ölschmiernut
4 Lagerschale ohne Ölschmiernut

16.8.3 Einbau der Kurbelwelle

Der Einbau der Kurbelwelle ist praktisch mit dem Zusammenbau des Motors identisch, falls dieser komplett zerlegt wurde. Alle in Kapitel 16.4 beschriebenen Anweisungen sind zu befolgen. Die Anzugsdrehmomente sind entweder im Text oder in der Tabelle am Ende des Buches angeführt und müssen streng befolgt werden.

16.8.4 Kurbelwellenaxialspiel kontrollieren

● Das Axialspiel der Kurbelwelle sollte vor dem Ausbau der Welle und während dem Zusammenbau kontrolliert werden. Das Axialspiel der Welle wird durch die eingelegten Anlaufscheiben am mittleren Kurbelwellenlager bestimmt. Falls das Spiel ausserhalb des Grenzwertes liegt, müssen die Scheiben erneuert werden. Bild 250 zeigt wo diese Scheiben sitzen. Zu beachten ist, dass die Ölnute der Scheiben gegen den Anlageflansch der Kurbelwelle weisen müssen.
Das Ausmessen des Axialspiels findet in gleicher Weise statt wie es beim Benzinmotor auf Seite 31 beschrieben wurde. Das Spiel ist in der Mass- und Einstelltabelle angegeben.

16.8.5 Hinterer Öldichtring und Flansch

● Zum Erneuern des Öldichtringes muss man den Motor oder das Getriebe ausbauen. Kupplung und Schwungrad abschrauben.
Zum Ausziehen des alten Dichtringes verwenden Werkstätten ein Spezialwerkzeug. Das Werkzeug hat jedoch nur die Aufgabe kleine Bohrungen zum Einschrauben von Blechschrauben in den Ring zu schlagen. Mit etwas Geschick kann man dies auch ohne Werkzeug durchführen. Mit Hilfe der eingeschraubten Blechschrauben und Schraubenziehern oder einer Zange kann man den Dichtring dann heraushebeln. Eine andere Lösung wäre das Abschrauben des gesamten Dichtringflansches.
Schwerer ist es dagegen den neuen Dichtring ohne Beschädigung auf die Kurbelwelle zu bekommen. Falls der Flansch abgeschraubt wurde, dieses vorher mit einer neuen Dichtung anschrauben. Die Schrauben werden gleichmässig über Kreuz mit 20 Nm festgezogen. Die Dichtlippe des Dichtringes einfetten und den Ring mit der Lippe über die Kurbelwelle setzen. Zum Einziehen des Dichtringes eignet sich am besten eine runde Platte, die auf der Aussenseite des Ringes aufsitzt und an den Gewinden für das Schwungrad angeschraubt werden kann. Man muss natürlich zwei Löcher in entsprechenden Abständen in die Platte bohren. Das von Werkstätten benutzte Werkzeug arbeitet auf diesem Prinzip. Einschlagen des Dichtringes findet auf eigene Gefahr statt.
Nach Einbau das Schwungrad montieren und die Schrauben mit dem vorgeschriebenen Anzugsdrehmoment anziehen. Die Kupplung anschrauben und das Getriebe wieder einbauen.

16.8.6 Vorderer Kurbelwellendichtring

Der Öldichtring am vorderen Ende des Zylinderblocks kann bei eingebautem Motor ausgetauscht werden.
Bei diesen Motoren sitzt der Dichtring in einem Schild an der Vorderseite des Motors. Falls der Dichtring undicht ist, muss die gesamte Steuerung ausgebaut werden, um an das Ende der Kurbelwelle zu kommen. Der Dichtring kann dann, wie beim hinteren Dichtring beschrieben, mit zwei eingedrehten Blechschrauben herausgedrückt werden. Zum Einziehen eignet sich am besten ein Stück Rohr geeigneten Durchmessers, mit dessen Hilfe und einer grossen Scheibe man den Radialdichtring mit der Schraube für die Kurbelwellenriemenscheibe in die richtige Lage zieht.
Einzelheiten über den Ausbau des Zahnriemens werden beim Zerlegen des Motors beschrieben. Der Einbau des Zahnriemens findet anhand der Beschreibung in Kapitel 16.4 statt.

16.9 Nockenwelle und Steuerung

Der Ausbau der Nockenwelle wurde bereits beim Zerlegen des Zylinderkopfes auf Seite 123 behandelt, der Einbau auf Seite 125.
Zahnriemen halten nicht unbedingt auf Lebenszeit und müssen entsprechend den von Ford herausgegebenen Empfehlungen erneuert werden. Wenn ca. 100 000 km gefahren wurden, sollten Sie sich bei Ihrer Werkstatt erkundigen, ob die Zeit gekommen ist und der zur Zeit geltenden Bestimmung folgen. Ein gerissener Zahnriemen bedeutet einen teuren Motorschaden, da die Ventile und Kolben sich bei hohen Drehzahlen treffen.
Der Ausbau des Zahnriemens ist eine Kombinierung der beim Ausbau des Motors beschriebenen Arbeiten, bis die Stirnseite des Motors frei liegt. Danach gelten die auf den Seiten 114 und 115 beschriebenen Anweisungen.
Um den Zahnriemen einzubauen und zu spannen sind die Arbeitsanweisungen beim Zusammenbau des Motors zu befolgen. Auf Seiten 121 und 122 ist der eigentliche Einbau des Riemens beschrieben.

16.10 Kompressionsdruckprüfung

Um zu kontrollieren, ob ein Ventil nicht einwandfrei schliesst, Kolbenringe gebrochen oder verschlissen sind oder andere Fehler in den Zylindern vorliegen, sollte eine Kompressionsdruckprüfung aller Zylinder vorgenommen werden. Dazu muss der Motor seine Betriebstemperatur besitzen. Durch die Verschiedenheit der Kompressionsprüfer und verschiedenen Anlasserdrehzahlen, kann man bei der folgenden Prüfung nur ermitteln, ob die Verdichtung aller Zylinder ungefähr gleich ist. Eine hundertprozentig genaue Anzeige ist nicht möglich. Auf jeden Fall muss der Kompressionsprüfer ein Gewinde haben, welches in das Gewinde der Glühkerzen passt.

- Kabel vom elektro-magnetischen Absperrventil abschliessen und den Stecker des Relais der Kraftstoffvorheizung abziehen.
- Kabel der Glühkerzen abschliessen und die Glühkerzen ausschrauben.
- Den Kompressionsprüfer mit einem neuen Schreibblatt versehen und den Prüfer in die erste Glühkerzenbohrung einschrauben, so dass der Prüfer wie in Bild 251 gezeigt im Zylinderkopf sitzt. Den Anlasser betätigen lassen, bis die Nadel des Schreibers nicht weiter ansteigt.
- Der Reihe nach die anderen Zylinder auf die gleiche Weise kontrollieren.

Auf dem Schreibblatt werden jetzt vier Kurven der vier Zylinder sichtbar sein. Normalerweise gilt, dass keiner der Zylinder weniger als 80% des Ergebnisses des besten Zylinders aufweisen darf. Niedrige, ungleichmässige Kompression könnte durch verschlissene Kolbenringe verursacht werden, die ebenfalls durch übermässigen Ölverbrauch feststellbar werden. Der Motor hat im Neuzustand eine Kompression von 28 bis 34 bar und aus den erhaltenen Ergebnissen können Sie Ihre eigenen Schlüsse ziehen, d.h. man kann den Fortschritt des Verschleisses feststellen. Irgendetwas stimmt nicht, d.h. entweder sind die Kolbenringe verschlissen, die Zylinderkopfdichtung ist undicht oder die Ventile schliessen nicht einwandfrei oder sind ausgebrannt (Überholung des Zylinderkopfes notwendig).

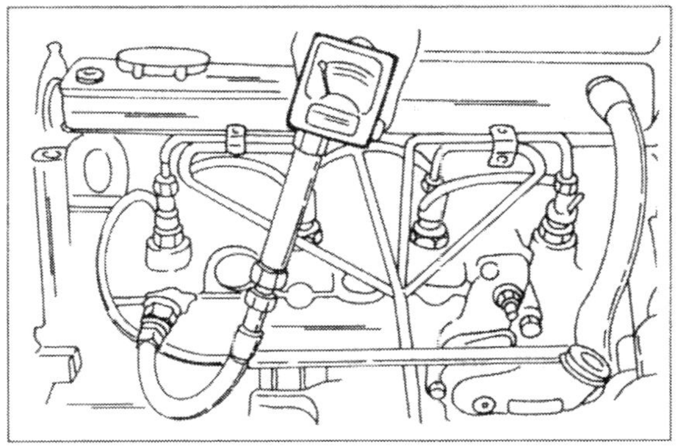

Bild 251
Ein Kompressionsprüfer in eine der Glühkerzenbohrungen eingesetzt.

Abschliessend die Glühkerzen wieder einschrauben und die Kabel anschliessen.

16.11 Auspuffanlage

Die Auspuffanlage eines Fahrzeuges mit Turbodieselmotor wurde bereits auf den Seiten 35 und 36 behandelt.

17 Die Kühlanlage – Turbodiesel

Achtung: Falls irgendwelche Arbeiten im Motorraum eines solchen Motors durchgeführt werden, ist es möglich, dass der Ventilator ohne vorherige Warnung einschaltet. Dies ist ebenfalls möglich, wenn der Motor stillsteht, aber der Schlüssel im Anlassschloss eingeschaltet ist. Aus diesem Grund immer auf der Hut sein, wenn man in der Nähe des Ventilators arbeitet und die Hände aus diesem Bereich fernhalten.

Die Kühlanlage setzt sich aus einem Kühler, mit Aluminiumkern und aus Kunststoff hergestellten Wasserkästen, einer Kühlmittelpumpe, einem Thermostat und einem elektrisch angetriebenen

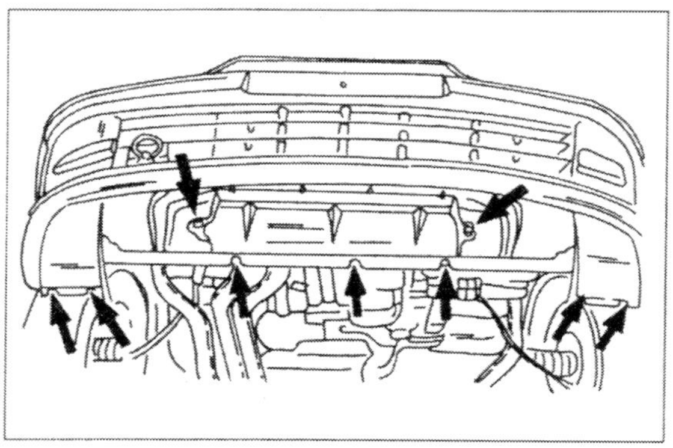

Bild 252
Die Pfeile zeigen wo das Schutzblech unter dem Vorderwagen befestigt ist.

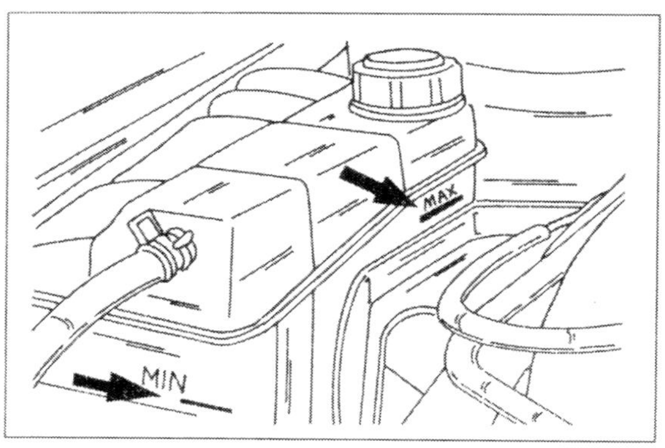

Bild 253
Der Pfeil weist auf die "Max"-Füllinie am Ausgleichsbehälter der Kühlanlage.

Ventilator zusammen. Ausserdem wird ein aus Kunststoff hergestelltes Ausgleichsgefäss verwendet, um zu gewährleisten, dass die vorgeschriebene Kühlmittelmenge immer in der Anlage vorhanden ist. Bei eingebauter Getriebeautomatik ist ein getrennter Kühler für das Getriebeöl in die linke Seite des Wasserkühlers einverleibt.
Der Thermostat befindet sich in einem an der Rückseite des Zylinderkopfes angeschraubten Gehäuse.
Der elektrisch angetriebene Ventilator sitzt innerhalb einer Verkleidung an der Rückseite des Kühlers und wird durch einen Thermalschalter im Wasserauslass des Thermostatgehäuses innerhalb eines festgelegten Temperaturbereiches aus- und eingeschaltet.
Die Anlage ist mit Frostschutzmittel gefüllt. Ford füllt das neu entwickelte Motorcraft Super Plus-Frostschutzmittel während der Produktion ein, welches man auch beim Wechseln des Kühlmittels wieder verwenden sollte.
Falls man eine Frostschutzmittelkonzentration von 40 % beibehält, wird der Motor und die damit verbundene Kühlanlage bis zu einer Temperatur von minus 25 bis 30° C geschützt — Siehe nebenstehenden Hinweis.

Achtung: Falls die Kühlanlage teilweise abgelassen wird, muss sie immer mit einer Mischung aus 50% Frostschutz und 50% Wasser aufgefüllt werden, um einen guten Gefrierschutz zu gewährleisten.

17.1 Ablassen und Auffüllen der Kühlanlage

- Massekabel der Batterie abklemmen.
- Fahrzeug vorn auf sichere Unterstellböcke setzen — nicht nur mit dem Wagenheber anheben und auf diesem sitzen lassen.
- Das Schutzblech unter dem Vorderwagen abschrauben. Es ist in der Mitte und auch aussen befestigt, wie es Bild 252 zeigt.
- Bei kaltem Motor den Verschlussdeckel des Ausgleichsbehälters abnehmen. Bei warmen Motor den Deckel vorsichtig abschrauben. **Unbedingt einen dicken Lappen auf die Verschraubung auflegen, um keine Verbrühungen zu erleiden.** Der Druck in der Kühlanlage dieser Motoren muss immer entlastet werden, ehe man den Verschlussdeckel des Ausgleichsbehälters abschraubt.
- Falls das Frostschutzmittel aufgefangen werden soll, einen geeigneten Behälter unterstellen, um so viel wie möglich des Kühlmittels aufzufangen und den Ablassstopfen aus dem Kühler herausdrehen (von vorn gesehen auf der linken Seite). Nach Ablaufen des Kühlmittels den Stopfen wieder einschrauben.

Falls das Kühlmittel lange in der Anlage war, kann man diese durchspülen. In diesem Fall den unteren Wasserschlauch lösen und abziehen. Dann einen Wasserschlauch in den Ausgleichsbehälter stekken und das Leitungswasser durchlaufen lassen, bis dieses wieder sauber aus dem unteren Kühlerstutzen herausläuft.

- Unteren Wasserschlauch aufstecken und festziehen (falls abgeschlossen).
- Heizungsbetätigung auf "Heiss" stellen.
- Eine Mischung aus 40% Frostschutzmittel und 60% Wasser herstellen (mehr Frostschutzmittel, falls niedrige Temperaturen zu erwarten sind) und diese langsam in den Ausgleichsbehälter einfüllen. Alle Luft wird durch langsames Füllen

ausgestossen. Kontrollieren, dass der Kühlwasserstand an der "Max"-Marke steht, nachdem der Motor nach Lauf wieder kalt ist (siehe Bild 253).

- Kühlmittelstand im Behälter kontrollieren und falls erforderlich den Behälter erneut bis zum "Max"-Strich füllen. Den Behälterverschlussdeckel danach aufschrauben.
- Das Unterschutzblech wieder anschrauben.
- Batterie wieder anschliessen und den Motor laufen lassen. Falls erforderlich weiteres Frostschutzmittel in den Druckbehälter einfüllen und die Kappe des Druckbehälters aufschrauben.

17.2 Die Wasserpumpe

17.2.1 Aus- und Einbau

Der Austausch der Wasserpumpe ist eine ziemlich umfangreiche Arbeit, da der Zahnriemen und die rechte Motoraufhängung ausgebaut werden müssen.

- Den in Kapitel 17.1 beschriebenen Anweisungen folgen, bis das Kühlmittel abgelaufen ist.
- Riemen der Drehstromlichtmaschine ausbauen (Seite 103).
- Unteren Zahnriemenschutzdeckel abschrauben.
- Fahrzeug wieder auf die Räder ablassen.
- Die Schläuche von den Anschlüssen am Ausgleichsbehälter abschliessen.
- Die beiden in Bild 254 gezeigten Schellen lösen und den grossen Schlauch für dem Ladeluftkühler abziehen.
- Den Ausgleichsbehälter abschrauben (zwei Schrauben) und herausnehmen.
- Den Riemen der Lenkhilfspumpe ausbauen, wie es im entsprechenden Kapitel beschrieben ist (Seite 111 und Bild 215).
- Die Leitungen der Lenkhilfspumpe abschliessen. Ein Schlauch ist mit einer Schlauchschelle und die Metalleitung mit einer Überwurfmutter befestigt (Bild 255). Flüssigkeit auffangen.
- Einen Wagenheber mit einem aufgelegten Holzblock unter den Motor untersetzen und den Motor anheben, bis die Aufhängungen unter Spannung stehen.
- Die rechte Motoraufhängung komplett ausbauen (Seite 112, Bild 218).
- Schlauchschelle lösen und den Schlauch von der Wasserpumpe abziehen.
- Riemenscheibe der Einspritzpumpe abschrauben (3 Schrauben). Den oberen Zahnriemenschutzdeckel abschrauben.
- Den Motor jetzt gegen Verdrehung sperren, während der Zahnriemen der Nockenwelle ausgebaut wird. Dazu wird ein Arretierbolzen für die Kurbelwelle und für die Nockenwelle benutzt, die an den in Bild 238 gezeigten Stellen eingesetzt werden (den Stopfen vorher aus dem Zylinderblock ausschrauben). Bild 235 zeigt noch einmal wo man den Bolzen in das Nockenwellenrad einschieben muss. Ebenfalls das Antriebsrad der Einspritzpumpe mit einem 6 mm-Spiralbohrer blockieren (siehe Bild 236).
- Die drei Schrauben des Nockenwellenrades lösen. Spannrolle des Riemens der Wasserpumpe lockern und den Riemen abnehmen.
- Die Schraube der Spannrolle des Zahnriemens lockern, die Druckfeder zusammendrücken und die Rolle in der neuen Stellung festziehen. Die Laufrichtung des Zahnriemens mit Farbe einzeichnen und den Riemen abnehmen.
- Die Feder der Spannrolle vorsichtig ausbauen, die Schraube der Spannrolle erneut lockern und so weit wie möglich von der Wasserpumpe wegdrücken.
- Die vier in Bild 256 gezeigten Schrauben lösen und die Wasserpumpe abnehmen.

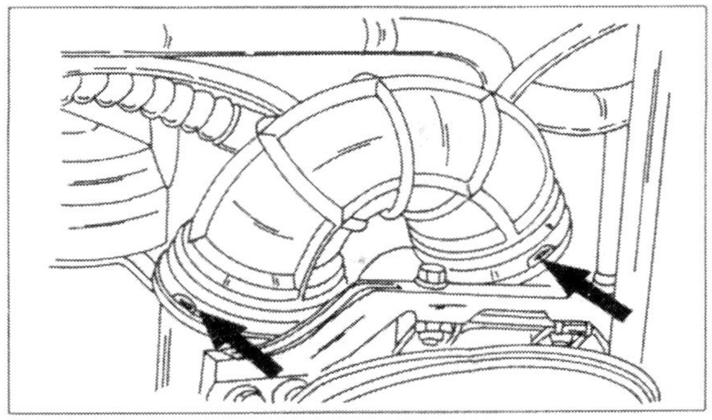

Bild 254
Die Schellen zum Ausbau des Schlauchs für den Ladeluftkühler lösen.

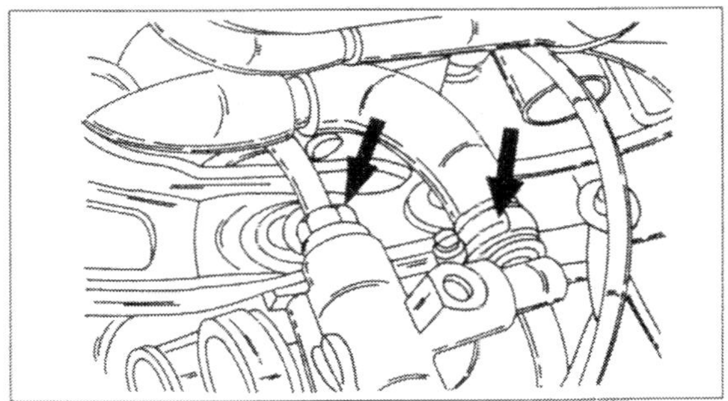

Bild 255
Die Leitungen der Lenkhilfspumpe an den Pfeilstellen abschliessen.

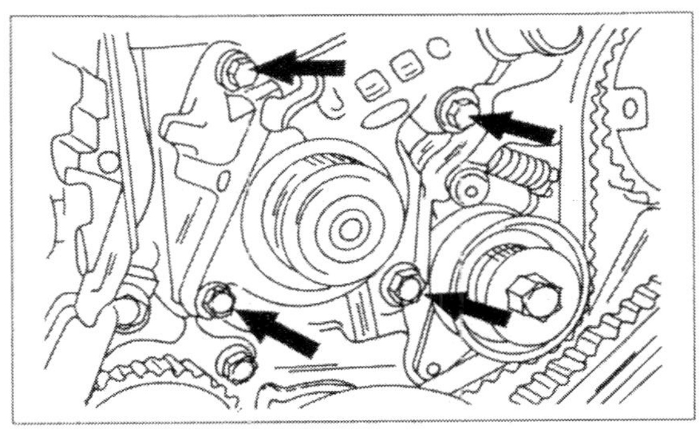

Bild 256
Die vier Schrauben halten die Wasserpumpe am Zylinderblock.

Der Einbau geschieht in umgekehrter Reihenfolge. Die Pumpe mit einer neuen Dichtung anbringen und mit 25 Nm festschrauben. Das Einsetzen der Druckfeder für die Spannrolle könnte Schwierigkeiten bringen. Zuerst die Schraube der Spannrolle lockern und die, wie in Bild 257 zusammengedrückte, Feder in die richtige Lage setzen.

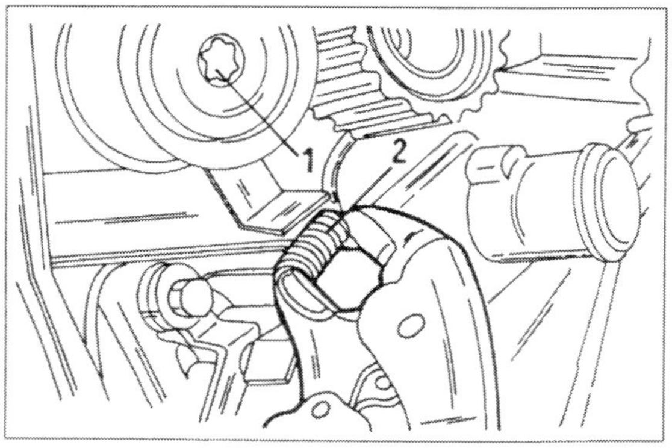

Bild 257
Die Druckfeder (2) der Riemenspannrolle (1) zusammendrücken, ehe sie eingesetzt wird.

Den Riemen der Wasserpumpe wieder auflegen und die Riemenspannung einstellen, bis sich der Riemen ca. 2 mm an seiner längsten Laufstrecke durchdrücken lässt.

- Zahnriemen entsprechend der eingezeichneten Laufrichtung auflegen, die Schraube der Spannrolle lockern und den Spanner gegen den Riemen drücken lassen. **Voraussetzung ist, dass Kurbelwelle, Nockenwelle und Einspritzpumpenrad nicht durchgedreht wurden.**
- Alle zur Arretierungen benutzten Werkzeuge wieder herausziehen, die Kurbelwelle zwei Umdrehungen in Drehrichtung durchdrehen und kontrollieren, dass sich die Arretierwerkzeuge wieder ohne Kraftaufwendung einsetzen lassen.
- Schrauben des Nockenwellenrades mit 70 Nm anziehen.
- Stopfen in den Block einschrauben.
- Riemenscheibe an der Einspritzpumpe montieren und die Schrauben mit 22 Nm anziehen.
- Alle anderen Arbeiten in umgekehrter Reihenfolge durchführen. Zwecks Einstellung des Riemens der Lenkhilfspumpe und der Drehstromlichtmaschine ist im betreffenden Kapitel nachzulesen (Drehstromlichtmaschine — Seite 103, Lenkhilfspumpe — Seite 88). Die Kühlanlage auffüllen (Kapitel 17.1) und die Lenkung entlüften (Kapitel 13.7).

Über den Einbau der Motoraufhängung kann in Kapitel 17.2 nachgelesen werden.

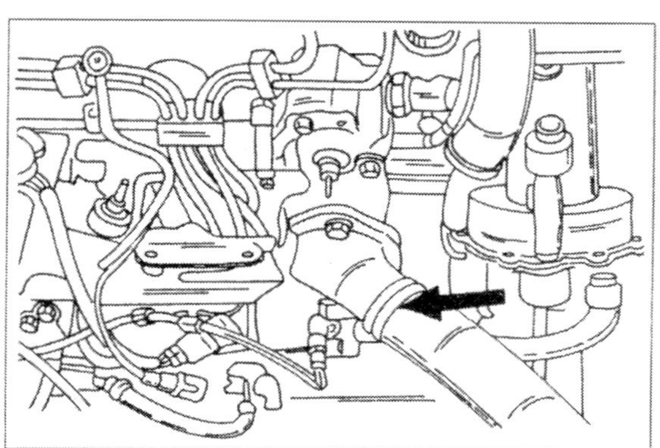

Bild 258
Den gezeigten Schlauch abschliessen, ehe man das Thermostatgehäuse abschraubt.

17.3 Kühlungsventilator

Der Aus- und Einbau des Kühlungsventilators ist verhältnismässig einfach. Nach Abklemmen der Batterie den Stecker vom Motor abziehen und die Ventilatorverkleidung ausbauen. Einige Kabel und Schläuche sind mit Kabelbindern an der Verkleidung befestigt. Diese muss man aufschneiden, muss sie aber kennzeichnen.
Falls der Ventilatormotor erneuert werden muss, kann man ihn von der ausgebauten Verkleidung lösen und den neuen Motor montieren.
Der Einbau der Ventilatorverkleidung und des Ventilators ist eine einfache Umkehr des Ausbaus.

17.4 Riemen — Wasserpumpe

Die Erneuerung des Antriebsriemens der Wasserpumpe ist identisch mit dem Aus- und Einbau der Wasserpumpe. Die Anweisungen sind Kapitel 17.2.1 zu entnehmen und zu befolgen, bis der Riemen frei ist.

17.5 Thermostat

17.5.1 Aus- und Einbau

- Kühlanlage ablassen (Kapitel 17.1) und das Fahrzeug wieder auf die Räder ablassen.
- Den in Bild 258 gezeigten Kühlerschlauch abschliessen, einen Mehrfachstecker vom Thermostatgehäuse abziehen und die Schrauben lösen und das Thermostatgehäuse abziehen. Der Thermostat kann jetzt aus der Öffnung gezogen werden. Den Dichtring abnehmen.

Der Einbau des Thermostats geschieht in umgekehrter Reihenfolge wie der Ausbau. Den Dichtring immer erneuern.
Abschliessend die Kühlanlage entsprechend der Beschreibung in Kapitel 17.1 auffüllen.

17.5.2 Thermostat kontrollieren

Die Prüfung des Thermostats erfolgt entsprechend Kapitel 4.5.2.

18 Dieseleinspritzanlage

18.1 Vorsichtsmassnahmen bei Arbeiten an der Einspritzanlage

Bei allen Reparaturen an der Einspritzanlage, ganz gleich, um welchen Umfang es sich handelt, ist die grösste Sauberkeit erforderlich. Die folgenden Punkte sind deshalb besonders zu beachten:

- Alle Arbeiten an der Einspritzanlage dürfen nur unter saubersten Verhältnissen durchgeführt werden. Arbeiten im Freien sollten nur an windfreien Tagen vorgenommen werden, um die Möglichkeit von Staubbildung zu vermeiden.
- Alle Anschluss-Überwurfmuttern müssen vor dem Lösen sauber mit einem Lappen abgewischt werden.
- Alle ausgebauten Teile auf einer sauberen Werkbank oder dergleichen ablegen und mit Papier oder einem Plastikbogen abdecken. Keine flusenden Lappen zum Abdecken verwenden.
- Alle geöffneten oder teilweise zerlegten Bauteile der Einspritzanlage müssen entsprechend abgedeckt oder in einer verschlossenen Schachtel aufbewahrt werden, falls die Reparatur nicht unmittelbar durchgeführt werden kann.
- Vor dem Einbau alle Teile auf grösste Reinlichkeit kontrollieren.
- Wenn Teile der Anlage geöffnet sind, keine Pressluft zum Abblasen irgendwelcher Teile des Motors benutzen.
- Fahrzeug, falls möglich, nicht wegschieben während Teile der Einspritzanlage ausgebaut sind.
- Darauf achten, dass Dieselkraftstoff nicht an die Kühlerschläuche gelangen kann. Falls dies der Fall ist, diese sofort reinigen. Durch Dieselkraftstoff verschmutzte und damit beschädigte Schläuche müssen immer erneuert werden.

Die Einspritzpumpe kann nicht repariert oder überholt werden und im Schadensfalle ist eine Austauschpumpe oder neue Pumpe einzubauen oder man bringt die ursprüngliche Pumpe in eine Spezialwerkstatt.
Zum Aus- und Einbau der Einspritzpumpe sind die bereits erwähnten Arretierbolzen für Nockenwelle, Kurbelwelle und Einspritzpumpenrad erforderlich. Die folgenden Beschreibungen setzen voraus, dass man sich diese Werkzeuge oder alternative beschaffen kann.

18.2 Fahren mit Dieselkraftstoff

Unter einer bestimmten Temperatur bilden sich im Dieselkraftstoff Kristalle, die den Kraftstoff zähflüssig machen, so dass er nicht mehr durch den Filter fliessen kann. Man spricht davon, dass der Kraftstoff "versulzt" ist.
Um diesen Störungen vorzubeugen, verkaufen die Tankstellen Kraftstoff, welcher den entsprechenden Jahreszeiten angeglichen ist. Dadurch wird auch bei Minusgraden Kraftstoff verkauft, welcher mit Fliessverbesserern versehen ist, um das Versulzen zu verhindern.
Der im Sommer verkaufte Kraftstoff würde z.B. schon bei einer Temperatur von —2° C Schwierigkeiten bereiten, während der im Winter verkaufte Kraftstoff bis zu einer Temperatur von —15° C fliessfähig ist. Zwischen den beiden Jahreszeiten werden dem Kraftstoff entsprechende Zusätze beigegeben, so dass er bis ca. —8 bis —10° C eignungsfähig ist.
Die folgenden Schwierigkeiten können beim Fahren mit einem Dieselfahrzeug bei kalten Temperaturen auftreten:

- Die Temperaturen fallen unter —15° C ab.
- Das Fahrzeug wurde lange Zeit nicht gefahren, im Winter wieder in Betrieb genommen, und man kann feststellen, dass man im Sommer getankten Kraftstoff im Tank hat.
- Sie haben Kraftstoff an einer Tankstelle gekauft, welche noch nicht auf Winterkraftstoff umgestellt hat.

Um den einwandfreien Betrieb bei allen Temperaturen zu gewährleisten, ist die Einspritzanlage mit einer Vorwärmvorrichtung versehen, die den Dieselkraftstoff vor dem Einspritzen anwärmt und damit die oben angeführten Probleme ausschaltet.

18.3 Kraftstoffilter

Der Kraftstoffilter oder besser gesagt das Filterelement sollte alle 30 000 km erneuert werden. Der Filter befindet sich im Motorraum und ist mit der Handpumpe versehen. Um das Element zu erneuern:

- Batterie abklemmen.
- Einen geeigneten Behälter unter den Kraftstoffilter unterhalten und die Befestigungsschraube in der Mitte des Filters lösen, während der Filter von unten gehalten wird.

Bilder 91 und 92 zeigen die beiden Arbeitsgänge. Zwei grosse Dichtungen werden oben und unten am Filterelement und ein kleiner Dichtring an der langen Schraube verwendet. Die Dichtringe wie erforderlich erneuern.
Der Einbau findet in umgekehrter Reihenfolge statt.

18.4 Dieseleinspritzpumpe

18.4.1 Aus- und Einbau

Wie bereits erwähnt müssen die Arretierbolzen zum Feststellen der Steuerräder zur Verfügung stehen, ehe man mit dem Ausbau der Einspritzpumpe beginnt.

Achtung: Beim Aus- und Einbau des Zahnriemens unbedingt die beschriebenen Anweisungen befolgen. Eine falsche Steuereinstellung führt zur Zerstörung des Motors.

- Massekabel der Batterie abklemmen.
- Antriebsriemen der Drehstromlichtmaschine ausbauen. Falls eingebaut ebenfalls den Riemen des Kompressors der Klimaanlage ausbauen.

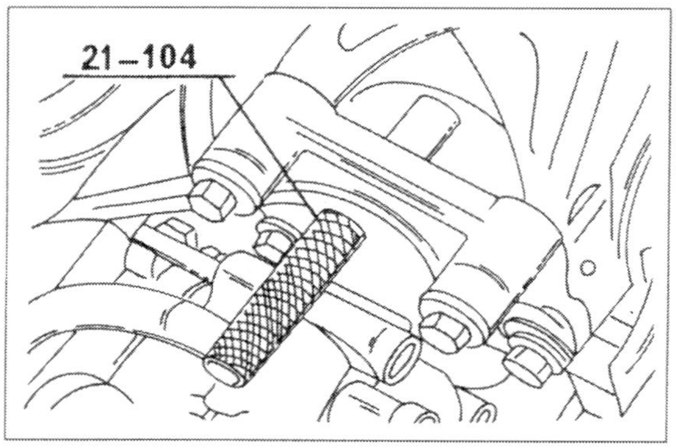

Bild 259
Die Pfeile weisen auf die Leitungsanschlüsse an der Rückseite der Einspritzpumpe.

- Die vier Überwurfmuttern der Einspritzleitungen an der Rückseite der Pumpe abschliessen (Bild 259) und an den anderen Enden von den Einspritzdüsen abschrauben. Die offenen Anschlüsse in geeigneter Weise verschliessen.
- Beschleunigungszugseil abschliessen, indem man das Seilende vom Hebel abzieht.

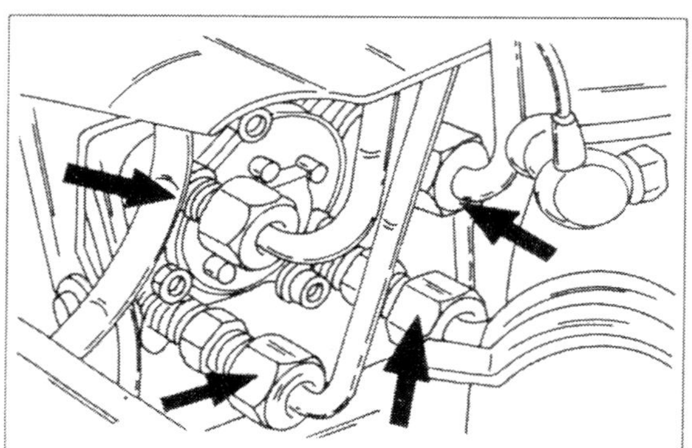

Bild 260
Arretierbolzen zum Sperren der Kurbelwelle eingesetzt.

- Seil des Kaltstartthermostats abschrauben und das Widerlager des Beschleunigungsseils abschrauben (1 Schraube).
- Alle elektrischen Stecker von der Einspritzpumpe abziehen.
- Kraftstoffleitung nach oben abziehen.
- Kraftstofförderleitung und Kraftstoffleitung abschliessen.
- Den Schlauch von der Lenkhilfspumpe abschliessen und die danebenliegende Leitung abschrauben. Dabei könnte Flüssigkeit herauslaufen.
- Abdeckung des Riemens der Lenkhilfspumpe abschrauben, den Antriebsriemen entspannen (Seite 88) und herausnehmen. Die Antriebsriemenscheibe abschrauben (3 Schrauben).
- Kühlanlage ablassen wie es in Kapitel 17.1 beschrieben ist.
- Motor in geeigneter Weise an einen Handkran hängen und die Motoraufhängung ausbauen.
- Den im Wege liegenden Kühlwasserschlauch abschliessen und den oberen sowie unteren Zahnriemenschutzdeckel ausbauen.
- Den Stopfen an der in Bild 260 gezeigten Stelle ausschrauben und den Arretierstift für die Kurbelwelle einschrauben. Die Kurbelwelle nach rechts durchdrehen, bis der Bolzen innen anschlägt. Die Kurbelwelle steht jetzt auf dem oberen Totpunkt.
- Nockenwellenrad und Riemenrad der Einspritzpumpe ebenfalls arretieren. Beim Zusammenbau des Motors sind genauere Hinweise über die Art und Benutzung der Arretierbolzen gegeben.
- Nockenwellenzahnriemen nach Lockern des Riemenspanners ausbauen. Den Riemenspanner des Zahnriemens der Einspritzpumpe im Moment nur lockern.
- Die drei Schrauben des Riemenrades der Pumpe abschrauben.
- Den Arretierbolzen (in diesem Fall den Spiralbohrer) herausziehen und das Riemenrad sowie den Riemen zusammen von der Pumpenwelle abziehen.
- Pumpe gut halten und die drei Schrauben an der Stirnseite herausdrehen. Die Pumpe kann jetzt herausgehoben werden.

Beim Einbau der Pumpe in folgender Reihenfolge vorgehen:

- Pumpe wieder am Motor ansetzen und die Schrauben mit 20 Nm anziehen.
- Antriebsrad der Pumpe anbringen. Die Schrauben noch nicht fest anziehen.
- Pumpenrad mit dem Spiralbohrer sperren und den Riemen auflegen. Die Schrauben des Pumpenrades in den Langlöchern auszentrieren und den Riemenspanner lockern, damit er gegen den Riemen schnellen kann. Den Riemenspanner wieder anziehen (50 Nm) und die drei Pumpenradschrauben festziehen (20 Nm).
- Zahnriemen für die Nockenwelle montieren und spannen, wie es beim Zusammenbau des Motors beschrieben wurde und alle Arretierbolzen herausziehen.
- Kurbelwelle zwei Umdrehungen nach rechts drehen und kontrollieren, dass sich die Arretierbolzen wieder einsetzen lassen. Andernfalls stimmt die Steuerung nicht und muss neu eingestellt werden.
- Alle anderen Arbeiten in umgekehrter Reihenfolge durchführen.

18.5 Dieselkraftstoffbeheizung

Der Aus- und Einbau der Heizung des Dieselkraftstoffs wurde bereits auf Seite 47 beschrieben.

18.6 Drosselklappenzug

Die Einstellung und die Erneuerung des Drosselklappenzuges wurde bereits auf Seite 48 beschrieben.

18.7 Einspritzdüsen

Die Einspritzdüsen sollten zum Abdrücken oder zur Reparatur in eine Dieselwerkstatt gebracht werden. Diese Arbeit auf keinen Fall selbst durchführen, da ausser der Erforderlichkeit von Spezialwerkzeugen auch Verletzungen durch den Spritzdruck der Düsen verursacht werden können, wenn man mit den Fingern in die Nähe des Spritzkegels kommt.
Um eine fehlerhaft arbeitende Einspritzdüse herauszufinden, die Einspritzleitungen der Reihe nach von den Düsen abschrauben und den Motor anlassen. Falls der Motor nach Abschliessen einer bestimmten Leitung sein Laufgeräusch nicht verändert, bedeutet dies, dass die betreffende Düse einen Fehler hat.
Zum Ausbau einer Düse alle Leitungen abschliessen und diese im Satz herausnehmen. Dadurch kann sich die Verlegungsweise der Leitungen nicht verändern. Ein mit einem Schlitz versehener und abgebogener Ringschlüssel eignet sich am besten zum Lösen der Überwurfmuttern.
Die Düse mit einem Schlüssel von 27 mm Schlüsselweite herausdrehen. Die Flammenschutzscheiben entweder von den Düsen oder aus der Bohrung im Zylinderkopf herausnehmen. Auf die Einbauweise der Scheiben achten.
Beim Einbau eine neue Flammenschutzscheibe verwenden und richtig herum auf die Düse schieben. Die Düsen zuerst lose einschrauben und dann mit einem Anzugsdrehmoment von 95 Nm anziehen. Eine lange 27 mm-Stecknuss wird dazu benötigt (Bild 261). Die Einspritzleitung mit 25 Nm anziehen. Ein Entlüften der Kraftstoffanlage ist nicht erforderlich.

18.8 Die Glühkerzen

Die einzigen Teile welche zur Zündung gehören sind die Glühkerzen, die zum anfänglichen Anwärmen des Verbrennungsgemischs gebraucht werden. Glühkerzen können nicht repariert werden und sind im Schadensfalle zu erneuern.
Zum Erneuern einer Glühkerze die Kabel abschliessen (Batterie muss abgeklemmt sein) und die Kerze mit einem Ringschlüssel herausdrehen. Das Anzugsdrehmoment der Kerze beträgt 28 Nm.

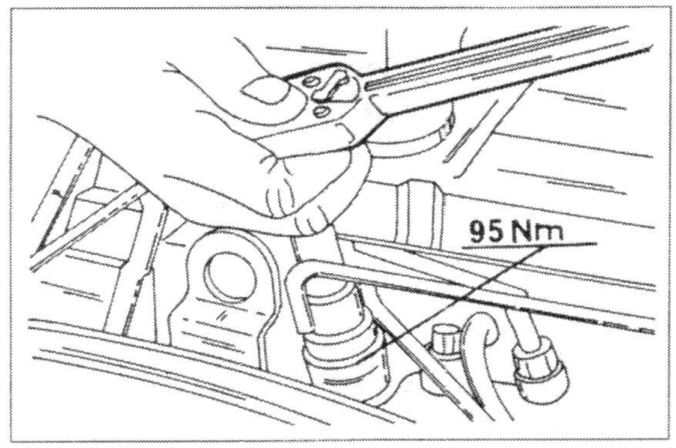

Bild 261
Beim Anziehen von Einspritzdüsen (95 Nm) muss die Stecknuss im rechten Winkel zur Düse gehalten werden.

18.9 Luftfilter

Der Luftfilter ist mit einem Papiereinsatz versehen. Der Aus- und Einbau des Filtereinsatzes oder kompletten Filters geschieht in ähnlicher Weise wie es auf Seite 46 beschrieben wurde.

18.10 Der Turbolader

Der gesamte Auspuffkrümmer muss ausgebaut werden, damit man den Turbolader erneuern kann.

- Batterie abklemmen.
- Zwei Schlauchbänder öffnen und den Schlauch zwischen dem Einlass des Turboladers und dem Luftfilter abschliessen.
- Zwei Schrauben lösen und des Abgasrückführungsventil unter Bezug auf Bild 262 ausbauen.
- Den Belüftungschlauch abziehen.
- Ölschmierleitung vom Turbolader abschrauben.

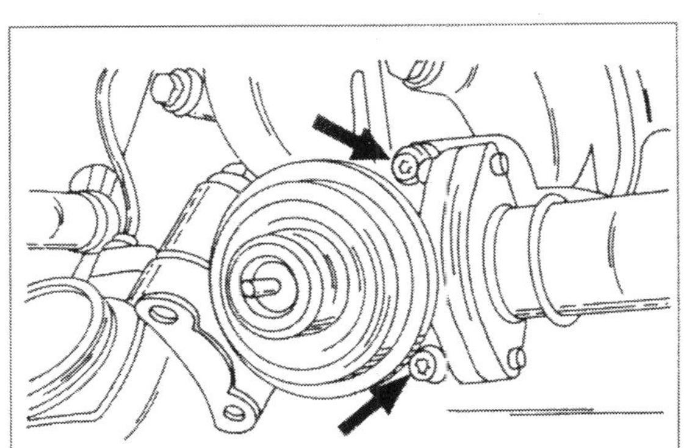

Bild 262
Die beiden Schrauben halten des Abgasrückführungsventil, auch EGR-Ventil genannt.

- Den Ablassschlauch vom Turboladergehäuse abschliessen.

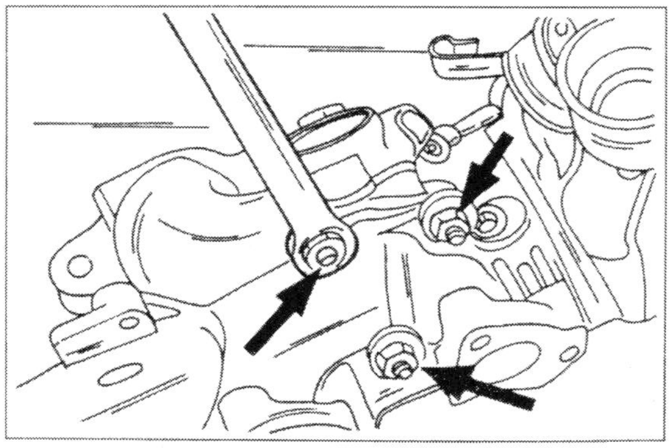

Bild 263
Die drei Schrauben halten den Turbolader am Auspuffkrümmer.

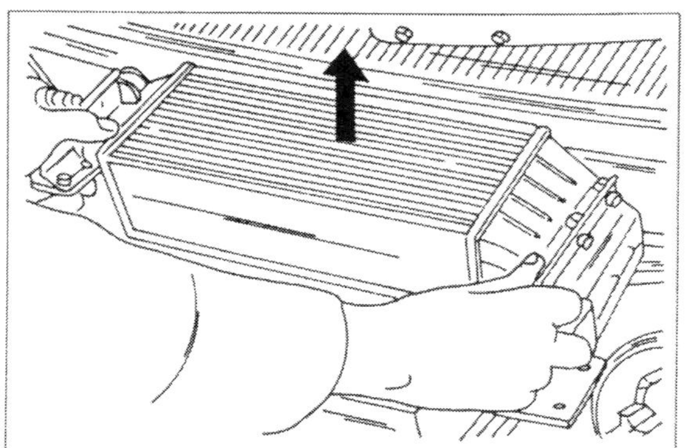

Bild 264
Den Ladeluftkühler in der gezeigten Weise vom Motor herunterheben.

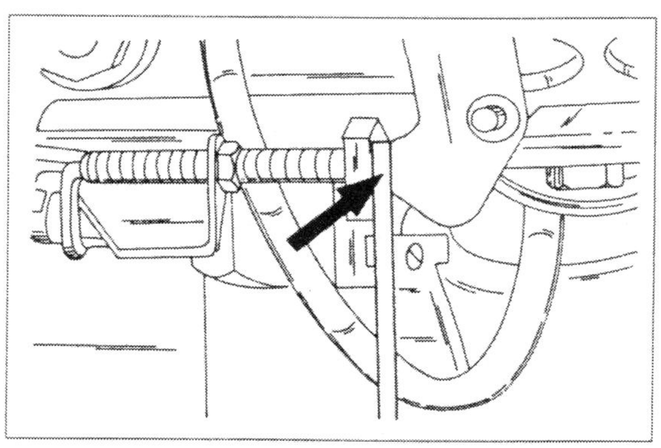

Bild 265
Die erwähnte Blattfühlerlehre an der gezeigten Stelle zwischen die Einstellschraube und den Drosselklappenhebel einschieben.

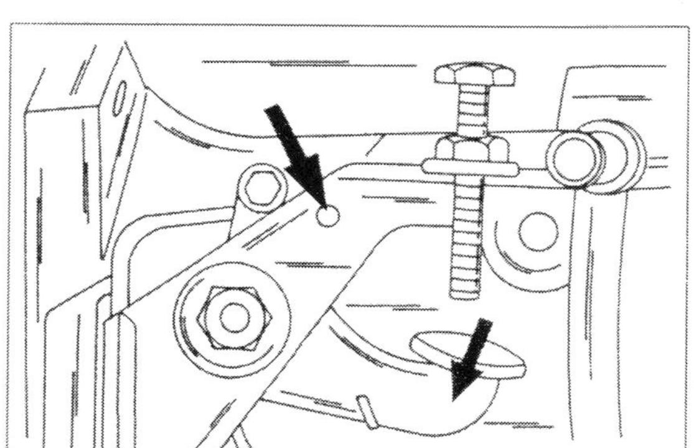

Bild 266
Den Hebel in Pfeilrichtung nach unten bewegen und den 3 mm-Stift an der gezeigten Stelle in den Hebel einschieben.

- Das vordere Auspuffrohr vom Auspuffkrümmer abschrauben.
- Die Befestigungen des Auspuffkrümmers lösen und den Krümmer zusammen mit dem Turbolader abnehmen. Die Dichtungen entfernen.
- Die drei in Bild 263 gezeigten Muttern lösen und den Turbolader vom Ansaugkrümmer abnehmen.

Der Einbau geschieht in umgekehrter Reihenfolge. Die Muttern in Bild 263 mit 38 Nm anziehen. Neue Dichtungen für den Auspuffkrümmer verwenden. Den Krümmer gleichmässig über Kreuz mit 25 Nm anziehen. Der Anschluss der Ölleitung wird mit 18 Nm festgezogen.

18.11 Ladeluftkühler

Der rechteckige Kasten auf der Oberseite des Motors ist der Ladeluftkühler. Folgendermassen ausbauen:

- Batterie abklemmen.
- Zwei Schlauchschellen lösen und den grossen Schlauch zwischen Ansaugkrümmer und Ladeluftkühler abschliessen.
- Je zwei Schrauben rechts und links lösen und den Kühler vorsichtig anheben, um den Ladeluftkühlereinlass vom Kompressorauslass zu trennen. Dabei den eingesetzten "O"-Dichtring nicht beschädigen. Den Kühler jetzt rechts und links erfassen, wie es in Bild 264 gezeigt ist, und herunterheben.

Der Einbau geschieht in umgekehrter Weise. Darauf achten, dass die Verbindung zwischen Kompressorauslass des Turboladers und Ladeluftkühler einwandfrei zustandekommt. Den "O"-Dichtring falls erforderlich erneuern.

18.12 Leerlaufeinstellung

Die Einstellung des Leerlaufs erfolgt in zwei Arbeitsstufen. Bei der ersten Stufe werden der Leerlauf und das Restvolumen kontrolliert. Bei der zweiten Stufe erfolgt die Einstellung. Eine Blattfühlerlehre von 4 mm Stärke oder ein dünnes Blech dieser Stärke sowie ein Stift mit einem Durchmesser von 3 mm werden gebraucht. Ein sich für Dieselmotoren geeigneter Drehzahlmesser muss ebenfalls zur Verfügung stehen.

- Motor warmlaufen lassen und kontrollieren, dass das Seil des Kaltstartthermostats am Pumpenende ca. 2 mm Spiel hat.
- Motor im Leerlauf laufen lassen und die Drehzahl ablesen.
- Die genannte Blattfühlerlehre oder den Blechstreifen an der in Bild 265 gezeigten Stelle zwischen die Einstellschraube des Restvolumens und den Drosselklappenhebel einschieben.

● Den Anschlaghebel nach links bewegen und den oben erwähnten Stift an der Pfeilstelle in Bild 266 in den Leerlaufhebel einschieben.
● Die jetzt erhaltene Restvolumen-Drehzahl ablesen.
● Falls der Leerlauf und die Restvolumen-Drehzahl stimmen, muss das Zurückfallen des Motors in den Leerlauf kontrolliert werden. Dazu den Motor auf die Höchstdrehzahl beschleunigen und den Fuss vom Fahrpedal nehmen. Die Zeit die der Motor braucht um wieder in den Leerlauf zurückzukehren, darf nicht länger als 5 sekunden sein, ohne dass der Motor dabei abstellt. Andernfalls die unten beschriebenen Einstellungen vornehmen.
● Die Blattfühlerlehre und den Stift in ihren Lagen lassen (Bilder 265 und 266) und die Einstellschraube des Restvolumens (wo die Blattfühlerlehre eingesetzt ist) verstellen, bis der Motor mit 900 ± 100/min läuft.
● Blattfühlerlehre und Stift herausziehen.
● Leerlauf kontrollieren und, falls erforderlich, durch Verstellen der in Bild 267 gezeigten Schraube auf 820 - 850/min einstellen. Den Motor auf Vollast beschleunigen und erneut kontrollieren, dass die Drehzahl innerhalb 5 Sekunden auf den Leerlaufwert zurückkommt.

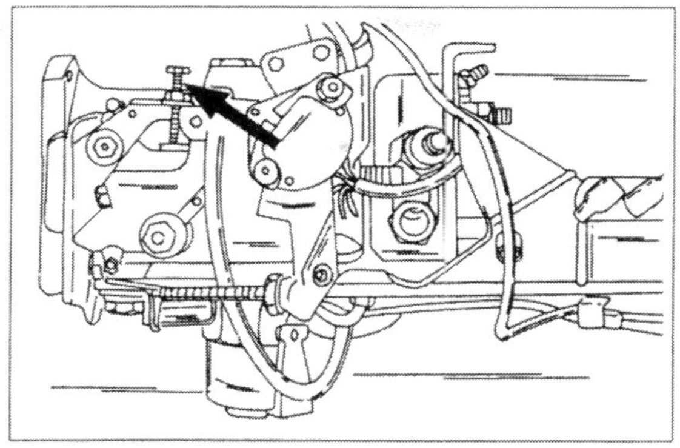

Bild 267
Der Pfeil weist auf die Einstellschraube des Leerlaufs. Die Einstellschraube des Restvolumens sitzt auf der gegenüberliegenden Seite.

● Falls der Motor abstellt, die Einstellschraube für das Restvolumen um eine Viertelumdrehung nach links verstellen (von der Rückseite der Pumpe aus gesehen). In diesem Fall sind die beschriebenen Püfarbeiten erneut durchzuführen.
● Falls es mehr als 5 Sekunden dauert, ehe der Leerlauf wieder erhalten wird, die Einstellschraube um eine Viertelumdrehung nach rechts verdrehen. Die Prüfarbeiten erneut durchführen.

MASS- und EINSTELLDATEN

Benzinmotoren — Allgemeines

Bauart	Vierzylindermotor mit zwei Nockenwellen und 16 Ventilen. Antrieb der Nockenwellen durch Zahnriemen.		
	1,6 Liter	**1,8 Liter**	**2,0 Liter**
Kennbuchstaben des Motors	L1F	RKA	NGA
Zündfolge	1—3—4—2	1—3—4—2	1—3—4—2
Zylinderbohrung	76,0 mm	80,6 mm	84,4 mm
Kolbenhub	88,0 mm	88,0 mm	88,0 mm
Zylinderinhalt	1597 cm³	1796 cm³	1988 cm³
Verdichtungsverhältnis	10,3 : 1	10,0 : 1	10,0 : 1
Motorleistung	66 kW (90 PS)	85 kW (115 PS)	100 kW (136 PS)
bei	5250/min	5750/min	6000/min
Max. Drehmoment	138 Nm	158 Nm	180 Nm
bei	3500/min	3750/min	4000/min
Leerlaufdrehzahl	700/min	800/min	800/min
Drehzahlbegrenzung	7100/min	7100/min	7100/min

Benzinmotoren — Mechanisch

Zylinderblock

Falls nicht anderweitig angegeben, gilt der erste Wert für alle Motoren

	1,6 Liter	**1,8 Liter**	**2,0 Liter**
Anzahl der Hauptlager	5		
Zylinderbohrungsdurchmesser (in mm):			
— Klasse 1	76,000 - 76,001	80,600 - 80,610	84,800 - 84,810
— Klasse 2	76,010 - 76,020	80,610 - 80,620	84,610 - 84,620
— Klasse 3	76,020 - 76,030	80,620 - 80,630	84,620 - 84,630
Innendurchmesser der eingebauten Lagerschalen	58,011 - 58,038 mm		
Hauptlagerlaufspiel	0,011 - 0,058 mm		
Grundbohrung der Hauptlager	62,287 - 62,300 mm		

Kurbelwelle

Hauptlagerzapfendurchmesser	57,980 - 58,000 mm
Axialspiel der Kurbelwelle	0,00 - 0,31 mm
Kurbelzapfendurchmesser	46,890 - 46,910 mm

Pleuelstangen

Durchmesser der Pleuellagerbohrung	49,890 - 49,910 mm
Durchmesser der Pleuelaugenbohrung	20,589 - 20,609 mm
Innendurchmesser der Lagerschalen (eingebaut)	46,926 - 46,960 mm
Axialspiel der Pleuellager	0,016 - 0,070 mm

Kolben

	1,6 Liter	**1,8 Liter**	**2,0 Liter**
Kolbendurchmesser (in mm):			
— Klasse 1	75,975 - 75,985	80,570 - 80,580	84,770 - 84,780
— Klasse 2	75,985 - 75,995	80,580 - 85,590	84,780 - 84,790
— Klasse 3	75,995 - 76,005	80,590 - 80,600	84,790 - 84,800
Kolbenringstossspiele (in mm):			
— Oberer Verdichtungsring	0,30 - 0,50	0,30 - 0,50	0,25 - 0,50
— Zweiter Verdichtungsring	0,30 - 0,50	0,30 - 0,50	0,30 - 0,50
— Ölabstreifring	0,25 - 1,00	0,38 - 1,14	0,40 - 1,40

Einbaustellung der Kolbenringstösse	Kolbenringstösse in gleichmässigen Abständen um den Umfang des Kolbens herum anordnen. Dies gilt ebenfalls für die drei Elemente des Ölabstreifringes, deren Stösse mit Abständen von 120° anzuordnen sind.
Kolbenbolzen	
Kolbenbolzenlänge	63,00 - 63,80 mm
Kolbenbolzendurchmesser (mit Farbtupfer gezeichnet):	
— Weisse Kennzeichnung	20,622 - 20,625 mm
— Rote Kennzeichnung	20,625 - 20,628 mm
— Blaue Kennzeichnung	20,628 - 20,631 mm
Laufspiel des Kolbenbolzens im Kolben	0,010 - 0,016 mm
Presspassung des Bolzens in Pleuelauge (Presspassung)	0,011 - 0,042 mm
Nockenwelle	
Anzahl der Lager	5
Antrieb	Zahnriemen
Lagerzapfendurchmesser	25,960 - 25,980 mm
Laufspiel der Nockenwellenlager	0,020 - 0,070 mm
Nockenwellenaxialspiel	0,080 - 0,220 mm
Max. Verzug der Nockenwelle	0,10 mm
Zylinderkopf	
Ventilsitzwinkel	90°
Ventilführungs-Innendurchmesser	6,060 - 6,091 mm
Ventilstösselbohrung	28,395 - 28,425 mm
Ventile	
Ventillänge:	
— Einlassventile	96,87 - 97,33 mm
— Auslassventile	96,47 - 96,93 mm
Ventiltellerdurchmesser:	
— Einlassventile	26,0 mm (1,6), 32,0 mm (andere)
— Auslassventile	24,5 mm (1,6), 28,0 mm (andere)
Ventilschaftdurchmesser:	
— Einlassventile	6,028 - 6,043 mm
— Auslassventile	6,010 - 6,025 mm
Laufspiel der Ventilschäfte in Führungen:	
— Einlassventile	0,017 - 0,064 mm
— Auslassventile	0,035 - 0,081 mm

Turbodieselmotor — Allgemeines

Bauart	Wirbelkammer-Dieselmotor. Parallel hängende Ventile, eine obenliegende Nockenwelle mit Zahnriemenantrieb, Grauguss-Zylinderblock. Mit Turbolader und Ladeluftkühler (TCI)
Motorkennbuchstaben — Ohne Katalysator	RFM
— Mit Katalysator	RFN
Zündfolge	1 — 3 — 4 — 2
Zylinderbohrung	82,50 mm
Kolbenhub	82,00 mm
Zylinderinhalt	1753 cm^3
Verdichtungsverhältnis	21,5 : 1
Leistung	65 kW (88 PS) bei 4500/min

Max. Drehmoment	176 Nm bei 2000/min
Leerlauf	850 ± 50/min
Max. Dauerdrehzahl	4800/min
Kurzzeitige Spitzendrehzahl	5200 ± 50/min

Turbodieselmotor — Mechanisch

Zylinderblock

Zylinderbohrungsdurchmesser:	
— Klasse A	82,500 - 82,515 mm
— Klasse B	82,515 - 82,530 mm
— Klasse C	82,660 - 82,675 mm
— Klasse D	82,675 - 82,690 mm
— Klasse E, 0,5 mm Übergrösse	83,000 - 83,015 mm
— Klasse F, 1,0 mm Übergrösse	83,500 - 83,015 mm
Hauptlagerbohrungsdurchmesser	57,683 - 57,696 mm

Kurbelwelle

Hauptlagerzapfendurchmesser — Sollmass	53,970 - 53,990 mm
— 0,25 mm Untergrösse	53,720 - 53,740 mm
— 0,50 mm Untergrösse	53,470 - 53,490 mm
Hauptlagerlaufspiel	0,015 - 0,062 mm
Kurbelzapfendurchmesser — Sollmass	48,970 - 48,990 mm
Kurbelzapfendurchmesser — 0,25 mm Untergrösse	48,720 - 48,740 mm
— 0,50 mm Untergrösse	48,470 - 48,490 mm
Pleuellagerlaufspiel	0,016 - 0,074 mm
Kurbelwellenaxialspiel	0,09 - 0,37 mm
Axialspiel der Pleuellager	0,125 - 0,375 mm

Pleuelstangen/Pleuellager

Pleuelfussdurchmesser	52,000 - 52,020 mm
Pleuelaugendurchmesser	26,012 - 26,020 mm
Länge der Pleuelstangen:	
— Klasse A	129,880 - 129,94 mm
— Klasse B	129,941 - 130,00 mm
— Klasse C	130,001 - 130,060 mm
— Klasse D	130,061 - 130,120 mm

Kolben

Kolbendurchmesser:	
— Klasse A	82,461 - 82,479 mm
— Klasse B	82,476 - 82,494 mm
— Klasse C	82,621 - 82,639 mm
— Klasse D	82,636 - 82,654 mm
— Klasse E, 0,5 mm Übergrösse	82,961 - 82,979 mm
— Klasse F, 1,0 mm Übergrösse	83,461 - 83,479 mm
Kolbenlaufspiel bei Produktion, Klassen A bis D	0,021 - 0,054 mm
Kolbenlaufspiel bei Übergrösse-Kolben, Klassen E und F	0,012 - 0,054 mm
Vorstehmass der Kolben im oberen Totpunkt	0,500 - 0,840 mm

Kolbenbolzen

Passung in Kolben und Pleuelstange	Schwimmend gelagert
Sicherung des Kolbenbolzens	Durch Sprengringe
Einbaurichtung der Kolben	Pfeil muss zur Steuerseite weisen
Einbaurichtung der Pleuelstangen	"F" in Pleuelschaft muss zur Steuerseite weisen

MASS- und EINSTELLDATEN

Spiel der Kolbenringe in Nuten des Kolbens:	
— Oberer Verdichtungsring	0,09 - 0,122 mm
— Zweiter Verdichtungsring	0,05 - 0,082 mm
— Ölabstreifring	0,03 - 0,065 mm
Kolbenringstossspiele:	
— Anordnung der Stossspiele	Gleichmässig am Aussenumfang des Kolbens verteilt. Gilt ebenfalls für die Elemente des Ölabstreifringes
— Stossspiel des oberen Verdichtungsringes	0,35 - 0,50 mm
— Stossspiel des zweiten Verdichtungsringes	0,35 - 0,50 mm
— Stossspiel des Ölabstreifringes	0,25 - 0,58 mm
Zylinderkopf	
Nockenwellenlagerbohrung	30,500 - 30,525 mm
— Übergrösse	30,575 - 30,600 mm
Ventilstösselbohrung	35,000 - 35,030 mm
— Übergrösse	35,500 - 35,530 mm
Bohrung für Ventilführungen:	
— Sollmass	8,000 - 8,025 mm
— 1. Übergrösse	8,263 - 8,288 mm
— 2. Übergrösse	8,463 - 8,488 mm
Stärke der Zylinderkopfdichtung bei:	
— Kolbenvorstehmass von 0,500 - 0,680 mm	1,36 mm (mit 2 Zähnen gekennzeichnet)
— Kolbenvorstehmass von 0,681 - 0,740 mm	1,42 mm (mit 3 Zähnen gekennzeichnet)
— Kolbenvorstehmass von 0,741 - 0,840 mm	1,52 mm (mit 4 Zähnen gekennzeichnet)
Max. Verzug der Zylinderkopffläche	0,08 mm
Nachschleifung der Zylinderkopffläche	**Nicht gestattet**
Sitze der Wirbelkammern (siehe Bild links)	

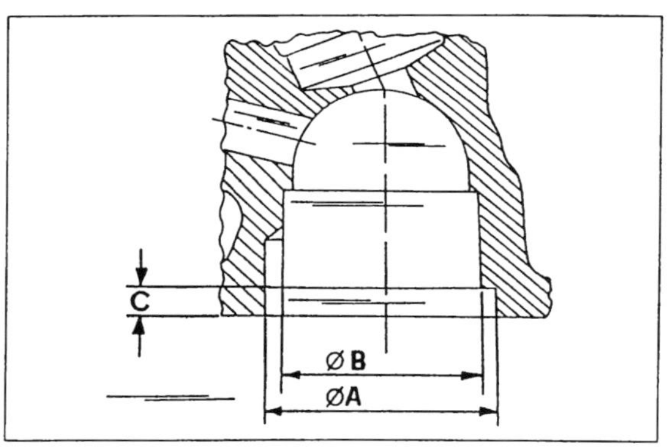

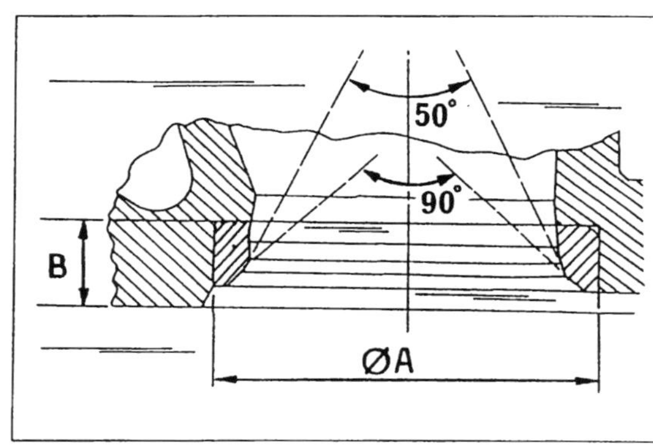

Sollmasse:	
— Mass "A"	31,250 - 31,280 mm
— Mass "B"	27,530 - 27,660 mm
— Mass "C"	4,983 - 5,034 mm
Übergrösse:	
— Mass "A"	31,550 - 31,580 mm
— Mass "B"	27,830 - 27,960 mm
— Mass "C"	5,233 - 5,284 mm
Überstehmass der Wirbelkammern über Zylinderkopf	0,0 bis 0,061 mm
Ventilsitze (siehe Bild rechts):	
— Sollmass — Mass "A" — Einlassventile	38,000 - 38,003 mm
— Auslassventile	33,000 - 33,030 mm
— Sollmass — Mass "B" — Einlassventile	8,300 - 8,500 mm
— Auslassventile	8,800 - 9,000 mm
Abstand zwischen Ventilteller und Kopffläche	0,85 - 1,15 mm (Einlass), 1,05 - 1,35 mm (Auslass)

Ventilsitze (Forts.):	
— Klasse A — Mass "A" — Einlassventile	38,200 - 38,230 mm
— Auslassventile	33,200 - 33,230 mm
— Klasse A — Mass "B" — Einlassventile	8,600 - 8,800 mm
— Auslassventile	9,100 - 9,300 mm
Übergrösse (bei Erneuerung) — Mass "A" — Einlass	38,400 - 38,430 mm
— Auslass	33,400 - 33,430 mm
Übergrösse — Mass "B" — Einlass	8,900 - 9,100 mm
— Auslass	9,400 - 9,600 mm
Nockenwelle	
Axialspiel	0,100 - 0,240 mm
Lagerzapfendurchmesser	27,960 - 27,980 mm
Lagerlaufspiel	0,016 - 0,075 mm
Nockenhub — Einlass	9,0 mm
— Auslass	10,0 mm
Ventilsteuerung	
Einlassventil öffnet	6° vor o.T.
Einlassventil schliesst	32° nach u.T.
Auslassventil öffnet	57° vor u.T.
Auslassventil schliesst	7° nach o.T.
Ventilspiele (kalt)	
Einlassventile	0,35 ± 0,05 mm
Auslassventile	0,50 ± 0,05 mm
Einstellmöglichkeit	Veränderung der Scheibenstärke
Ventile	
Ventillänge — Einlass	107,05 - 107,15 mm
— Auslass	109,15 - 109,25 mm
Ventilschaftdurchmesser — Sollmass — Einlass	7,97 mm — 0,015 mm
— Auslass	7,96 mm — 0,015 mm
Ventilschaftdurchmesser — 1. Übergrösse — Einlass	8,223 mm — 0,015 mm
— Auslass	8,223 mm — 0,015 mm
Ventilschaftdurchmesser — 2. Übergrösse — Einlass	8,433 mm — 0,015 mm
Ventilschaftdurchmesser — 2. Übergrösse — Auslass	8,423 mm — 0,015 mm
Ventilstössel	
Durchmesser — Sollmass	34,950 - 34,975 mm
— Übergrösse	35,450 - 34,475 mm
Stärke der Ventileinstellscheiben:	
— Bei Produktion eingebaut	3,50 - 4,75 mm
— Zur Einstellung vorhanden	3,00 - 4,75 mm
Ventilfedern	
Ungespannte Länge	43,00 mm

Motorschmierung

Zu verwendendes Motoröl — Benzinmotoren:	
— Zwischen —20 und 40° C	SAE 20W30, Ford-Mehrbereichsöl, Super
— Zwischen —30 und 40° C	SAE 5W30, Ford-Mehrbereichsöl, Super
— Zwischen —30 und 40° C	SAE 5W50, Formel S, synthetisches Öl (Ford)
Zu verwendendes Motoröl — Turbodiesel:	
— Zwischen —15° bis 40° C	SAE 15W40/Ford Super-Motoröl

— Zwischen —10° und 40° C	SAE 20W50/Ford Super-Motoröl
— Zwischen —25° und 40° C	SAE 10W40/Ford XR und Hochleistungsöl
— Zwischen —30 und 40° C	SAE 5W50/Formel S, synthetisches Motoröl
Ölfüllmenge — Benzinmotoren:	
— Füllung, mit Ölfilter Motor trocken	4,50 Liter
— Ölwechsel, einschliesslich Ölfilter	4,25 Liter
— Ölwechsel, ohne Ölfilter	3,75 Liter
Ölfüllmenge — Dieselmotor:	
— Füllung mit Ölfilter, Motor trocken	5,0 Liter
— Ölwechsel, einschliesslich Ölfilter	4,5 Liter
— Ölwechsel, ohne Ölfilter	4,1 Liter

Kühlanlage

Füllmenge — Benzinmotor	ca. 7,0 Liter
— Dieselmotor	9,5 Liter
Zu verwendendes Frostschutzmittel	Motorcraft Super Plus 4
Kühlerbauart	Querstromkühler mit Aluminiumblock und Kunststoff-Wasserkasten
Thermostat:	
— Bauart	Wachsthermostat
— Öffnungstemperatur	85 bis 89° C
— Vollkommen geöffnet bei	102° C
Öffnungsdruck des Kühlmittel-Verschlussdeckels	1,2 bar

Kupplung

Bauart	Einscheiben-Trockenkupplung mit Tellerfeder
Betätigung	Durch Seilzug
Einstellung	Mechanisch
Aussendurchmesser	240 mm
Stärke der Mitnehmerscheibe	8,84 mm
Pedalweg	145 mm

Schaltgetriebe

Eingebautes Getriebe — MTX-75

Getriebeübersetzungen

	1,6/1,8 Liter	**2,0 Liter**	**Turbodiesel**
Erster Gang	3,417 : 1	3,231 : 1	3,660 : 1
Zweiter Gang	2,136 : 1	2,136 : 1	2,047 : 1
Dritter Gang	1,448 : 1	1,483 : 1	1,258 : 1
Vierter Gang	1,028 : 1	1,114 : 1	1,258 : 1
Fünfter Gang	0,767 : 1	0,854 : 1	0,674 : 1
Rückwärtsgang	3,460 : 1	3,460 : 1	3,460 : 1

Antriebsübersetzungen

1,6 Liter, Limousine — 4,06 : 1

1,6 Liter, Kombiwagen	4,06 : 1
1,6 Liter, Hatchback	3,82 : 1
1,8 Liter, Limousine und Kombiwagen	4,06 : 1
1,8 Liter, Hatchback	3,41 : 1
2,0 Liter, alle Ausführungen	4,06 : 1
Turbodiesel	4,06 : 1

Getriebeöl:	
— Füllmenge	2,6 Liter
— Flüssigkeitssorte	Von Ford hergestelltes Öl

Automatisches Getriebe

Eingebautes Getriebe	CD4E
Eingebaut in	1,8 und 2,0 Liter-Modelle
Anzahl der Gänge	Vier

Getriebeübersetzungen	
Erster Gang	2,890 : 1
Zweiter Gang	1,571 : 1
Dritter Gang	1,000 : 1
Vierter Gang	0,689 : 1
Rückwärtsgang	3,920 : 1

Vorderradaufhängung

Bauart	McPherson-Federbeinaufhängung mit unteren Querlenkern und Kurvenstabilisator

Vorderradeinstellung	
Vorspureinstellung:	
— Bei Prüfung	—0,5 bis — 3,5 mm (0° 5' bis 0° 59' Nachspur)
— Bei Einstellung	—2,0 ± 1,0 mm (0° 20' ± 10' Nachspur)
Nachlaufeinstellung — Limousinen:	
— Sollwert — Ausser 2,0 Liter 136 PS	2° 19'
— 2,0 Liter 136 PS	2° 35'
— Zulässiger Einstellbereich — Ausser 2,0 Liter 136 PS	1° 19' bis 3° 19'
— 2,0 Liter 136 PS	1° 35' bis 3° 35'
Nachlaufeinstellung — Kombiwagen:	
— Sollwert — Ohne Selbstnivellierung	2° 23'
— Mit Selbstnivellierung	2° 13'
— Zulässiger Einstellbereich — Ohne Selbstnivellierung	1° 23 bis 3° 23'
— Mit Selbstnivellierung	1° 13' bis 3° 13'

Sturzeinstellung — Limousinen:	
— Sollwert — Ausser 2,0 Liter 136 PS	—0° 50'
— 2,0 Liter 136 PS	—0° 59'
— Zulässiger Einstellbereich — Ausser 2,0 Liter 136 PS	—0° 75' bis —1° 75'
— 2,0 Liter 136 PS	—0° 66' bis —1° 84'
Sturzeinstellung — Kombiwagen:	
— Sollwert — Ohne Selbstnivellierung	—0° 47'
— Mit Selbstnivellierung	—0° 47'
— Zulässiger Einstellbereich — Ohne Selbstnivellierung	—0° 78 bis —1° 72'
— Mit Selbstnivellierung	—0° 78' bis —1° 72'

Hinterradaufhängung

Bauart — Limousine	Viergestänge-Radaufhängung, bestehend aus zwei waagerechten Längslenkern, Schubstreben und McPherson-Federbeinen und Kurvenstabilisator
Bauart — Kombiwagen	Dreigestänge-Radaufhängung, bestehend aus Querlenkern, Längslenkern und oberen von innen nach aussen angeordneten Seitenlenkerarmen, Teleskop-Stossdämpfern und Kurvenstabilisator

Hinterradeinstellung

Sturzeinstellung — Limousinen:	
— Sollwert — Ausser 2,0 Liter 136 PS	—0° 41'
— 2,0 Liter 136 PS	—0° 61'
— Zulässiger Einstellbereich — Ausser 2,0 Liter 136 PS	0° 19' bis —1° 41'
— 2,0 Liter 136 PS	0° 39' bis —1° 61'
Sturzeinstellung — Kombiwagen:	
— Sollwert — Alle Ausführungen	—0° 43'
— Zulässiger Einstellbereich — Alle Ausführungen	0° 61 bis —1° 43'
Spureinstellung — Limousine:	
— Bei Prüfung	3,9 mm Vorspur bis 0,1 mm Nachspur
— Bei Einstellung	1,9 mm Vorspur ± 1,2 mm
Spureinstellung — Kombiwagen:	
— Bei Prüfung	2,7 mm Vorspur bis 1,3 mm Nachspur
— Bei Einstellung	0,7 mm Vorspur ± 1,2 mm

Bremsanlage

Bauart	Zweikreisbremsanlage mit Scheibenbremsen an den Vorderrädern und Trommelbremsen oder Scheibenbremsen an den Hinterrädern. Handbremse durch Bremsseile auf Hinterräder wirkend. Bremsservo und Bremsregelventil. Auf Wunsch ABS. Bremsanlage diagonal geteilt.

Vordere Scheibenbremsen

	Benzinmodelle	**Turbodiesel**
Bremsscheibendurchmesser	260,0 mm	278,0 mm
Bremsscheibenstärke, neu	24,15 mm	24,15 mm
Bremsscheibenstärke, Verschleissgrenze	22,20 mm	22,20 mm
Max. Schlag der Bremsscheiben (montiert)	0,15 mm	0,15 mm
Durchmesser des Bremssattelkolbens	60,0 mm	60,0 mm
Min. Stärke des Bremsklotzbelags	1,6 mm	1,6 mm

Hinterradtrommelbremsen

Bremstrommeldurchmesser:	
— 1,6 Liter-Modelle	203,0 mm
— 1,8/2,0 Liter und Kombiwagen	228,6 mm
Min. zulässiger Bremstrommeldurchmesser:	
— 1,6 Liter-Modelle	204,2 mm
— 1,8/2,0 Liter und Kombiwagen	229,6 mm
Bremszylinderdurchmesser:	
— 1,6 Liter-Modelle	22,20 mm
— 1,8/2,0 Liter-Modelle	20,60 mm
— Kombiwagen	22,00 mm
Breite der Bremsbacken	38,1 mm (1,6 Liter) oder 57,1 mm (alle anderen)

Hinterradscheibenbremsen

Bremscheibendurchmesser	252,0 mm
Bremsscheibenstärke, neu	20,0 mm
Bremsscheibenstärke, Verschleissgrenze	18,0 mm
Max. Schlag der Bremsscheiben	0,15 mm
Durchmesser des Bremssattelzylinders	36,0 mm

16V-Motoren

Zylinderkopfschrauben:	
— Erste Stufe	25 Nm
— Zweite Stufe	45 Nm
— Dritte Stufe	105° nachziehen
Nockenwellenlagerdeckel:	
— Erste Stufe	10 Nm
— Zweite Stufe	10 Nm
Zylinderkopfdeckel:	
— Erste Stufe	2 Nm
— Zweite Stufe	7 Nm
Zündkerzen	15 Nm
Steuerriemenspanner	38 Nm
Zahnriemenschutzdeckel, oben	4 Nm
Zahnriemenschutzdeckel, unten	7 Nm
Kurbelwellenriemenscheibe	115 Nm
Kurbelgehäusebelüfter	10 Nm
Hauptlagerdeckel	80 Nm
Pleuellagerdeckel:	
— Erste Stufe	18 Nm
— Zweite Stufe	90° nachziehen
Schwungradschrauben	112 Nm
Ölpumpe	10 Nm
Ölansaugrohr an Pumpe	10 Nm
Ölleitblech	19 Nm
Wasserpumpe	18 Nm
Wasserpumpenriemenscheibe	10 Nm
Hinterer Öldichtringflansch	16 nm
Sensor für Kurbelwellenstellung	21 Nm
Ölwanne	21 Nm
Kupplungsdruckplatte	30 Nm
Motorhebeöse an Lichtmaschinenkonsole	47 Nm
Motorhebeöse an Zylinderkopf	16 Nm
Thermostatgehäuse	20 Nm
EGR-Ventil an Ansaugkrümmer	9 Nm
Auspuffkrümmer, Schrauben und Muttern	16 Nm
Ansaugsammelrohr, Schrauben und Muttern	16 Nm
Drosselklappengehäuse	10 Nm
Konsole der Lenkhilfspumpe (Zylinderkopf)	47 Nm
Konsole für Kompressor und Lenkhilfspumpe an Zylinderblock	47 Nm
Konsole der Drehstromlichtmaschine an Block	47 Nm
Laufrolle für Antriebsriemen	48 Nm
Zwischenlagerkonsole der Antriebswelle an Zylinderblock	48 Nm
Zwischenlager der Welle an Konsole	27 Nm
Kühlerstützen an Nebenrahmen	23 Nm
Öldruckschalter	27 Nm
Ölablassstopfen (Ölwanne)	35 Nm
Ölablassstopfen (Getriebe)	35 Nm
Öleinfüllstopfen (Getriebe)	35 Nm
Kompressor der Klimaanlage	25 Nm
Heizungsleitungsschelle an Ölwanne	10 Nm
Nebenrahmen an Karosserie	130 Nm
Hintere Drehmomentstütze an Getriebe	84 Nm
Hintere Drehmomentstütze an Nebenrahmen	48 Nm
Lenkung an Nebenrahmen	130 Nm
Linke Motoraufhängung an Getriebe	84 Nm
Rechter Motoraufhängungsbügel an Motor und Motoraufhängung	84 Nm
Mittlere Schraube der Drehmomentstützen	120 Nm
Kugelbolzen des unteren Querlenkers an Achsschenkel	84 Nm
Spurstangenkopf an Lenkhebel	28 Nm
Stabilisatorgestänge an Federbein	47 Nm
Schaltgestänge an Karosserie	44 Nm
Schaltstange an Getriebe	23 Nm
Klemmschraube der Schaltstange	16 Nm
Stabilisatorstange der Schaltung	55 Nm
Lenkhilfspumpe an Konsole	47 Nm
Wärmeschutzblech an Zylinderkopf	10 Nm
Ölmessstabrohr an Zylinderkopf	10 Nm
Riemenscheibenabdeckung	5 Nm
Auspuffrohr an Auspuffkrümmer	41 Nm
Schutzblech unter Kühler	7 Nm
Ansaugrohr an Ansaugkrümmer	4 Nm
Ölspritzdüsen im Zylinderblock	10 Nm
Ölkanalstopfen, M10 x 11,5-Gewinde	24 Nm
Ölkanalstopfen, ¼ Zoll-Gewinde	25 Nm
Sensor für Motorölstand	22 Nm

Turbodiesel

Zylinderkopfschrauben:	
— Erste Stufe	10 Nm
— Zweite Stufe	100 Nm
— Dritte Stufe	3 Minuten lang warten
— Vierte Stufe	180° (halbe Umdrehung) lösen
— Fünfte Stufe	Auf 70 Nm anziehen
— Sechste Stufe	Um 120° weiter anziehen
Druckplatte der Nebenantriebswelle	9 Nm
Dichtringflansch der Nebenantriebswelle	23 Nm
Riemenrad der Nebenantriebswelle	45 Nm
Nockenwellenlagerdeckel	20 Nm
Zylinderkopfdeckel	5 Nm
Laufrolle für Zahnriemen an Zylinderkopf	45 Nm
Nockenwellenrad an Nockenwelle	30 Nm
Innerer Riemenschutz an Zylinderblock	24 Nm
Nockenwellenrad an Nockenwellenflansch	9 Nm
Klemmschraube des Zahnriemenspanners	50 Nm
Riemenspanner des Riemens der Einspritzpumpe an Zylinderblock	45 Nm
Verschlussstopfen zur Kontrolle des oberen Totpunkts im Zylinderblock	24 Nm
Zahnriemenschutzdeckel	8 Nm
Riemenscheibe der Einspritzpumpe	25 Nm
Konsole der Lichtmaschine an Block	42 Nm
Lichtmaschine an Konsole — M8-Schrauben	25 Nm
— M10-Schrauben	50 Nm
Ölleitblech der Nockenwelle	20 Nm
Entlüftungsschlauch, Zylinderkopf zu Turbolader	2 Nm
Ölmessstabführungsrohr	10 Nm
Ölpumpe an Zylinderblock	23 Nm

ANZUGSDREHMOMENTE

Konsole für Zwischenlager Antriebswelle an Zylinderblock	48 Nm
Ölzufuhrleitung an Turbolader	18 Nm
Kühlmittelrohr an Zylinderblock	25 Nm
Kurbelwellenriemenscheibe:	
— Erste Stufe	Mit 150 Nm anziehen
— Zweite Stufe	90° lockern
— Dritte Stufe	Mit 120 Nm anziehen
— Vierte Stufe	60° weiter anziehen
Hauptlagerdeckel:	
— Erste Stufe	Mit 27 Nm anziehen
— Zweite Stufe	75° weiter anziehen
Pleuellagerdeckel:	
— Erste Stufe	Mit 25° anziehen
— Zweite Stufe	60° weiter anziehen
— Dritte Stufe	20° weiter anziehen
Schwungradschrauben:	
— Erste Stufe	Mit 18 Nm anziehen
— Zweite Stufe	40° weiter anziehen
— Dritte Stufe	40° weiter anziehen
Ölansaugrohr an Zylinderblock	22 Nm
Vorderer Dichtringdeckel	24 Nm
Hinterer Dichtringdeckel	20 Nm
Ölwanne	11 Nm
Verschlussstopfen der Ölkanäle	22 Nm
Ölablassstopfen	25 Nm
Kühlerablassstopfen	23 Nm
Katalysator an hinteres Rohr	40 Nm
Vorderes Auspuffrohr an Turbolader	40 Nm
Ladeluftkühler an Halter	18 Nm
Unterdruckleitung an Servo	16 Nm
Schraube der Lenkhilfspumpe	24 Nm
Abdeckung des Lenkhilfsriemens	10 Nm
Klemmschraube der Lenkhilfspumpe	24 Nm
Riemenspanner an vorderen Deckel	23 Nm
Wasserpumpe	23 Nm
Sensor für Kurbelwellenstellung	21 Nm
Kupplungsdruckplatte	30 Nm
Einspritzpumpe an vorderes Schild	24 Nm
Einspritzpumpe an Konsole	23 Nm
Glühkerzen	28 Nm
Einspritzdüsen	70 Nm
Thermostatgehäuse an Zylinderkopf	20 Nm
Servopumpenhalter an Zylinderblock	47 Nm
Unterdruckpumpe an Zylinderkopf	22 Nm
Kraftstoffilterbügel an Zylinderkopf/Hebeöse	23 Nm
Unterdruckleitungsschelle an Zylinderkopf	22 Nm
Einspritzleitungen an Düsen	25 Nm
Kühlerstützen an Nebenrahmen	10 Nm
Ölablassstopfen (Getriebe)	35 Nm
Öleinfüllstopfen (Getriebe)	35 Nm
Kompressor der Klimaanlage	25 Nm
Nebenrahmen an Karosserie	130 Nm
Vordere und hintere Drehmomentstützen an Nebenrahmen	48 Nm
Linke Motoraufhängung	83 Nm
Bügel der rechten Motoraufhängung an Motor	83 Nm
Bügel an Motoraufhängung	83 Nm
Lenkung an Nebenrahmen	130 Nm
Konsole der hinteren Drehmomentstütze	84 Nm
Mittlere Schraube der Drehmomentstützen	120 Nm
Kugelbolzen des unteren Querlenkers an Achsschenkel	84 Nm
Spurstangenkopf an Lenkhebel	28 Nm
Stabilisatorgestänge an Federbein	47 Nm
Schaltgestänge an Karosserie	44 Nm
Schaltstange an Getriebe	23 Nm
Klemmschraube der Schaltstange	16 Nm
Stabilisatorstange der Schaltung	55 Nm
Sensor für Motorölstand	22 Nm

Kühlanlage

16V = B (Benzin), Turbodiesel = D

Wasserpumpe (B)	18 Nm
Wasserpumpe (D)	24 Nm
Wasserpumpenriemenscheibe (B)	10 Nm
Wasserpumpenriemen-Laufrolle (B)	38 Nm
Spanner des Lichtmaschinenriemens (B)	38 Nm
Thermostatgehäuse (B) (D)	20 Nm

Kupplung und Fünfganggetriebe

Klemmschraube des Ausrückhebels	24 Nm
Schaltmechanismus an Getriebe	11 Nm
Getriebegehäuseschrauben	27 Nm
Schaltungsstabilisator an Getriebe	55 Nm
Klemmschelle der Schaltstange	16 Nm
Auspuffrohr an Krümmer	41 Nm
Anlasser an Getriebe	48 Nm
Getriebe an Motor	40 Nm
Teile der Radaufhängung	Siehe unter "Motor"

Vorderradaufhängung

Klemmschraube/Mutter des Querlenkers	54 Nm
Schraube/Mutter des unteren Kugelgelenks	58 Nm
Schrauben des Nebenrahmens	130 Nm
Drehmomentstützen	Siehe unter "Motor"
Lenkungsschrauben/Muttern	130 Nm
Klemmschraube Unterseite-Federbein	84 Nm
Antriebswellenmutter	340 Nm
Sensor der ABS-Anlage	10 Nm
Bremssattelschrauben	Siehe "Bremsen", Seite 152
Spurstangenköpfe an Lenkhebel	28 Nm
Querlenker an Nebenrahmen	Siehe betreffendes Kapitel (besondere Anzugsreihenfolge)
Stabilisatorgestänge an Federbein	47 Nm
Stabilisatorschellen	24 Nm
Obere Federbeinmutter	46 Nm

Mutter für Federbeinlager	60 Nm
Radmuttern	85 Nm
Schaltstange und -gestänge	Siehe unter "Motor"

Hinterradaufhängung

Limousinen

Schellen des Kurvenstabilisators	23 Nm
Schrauben des Querträgers	120 Nm
Vordere Längslenker an Radlagergehäuse	84 Nm
Vordere Längslenker an Querträger	84 Nm
Hintere Längslenker an Radlagergehäuse	120 Nm
Hintere Längslenker an Querträger (Exzenter)	84 Nm
Sensor für ABS-Anlage	10 Nm
Bremssattelschrauben, hinten	60 Nm
Stabilisatorgestänge an Lenkerarm	35 Nm
Klemmschraube, Federbein an Radlagergehäuse	84 Nm
Schrauben der Bremsträgerplatte	50 Nm
Nabenmutter	290 Nm
Schubstrebe an Konsole	120 Nm
Konsole für Schubstrebe an Karosserie	120 Nm
Schubstrebe an Radlagergehäuse	120 Nm
Schrauben des Federbeins	27 Nm
Obere Mutter des Federbeins	50 Nm
Radmuttern	85 Nm
Auspuffrohrschrauben	45 Nm

Kombiwagen

Schrauben des Querlenkers	120 Nm
Vorderer Längslenker an Radlagergehäuse	120 Nm
Vorderer Längslenker an Querträger	120 Nm
Oberer Lenkerarm an Radlagergehäuse	120 Nm
Oberer Lenkerarm an Querträger	84 Nm
Unterer Lenkerarm an Radlagergehäuse	84 Nm
Unterer Lenkerarm an Querträger	84 Nm
Sensor für ABS-Anlage	10 Nm
Schellen des Kurvenstabilisators	25 Nm
Stabilisatorgestänge an Lenkerarm	35 Nm
Auspuffrohrschrauben	45 Nm
Schrauben der Radnabe	65 Nm
Schubstrebenbefestigung	120 Nm
Konsole der Schubstreben an Karosserie	120 Nm
Stossdämpferbefestigung, oben	84 Nm
Stossdämpferbefestigung, unten	120 Nm
Radmuttern	85 Nm

Lenkung

Spurstangenkopf an Lenkhebel	28 Nm
Überwurfmuttern der Flüssigkeitsleitungen	31 Nm
Klemmplatte der Lenksäule	24 Nm
Lenksäulen-Befestigungsschrauben	24 Nm
Schrauben der Lenkhilfspumpe	25 Nm
Druckleitung der Lenkhilfspumpe (Zeta)	65 Nm
Druckleitung der Lenkhilfspumpe (Diesel)	24 Nm
Kontermutter der Spurstange	41 Nm
Lenkradmutter	50 Nm
Klemmschraube der Lenkwellenkupplung	28 Nm
Schrauben des Nebenrahmens	130 Nm
Lenkung an Nebenrahmen	130 Nm
Teile der Vorderradaufhängung	Siehe Seite 151
Teile der Motoraufhängung	Siehe unter "Motor"
Radmuttern	85 Nm

Bremsen

Bremssattel an Achse, hinten	60 Nm
Bremssattel an Achsschenkel, vorn	120 Nm
Bremssattelgleitbolzen, vorn	28 Nm
Bremssattelgleitbolzen, hinten	41 Nm
Bremssattelträger und Spritzblech	90 Nm
Bremskraftverstärker an Stirnwand	40 Nm
Hauptbremszylinder an Bremsservo	23 Nm
Radnabenmuttern	Siehe betreffendes Kapitel

Mit dem Bau des Mondeos wurde auch die Gestaltung der Ford-Schaltpläne geändert. Obwohl es unmöglich ist auf jede Einzelheiten der Schaltpläne einzugehen, werden die folgenden Angaben helfen, einen bestimmten Stromlauf zu verfolgen. Bestimmte Kennzeichnungen, welche in jedem Schaltplan auftreten sollen kurz anhand der gezeigten Abbildung erwähnt und erklärt werden:

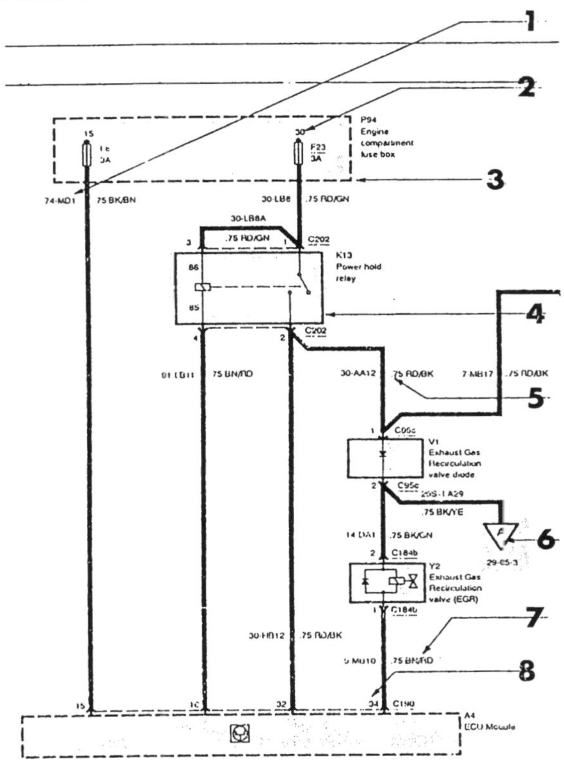

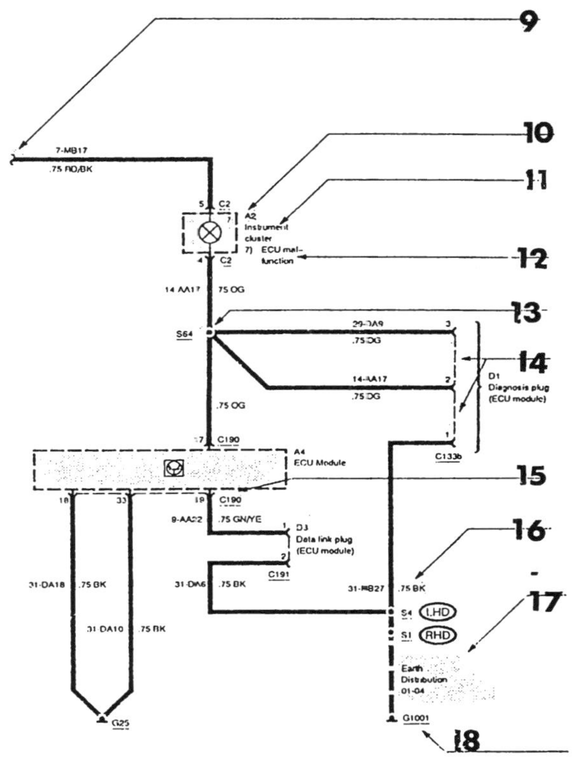

1. Stromkreisnummern. Diese sind nur für Ford-Mechaniker von Bedeutung.
2. Klemmennummer. Jeder Klemme ist eine Nummer zugeordnet worden.
3. Teil eines Stromabnehmers oder einer Komponente.
4. Komplette Komponente.
5. Drahtdurchmesser in mm.
6. Pfeil zeigt in Richtung des Stromverlaufs.
7. Kabelfarbe. Erste Kennzeichnung gibt die Grundfarbe, zweite Kennzeichnung den Farbstreifen an.
8. Anschlussstiftnummer.
9. Eine wellige Linie bedeutet, dass der Stromverlauf fortgesetzt ist.
10. Kennzeichnung der Komponente. Von wenig Bedeutung, da die Bezeichnung ebenfalls angegeben ist.
11. Kennzeichnung des Stromabnehmers.
12. Einzelheiten eines bestimmten Teils.
13. Kabelverspleissung.
14. Gestrichelte Linie bedeutet Klemmen für den gleichen Kabelverbinder.
15. Kennzeichnung des Kabelverbinders. Im Normalfall nicht von weiterer Bedeutung.
16. Kabelisolierung ist immer von einer einzelnen Farbe.
17. Masseanschluss
18. Kennzeichnung der Massestelle der verschiedenen Komponenten.

Alle Sicherungen sind mit "F" bezeichnet, gefolgt von der Sicherungsnummer.
Die wichtige Kennzeichnung der einzelnen Kabel ist auf der rechten Seite der betreffenden Leitung angegeben. Diese wird immer von einer Zahl angeführt, die den Kabelquerschnitt in mm² angibt. Dahinter folgen dann die Kabelfarben, die die folgende Bedeutung haben:

BK	=	schwarz	OG	=	orangefarben
BN	=	braun	RD	=	rot
BU	=	blau	SR	=	silberfarben
GN	=	grün	VT	=	violett
GY	=	grau	WH	=	weiss
LG	=	hellgrün	YE	=	gelb

Schaltpläne — Inhaltsverzeichnis

Stromverteilung

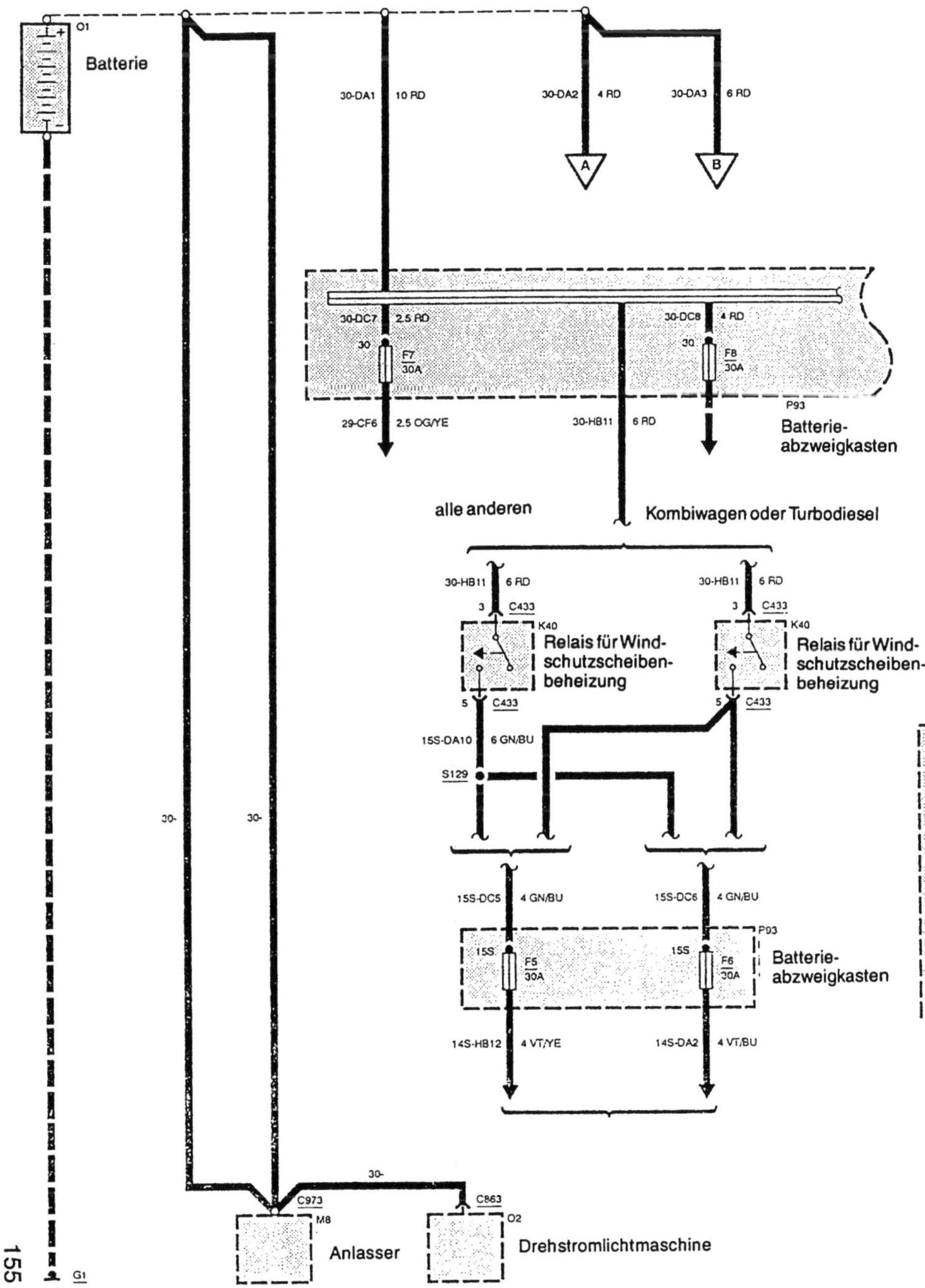

Stromverteilung

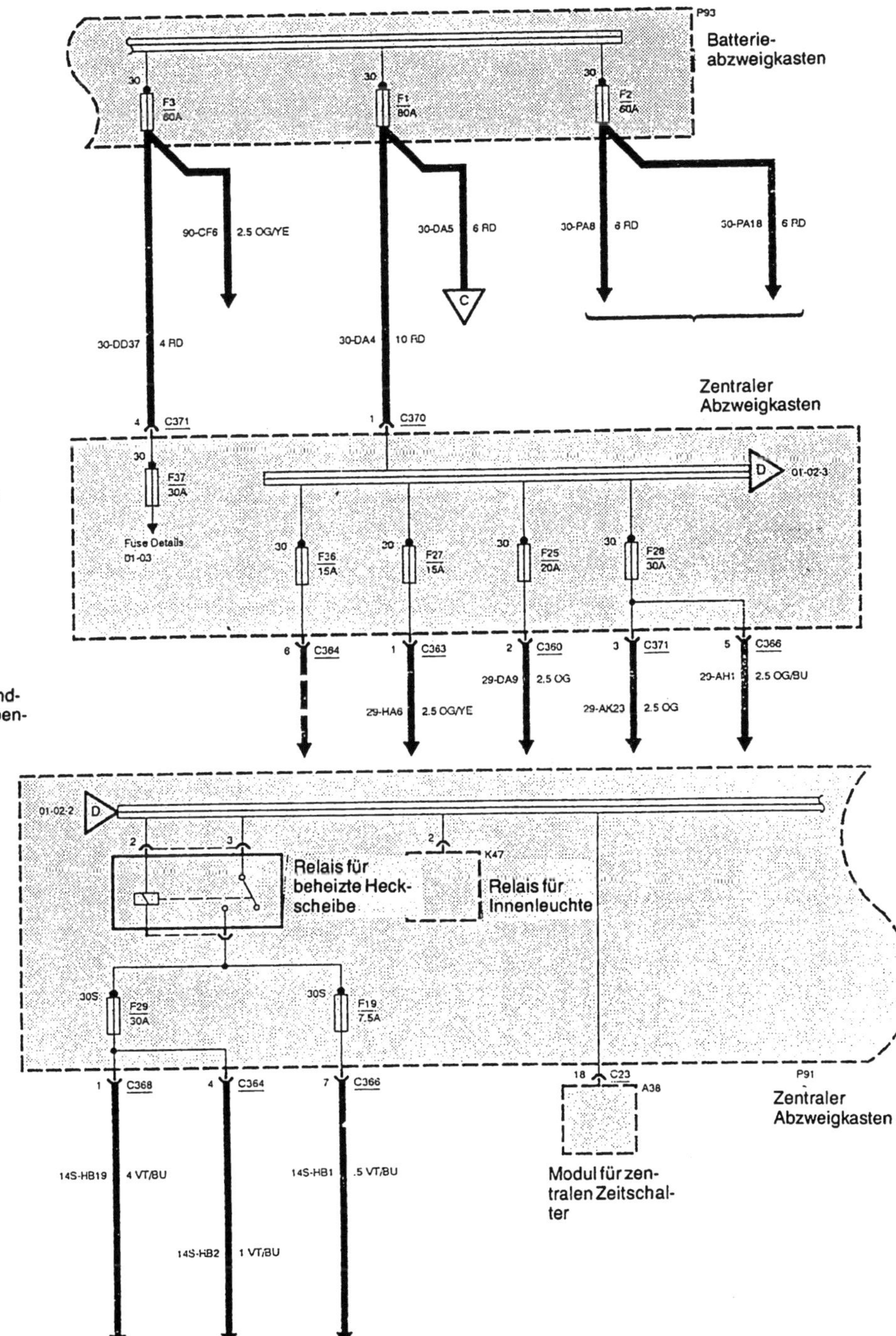

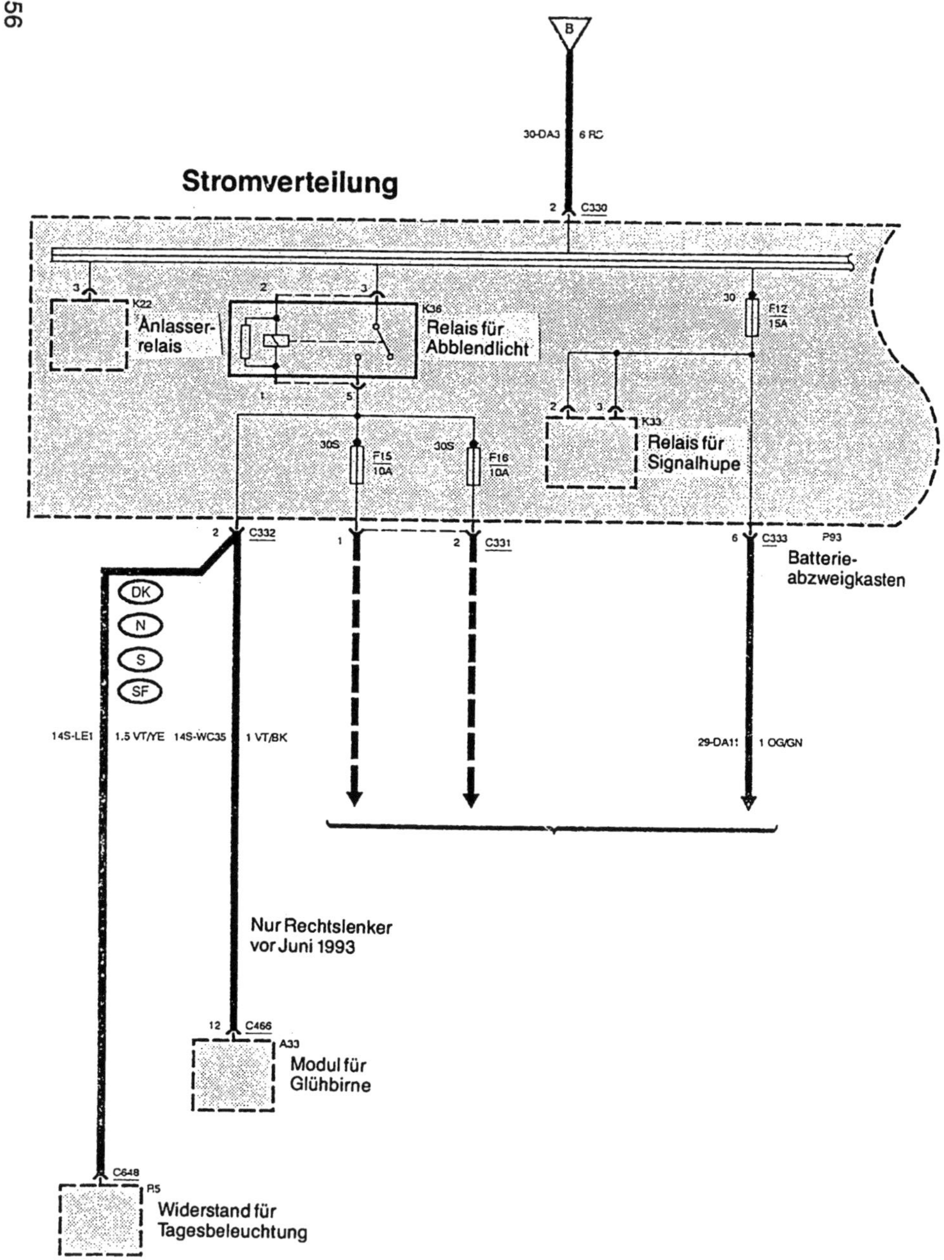

Stromverteilung
B
30-DA3
6 RC
2
C330
3
K22
Anlasser-
relais
2
3
K36
Relais für
Abblendlicht
1
5
30
F12
15A
2
3
K33
Relais für
Signalhupe
30S
F15
10A
30S
F16
10A
2
C332
1
2
C331
6
C333
P93
Batterie-
abzweigkasten
DK
N
S
SF
14S-LE1
1.5 VT/YE
14S-WC35
1 VT/BK
29-DA11
1 OG/GN
Nur Rechtslenker
vor Juni 1993
12
C466
A33
Modul für
Glühbirne
C648
R5
Widerstand für
Tagesbeleuchtung

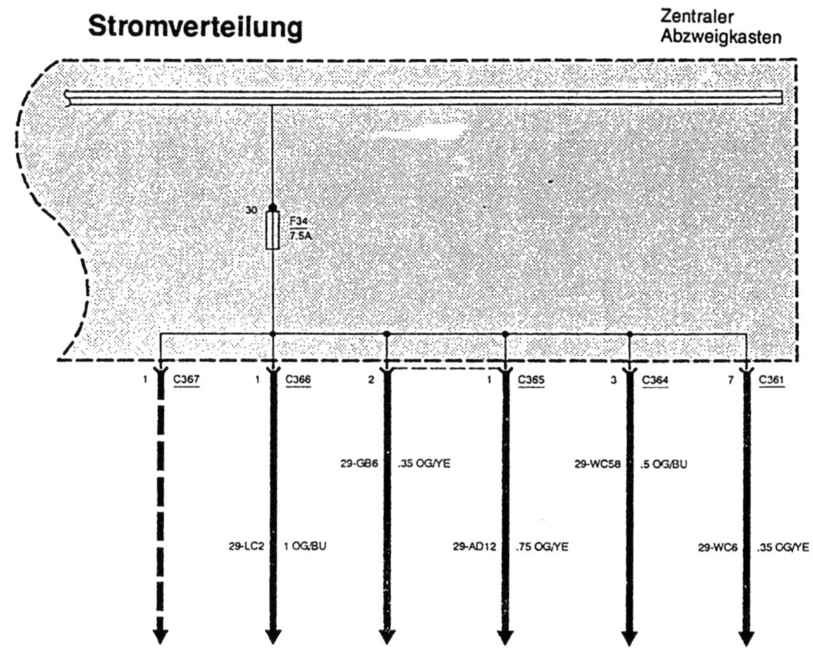

Stromverteilung
Zentraler
Abzweigkasten
30
F34
7.5A
1
C367
1
C366
2
1
C365
3
C364
7
C361
29-GB6
.35 OG/YE
29-WC58
.5 OG/BU
29-LC2
1 OG/BU
29-AD12
.75 OG/YE
29-WC6
.35 OG/YE

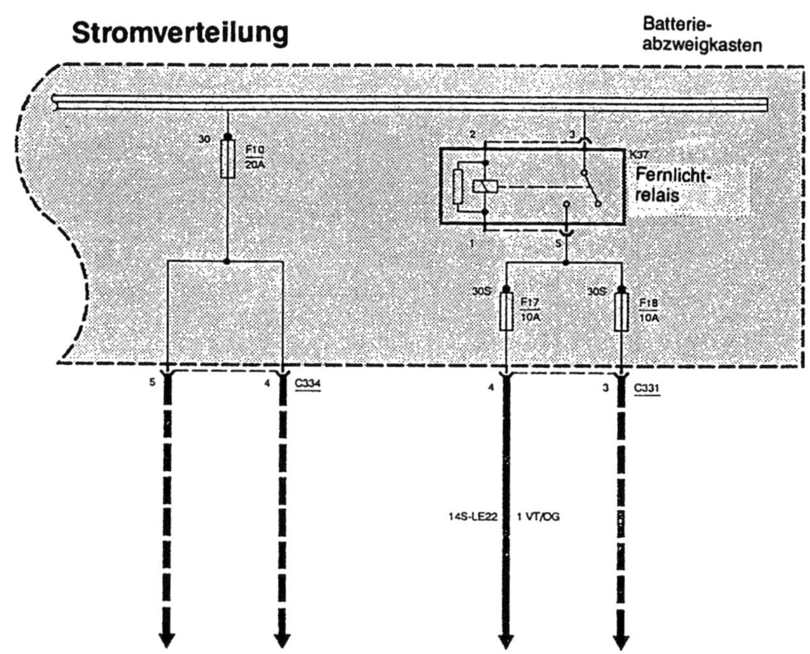

Stromverteilung
Batterie-
abzweigkasten
30
F10
20A
2
3
K37
Fernlicht-
relais
1
5
30S
F17
10A
30S
F18
10A
5
4
C334
4
3
C331
14S-LE22
1 VT/OG

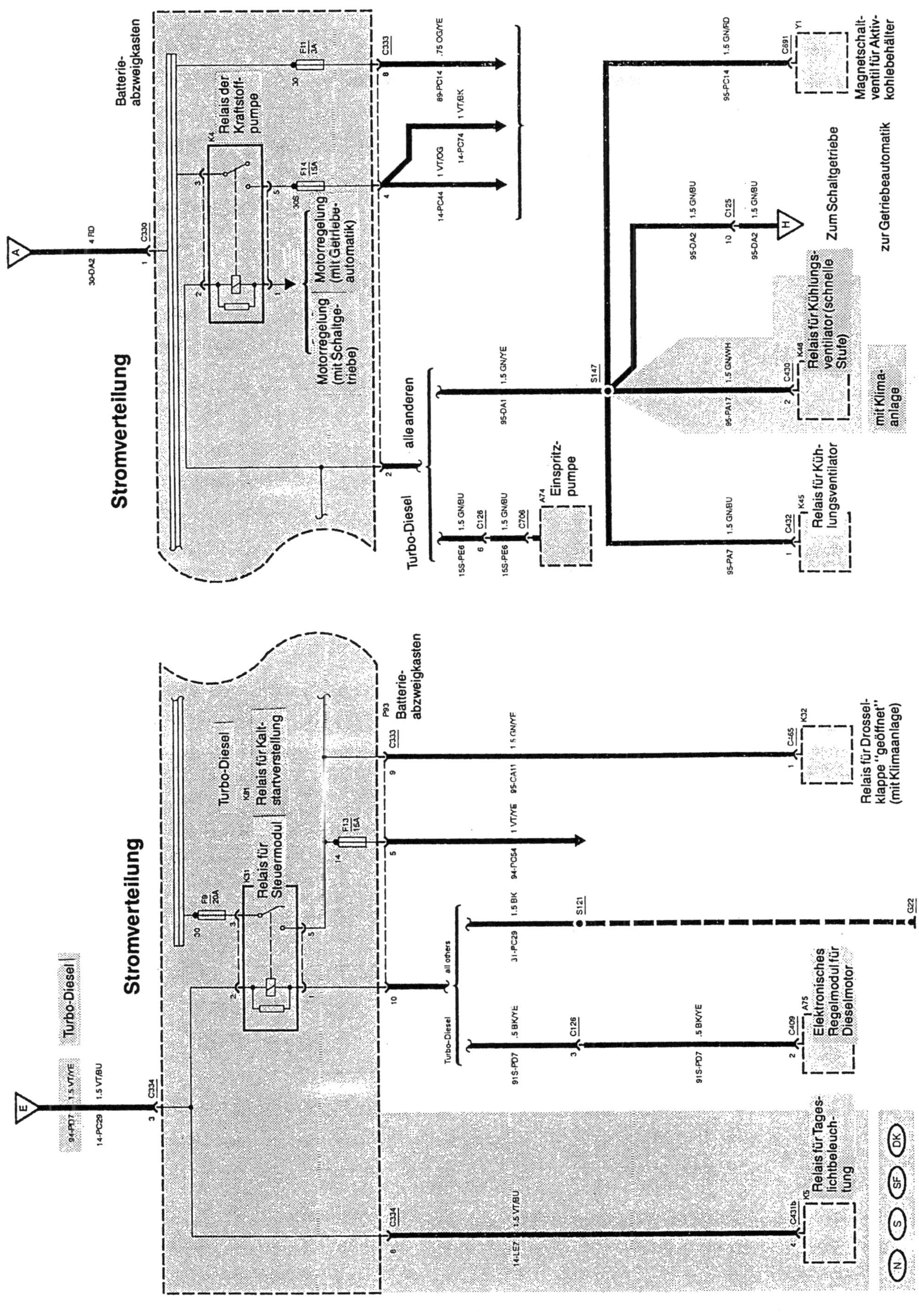

Stromverteilung
Batterie-abzweigkasten
Relais der Kraftstoffpumpe
Motorregelung (mit Schaltgetriebe)
Motorregelung (mit Getriebeautomatik)
alle anderen
Turbo-Diesel
Einspritzpumpe
Relais für Kühlungsventilator
Relais für Kühlungsventilator (schnelle Stufe)
mit Klimaanlage
Zum Schaltgetriebe
zur Getriebeautomatik
Magnetschaltventil für Aktivkohlebehälter
Stromverteilung
Turbo-Diesel
Relais für Steuermodul
Relais für Kaltstartverstellung
Batterie-abzweigkasten
all others
Relais für Drosselklappe "geöffnet" (mit Klimaanlage)
Elektronisches Regelmodul für Dieselmotor
Relais für Tageslichtbeleuchtung
N
S
SF
DK

Stromverteilung — Schaltgetriebe

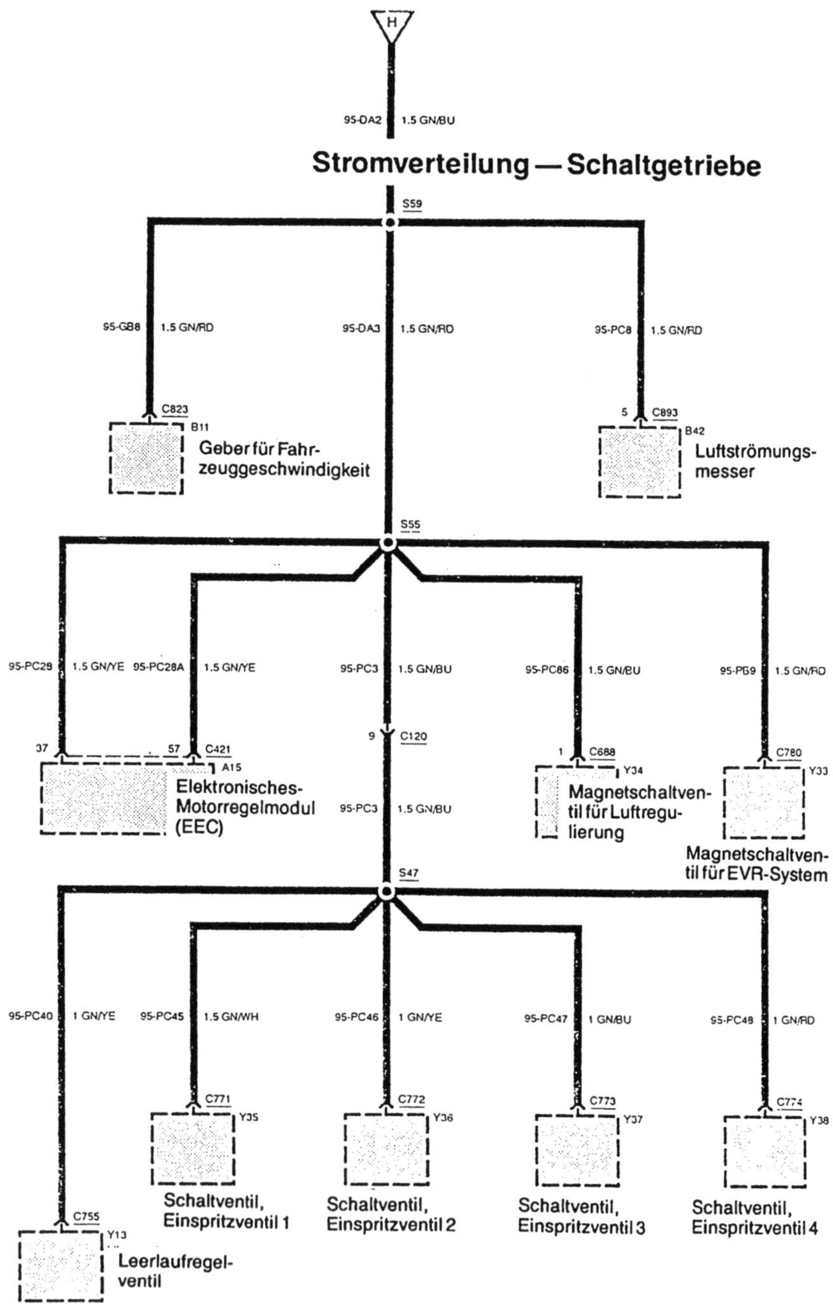

Stromverteilung — Getriebeautomatik

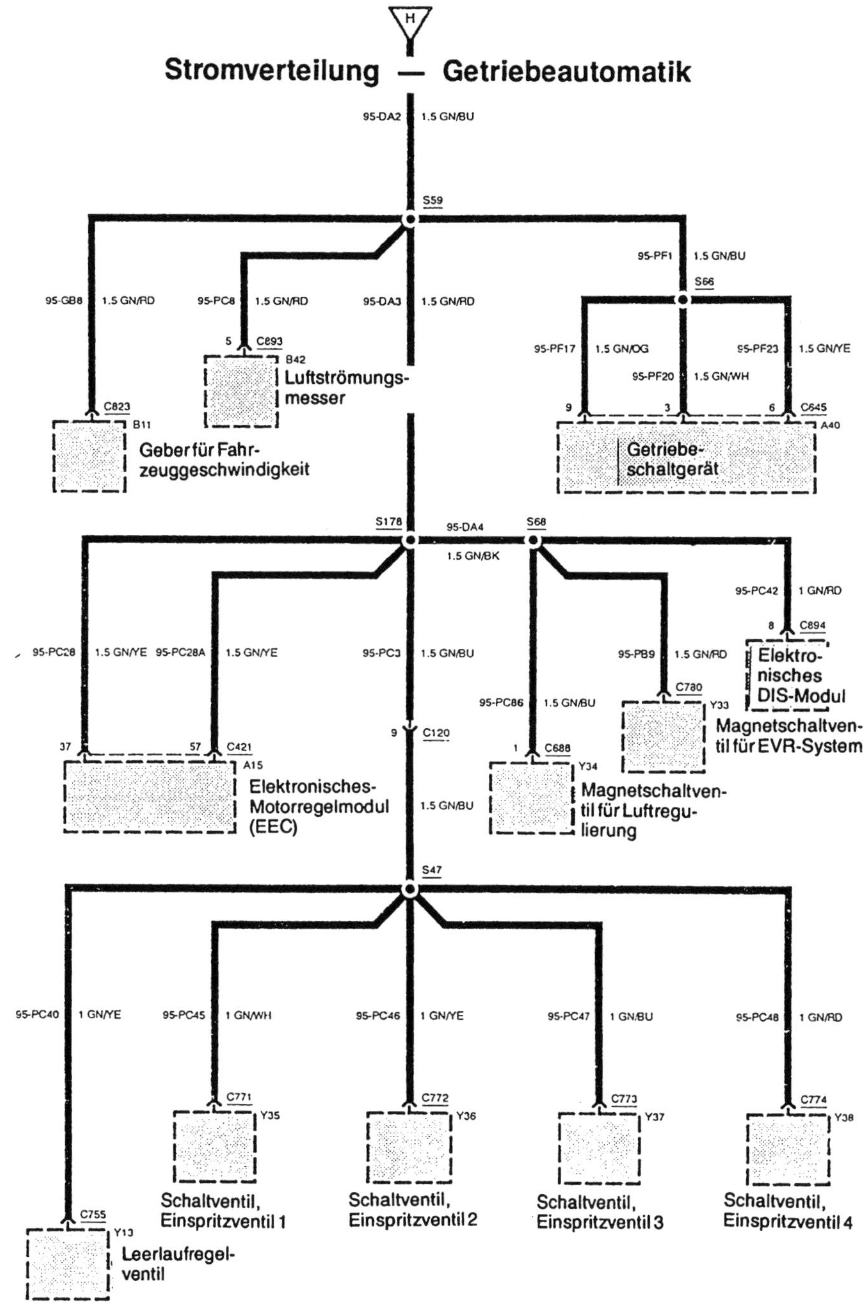

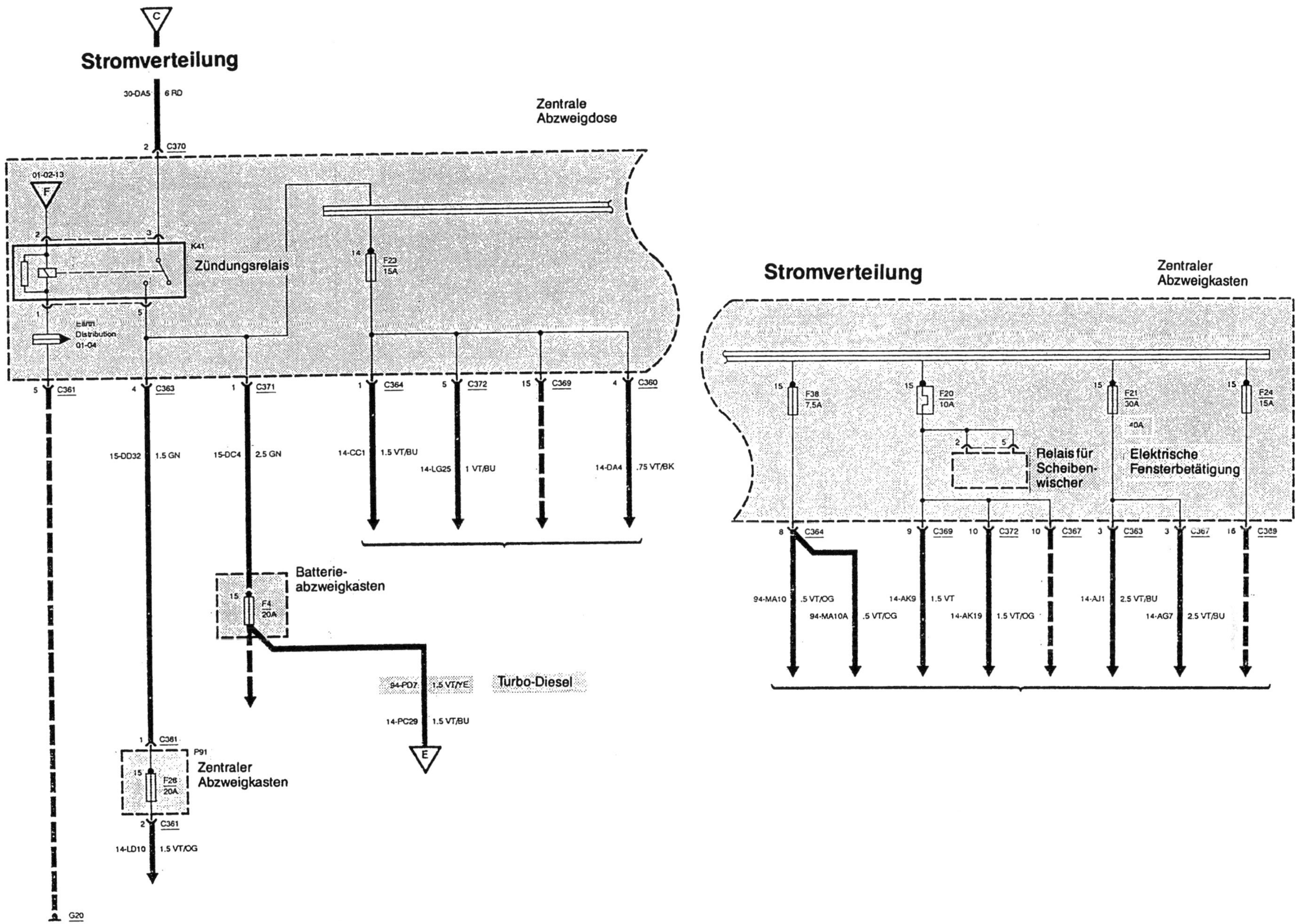
C
Stromverteilung
30-DA5
6 RD
Zentrale
Abzweigdose
2
C370
01-02-13
F
2
3
K41
Zündungsrelais
14
F23
15A
1
5
Earth
Distribution
01-04
5
C361
4
C363
1
C371
1
C364
5
C372
15
C369
4
C360
15-DD32
1.5 GN
15-DC4
2.5 GN
14-CC1
1.5 VT/BU
14-LG25
1 VT/BU
14-DA4
.75 VT/BK
Batterie-
abzweigkasten
15
F4
20A
94-PD7
1.5 VT/YE
Turbo-Diesel
14-PC29
1.5 VT/BU
E
1
C361
P91
Zentraler
Abzweigkasten
15
F26
20A
2
C361
14-LD10
1.5 VT/OG
G20
Stromverteilung
Zentraler
Abzweigkasten
15
F38
7,5A
15
F20
10A
15
F21
30A
40A
15
F24
15A
2
5
Relais für
Scheiben-
wischer
Elektrische
Fensterbetätigung
8
C364
9
C369
10
C372
10
C367
3
C363
3
C367
16
C369
94-MA10
.5 VT/OG
94-MA10A
.5 VT/OG
14-AK9
1.5 VT
14-AK19
1.5 VT/OG
14-AJ1
2.5 VT/BU
14-AG7
2.5 VT/BU

Stromverteilung — Zündschalter

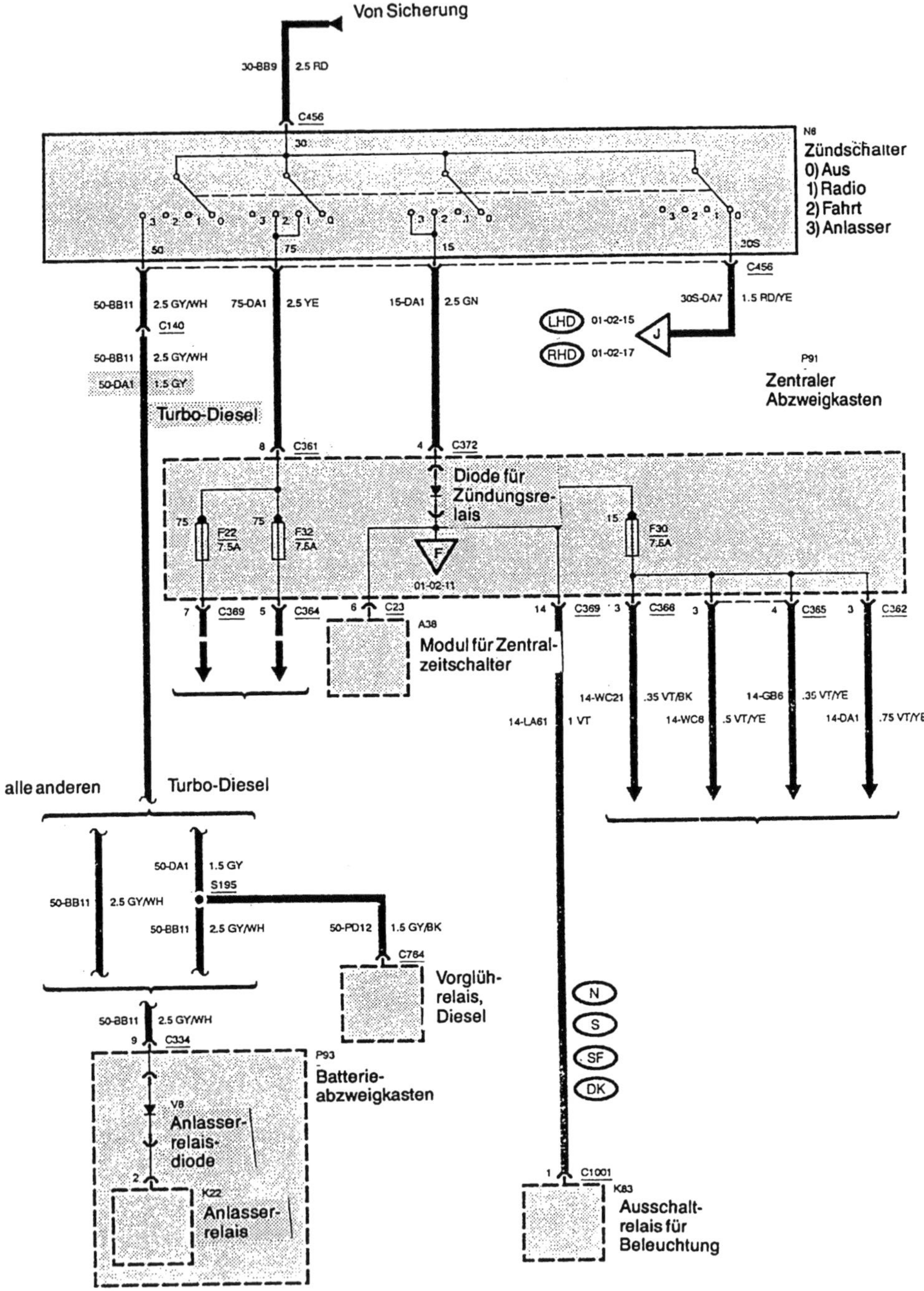

Stromverteilung — Lichtschalter

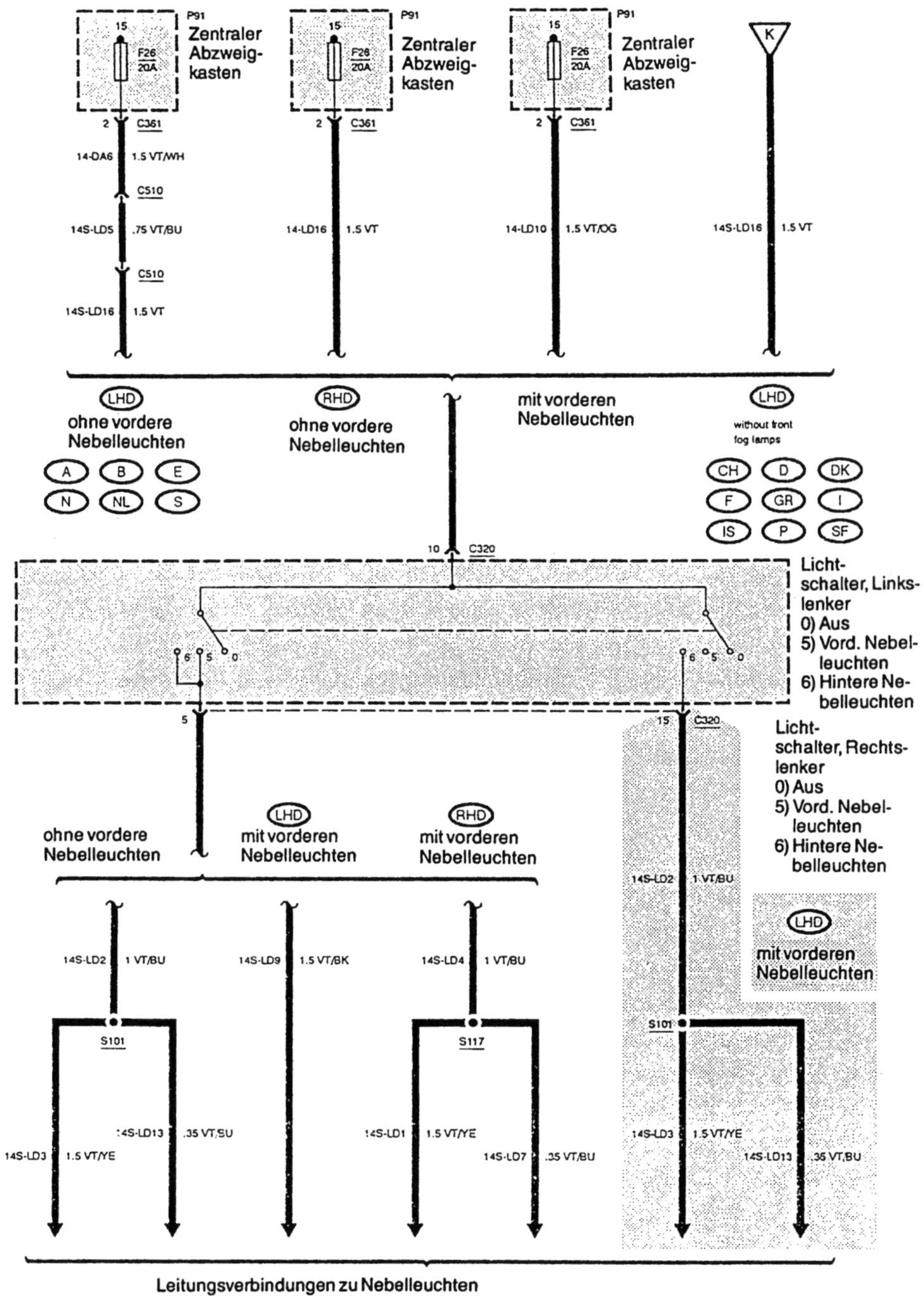

Zündanlage

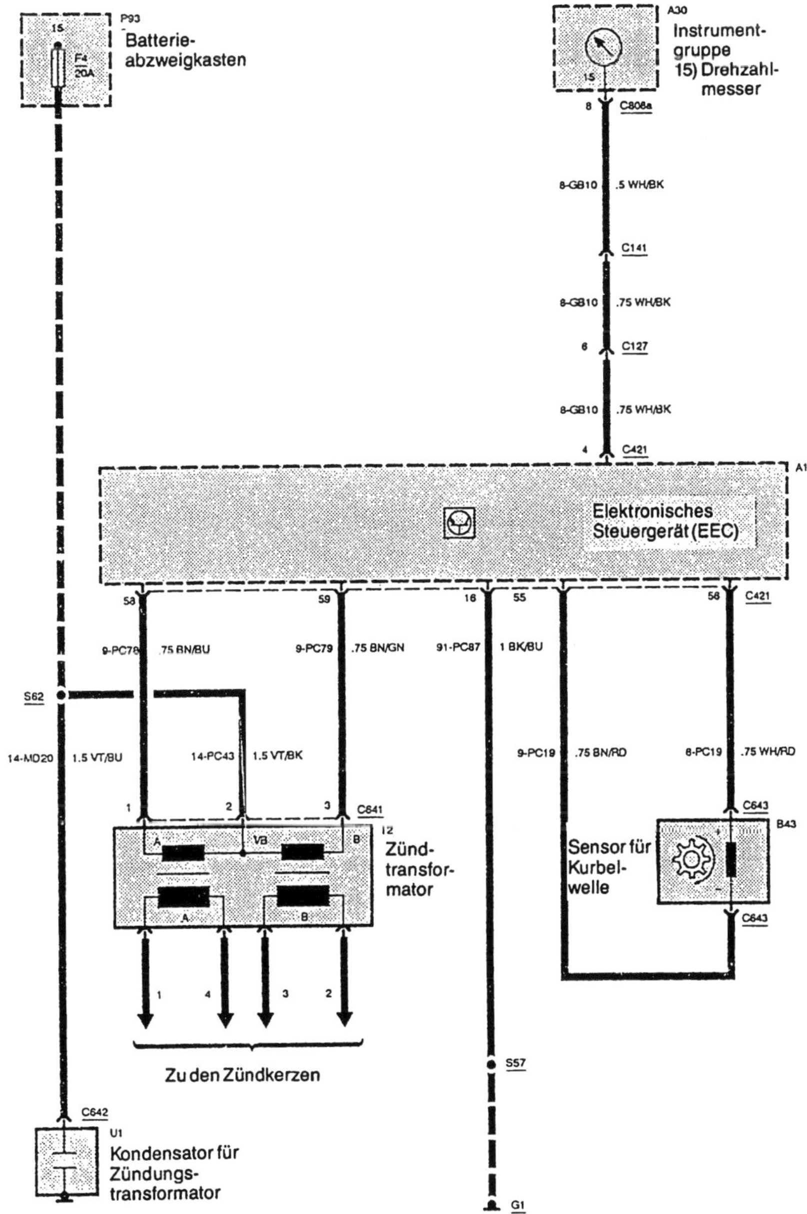

Anlasser

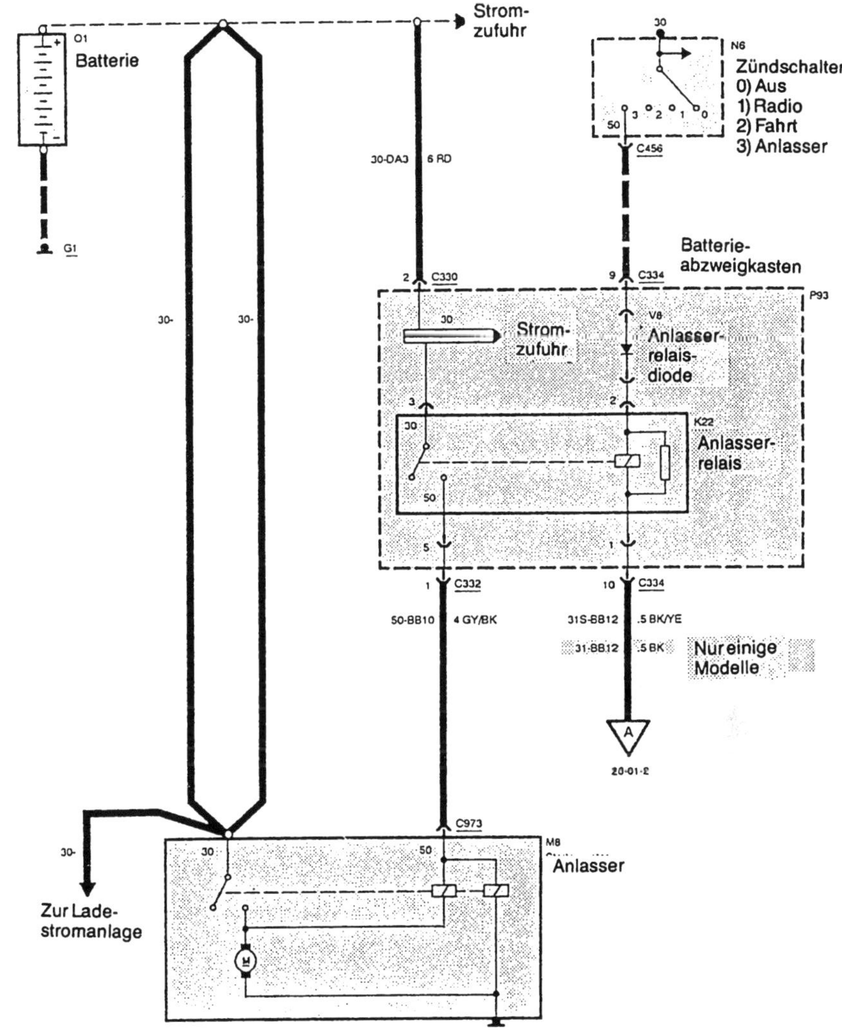

Motorregulierung — Turbo-Diesel

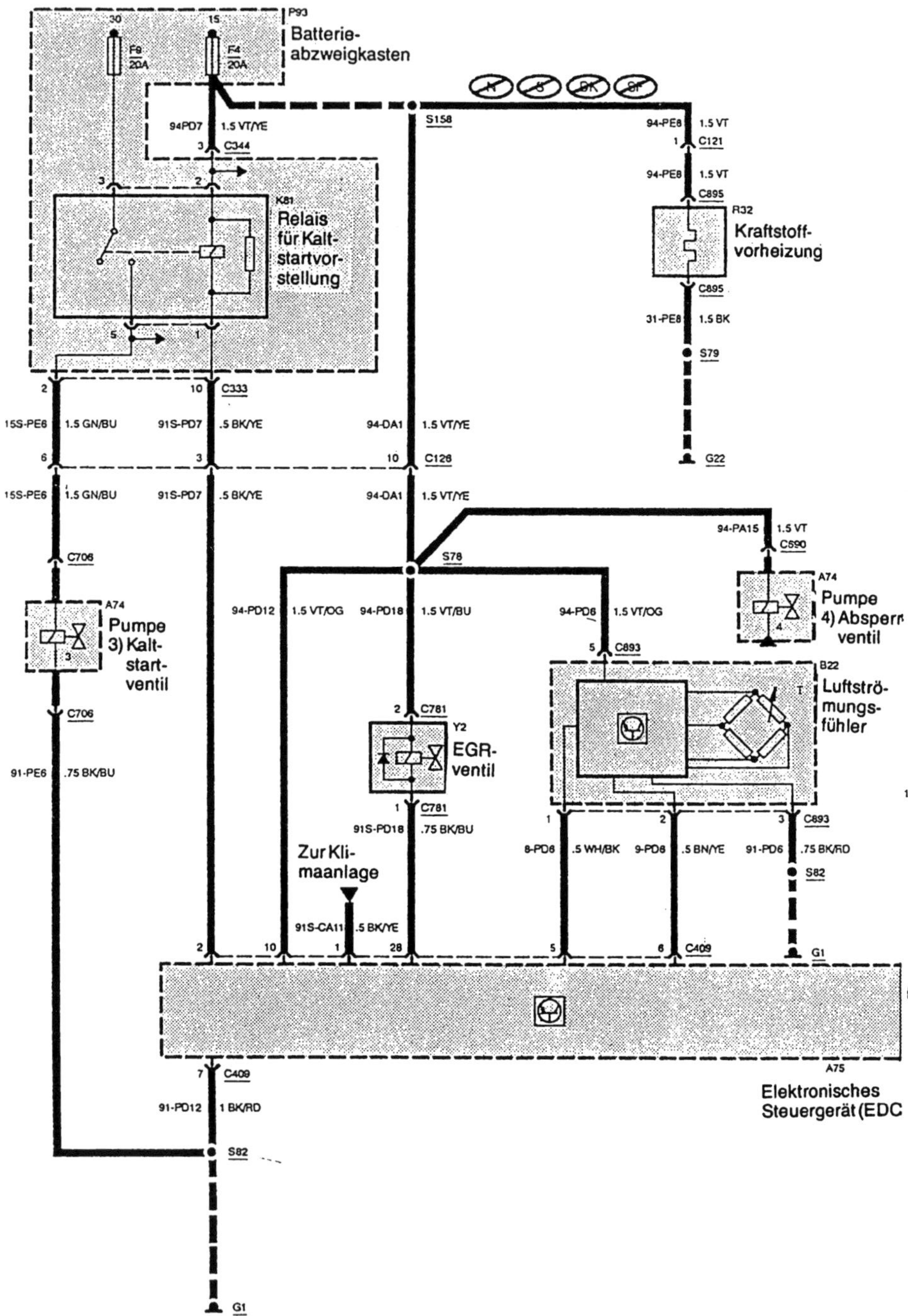

Motorregulierung — Turbo-Diesel

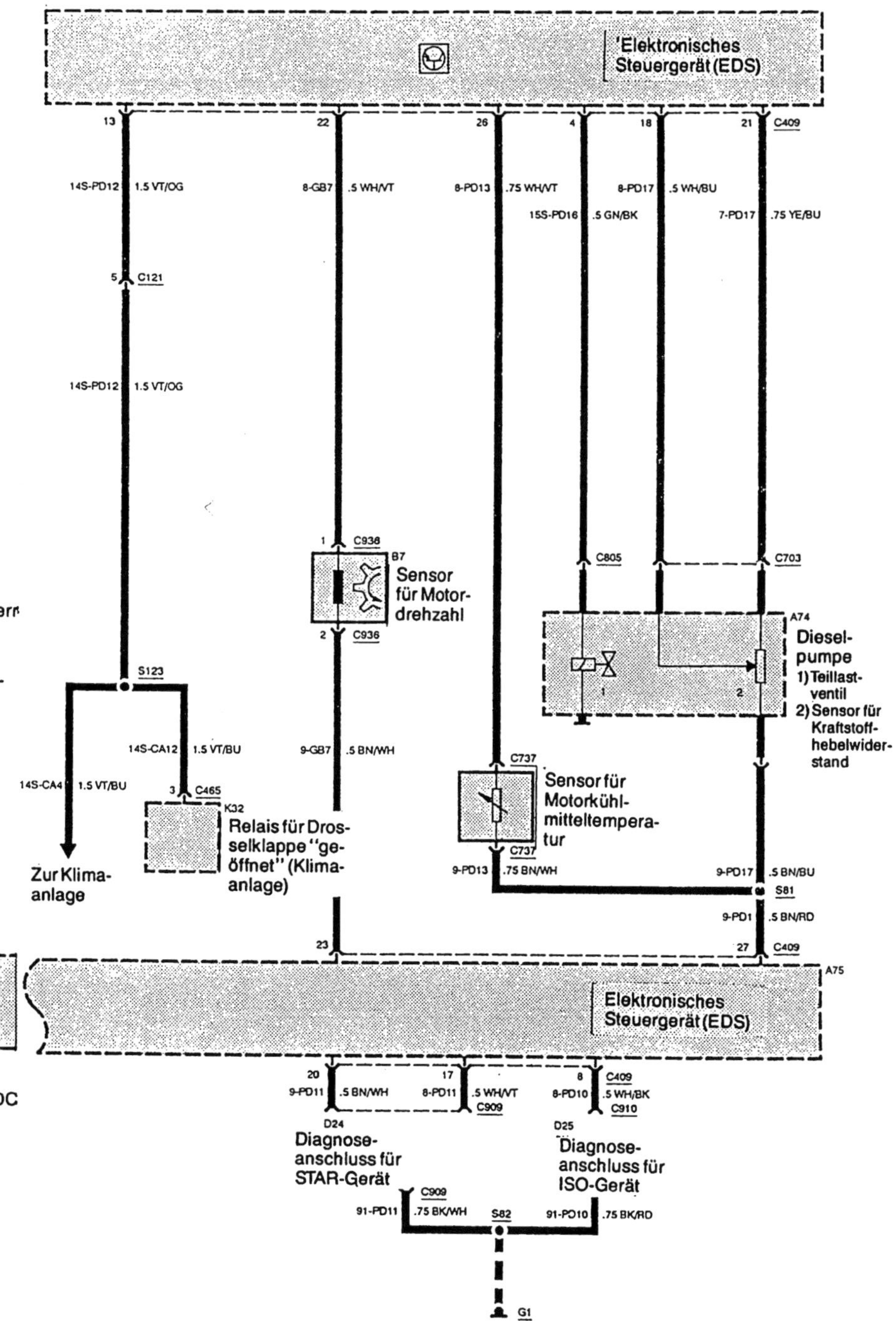

Kühlungsventilator — Benzin-Motoren

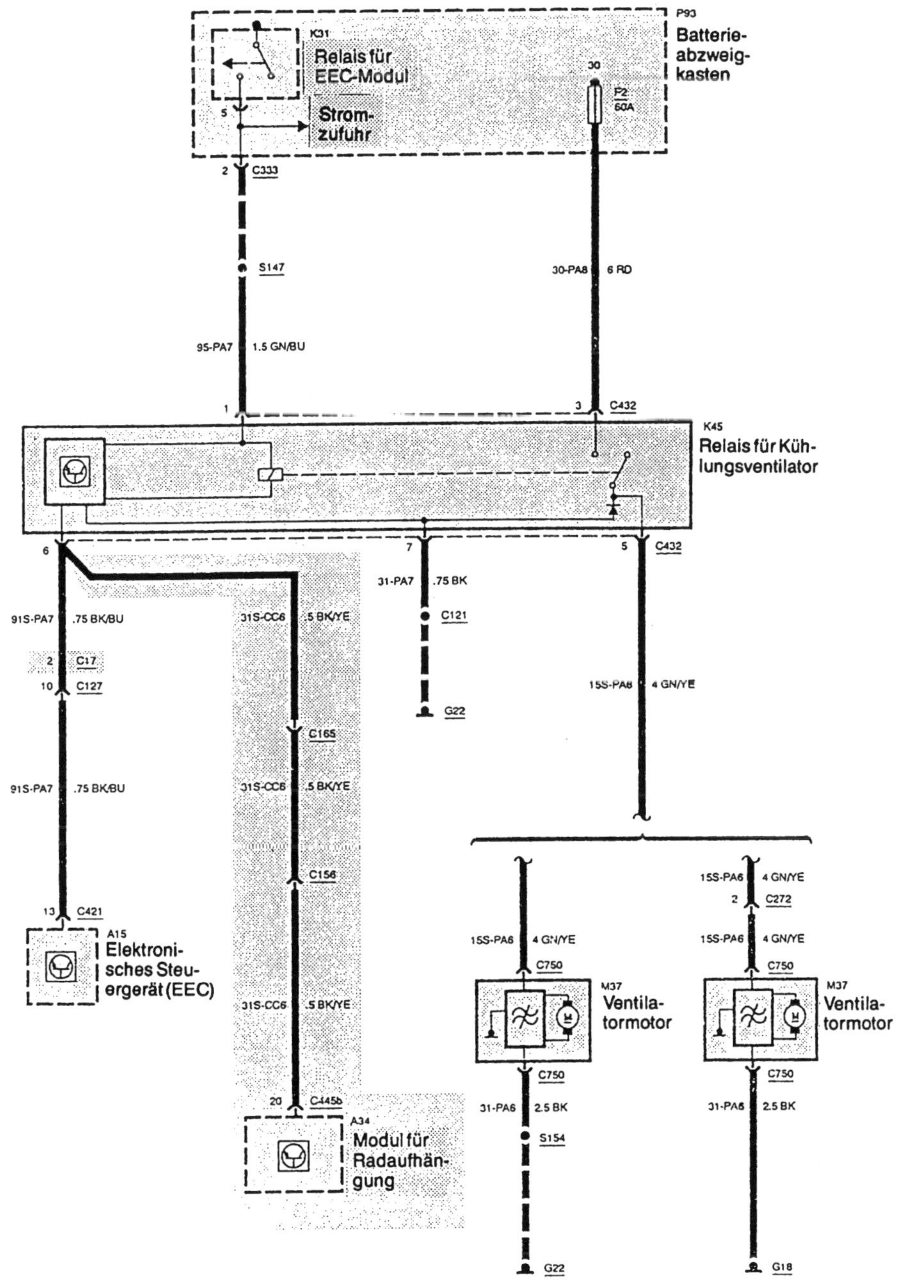

Kühlungsventilator

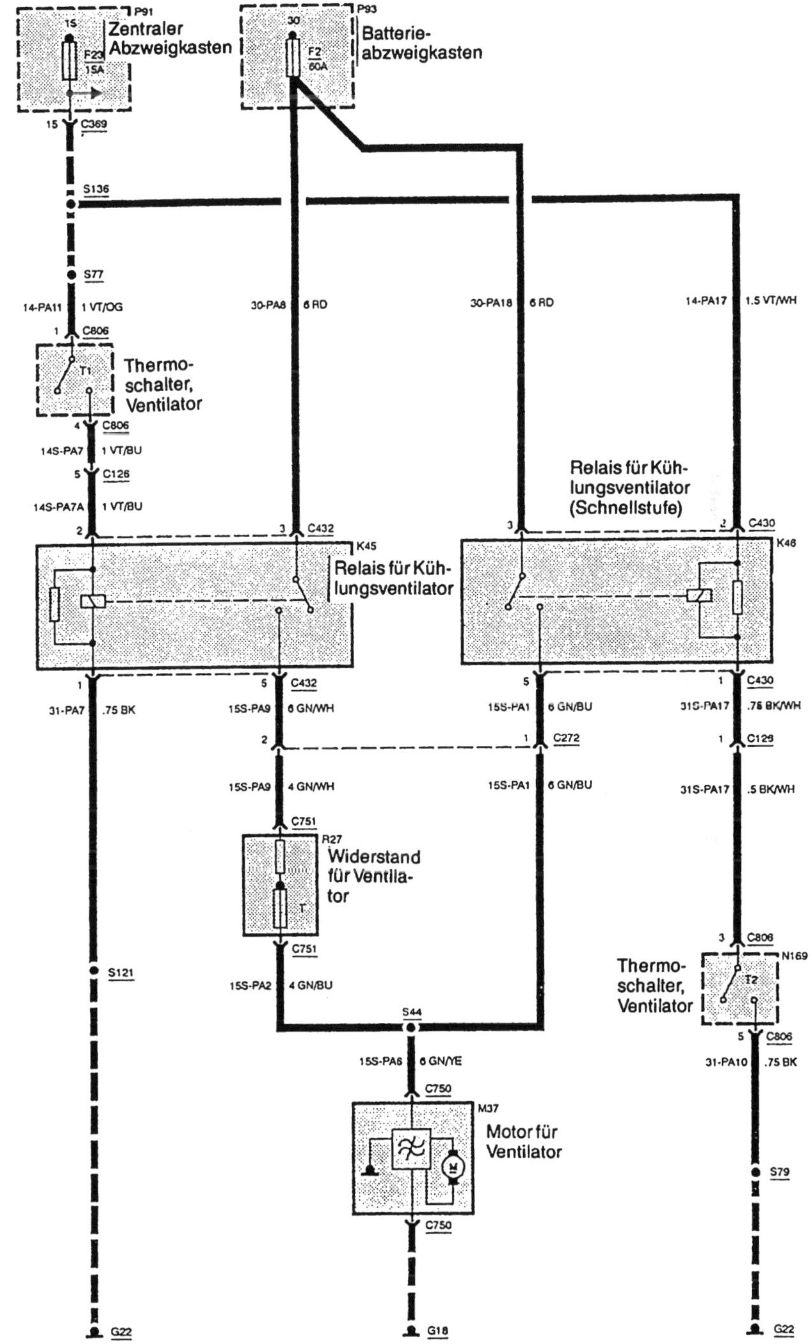

Bremsleuchten (mit Birnenausfallanzeige) Benzinmotor

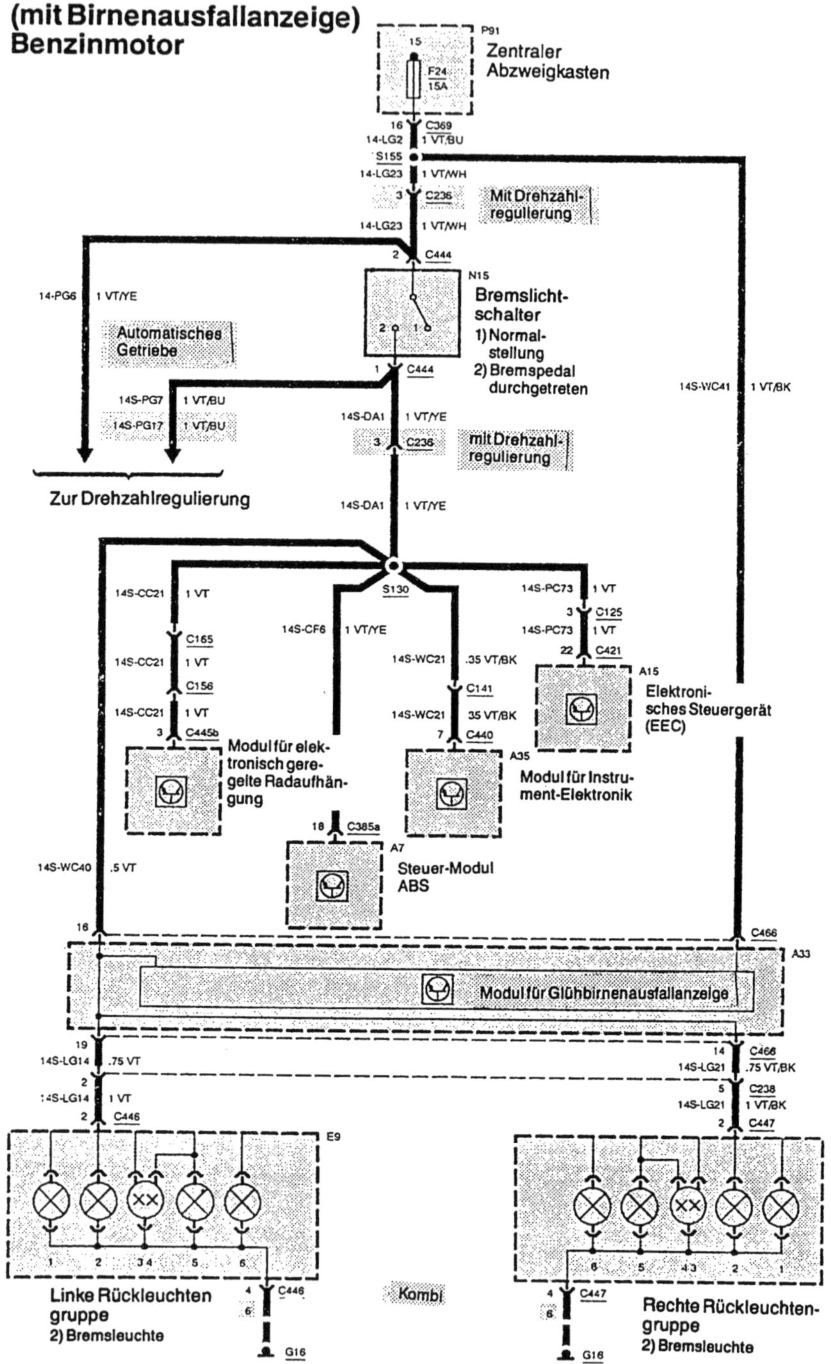

Bremsleuchten (mit Birnenausfallanzeige) Turbo-Diesel

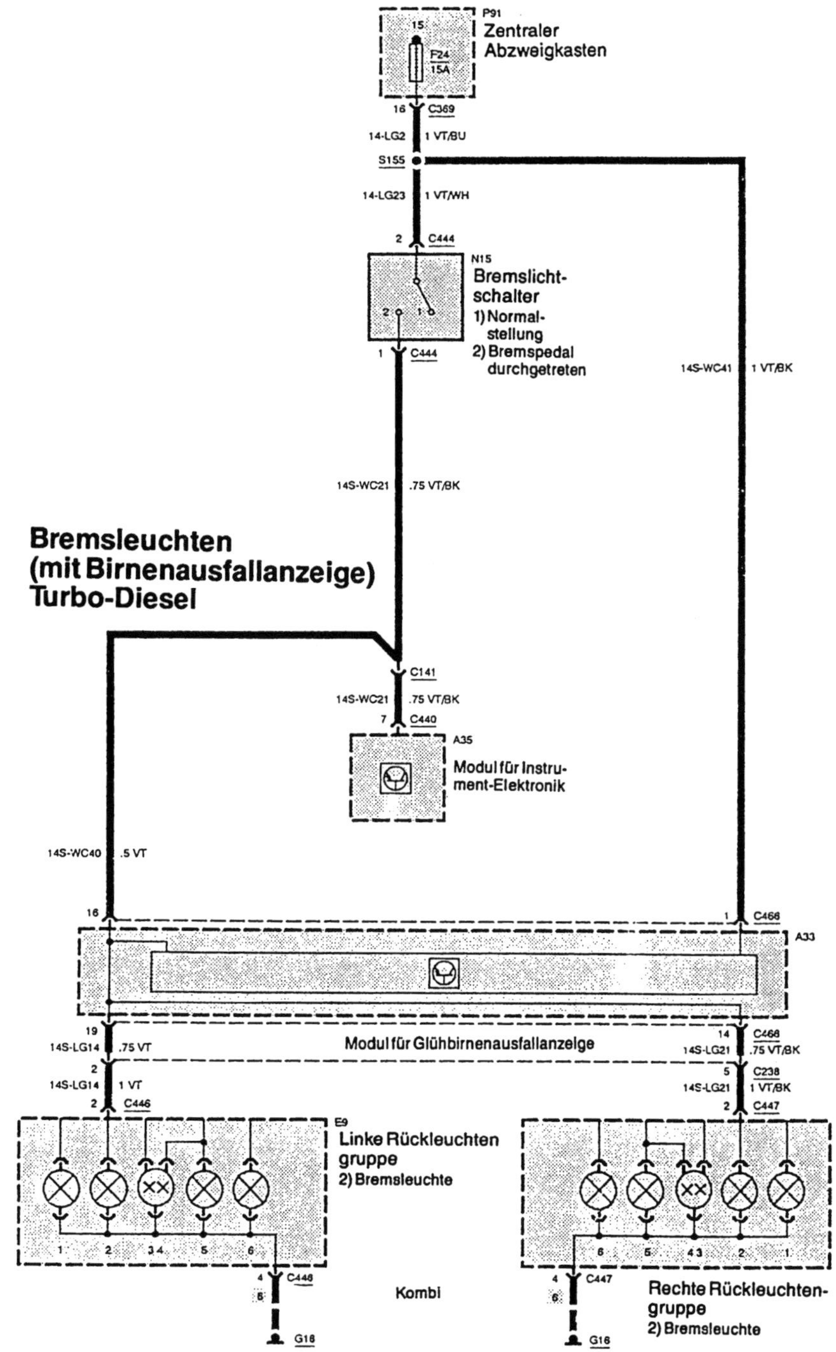

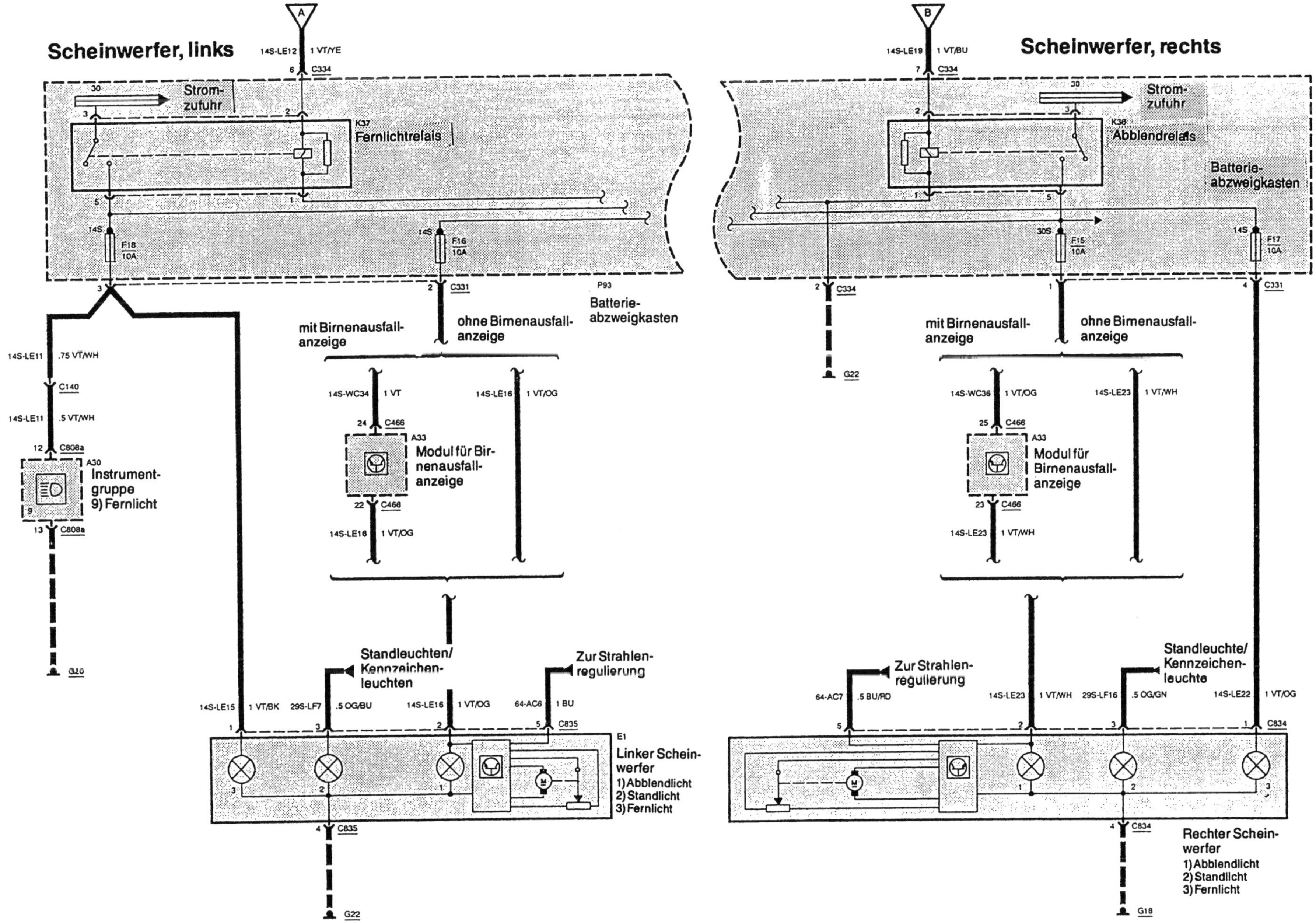

Scheinwerfer, links
A
14S-LE12
1 VT/YE
C334
Strom-zufuhr
K37 Fernlichtrelais
F18 10A
F16 10A
C331
P93
Batterie-abzweigkasten
mit Birnenausfall-anzeige
ohne Birnenausfall-anzeige
14S-LE11
.75 VT/WH
C140
.5 VT/WH
C808a
A30
Instrument-gruppe
9) Fernlicht
G20
14S-WC34
1 VT
C466
A33
Modul für Bir-nenausfall-anzeige
14S-LE16
1 VT/OG
Standleuchten/Kennzeichen-leuchten
Zur Strahlen-regulierung
14S-LE15
1 VT/BK
29S-LF7
.5 OG/BU
64-AC6
1 BU
C835
E1
Linker Schein-werfer
1) Abblendlicht
2) Standlicht
3) Fernlicht
G22
Scheinwerfer, rechts
B
14S-LE19
1 VT/BU
K36 Abblendrelais
F15 10A
F17 10A
14S-WC36
1 VT/OG
14S-LE23
1 VT/WH
Modul für Birnenausfall-anzeige
64-AC7
.5 BU/RD
29S-LF16
.5 OG/GN
14S-LE22
Standleuchte/Kennzeichen-leuchte
C834
Rechter Schein-werfer
G18

Scheinwerfer, Schalter

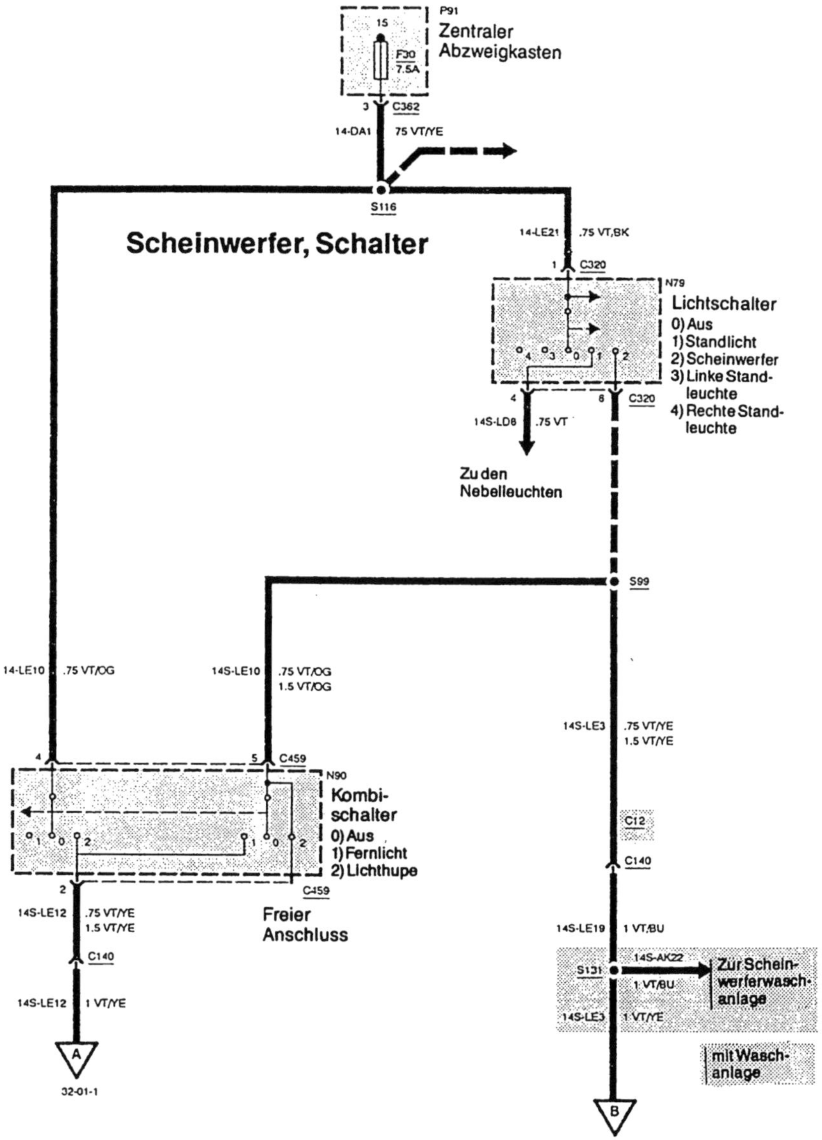

Rückfahrleuchten

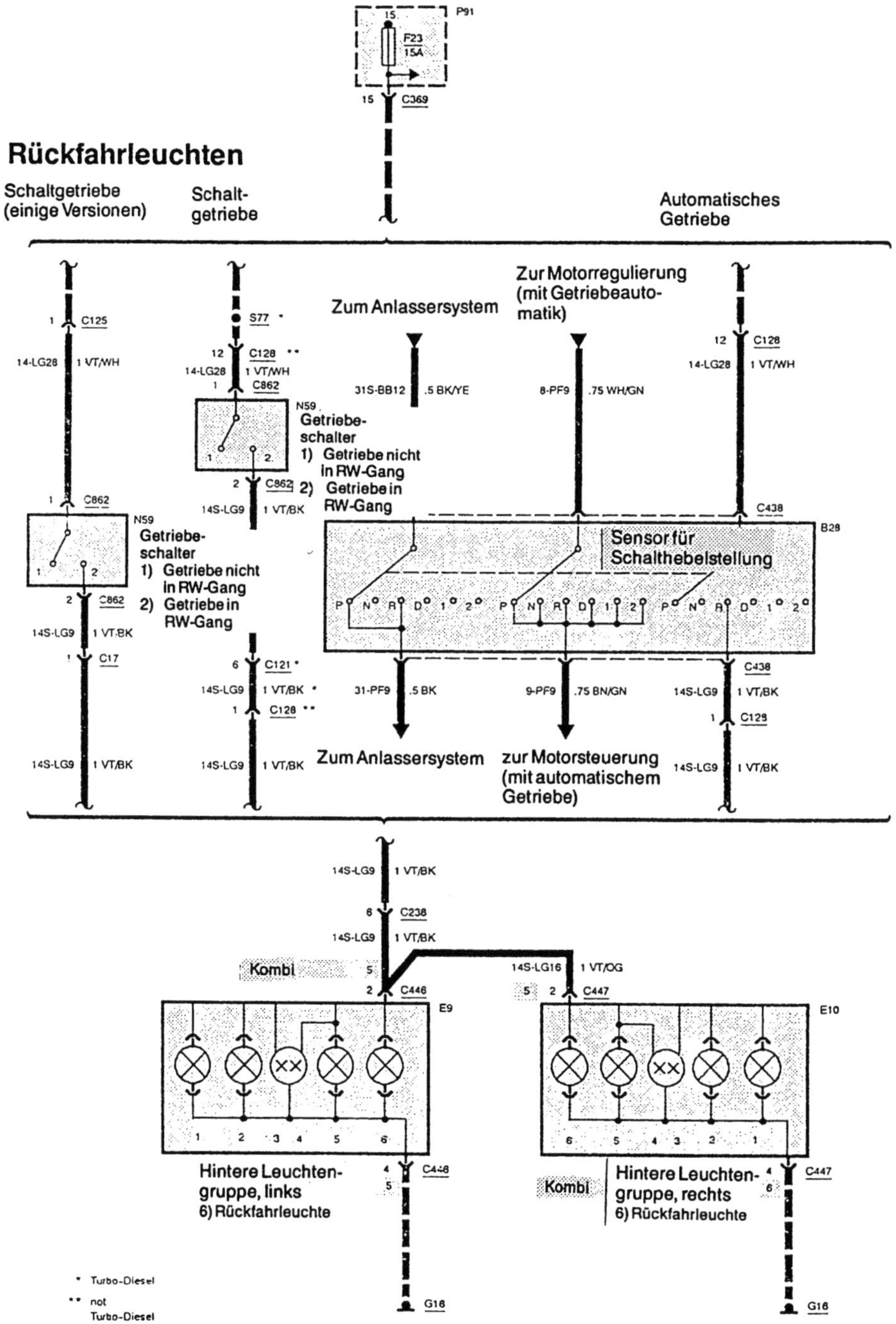

Ladestromanlage

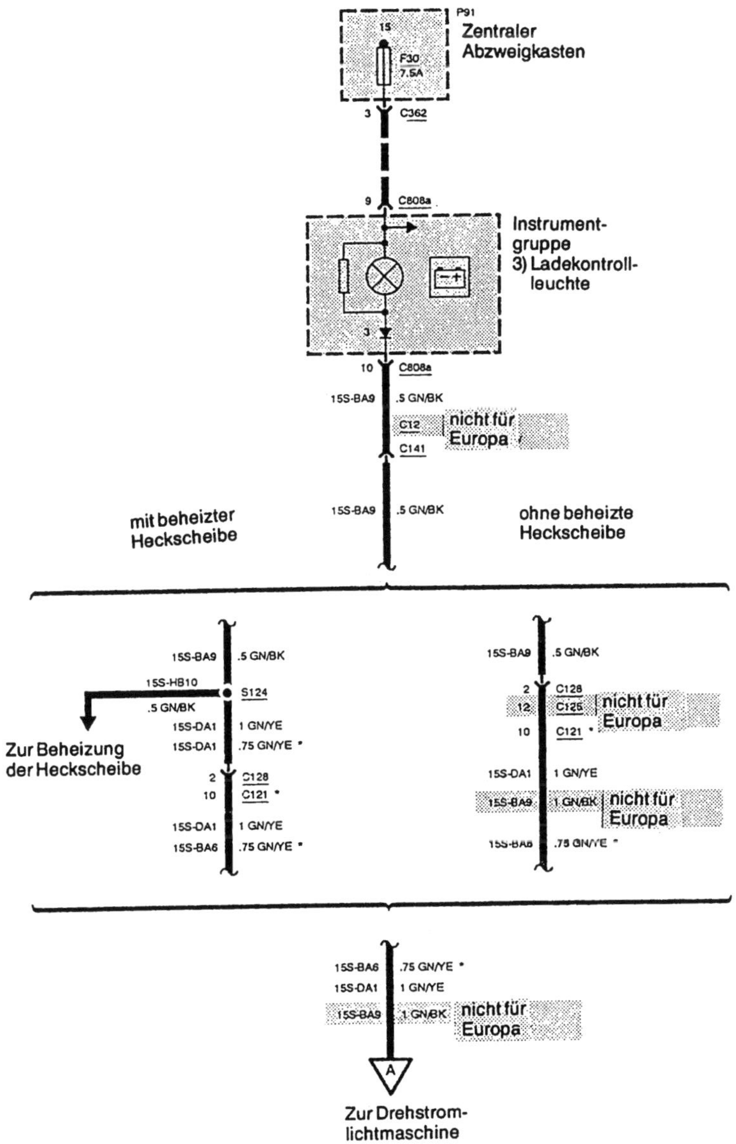

Vorglühanlage

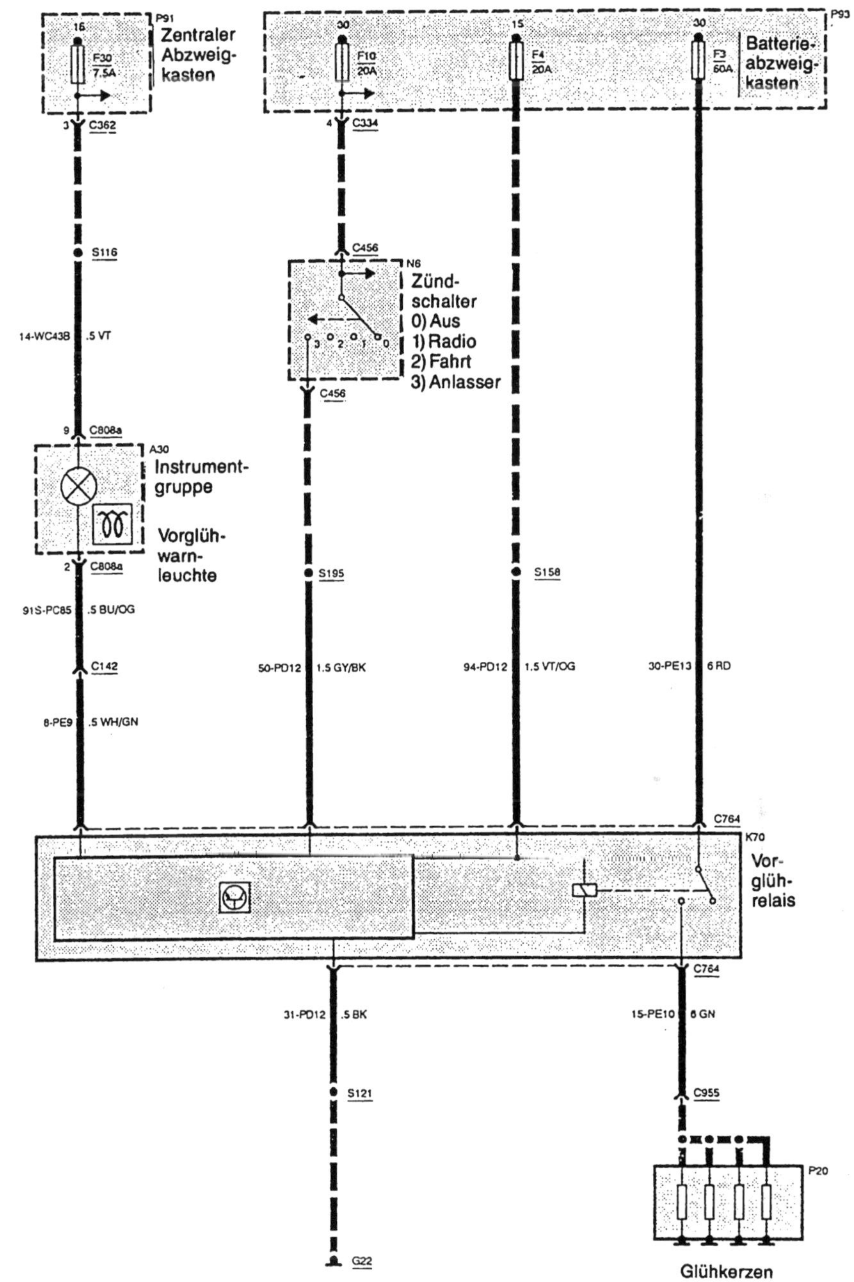

* Turbo-Diesel

Drehstromlichtmaschine — Benzin

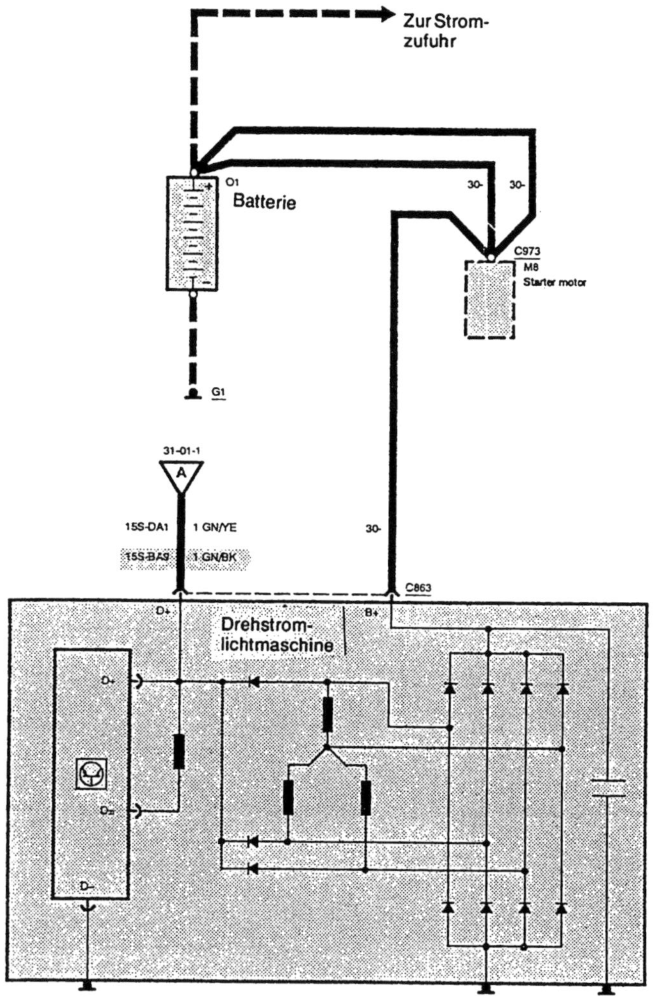

Drehstromlichtmaschine — Diesel

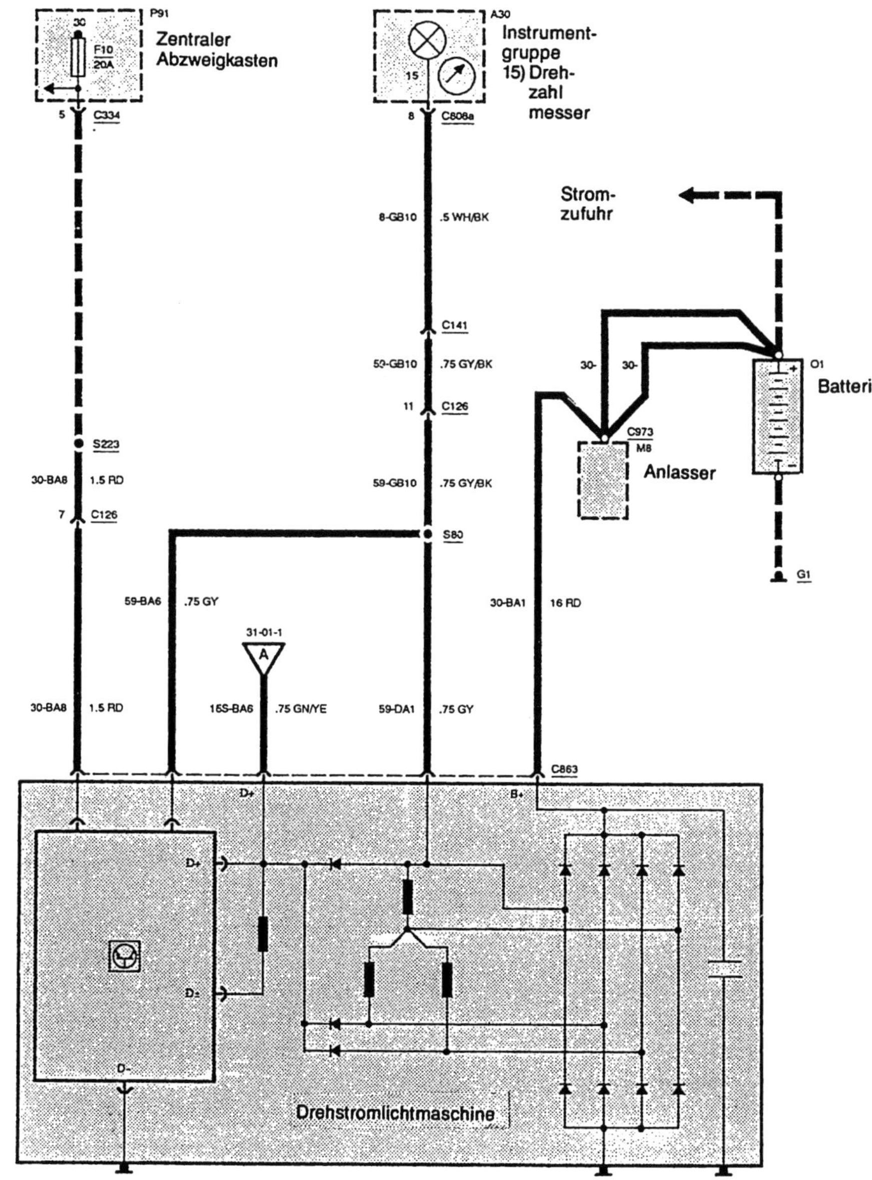

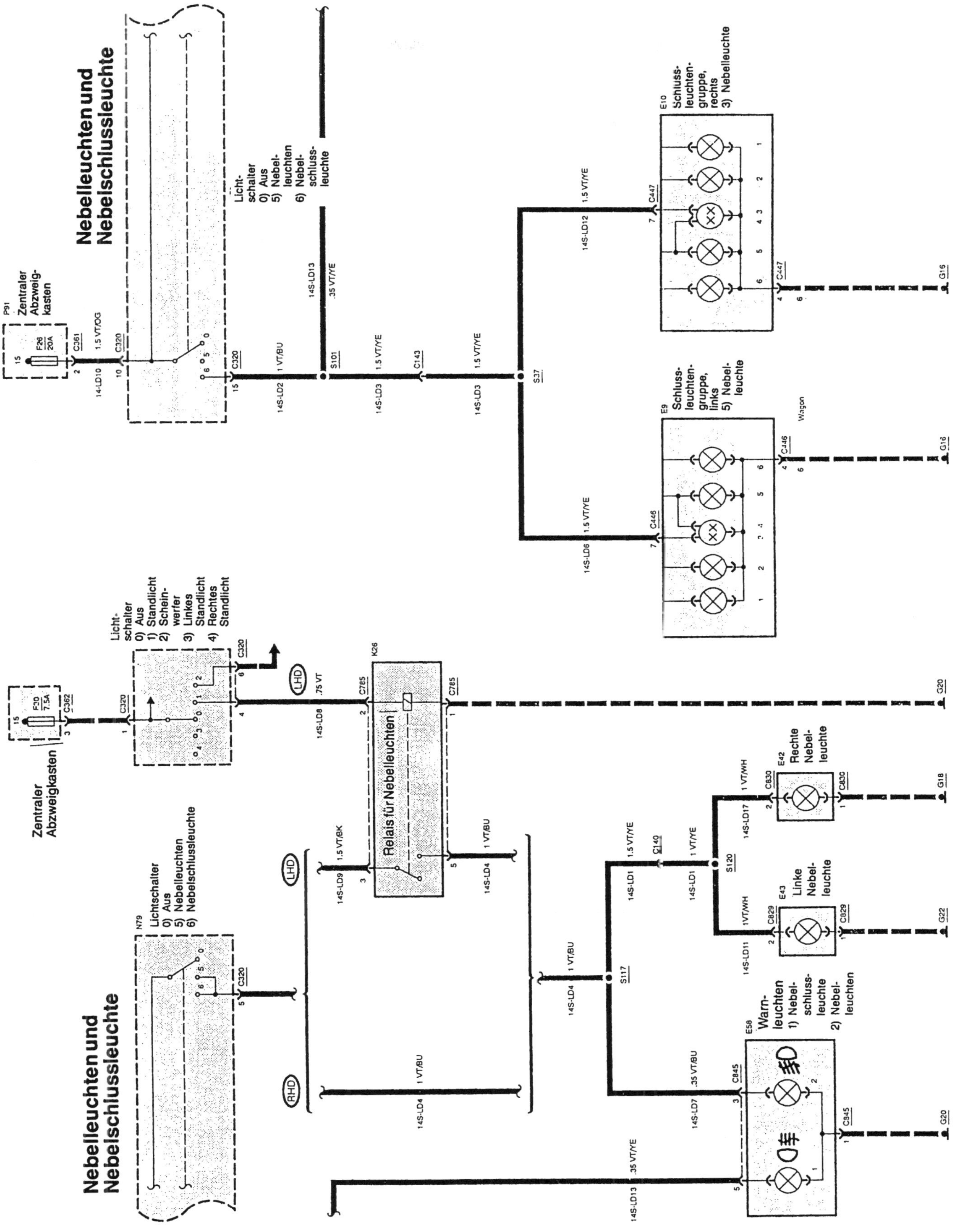

Nebelleuchten und Nebelschlussleuchte
P91 Zentraler Abzweig-kasten
F26 20A
C361
C320
Licht-schalter
0) Aus
5) Nebel-leuchten
6) Nebel-schluss-leuchte
14-LD10
1.5 VT/OG
14S-LD2
1 VT/BU
S101
14S-LD13
.35 VT/YE
14S-LD3
1.5 VT/YE
C143
S37
14S-LD12
C447
E10 Schluss-leuchten-gruppe, rechts
3) Nebelleuchte
G16
E9 Schluss-leuchten-gruppe, links
5) Nebel-leuchte
Wagon
14S-LD6
C446
Zentraler Abzweigkasten
F30 7.5A
C362
Licht-schalter
0) Aus
1) Standlicht
2) Schein-werfer
3) Linkes Standlicht
4) Rechtes Standlicht
LHD
.75 VT
14S-LD8
C785
K26
Relais für Nebelleuchten
G20
Nebelleuchten und Nebelschlussleuchte
N79 Lichtschalter
0) Aus
5) Nebelleuchten
6) Nebelschlussleuchte
RHD
14S-LD9
1.5 VT/BK
14S-LD4
1 VT/BU
S117
14S-LD1
1.5 VT/YE
C140
1 VT/YE
S120
14S-LD17
1 VT/WH
C830
E42 Rechte Nebel-leuchte
G18
14S-LD11
C829
E43 Linke Nebel-leuchte
G22
E58 Warn-leuchten
1) Nebel-schluss-leuchte
2) Nebel-leuchten
14S-LD7
.35 VT/BU
C845

Nebelschlussleuchte

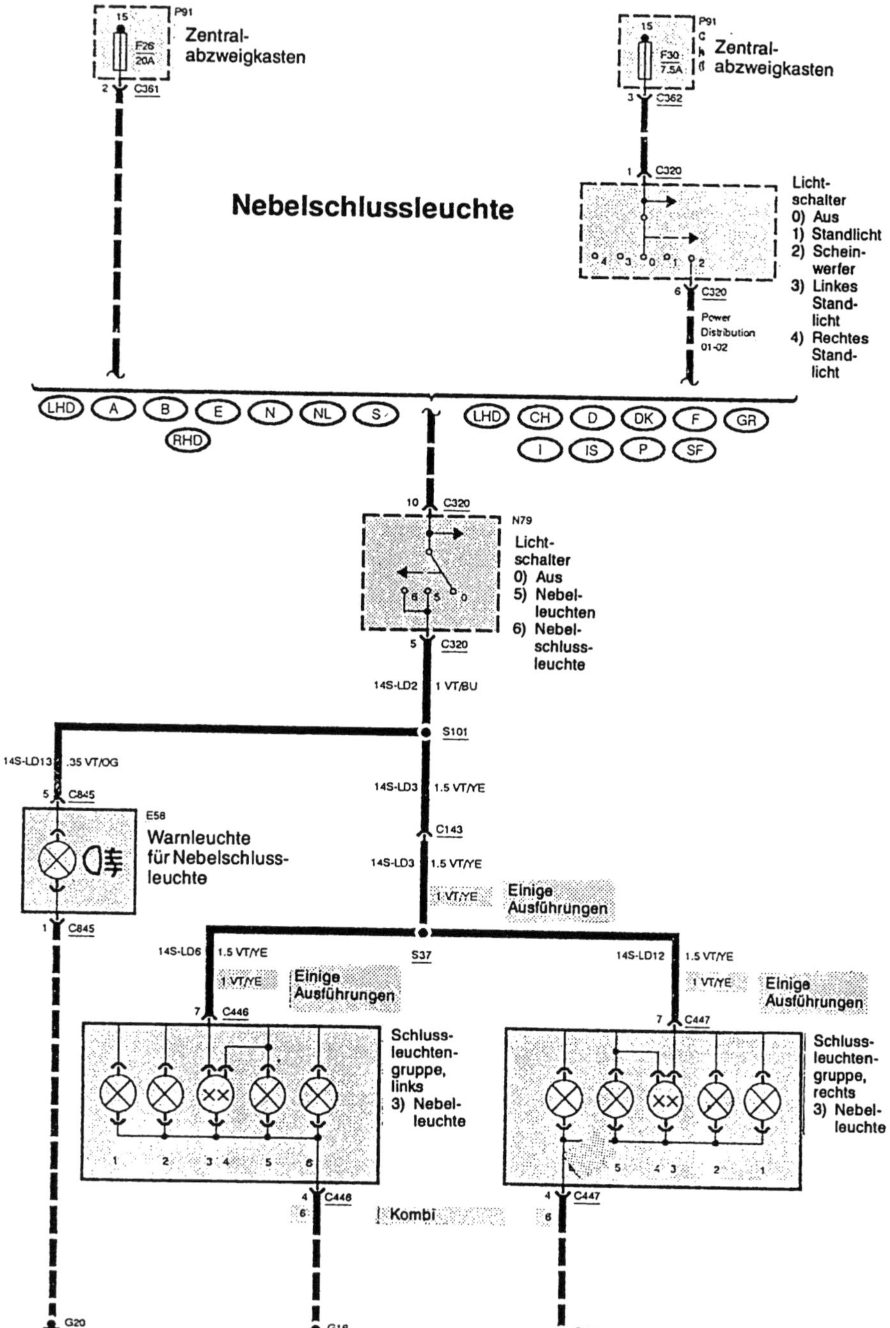

Signalhupe(n)

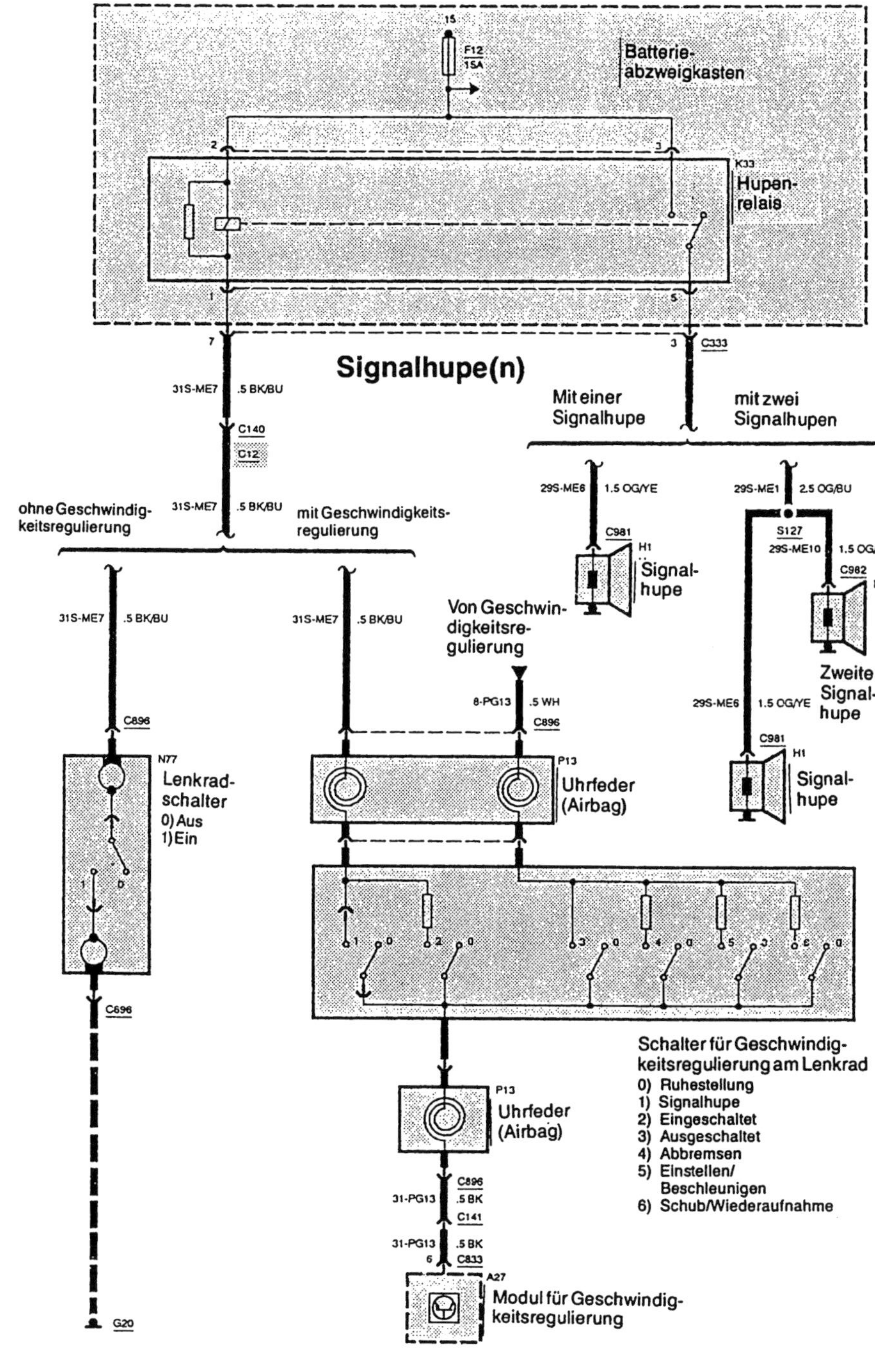

Schlussleuchten und Kennzeichenleuchten

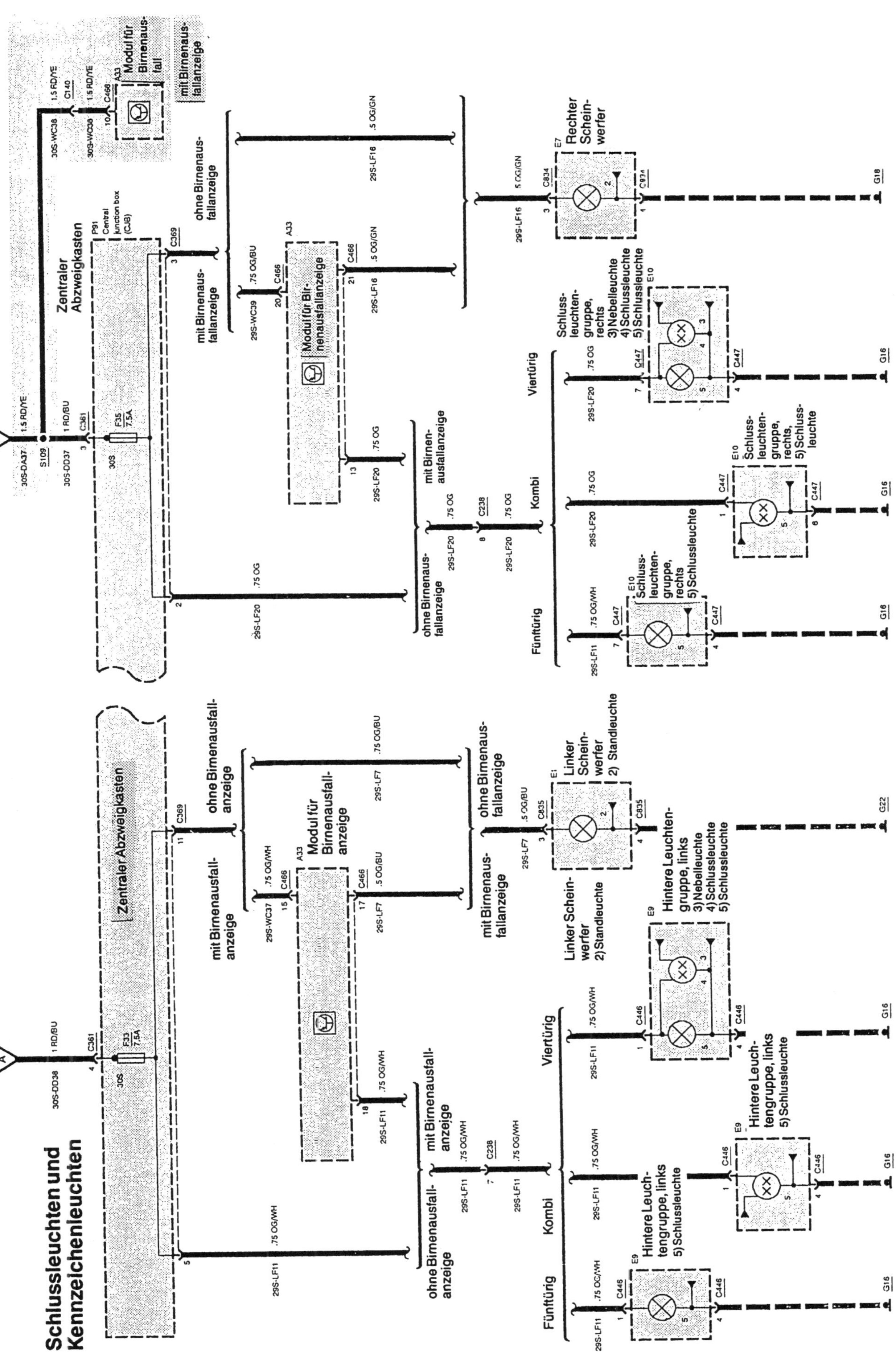

Scheibenwischer und Waschanlage (Limousinen)

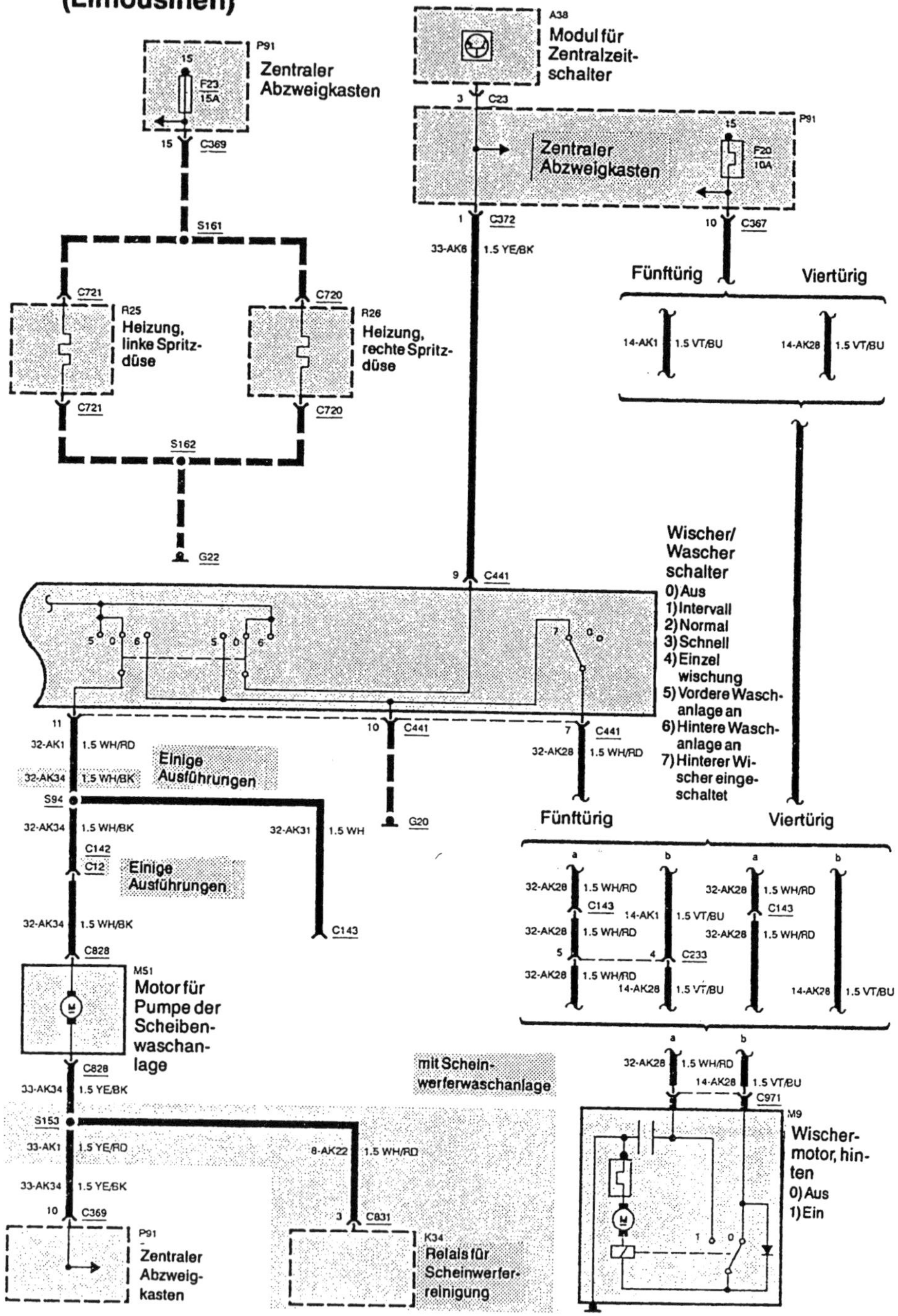

Scheibenwischer und Waschanlage (Kombiwagen)

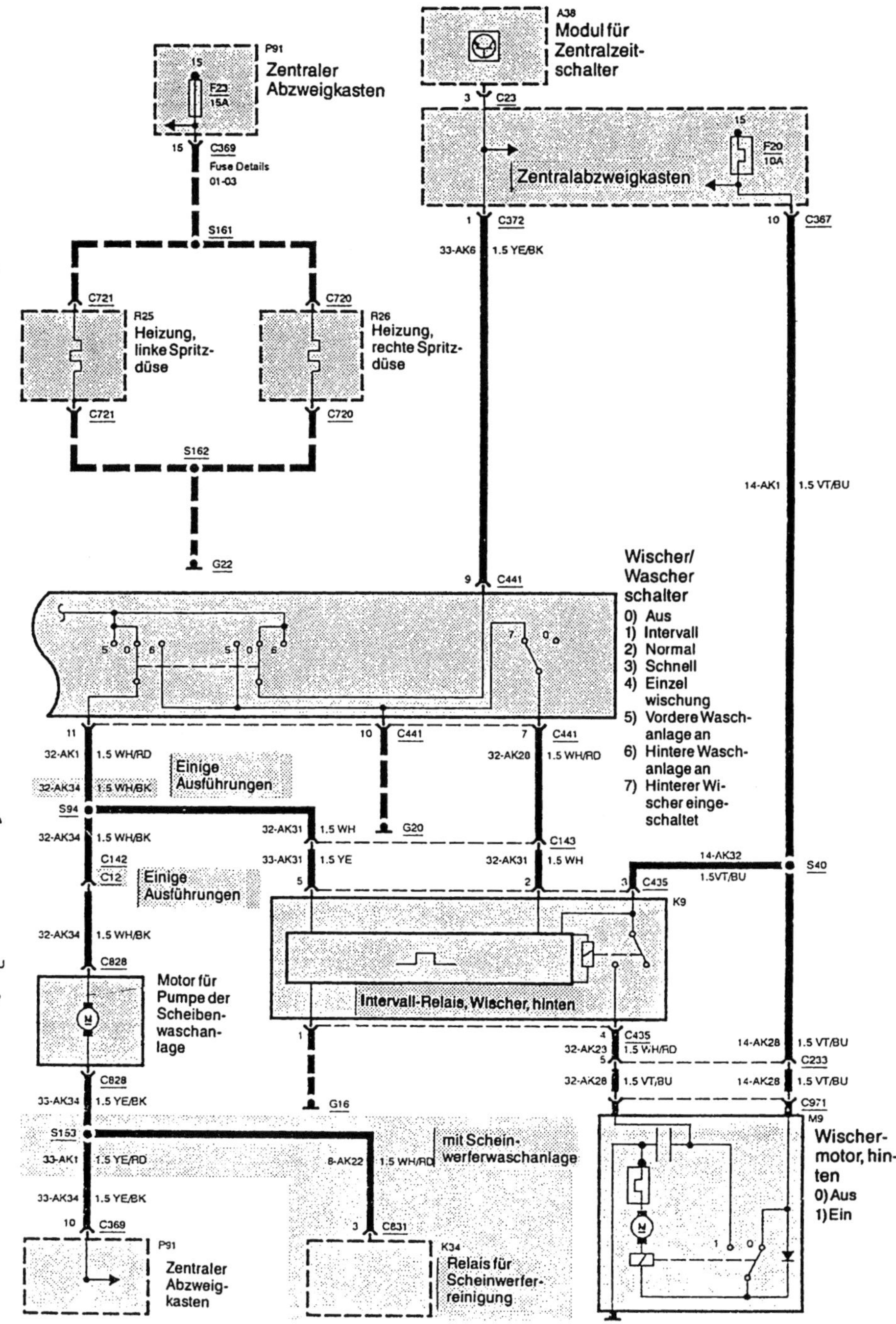

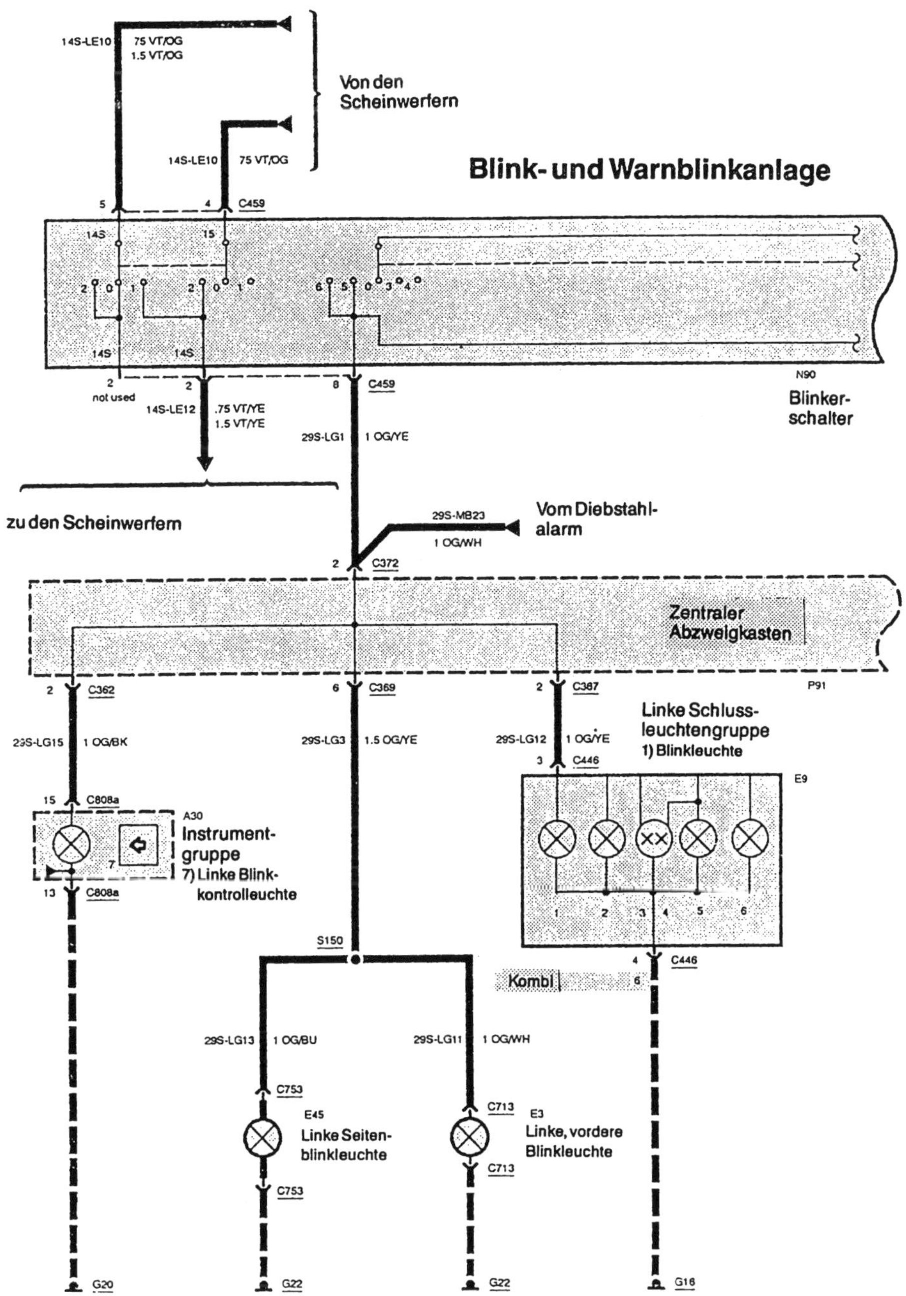

Blink- und Warnblinkanlage
Von den Scheinwerfern
14S-LE10
75 VT/OG
1.5 VT/OG
14S-LE10
75 VT/OG
C459
N90
Blinker-
schalter
not used
14S-LE12
.75 VT/YE
1.5 VT/YE
zu den Scheinwerfern
29S-LG1
1 OG/YE
29S-MB23
1 OG/WH
Vom Diebstahl-
alarm
C372
Zentraler
Abzweigkasten
P91
C362
C369
C387
29S-LG15
1 OG/BK
29S-LG3
1.5 OG/YE
29S-LG12
1 OG/YE
C446
Linke Schluss-
leuchtengruppe
1) Blinkleuchte
E9
C808a
A30
Instrument-
gruppe
7) Linke Blink-
kontrolleuchte
S150
Kombi
29S-LG13
1 OG/BU
29S-LG11
1 OG/WH
C753
E45
Linke Seiten-
blinkleuchte
C713
E3
Linke, vordere
Blinkleuchte
G20
G22
G22
G16

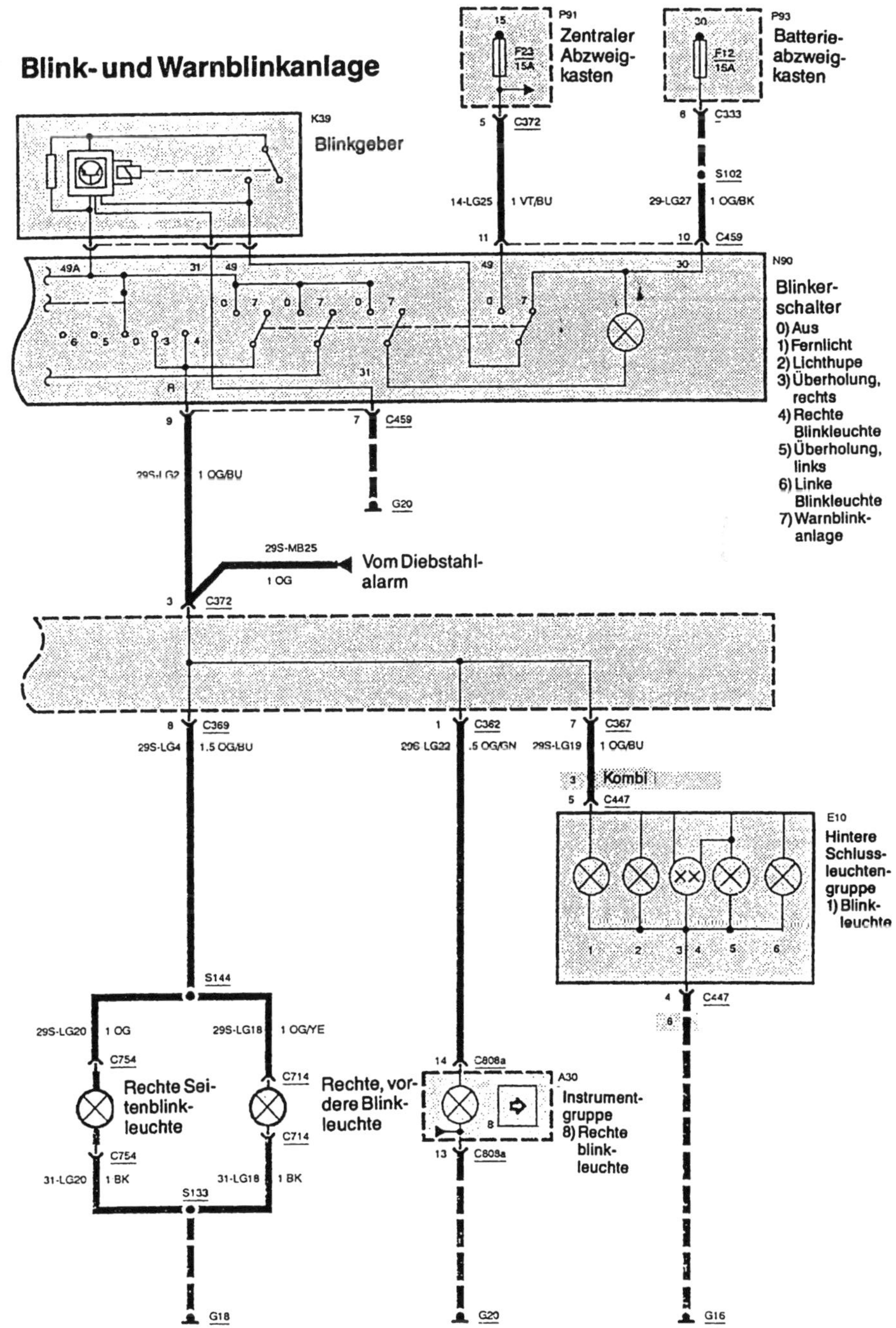

Blink- und Warnblinkanlage
P91
Zentraler
Abzweig-
kasten
F23
15A
P93
Batterie-
abzweig-
kasten
F12
15A
C372
C333
K39
Blinkgeber
14-LG25
1 VT/BU
S102
29-LG27
1 OG/BK
C459
N90
Blinker-
schalter
0) Aus
1) Fernlicht
2) Lichthupe
3) Überholung, rechts
4) Rechte Blinkleuchte
5) Überholung, links
6) Linke Blinkleuchte
7) Warnblink-
anlage
49A
1 OG/BU
G20
29S-MB25
1 OG
Vom Diebstahl-
alarm
C369
C362
C367
29S-LG4
1.5 OG/BU
29S LG22
.5 OG/GN
29S-LG19
1 OG/BU
Kombi
C447
E10
Hintere
Schluss-
leuchten-
gruppe
1) Blink-
leuchte
S144
29S-LG20
1 OG
29S-LG18
1 OG/YE
C754
Rechte Sei-
tenblink-
leuchte
C714
Rechte, vor-
dere Blink-
leuchte
C808a
A30
Instrument-
gruppe
8) Rechte
blink-
leuchte
31-LG20
1 BK
31-LG18
1 BK
S133
G18
G20
G16

Anti-Blockier-Bremsanlage (ABS)

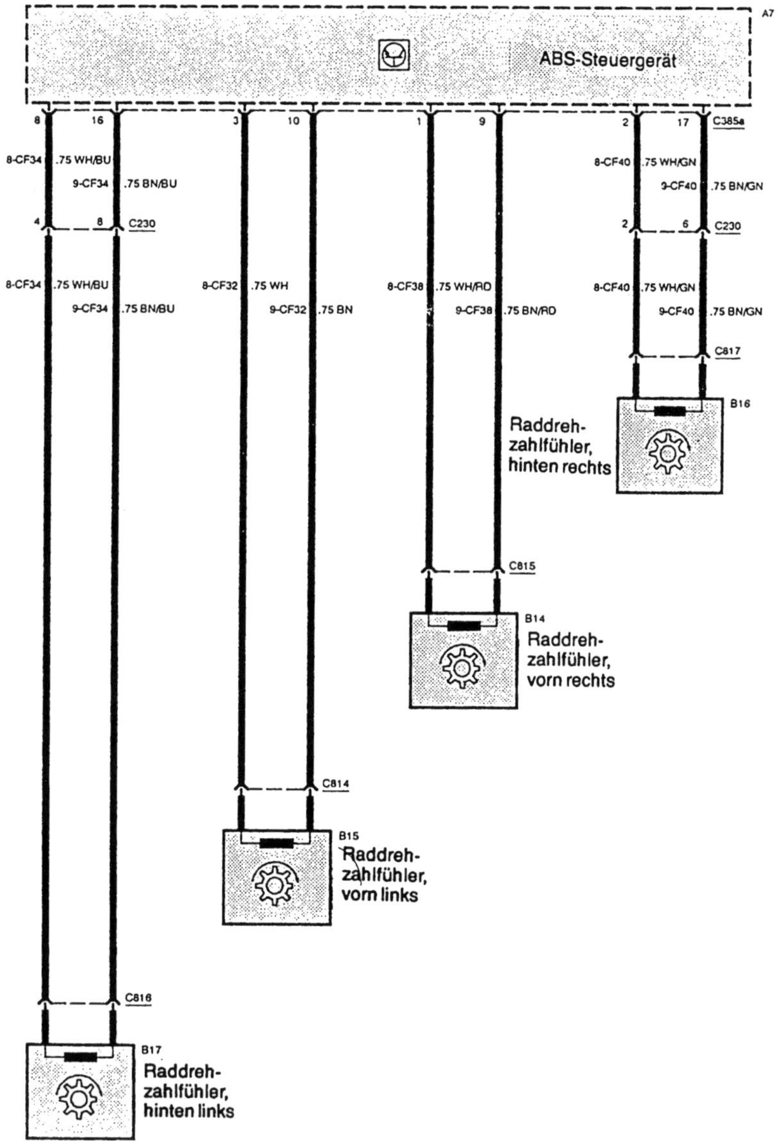

Anti-Blockier-Bremsanlage (ABS)

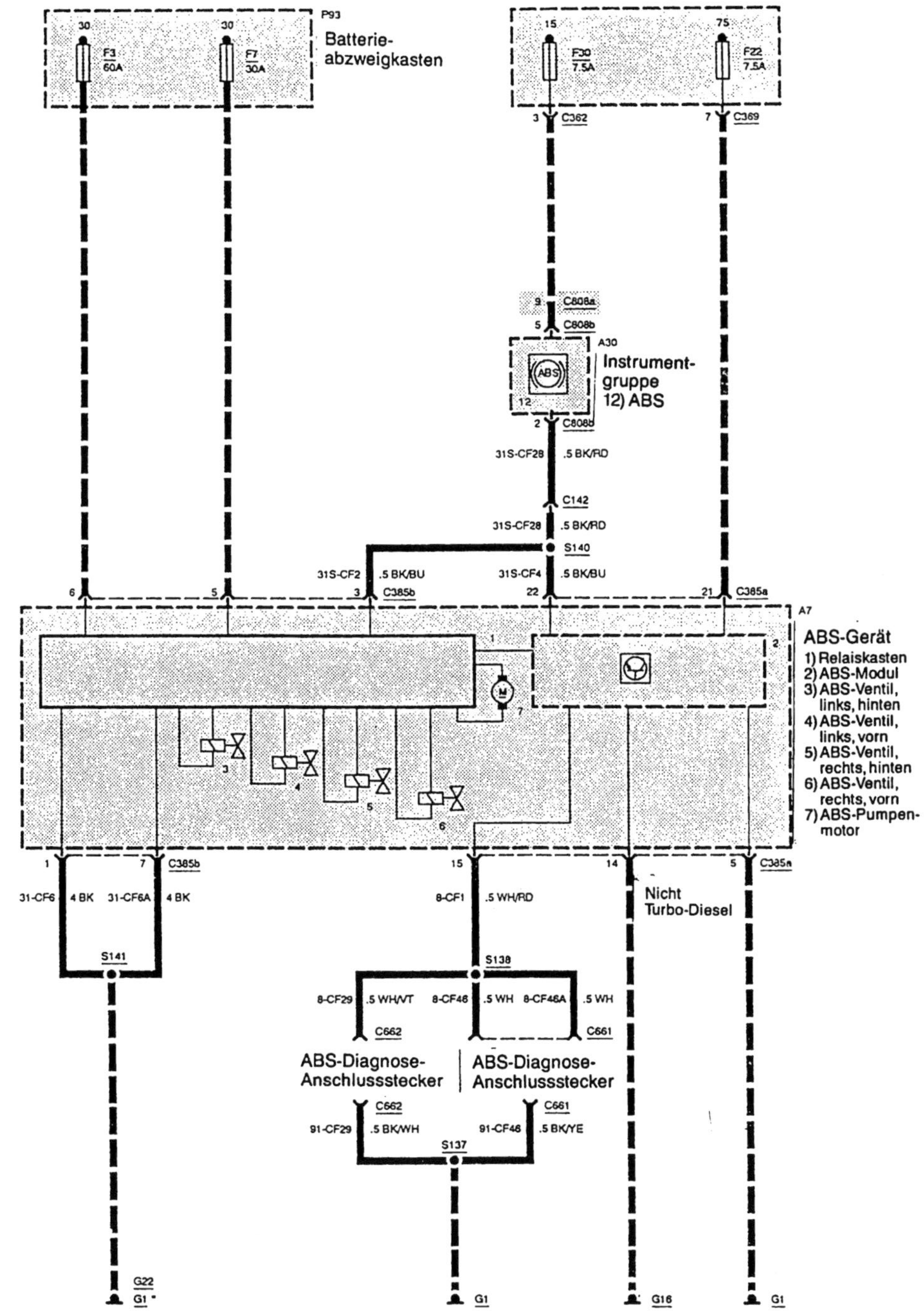

Innenbeleuchtung

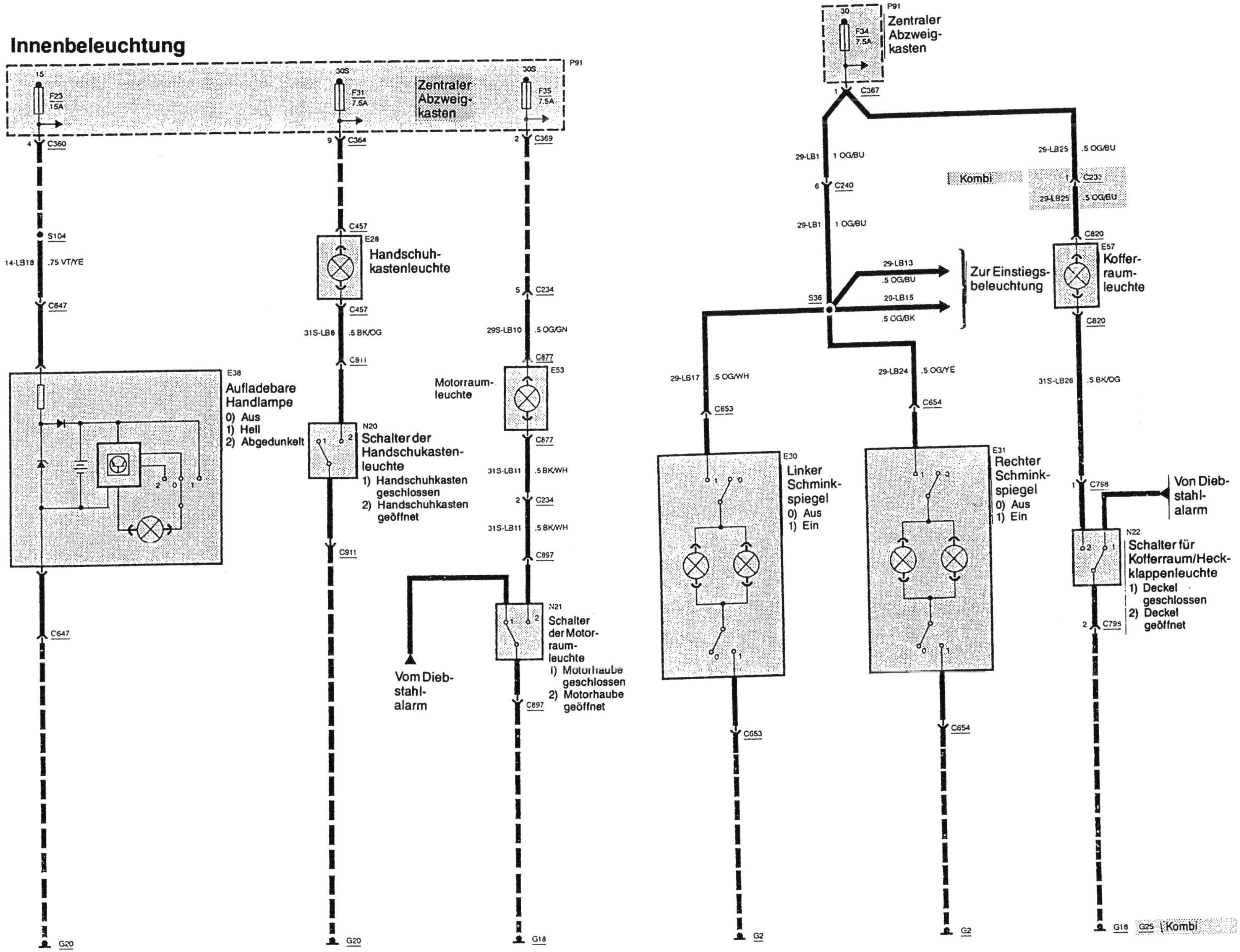

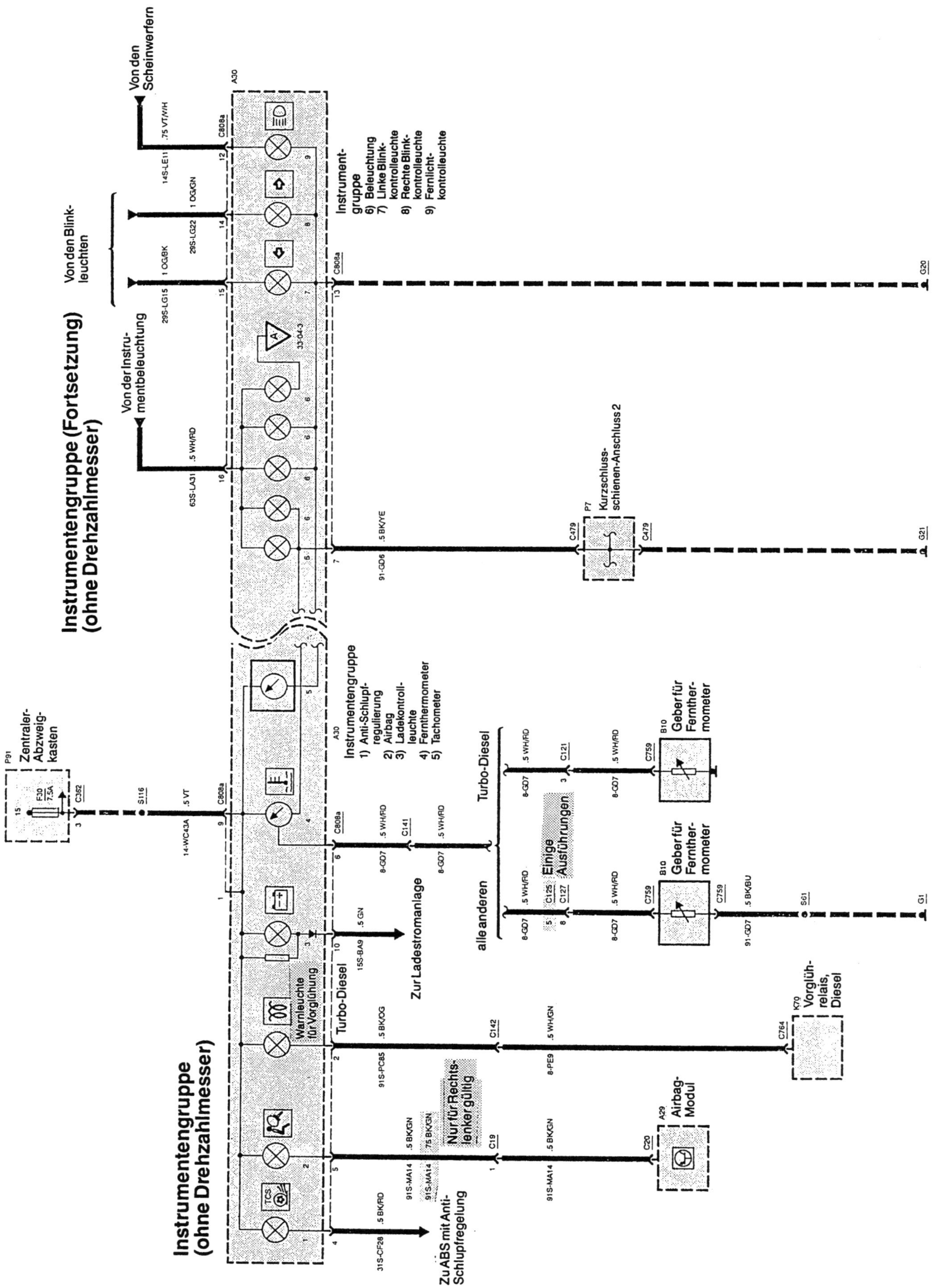

Instrumentengruppe (ohne Drehzahlmesser)
Instrumentengruppe (Fortsetzung) (ohne Drehzahlmesser)
P91 Zentraler-Abzweig-kasten
F30 7,5A
C362
S116
14-WC43A .5 VT
C808a
A30
Instrumentengruppe
1) Anti-Schlupf-regulierung
2) Airbag
3) Ladekontroll-leuchte
4) Fernthermometer
5) Tachometer
Warnleuchte für Vorglühung
Turbo-Diesel
15S-BA9 .5 GN
Zur Ladestromanlage
31S-CF28 .5 BK/RD
Zu ABS mit Anti-Schlupfregelung
91S-MA14 .5 BK/GN
91S-MA14 .75 BK/GN
Nur für Rechts-lenker gültig
C19
C20
A29 Airbag-Modul
91S-PC85 .5 BK/OG
C142
8-PE9 .5 WH/GN
C764
K70 Vorglüh-relais, Diesel
8-GD7 .5 WH/RD
C141
alle anderen
Turbo-Diesel
C125 C127
Einige Ausführungen
C121
C759
B10 Geber für Fernther-mometer
91-GD7 .5 BK/BU
S61
G1
Von der Instru-mentbeleuchtung
63S-LA31 .5 WH/RD
Von den Blink-leuchten
29S-LG15 1 OG/BK
29S-LG22 1 OG/GN
Von den Scheinwerfern
14S-LE11 .75 VT/WH
33-04-3
Instrument-gruppe
6) Beleuchtung
7) Linke Blink-kontrolleuchte
8) Rechte Blink-kontrolleuchte
9) Fernlicht-kontrolleuchte
91-GD6 .5 BK/YE
C479
P7 Kurzschluss-schienen-Anschluss 2
G21
G20

FSC
www.fsc.org
MIX
Papier | Fördert gute Waldnutzung
FSC® C083411

Kolibri 360 GmbH
Ferdinand-Jühlke-Straße 7
99095 Erfurt, Deutschland
produktsicherheit@kolibri360.de